普通高等教育农业农村部"十三五"规划教材
全国高等农林院校"十三五"规划教材
首届辽宁省优秀教材

养殖水环境化学

第二版

刘长发　主编

中国农业出版社
北　京

内容简介

本书以水环境化学为中心，面向水产养殖水体环境。从水的理化性质，水中常见化学反应，水的 pH 和酸碱平衡，水中常见污染物毒性，几种主要类型天然水的水质，水中含有什么物质、这些物质如何分布、呈现什么性质、与水中生物的相互关系等方面系统地阐述了养殖水环境化学的基础知识与基本原理。从水产养殖水质、底质化学管理与调控技术，水质标准与水质评价等方面对如何管理与调控水质、底质，及评价水质等方面进行了较为全面的介绍。

本书可作为水产养殖学、水族科学与技术、水生动物医学等专业的养殖水环境化学、养殖水化学、水化学等课程的教材，也可供水产养殖、环境保护等领域从业人员学习参考。

第二版编审人员名单

主　编　刘长发（大连海洋大学）

副主编　王　芳（中国海洋大学）

　　　　江　敏（上海海洋大学）

　　　　王　华（大连海洋大学）

参　编（按姓氏笔画排序）

　　　　木志坚（西南大学）

　　　　申玉春（广东海洋大学）

　　　　安晓萍（内蒙古农业大学）

　　　　许宝红（湖南农业大学）

　　　　杨　淞（四川农业大学）

　　　　杨学芬（华中农业大学）

　　　　张　敏（华中农业大学）

　　　　姜宏波（沈阳农业大学）

　　　　龚　霞（江西农业大学）

　　　　蒋　礼（西南大学）

审　稿　雷衍之（大连海洋大学）

第一版编写人员名单

主　编　雷衍之（大连水产学院）

副主编　臧维玲（上海水产大学）

　　　　刘长发（大连水产学院）

参　编（按姓氏笔画排序）

　　　　王　芳（中国海洋大学）

　　　　申玉春（湛江海洋大学）

　　　　江　敏（上海水产大学）

　　　　魏世强（西南农业大学）

第二版前言

由雷衍之教授主编，水产养殖学专业用书《养殖水环境化学》是全国高等农业院校教学指导委员会审定的"十五"规划教材，由中国农业出版社于2004年1月出版，并于2005年获评全国高等农业院校优秀教材。经过十余年使用，效果良好。随着水产养殖学等相关学科专业的科学发展和技术进步，一系列科技成果推广应用，修订教材势在必行。2017年按照《农业部"十三五"规划教材建设指导方案》，经农业部教材办公室教材专家委员会评审和网上公示，《养殖水环境化学》（第二版）入选普通高等教育农业部"十三五"规划教材、全国高等农林院校"十三五"规划教材。2017年9月，由中国农业出版社主办，大连海洋大学承办召开了《养殖水环境化学》（第二版）和《养殖水环境化学实验》（第二版）教材编写会，第一版主编大连海洋大学雷衍之教授以及第二版编委参加了会议。经讨论，《养殖水环境化学》（第二版）教材编写继续贯彻"起点高、目标清、内容新、形式活"的原则，体现水产养殖业可持续发展与环境保护的意识，反映养殖水环境化学的发展动态。在突出学科实践性、应用性特点的同时，要适当增加水环境化学理论知识，以适应增强素质教育和创新教育的新形势。2019年6月，召开了《养殖水环境化学》（第二版）和《养殖水环境化学实验》（第二版）教材定稿会。

党的二十大报告提出经济社会高质量发展，全面推进乡村振兴，推进健康中国建设。强调发展方式绿色转型，推动经济社会发展绿色化、低碳化。对养殖水环境化学学科发展、人才培养提出了更高要求。水产养殖需面向保持良好水质和限制尾水排放等环境目标，因此，水产养殖及其相关专业从业者亟须掌握养殖水环境化学原理，并应用养殖水环境化学原理调控养殖水质和池塘底质。因此，在《养殖水环境化学》（第二版）编写中补充、完善、更新了相关内容。为全面反映养殖水环境化学发展和知识内容分类，避免碎片化，增加了水产养殖水质、底质化学管理与调控技术；整合了天然水中的常见化学反应和天然水中的常见污染物及其毒性等内容。同时，此次修订调整了部分章节顺序。

将第一版第六章（水环境中的氧化还原反应）、第七章（水环境中的胶体和界面作用）、第十一章（水环境中的配位解离平衡）、第十二章（水环境中的溶解和沉淀）整合为第二章（天然水中的常见化学反应）；将第一版第二章（天然水的主要离子）调整为第三章；第一版第三章（溶解气体）调整为第四章（天然水中的溶解气体）；

第一版第四章（天然水的 pH 和酸碱平衡）调整为第五章；第一版第五章（天然水中的生物营养元素）调整为第六章；第一版第九章（水中的有机物）第一节（概述）部分内容和第二节（天然水中的耗氧有机物）独立为第七章（天然水中的耗氧有机物）；第一版第八章（污染物的毒性与毒性试验）与第九章（水中的有机物）第一节（概述）部分内容和第三节（水中的持久性有机污染物）、第十章（水中的重金属）整合为第八章（天然水中的常见污染物及其毒性）；增加了第九章（沉积物对水质的影响）；将第一版第十三章（几种主要类型天然水的水质）调整为第十章；增加了第十一章（水产养殖水质、底质化学管理与调控技术）；将第一版第十四章（水质标准与水质评价）调整为第十二章。

本教材的编写大纲仍基本参照理论教学为 60～70 学时的教学大纲制订。在教学过程中，可根据具体教学时数安排讲解内容。在提升学生养殖水环境化学理论知识和实际操作能力的同时，围绕落实立德树人根本任务，通过课程思政元素融入，实现对学生知识传授、能力培养和价值塑造的结合。培养学生为基层服务的职业精神、踏实肯干的价值取向，成为担当民族复兴大任的时代新人。本教材除了可作为普通高等院校水产养殖学、水族科学与技术、水生动物医学等专业教材外，还可供水产养殖、观赏水族、环境保护等相关从业人员学习参考。

本教材的编写分工为：刘长发编写绪论及第八章、第十一章的部分内容；王芳编写第六章及第十一章的部分内容；江敏编写第七章及第十一章的部分内容；王华编写第八章、第十章的部分内容；木志坚编写第十二章；申玉春编写第四章；安晓萍编写第一章及第二章的部分内容；许宝红编写第三章；杨学芬编写第五章；杨淞编写第九章；张敏编写第十章的部分内容；姜宏波编写第八章的部分内容和附录；龚霞编写第八章的部分内容；蒋礼编写第二章的部分内容。

《养殖水环境化学》（第一版）主编大连海洋大学雷衍之教授在百忙之中对书稿进行了认真、仔细的审阅，提出了许多宝贵的修改建议，在此向雷衍之教授表示衷心感谢。

在《养殖水环境化学》（第二版）讨论、编写和审定过程中，得到各参编学校领导，尤其是大连海洋大学张国琛副校长的大力支持，也得到大连海洋大学魏海峰副教授，硕士研究生董雪纯、董人铭、唐敏、侯宗悦的大力协助。在此，向各位领导、老师和同学的关心、支持与帮助表示衷心感谢。

《养殖水环境化学》（第二版）教材在编写过程中虽经多次修改，但是由于编者的水平有限，缺点错误在所难免，恳请广大读者批评指正。

编　者

2019 年 6 月

（重印修改于 2013 年 12 月）

第一版前言

本书是全国高等农业院校"十五"规划教材。编者认为教材编写应贯彻"起点高、目标清、内容新、形式活"的原则，体现水产养殖业可持续发展与环境保护的意识，反映养殖水环境化学的发展动态。在突出学科实践性、应用性特点的同时，要适当增加水环境化学理论知识，以适应增强素质教育和创新教育的新形势。鉴于各校对本课程教学要求不同，特别是教学课时差异较大，本书的编写大纲基本参照理论教学为60～70学时的教学大纲制订，用大小两种字体排印。大字体为比较基本的内容，供教学时数较少的学校选用；小字体的内容则有所扩展和加深，可供教学时数较多的学校参考；小字体中标有"*"号的内容可供感兴趣的学生自学阅读。

本书除了可作为高等学校水产养殖专业的教材外，还可供水产养殖、环境保护等从业人员学习参考。

本书的编写分工如下：雷衍之教授编写绪论及第一、二、四、十二章；臧维玲教授编写第六、十三章；刘长发教授编写第八、十章；魏世强教授编写第九、十四章；王芳副教授编写第五章；江敏副教授编写第七章；申玉春副教授编写第十一章。另外，第三章由申玉春和雷衍之共同完成。

中国科学院水生生物研究所博士生导师徐小清教授、华中农业大学渔业学院王明学教授在百忙之中对书稿进行了认真、仔细的审阅，提出了许多宝贵的修改意见，在此向两位教授表示由衷的感谢。

在书稿编撰过程中，得到了各参编学校领导的大力支持。在统稿过程中，大连水产学院蒋礼老师和研究生晏再生、魏海峰协助做了大量的校勘、编辑、绘图工作。上海水产大学彭自然老师绘制了第六章和第十三章的插图。大连水产学院金送笛教授、杨凤副教授对编写工作提供了大力帮助。对领导和同志们的关心、支持和帮助在此表示衷心的感谢。

本书在编撰过程中虽经多次修改，但是由于编者的水平有限，缺点错误在所难免，请广大读者批评指正。

编　者

2003 年 10 月

目录

绪　论

教学一般要求

掌握：天然水质系的组成、来源、特点。干洁空气的基本组成及大气平均温度与平均压力随海拔高度变化的规律。

初步掌握：地球各圈层的基本知识，了解地球水圈资源的分布和我国水资源状况。

了解：环境化学的任务和各圈层环境化学的概念。养殖水环境化学课程的任务和教学内容。

增强学生保护环境的意识。

随着世界人口的不断增加、工业生产的迅速发展，大量污染物进入了环境介质，并在环境中积累。这些污染物进入环境以后，会使环境质量与结构发生变化，轻则降低区域性环境质量，如造成酸雨、土地及海洋荒漠化等，对人类和生物产生危害；重则引起全球环境质量的降低，如引起大气臭氧层破坏、全球气候变暖、海（淡）水酸化、微塑料污染等全球性环境问题。

1956 年日本水俣湾受到汞污染，人类因食用积累了汞的水产品而表现口齿不清、步履蹒跚、面部痴呆、手足麻痹、感觉障碍、视觉丧失、震颤、手足变形，重者精神失常，或酣睡，或兴奋，身体弯弓高叫，直至死亡，此病症是后被称为"水俣病"的公害病。该事件是世界八大公害事件之一，自此以后，环境问题日益受到世界公众的重视。1972 年联合国在瑞典首都斯德哥尔摩召开了人类环境会议，发表了《人类环境宣言》。宣言明确指出环境问题不仅表现在水、气、土壤等的污染已达到危险的程度，而且表现在对生态的破坏和导致资源的枯竭。同时指出，部分环境问题是由贫穷造成的，明确指出发展中国家在发展过程中要同时解决环境问题。

到 20 世纪 80 年代，联合国世界环境与发展委员会组织来自 21 个国家的著名专家、学者到世界各国实地考察，于 1987 年发表主题为"我们共同的未来"的长篇报告，列举了大量令人震惊的环境事件。指出地球正在发生着急剧的变化，威胁着许多物种和人类。报告提出了可持续发展理念，强调世界各国政府和人民要对经济发展和环境保护两大任务负起历史责任，并把两者结合起来。

随着人口增加和经济发展，我国的环境也受到了不同程度的破坏。有些地区出现荒漠化，有的水域受到严重污染，环境质量下降、生境退化、生物资源衰退、生物多样性降低、水产资源减少甚至枯竭。生境修复和生物资源养护成为关注的焦点。

近年来，我国的环境保护和环境治理工作日益受到政府和国民的重视，国民的环境意识不断增强。我国已把环境保护确立为一项长期坚持的基本国策，确立了环境与经济社会协调和可持续发展的战略；制定了环境建设、经济建设、城乡建设"三同步"（同步规划、同步实施、同步发展），实现环境效益、经济效益、社会效益"三统一"的方针；制定了环境保护的管理政策、经济政策、技术政策、产业政策和对外合作政策；颁布了《环境保护法》等环境法律和与环境相关的自然资源法律。在《刑法》中设立了惩治破坏环境资源犯罪行为的规定；国家和地方都制定和发布了相应的环境法规、规章。在 20 世纪末提出了把环境保护纳入制度化、法制化轨道的目标，确定了防治污染和保护生态环境并重的工作方针，确定了重点防治"三河"（淮河、辽河、海河）、"三湖"（太湖、巢湖、滇池）的水污染和"二区"（二氧化硫污染控制区、酸雨污染控制区）的大气污染，着力强化"一市"（北京市）的环境保护，实施主要污染物总量控制和跨世纪绿色工程两项举措；抓紧环境法制、投入、科技与宣传教育 4 个关键环节的工作，使我国的环境保护工作得到较大的提升，环境质量初步得到控制。

水产科技工作者应该特别重视环境质量。从行业来看，水产业是环境污染的最先受害者。因为未达标排放的工业"三废"、生活污水、农业退水进入水体所引起水质的一系列恶化，最先危及的是水中的生物，结果导致渔业资源破坏，资源量下降，病害增多，水产生物增养殖失败，水产品质量降低，甚至产生食品安全问题。

作为水产科技工作者，必须增强环境保护意识，提高保护环境的自觉性。要从以下三个方面提高自己的认识：第一，要重视工业、农业及生活污水对渔业水体的污染，保护水产业的正常发展与合法利益。第二，要研究养殖水环境的变化、环境参数与生物间的关系，做好水质调控。在保证人体健康的前提下达到水产品的优质、稳产、高产。第三，要重视水产养殖业本身对环境的污染，做到合理布局、正确投饵和用药；要研究节水渔业、环境友好渔业和零排放水产养殖业，减少水产养殖对环境的污染。在生态文明建设下保证水产品供给。

一、我们生活的环境

人们把地球环境按圈层划分为大气圈、水圈、岩石圈。生物生存在三个圈层的部分空间中，主要集中在水圈、岩石圈与大气圈的相邻部分，称为生物圈。大气圈、水圈（含冰冻圈）、岩石圈（含地壳、地幔和地核）和生物圈（包括人类）组成地球系统。

(一)大气圈

大气圈指覆盖整个地球，随地球运动的空气层。大气圈气体的质量约 5.3×10^{21} g，约占地球总质量的百万分之一。大气圈气体质量的 90% 聚集在离地球表面 15 km 高度以下的大气层内，99.9% 集中在 48 km 以内。

干燥清洁空气（通常称为干洁空气）的主要成分见表 0-1。其中 N_2、O_2、Ar 占空气总质量的 99.96%。其余气体只占 0.04%。CO_2、O_3 和大气中的水汽是可变成分，含量很少，但对地球气候影响很大。

大气圈从地面向上可以分为对流层、平流层、中间层和热电离层。对流层从地球表面至 10~16 km 处，平流层从对流层顶到 50 km 处，中间层在 50~85 km，85 km 往上是热电离层。

表 0 - 1　海平面上空干洁空气的组成

组成	体积分数/%	组成	体积分数/%
N_2	78.084	CH_4	0.000 2
O_2	20.947 6	NO	0.000 05
Ar	0.934	O_3	0~0.000 007
CO_2	0.031 4	SO_2	0~0.000 1
Ne	0.001 818	NO_2	0~0.000 002
He	0.000 524	NH_3	0~痕量
Kr	0.000 114	CO	0~痕量
Xe	0.000 008 7	I_2	0~0.000 001
H_2	0.000 05		

对流层空气垂直活动频繁，直接影响世界各地气候。这一层的气温随距地面高度的增加而下降，气温的垂直变化率约为 $-6.5\ ℃/km$。大气的压力，在海平面约为 $101.325\ kPa$（称为标准压力，旧称 1 大气压）。随着海拔高度的增加，大气压力按指数规律迅速降低。不同高度大气的平均压力见表 0 - 2。

表 0 - 2　大气层平均大气压力随海拔高度的变化

h/km	0	1	2	3	4	5	20
p/kPa	101.33	89.46	79.06	69.86	61.73	54.00	5.47

大气圈的污染不仅影响到局部地区空气的质量，还可能影响到全球气候的变迁。水蒸气、CO_2、O_3、CH_4、N_2O、氯氟烃都能吸收地面的长波辐射，不让热量向大气圈外散失，使大气变暖，称"温室效应"。故它们被称为"温室气体"。其中 CO_2 的温室效应最为显著。

平流层的 O_3 浓度最大，它能吸收太阳辐射的大部分紫外线，对地球上的生命起到免受紫外线辐射的保护作用。氯氟烃（如氟利昂等）能破坏臭氧层，成了人们十分关注的问题。

（二）岩石圈

岩石圈指地球表层具有刚性的这一部分，它包括地壳（厚度 5~75 km）及地幔上部与地壳相接的一部分，厚 60~120 km，是地质学研究的主要对象。在岩石圈中有许多天然产出的化合物或单质，它们的化学成分确定或在一定范围内变化，这类物质在地质上被称为"矿物"。矿物多数为结晶体，少量是非结晶体。地球上的矿物已知的有 3 300 多种，在岩石中常见的矿物只有 20 多种，其中又以长石、石英、辉石、闪石、云母、橄榄石、方解石、磁铁矿和黏土矿物为最多。其中黏土矿物是天然水中胶体颗粒物的主要成分之一，它对水体化学物质的迁移、分布、转化有比较重要的意义。

黏土矿物晶体一般小于 2 μm，主要是含水的铝、铁和镁的层状结构硅酸盐矿物，有的还含有某些碱金属和碱土金属。常见的黏土矿物主要有高岭石、蒙脱石、蛭石、白云母、伊利石等。几种黏土矿物的化学成分如下：

高岭石：$Al_4[Si_4O_{10}](OH)_8$

蒙脱石：$Na_x(H_2O)_4[Al_{2\sim x}Mg_x(Si_4O_{10})(OH)_2]$

蛭石：$Mg_x(H_2O)_4[Mg_{3\sim x}(AlSi_3O_{10})(OH)_2]$

白云母：$K[Al_2(Si_3Al)O_{10}(OH)_2]$

伊利石：$(K,Na,Ca)_{0\sim2}(Al,Fe,Mg)_4(Si,Al)_8O_{20}(OH)_4 \cdot nH_2O$

岩石是由一种或多种造岩矿物结合成的天然集合体，是经过各种地质作用形成的坚硬产物。岩石是构成地壳和地幔的主要物质。依其成因通常分为岩浆岩(火成岩)、沉积岩(水成岩)和变质岩。

岩石和矿物对天然水化学成分的形成有重要的作用，地表岩石风化后的可溶性产物可随地表径流进入各类天然水体。

土壤在岩石圈中占很少一部分，但它对人类生活有重要意义，对天然水质也有重要影响。人们常常把岩石圈称为岩石土壤圈。

土壤是由地表岩石风化后的碎屑产物(土壤母质)在一定的水、热、生物作用下，通过一系列的物理、化学、生物化学作用而形成的松散体。植物生长良好的土壤约由50%(体积)的固体物构成，另约50%为气相(空气)和液相(水)成分。土壤化学成分除不同母质外，还含有丰富的有机质。土壤的有机质以腐殖质为主(占85%~90%)。另外有10%~15%的非腐殖质有机物，如糖类、有机酸、木质素类等。这些成分对天然水化学成分的形成都有重要影响。

(三)水圈

水是地球上生命的源泉。淡水是人类生活不可缺少的物质。水圈有广义与狭义两个概念。狭义的"水圈"是指海洋与陆地各种贮水水体，包括海洋、江河、湖泊、冰盖、地下水、沉积物中的间隙水等。广义的"水圈"则还包括其他各圈层中存在的水。

1. 世界水资源的分布 据估算地球上水的总量约$1.39\times10^{18}\ m^3$，主要分布在海洋，约占总水量的97%，淡水约占2.5%(表0-3)。可见世界水资源量虽然很丰富，但是淡水占的

表0-3 地球水资源分布

水资源的类型	总水量	
	水量/($\times10^{13}\ m^3$)	占总水量百分比/%
1. 海水	133 800	96.537 88
2. 地下水	2 340	1.688 39
其中：咸水	1 287	0.928 58
淡水	1 053	0.759 75
3. 土壤水	1.65	0.001 19
4. 冰川与永久积雪	2 406.4	1.737 24
5. 永冻土底水	30	0.021 64
6. 湖泊水	17.64	0.012 73
其中：咸水	8.54	0.006 16
淡水	9.1	0.006 57
7. 沼泽水	1.147	0.000 83
8. 河川水	0.212	0.000 15
9. 生物水	0.112	0.000 08
10. 大气水	1.29	0.000 93
总计	138 598	100

比例很小，并且大约 70％ 的淡水被固定在南极和格陵兰的冰层中，地球上只有不到 1％ 的淡水供人类直接使用。每年参与全球自然循环的水量平均约占总水量的 0.031％，其中从海洋蒸发的水量每年约有 3.61×10^{14} m^3，其余是陆地的各种蒸发。海洋蒸发中的 90％ 落回了海洋，10％ 漂流到陆地上空降落，在陆地形成地面径流与地下径流，淋溶岩石、土壤后汇聚成江河水，最终又流回海洋，形成了地球上水的自然循环。据专家估计，全球陆地上可更新的淡水资源约为 4.275×10^{13} m^3，其中宜于使用的为 $1.25 \times 10^{13} \sim 1.45 \times 10^{13}$ m^3，这一部分淡水分布也不平衡。可见地球上的淡水资源是有限的。

2. 我国的水资源　我国位于太平洋西岸，受温带大陆性气候和季风气候影响，我国水资源呈现地区和时间变化两大特征。水资源总量较为丰富，居世界第四位。据国家统计局《中国统计年鉴——2019》显示，2016 年我国水资源总量 32 466.4 亿 m^3，人均 2 354.9 m^3，2017 年我国水资源总量 28 761.2 亿 m^3、人均 2 074.5 m^3，2018 年我国水资源总量 27 462.5 亿 m^3、人均 1 971.8 m^3。其中 2018 年西南地区水资源总量 11 320.2 亿 m^3，占同期我国水资源总量的 41.22％；华南地区水资源总量 4 144.2 亿 m^3，水资源量占比 15.09％；华东地区水资源总量 4 390.0 亿 m^3，水资源量占比 15.99％；华北地区水资源总量 800.6 亿 m^3，水资源量占比 2.92％；东北地区水资源总量 1 728.0 亿 m^3，水资源量占比 6.29％；西北地区水资源总量 2 540.1 亿 m^3，水资源量占比 9.25％。虽然我国总体未达到人均水资源量 1 700 m^3 的水资源紧张国家行列，但是许多省市已经低于人均水资源量 500 m^3 的水资源匮乏线，水资源供需矛盾依然突出。

我国年降水量基本呈现由东南沿海(年均 1 600 mm)向西北内陆(年均 50 mm)递减的趋势。并且大部分降水分布在 5～9 月，易发生涝灾；而降水稀少的 10 月至次年 4 月易发生旱灾。东南沿海径流深为 1 200 mm，而西北干旱地区小于 50 mm，甚至为 0。人均水资源量分布呈现区域不均现象，各省市之间"贫富差距"明显。2018 年西藏人均水资源量为 136 804.7 m^3，居全国之首，天津人均水资源量仅为 112.9 m^3，全国最低。内蒙古、吉林、黑龙江、福建、江西、湖南、广西、海南、四川、贵州、云南、西藏、青海、新疆的人均水资源量超过 1 700 m^3，水资源充足；浙江、安徽、湖北、广东、重庆、甘肃的人均水资源量超过 1 000 m^3，水资源相对充足；辽宁、陕西人均水资源量超过 500 m^3，水资源短缺；北京、天津、河北、山西、上海、江苏、山东、河南、宁夏的人均水资源量低于 500 m^3，水资源匮乏。南方人均河川径流量高，北方人均河川径流量低，仅及南方人均的 1/5，使我国北方农村、城市都严重缺水。缺水的年份，北方持续干旱；多水的年份，洪涝灾害又频繁出现，给人民生活和经济建设带来很大困难。

为了解决我国北方缺水问题，酝酿研究了几十年的我国战略性工程"南水北调工程"于 2002 年底开工，2014 年 12 月"南水北调"中线正式通水，长江水正式进入北京。"南水北调工程"分东、中、西三条线路，东线工程起点位于江苏扬州江都水利枢纽；中线工程起点位于汉江中上游丹江口水库；西线工程调长江水入黄河上游。工程规划区涉及人口 4.38 亿人，调水规模 448 亿 m^3。但是我国的缺水状况不会根本改变，节约用水，建设节水工业、节水农业仍是我国长期努力的目标。在调水、节水的同时，还应该重视水资源的保护。保护有限的水资源不受污染，提高水资源的质量，减少水质型缺水现象的出现，是全国人民的长期任务。

3. 天然水质系的构成

(1)天然水中的主要成分及其复杂性　水及其中溶存的物质构成的体系称水质系。天然水是海洋、江河、湖泊(水库)、沼泽、冰雪等地表水与地下水的总称。天然水体在水的自然循环中形成,其中所含的成分与天然水形成的历史和水文地理环境条件密切相关。天然水质系是一个复杂的多相体系,水中有溶解的物质,也有悬浮的较粗的颗粒物,更有大量的胶体颗粒物;有生物,也有非生物;还有因为人类生产与生活影响而进入水体的污染物。图0-1介绍了天然水的一般构成。

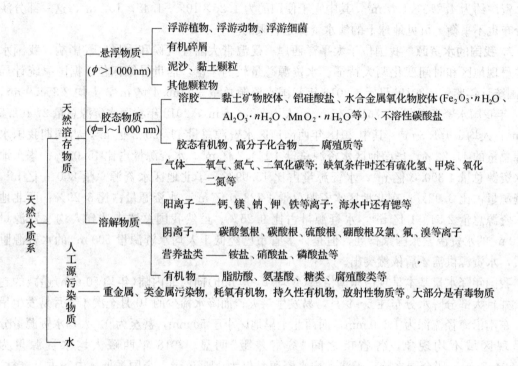

图0-1 天然水的一般构成

关于天然水概念的理解有两种:一是把天然水理解为自然界没有经受人为污染的水;二是如本书前面所给出的概念,指海洋、江河、湖泊(水库)、沼泽、冰雪等地表水与地下水的总称,也就是指自然水体中的水。我们认为后一种概念比较客观。如今,地球上几乎不存在没有受到人为活动污染的水,只是污染程度不同而已。因此,当天然水的水质不能满足人类生产、生活使用要求时,将成为水质型缺水。水环境化学正是主要研究水中的化学物质,包括各种污染物在水体中的环境行为及化学过程关系等的科学。

关于天然水质系的复杂性可以归纳为以下几点:

① 水中含有的物质种类繁多,含量相差悬殊。从化学元素的种类看,已经在天然水中检出的有80种左右。如不考虑构成水的 H、O 元素,含量最多的是 Cl^- 和 Na^+。如 Cl^- 在海水中的含量可达 $10\sim20$ g/L。含量少的仅在 $10^{-9}\sim10^{-12}$ g/L。同一种元素在水中存在的化学形态(化合态、价态、结构态等)也不同。比如氮在水中可以有 NH_3、NH_4^+、NO_2^-、NO_3^-、N_2、N_2O、氨基酸氮、蛋白质氮、腐殖质氮等形态。附录1中列出了一些化学元素在水中的溶存形式。另外,同一种元素在不同水体中的含量也可能相差很大,并且处在不断的变化中。有的有明显的日变化和年变化。

② 水中溶存物质的分散程度复杂。如以真溶液状态存在的各种分子、离子和离子对,

其粒子线径一般小于 1 nm。有粒子线径在 1～1 000 nm 范围的胶体分散态物质[①]，胶体属高度分散的多相体系，粒子与水之间存在着界面，许多界面性质在这类分散系中表现很突出，黏土矿物胶体、有机碎屑胶体、有机高分子化合物等就属于这一类。此外还有线径大于 1 000 nm 的粗分散态物质，这类粒子也有界面活性，但不如胶体突出，静置时易沉淀。较粗的泥沙颗粒、有机碎屑、浮游细菌与微藻等属此范畴。

③ 存在各种生物。水中常见的有微生物、藻类、浮游动物、大型生物等，它们的生命活动不断影响着水中物质的存在形态和数量。

(2)陆地天然水中化学成分的形成　陆地天然水中的化学成分形成于自然界的地球化学循环中，其来源一般可归结为以下几个方面：

① 大气淋溶。水滴在高空漂移过程中不断自周围空气溶解各种物质，雨滴下落过程能将大气颗粒物一并带下并溶解部分，这就形成了降水中的化学成分。大气中的物质除空气本身的固定成分以外，还有大气污染成分及地面进入大气的成分，风力可将地表物质带入空中。据研究，当海上风速为 6 m/s(约 4 级风速)时，一昼夜内经过海岸线从海中携带出的盐分为 52 t/km；若风速达到 10 m/s(约 5 级风速)时为 185 t/km，这些盐分有部分微细颗粒被带入空中漂浮。据计算，1 L 雨水在下降过程中可以淋洗约 30 万 L 空气。可见，雨水中溶有许多从空气中溶解的物质。酸雨就是雨水溶解了空气中的酸性污染物形成的。

② 从岩石、土壤中淋溶。地面径流与地下径流在转移、汇集过程中充分与岩石、土壤接触，岩石、土壤中的可溶成分就转移到水中。各种岩石、矿物经化学风化和生物侵蚀后有不同的可溶成分形成。下面是部分化学风化的反应式，产物中有许多易溶或微溶成分。

方解石($CaCO_3$)：
$$CaCO_3(s) + H_2O + CO_2 = Ca^{2+} + 2HCO_3^-$$

铁橄榄石(Fe_2SiO_4)：
$$Fe_2SiO_4(s) + 4H_2O + 4CO_2 = 2Fe^{2+} + 4HCO_3^- + H_4SiO_4$$

钙长石($CaAl_2Si_2O_8$)：
$$CaAl_2Si_2O_8(s) + 3H_2O = Ca^{2+} + 2OH^- + Al_2Si_2O_5(OH)_4(高岭石)$$

钾长石($KAlSi_3O_8$)：
$$3KAlSi_3O_8(s) + 2H_2CO_3 + 12H_2O = 2K^+ + 2HCO_3^- + 6H_4SiO_4 + KAl_3Si_3O_{10}(OH)_2(s)(白云母)$$

黄铁矿(FeS_2)在富氧和氧化铁细菌存在条件下：
$$2FeS_2(s) + 7O_2 + 2H_2O = 2Fe^{2+} + 4SO_4^{2-} + 4H^+$$

在沉积岩中还有许多可溶的，或在 CO_2 作用下可溶的成分，比如 $CaSO_4 \cdot 2H_2O$(石膏)、$CaCO_3$、$MgCO_3$、有机物等。土壤中可溶成分更多，这些都是天然水中化学成分的重要来源。

③ 生物作用。水中生物的光合作用、呼吸作用等生命活动，死亡生物残体的微生物分解等过程都会向水中释放 O_2、CO_2、有机物及营养盐(详见第六章)等物质。

④ 次级反应与交换吸收作用。水与土壤接触，除了可以从土壤中溶带可溶性成分及胶体成分外，还可能有离子交换作用，使水的离子成分发生变化。例如，在 NaCl 含量高的水体中可以发生如下交换反应：

---

① 关于胶体分散系分散介质的粒径范围，一些资料提出：其某个方向上的线度在 10^{-9}～10^{-6} m。

$$Mg（胶体）+2Na^+ = Na_2（胶体）+Mg^{2+}$$
$$Ca（胶体）+2Na^+ = Na_2（胶体）+Ca^{2+}$$

如果 Na^+ 的浓度不高，则可发生上述的逆向交换。

在水体中还可能发生次级反应生成沉淀，或生成新的可溶成分和新的不溶物。例如

$$CaSO_4+Na_2CO_3 = CaCO_3 \downarrow +Na_2SO_4$$
$$2CaCO_3（方解石^①）+MgCl_2 = MgCO_3 \cdot CaCO_3（白云石^②）+CaCl_2$$

⑤ 工业废水、生活污水与农业退水。人类生产与生活产生的废水，大部分被直接或间接排放入天然水体，使天然水体水质变得更加复杂多变。天然水中成分的这一来源正是环保工作者要尽力限制的。目前真正不受到人类活动影响的水体在地球上恐怕难以找到，即便是荒无人烟地区的湖泊及河流的源头，也能发现人类活动引起的全球污染物的踪迹。

二、环境化学与养殖水环境化学

(一)环境化学的任务和研究的内容

环境化学是环境科学中的一个分支。环境科学是研究人类环境质量及其控制、改善的原理、技术和方法的综合性科学，是在 20 世纪 80～90 年代开始迅速发展的新兴学科。由于相关学科的相互渗透与交叉，环境科学已形成了环境化学、环境生物学、环境物理学、环境地学、环境工程学、环境医学、环境管理学、环境经济学、环境评价学等分支学科。

环境化学是研究有害化学物质在环境介质中的来源、存在形态、化学特性、行为和效应、控制和治理的化学原理和方法的科学。它又是化学科学的一个重要分支。根据研究的领域不同，环境化学可细分为：各圈层环境化学(大气环境化学、水环境化学、岩石土壤环境化学)、环境分析化学和环境工程化学等分支。

环境化学是在 20 世纪 40 年代以后出现了"光化学烟雾""痛痛病""水俣病"等环境污染灾害后迅速发展起来的。

光化学烟雾是由汽车、工厂等产生的废气排入大气中的碳氢化合物和氮氧化合物(NO_x)等一次污染物及其以后在光照作用下产生的二次污染物构成的烟雾污染现象。大气污染严重地区，晴天中午大气浓度相对较低时容易发生光化学烟雾。它能引起呼吸障碍、慢性呼吸道疾病恶化、头痛、儿童肺功能异常等危害。痛痛病是 20 世纪 40 年代在日本发生的由于镉污染引起的公害病。水俣病是 20 世纪 50 年代在日本发生的由于汞污染引起的公害病。20 世纪 70 年代在我国松花江中下游地区也曾发生过类似水俣病的病例。

环境化学是从微观的原子分子水平上研究宏观的环境现象及防治方法，研究其中的化学机制。环境化学研究的对象是大气、天然水体及土壤，这些都是复杂的体系，影响因素多、涉及的学科面广。研究中要吸收各相关学科的知识、理论和方法。环境化学是依靠多学科渗透和交叉发展起来的，具有跨学科的特点。当前环境化学的几个分支及其研究的内容简介如下：

1. 环境分析化学 研究环境污染物形态及其定量分析方法的科学。环境污染物含量常

---

① 方解石：$CaCO_3$，常呈白色，也有其他颜色。是构成大理石和汉白玉的矿物。可与 1：10 HCl 反应产生 CO_2。

② 白云石：$MgCO_3 \cdot CaCO_3$，大多为灰色、黄色与灰白色，相对密度和硬度略大于方解石。不能与 1：10 HCl 反应，这是它与方解石的区别。

常是微量、痕量，且基体复杂，要求分离效率高和分析方法灵敏准确。环境分析化学需要使用许多现代仪器分析手段以满足分离和检测的要求。分析方法的灵敏性制约着对污染物环境行为研究的深度，是环境化学其他分支不可缺少的手段。

2. 各圈层环境化学　指以大气圈、水圈和岩石土壤圈为研究对象的环境化学。

（1）大气环境化学　研究大气圈中环境污染物质的来源、分布、转化及其对环境的效应、防治的方法。比如对大气中污染物与光化学烟雾关系的研究，酸雨形成机制及影响因素的研究，大气中痕量气体（NO_x、CO_2、CH_4、卤代有机物等）对臭氧层影响的研究等，都是近几年备受关注的课题。我国对酸雨的研究非常重视，专门设置了酸雨监测站，在这方面开展了很多研究工作。

（2）水环境化学　研究天然水体化学物质（主要是环境污染物质）的来源、存在形态、迁移转化、生态效应及污染水体的治理方法等。过去在重金属、类金属、耗氧有机物、持久性有机物对水体的污染方面做过很多研究，研究的水域主要在江河、湖泊、水库及近海的重点水域。由于垃圾填埋引起了地下水污染，近年国外对地下水污染的研究非常重视。从应用基础研究来看，当前主要集中在界面物理化学过程、金属形态转化动力学过程、有机物化学与光化学降解过程、金属与类金属元素的甲基化过程、持久性有机污染毒物的定量结构与活性关系等方面。

（3）岩石土壤环境化学　主要研究农用化学物质在土壤中的存在形态、在土壤固-液界面的迁移转化，土壤中温室气体的释放等。研究的比较集中的有重金属、农药在土壤及土壤-植物根系中的迁移转化，被污染土地的修复等。

3. 环境工程化学　研究环境污染控制与治理中的化学基础问题，包括大气污染控制工程、水污染控制工程、固体废弃物污染控制等方面的化学原理和技术，治理用材料的制备与使用技术等，又称为污染控制化学。过去是在污染物产生后研究如何减少对环境的污染，如何治理，称为终端控制。至 20 世纪 80 年代中期后欧美提出预防污染、清洁生产的观念，将环境污染的控制提前，在生产工艺的设计阶段就开始选择环境友好工艺，采用无毒原料、无废品产生的工艺，这一观念有利于从根本上保护环境。

环境化学在环境科学中处于核心地位。许多环境问题的产生都直接或间接与化学物质进入环境介质有关；研究环境问题产生的原因、控制与治理的方法，诸如对光化学烟雾、酸雨等区域环境问题的研究，对全球气候变暖、大气臭氧层的破坏原因、二氧化碳人为排放增加等全球性问题的研究，都离不开环境化学。可以说，环境的污染始于化学，但环境的保护与治理也离不开化学。

（二）水环境化学与水产养殖

水环境化学讲授天然水中存在的物质的种类、形态、迁移转化的规律，生态效应及治理方法。掌握这些规律和方法，可以使我们了解水产养殖生物生存的环境、对生物的生态环境效应，可以指导我们进行养殖水质调控，帮助我们进行有关水域生态学的研究。一个地区水产养殖业的发展，不能超越水域环境的自净能力，即环境承载能力。过度的发展，养殖废水无任何处理地向天然水体（包括海域）排放，将加速水域富营养化，恶化水质，引起病害传播。20 世纪 90 年代我国对虾养殖业快速兴衰的历史，就是惨痛的教训。

水产养殖的稳产高产离不开对养殖水环境的调控。水质的好坏直接影响到水产品的产量与质量。许多地区的水产科学工作者为了避开天然海水中病毒传播的危害，努力开发人工海水育苗和地下咸水(井盐水)育苗。此时，合理配兑育苗用水的化学成分是育苗成功的关键。滨海地区、干旱地区的盐碱涝洼地的渔业开发利用，也涉及许多水环境化学问题。这些都要求水产科技工作者具备必要的水环境化学基本理论知识和技能。缺乏这方面的知识，研究工作可能走弯路，生产管理可能带有盲目性，容易因管理失当给生产带来重大损失。下面是几个比较典型的例子。

1. 盲目施用氮肥造成氨中毒，使全池种鱼死亡 东北某鱼种场用氨态氮和过磷酸钙化肥肥水培养鲢亲鱼，发现肥水效果很好。施肥后浮游植物大量繁殖，水色很快转好。这时，鱼种场技术人员在未做水质化验的情况下，又连续施了两次氮肥，造成全池种鱼中毒死亡。死亡原因是氨态氮肥过剩与浮游植物发展过快，造成 pH 升高，由于在高 pH 条件下非离子氨(NH_3)比例增大、含量增高，产生毒性使鱼死亡。生产上类似的例子常有发生。

2. 杀灭浮游动物引起气泡病，造成夏花鱼苗的大批死亡 辽宁某鱼种场有一水花发塘池，水色日益变淡，溶解氧(dissolved oxygen, DO)降低，人工连续数日往池中投放大粪，未见好转，溶解氧日益减少，后发现是水中浮游动物太多造成，立即用敌百虫杀灭，水色迅速变绿，溶解氧大幅度上升。施放敌百虫后第三天下午溶解氧达 20 mg/L 以上。池中鱼苗和蝌蚪均患气泡病，引起鱼苗大批死亡。问题出在浮游动物杀灭太彻底，浮游植物发展太快，造成溶解氧极度过饱和，引起气泡病。当然，施用敌百虫等高残毒农药也会造成毒物残留，应慎重，以免产生水产食品安全问题。

3. 水质变坏后盲目大量投放鱼种造成损失 陕西某水库原水面 $1.2 \times 10^7 \text{ m}^2$，后因连年干旱仅剩约 $4.3 \times 10^6 \text{ m}^2$，库水含盐量及总碱度均逐年积累，致使水质已不适应鲢、鳙和鲤的生长。1982 年前未做水质调查，每年仍向库中投放大量鲢、鳙和鲤的鱼种，9 年共计投放的 665 万尾鱼种全部死亡，造成了不必要的损失。

此外，盲目施肥造成的浪费；北方鱼类越冬时因水质处理或管理不善，致使全部死亡或成活率不高；因未控制好养虾池水质，一夜之间致使全池对虾死亡等事例都常常发生。

(三)养殖水环境化学在专业教学中的地位和作用

渔业水域是水产经济动植物生活的环境，水质的好坏直接影响水产品的产量和质量。水产科技工作者需要了解养殖水体水质变化的规律，以便管理和调控水质。养殖水环境化学在水产类相关专业中作为一门专业核心课程，它一方面要为学生学习专业课奠定基础，另一方面又要为学生将来从事水产养殖相关的生产和科研工作做好理论和技术准备。它集中讲授天然水和养殖用水中化学成分的来源、转化、迁移及这些成分与养殖生产的关系，相应的水质分析方法、调控方法，使学生较系统和较深入地掌握水环境化学的基本原理和技术。通过水环境化学的学习，还可以培养学生严谨的科学态度。

水产养殖专业的水环境化学课程一般包括以下几方面的内容：

1. 水环境化学成分的动态规律 作为水产科技人员，首先应了解天然水中有哪些成分，这些成分和水产养殖的关系，这些成分在水体中的分布及变化规律，养殖水体水质有何特点等。这就要学习天然水与养殖水中常见的化学成分的来源、迁移、分布、变化及评价。要将溶解、电离、氧化还原、配位、吸附、凝聚等平衡原理用于研究水环境化学状态的形成及变化，就不可避免地要涉及生物学、微生物学、生态学、地质学、地球化学等学科的知识，这一部分是水环境化学课程的主体内容。

在水化学成分对生物的影响及水生生物对水化学成分的影响这两方面，后者是养殖水环境化学的内容，前者在水生生物学与水产养殖等课程中都会重点讲解，本书只有少量涉及，主要是为了引起学生学习本课程的兴趣，并引导学生将所学知识用于为水产养殖专业服务。考虑到一些物理因素对水质的重要影响和毒物毒性实验方法的重要性，但在水产养殖专业培养计划的课程设置中一般没有涉及这两方面内容，因此本书安排了专门章节对这两方面进行了介绍。

2. 水质调控方法　水产养殖专业人员学习水环境化学的重点应在管理和调控水质，以达到稳定、高产、优质的目的。控制水质是养殖生产的重要任务，也是养殖技术的重要组成部分。加上水质调控的具体指标也与养殖对象有一定关系，养殖水环境化学课程对这部分内容做了如下界定：只根据水环境化学成分的动态规律对水质管理提出一般性意见，以避免与专业课重复。

3. 水质化验技术　要研究水中的化学成分及其转化，了解水质化学状况以指导生产，都需要进行必要的水质化验。选择准确、简便、快速的化验方法是水质分析工作者的努力方向。作为水产养殖工作者一般不研究和改进化验方法，但常常需要做一些必要的分析检验工作。即使在有专任化验员的情况下，也需要根据研究或生产目的对取样、化验等方面提出技术要求，需要对化验结果进行审查分析。这些都要求水产养殖工作者掌握必要的水质化验知识和技术。所以水质分析也是水环境化学课程的重要教学内容。

习题与思考题

1. 什么是大气圈、水圈、岩石土壤圈？
2. 谈谈你对环境和环境保护的认识。
3. 世界水资源的分布和我国水资源的状况如何？
4. 天然水中的主要成分有哪些？它们是怎样形成的？复杂性表现在什么地方？
5. 环境化学的任务是什么？其分支学科如何划分？各分支学科的研究内容有哪些？
6. 养殖水环境化学课程的教学目的、教学内容是什么？有什么教学要求？
7. 根据表 0-2 的数据，利用计算机作图软件绘出大气压力(p)-海拔高度(h)关系图，求出不同海拔高度平均大气压力的计算公式，并计算海拔 1.7 km 的平均大气压力。提示：平均大气压力随海拔高度的变化符合指数衰减规律。（答：82.09）

第一章

□□□□□□□□□□□

天然水的主要理化性质

教学一般要求

掌握：天然水离子总量、矿化度、盐度的概念及相互关系。水体流转混合、温度分布的影响因素、温度与盐度的关系。阿列金分类法。

初步掌握：海水电导盐度、实用盐度的定义及其优点。天然水电导率、电解质摩尔电导、离子摩尔电导的概念及影响因素。运用活度系数进行有关化学平衡的初步计算。

了解：海水的密度、密度最大时的温度、冰点与盐度的关系。盐度、水体流转与水产养殖的关系。天然水的离子强度与活度的概念、活度系数的计算。

初步了解：海水盐度、氯度定义的演变，电解质平均活度与平均活度系数的计算。

第一节　天然水的含盐量和化学分类

一、天然水的化学组成和含盐量

(一)天然水的化学组成

按不同组分含量与性质的差异，以及与水生生物的关系，可以把天然水的化学成分分为7类，即常量元素、溶解气体、营养元素、微量和痕量元素、溶解有机物、胶体以及颗粒物。

1. 常量元素　对于大多数淡水，水中的常量元素主要为以离子形式存在的4种阳离子（Ca^{2+}、Mg^{2+}、Na^+、K^+）和4种阴离子（HCO_3^-、CO_3^{2-}、SO_4^{2-}、Cl^-），淡水中常量元素占水中溶解盐类总量的90%以上。在特殊情况下，淡水中可能还含有比较多的 NO_3^-、NH_4^+ 或 Fe^{2+} 等。将海水中浓度高于 0.05 mmol/kg 的元素称为常量元素，其中包括阳离子 Na^+、K^+、Ca^{2+}、Mg^{2+}、Sr^{2+}，阴离子 Cl^-、SO_4^{2-}、HCO_3^-、CO_3^{2-}、Br^-、F^- 和 H_3BO_3 分子，它们占海水溶解盐类总量的99%以上，且在海水中含量的比例几乎不变。海水中常量元素浓度比值基本上不变，被称为马塞特-迪特马尔（Marcet - Dittmar）恒比规律。海水中的常量元素多以自由离子或离子对形式存在，少量以配合物形式存在。在海水中，常量元素的浓度无变化或几乎无变化，被称为保守性元素。这些元素几乎不参与海洋中的化学和生物过程，其空间和时间分布主要受物理过程控制，如水团混合。水中以离子形式存在的常量元素称为常量离子，亦称为主要离子。常量元素是决定天然水体物理化学特性的最重要因素，如

HCO_3^-、CO_3^{2-} 对维持水体的 pH 具有重要的作用。

2. 溶解气体 天然水中溶有大气中所含有的各种气体，并与大气中的气体达成溶解平衡，也溶有水中化学过程和生物过程产生的各种气体。主要是 N_2、O_2、CO_2、稀有气体和微量活性气体 H_2S、CH_4、N_2O、CO、H_2 等。水中溶解气体的含量、分布与环境因素相关，如水中溶解氧含量与水的温度、水中生物生命活动有关，有明显的昼夜、季节、周年变化特点和明显的水层差异。

3. 营养元素 水中的氮、磷、硅等与植物生长密切相关的元素称为营养元素，它们在水体中的可溶性无机化合物称为营养盐，主要包括含氮化合物（NO_3^-、NO_2^-、NH_4^+）、含磷化合物（HPO_4^{2-}、$H_2PO_4^-$、PO_4^{3-}）、含硅化合物（H_4SiO_4）等。天然水体中的营养盐含量通常较低，受生物生命活动影响较大。水中营养盐的浓度与比例直接影响浮游植物的种群动态和群落结构，控制着水体的初级生产力。水中营养盐含量高、比例合适，其他环境条件适合时，会导致某些藻类快速、大量繁殖，形成有害藻华，严重危害水域生态系统健康。

4. 微量和痕量元素 微量和痕量元素在水中的含量很低（微量元素 $0.05 \sim 50 \ \mu mol/kg$，痕量元素 $< 0.05 \ \mu mol/kg$）但又不属于营养元素，其中绝大部分是金属元素。它们在水中的种类繁多，总量却非常少，仅占总含盐量的 0.1% 左右。部分微量和痕量元素是生物生长的必需元素，在一定浓度水平下起到维持和促进水生生物生长的作用，但超过一定浓度时会对水生生物产生毒性作用，如 $Cu(II)$、$Zn(II)$、$Co(II)$、$Mn(II)$、$Fe(III)$ 等。而其他部分微量和痕量元素是生物生长非必需元素，较低浓度下即对水生生物产生危害，如 $Hg(II)$、$Cd(II)$、$Pb(II)$ 等。通常微量和痕量元素的生物有效性与其存在形态有关。水中的微量和痕量元素大部分以离子对或配位化合物形态存在。

5. 溶解有机物 水环境中的有机物一般包含天然有机物的溶解态、颗粒态和可挥发态三种存在形式。溶解有机物（dissolved organic matter，DOM。详见第七章）是一类结构复杂、性质稳定的有机大分子混合物，其元素组成为碳、氮、磷，颜色一般呈黄色或浅棕色，分子质量可从几百到上百万。主要由腐殖质（占 $40\% \sim 80\%$）和一些较活跃的生化物质，如游离的氨基酸、糖类、脂肪酸、色素等低分子质量物质组成，其中能够被鉴别出的组分仅有 $10\% \sim 20\%$。海水中的溶解有机物分为外部来源和内部来源，外部来源由河流径流、大气和海洋沉积物中的有机物质分解释放产生，内部来源是海洋中的有机物质由化学过程和生物过程产生。

6. 胶体 水中的胶体物质是指直径在 $1 \sim 1\ 000 \ nm$ 的微粒。天然水中的胶体可分为无机胶体、有机胶体和有机无机胶体复合体。无机胶体包括黏粒矿物胶体、铝硅酸盐、水合金属氧化物胶体等，有机胶体包括天然胶体和人工合成的高分子有机物、蛋白质、腐殖质等。由于胶体物质的微粒小、质量轻、单位体积所具有的表面积大，故其表面具有较大的吸附能力，常常因吸附各种离子而带电荷，同类胶体因带有同种电荷而互相排斥。天然水中含有丰富的胶体，这些胶体与水生生物关系较为密切，对重金属离子和持久性有机物具有吸附作用和凝聚作用。

7. 颗粒物 水环境中的颗粒物是指粒径在 $1 \ \mu m$ 以上的物质，包括泥沙、黏土颗粒等颗粒无机物，有生命的浮游生物和无生命的有机碎屑等颗粒有机物，及其有机-无机复合体。由于氧键、氢键及阳离子的交换作用，无机颗粒表面通常被多糖、脂类、腐殖质等有机质以及铝、铁、锰的水合氧化物包裹，因此无机颗粒很少是单独存在的。另外水体中的悬浮物表面还常常被丰富的蛋白质类有机质及细菌和浮游生物所覆盖，形成一层生物有机膜。水中颗粒物的含量与所采用的颗粒物采集方法有关，在大多数的研究中，通常采用 0.45 μm(少数采用 0.2 μm)孔径的微孔滤膜过滤水样，被截留在微孔滤膜上的悬浮颗粒物含量即为颗粒物含量。由于水中大多数处于悬浮状态的颗粒物粒径小于 100 μm，因此，实际测得的水中颗粒物含量是粒径 0.45~100 μm 的悬浮颗粒物含量。水中颗粒有机物的元素组成主要为碳、氮、磷，因此，也常测定水中的颗粒有机碳(particle organic carbon，POC)含量。水中的颗粒物含量依水体不同而存在很大差别。

(二)反映天然水含盐量的参数

天然水中含有的可溶性的以无机盐为主的物质的总量，即为总含盐量，以 S_T 表示。含盐量是天然水的一项重要水质指标，它与水的许多物理化学性质，如水的密度、依数性和导电性等都有关系。含盐量也影响到天然水的生态学性质和水的可利用价值。反映天然水含盐量的参数通常有离子总量、矿化度和盐度。

1. 离子总量　离子总量是指天然水中各种离子的含量之和，常用 mg/L、mmol/L、mg/dm^3、$mmol/dm^3$ 或 g/kg、mol/kg 为单位表示。由于含量微小的成分对离子总量的贡献通常可被忽略，因此，天然水中主要离子成分含量的总和即为离子总量，在计算离子总量时可以只考虑水中的主要离子。即

$$S_T = \sum c_i \tag{1-1}$$

式中：S_T 为离子总量；c_i 为以单位电荷为基本单元的物质的量浓度(以单位电荷形态 $\frac{1}{n}M^{n+}$ 或 $\frac{1}{n}A^{n-}$ 为基本单元)，下标 i 表示某物质。

如前所述，对于大多数淡水，构成离子总量的主要离子一般有 Ca^{2+}、Mg^{2+}、Na^+、K^+、HCO_3^-、CO_3^{2-}、SO_4^{2-}、Cl^-。从电中性考虑，以单位电荷的物质的量浓度表示时，水中阴离子总量与阳离子总量应相等。对于一般淡水有：

$$c_{Na^+} + c_{K^+} + c_{\frac{1}{2}Ca^{2+}} + c_{\frac{1}{2}Mg^{2+}} = c_{HCO_3^-} + c_{\frac{1}{2}CO_3^{2-}} + c_{\frac{1}{2}SO_4^{2-}} + c_{Cl^-} \tag{1-2}$$

$$\sum c_{\frac{1}{n_j}M_j^{n_j+}} = \sum c_{\frac{1}{n_i}A_i^{n_i-}} \tag{1-3}$$

2. 矿化度　矿化度是水中所含无机矿物成分的总量。测定时取一定体积的水样，于事先干燥至恒重并称重的蒸发皿中水浴蒸干，用过氧化氢氧化水中有机物后在 105~110 ℃ 烘干至恒重并称重，减去蒸发皿的质量即可得到矿化度。矿化度与离子总量比较，测定时水中 HCO_3^- 的量损失了将近一半(50.8%)，因为在蒸干过程中发生了如下反应：

$$Ca^{2+} + 2HCO_3^- \xrightarrow{\triangle} CaCO_3 + CO_2\uparrow + H_2O\uparrow \tag{1-4}$$

3. 盐度　盐度是反映海水含盐量的指标。1899 年，丹麦海洋学家克纽森(Knudsen)倡导建立的国际委员会，推荐建立了海水盐度定义：当海水中所有的溴化物和碘化物被等当量的氯化物所取代、全部碳酸盐转变为等当量的氧化物、有机物完全氧化时，1 kg 海水中所含有的无机盐的质量，盐度无量纲，用符号 S_A 表示。其测量方法是取一定量的海水，加入盐酸和氯水，蒸发至干，然后在 380 ℃ 或 480 ℃ 的恒温下干燥 48 h，最后称重所剩余固体物质的质量。这种方法测量海水盐度，操作复杂、耗时长，不适用于海洋调查，因此，在实践中都是测定海水的氯度(Cl)，根据海水常量元素组成恒定性规律，间接计算盐度。1902 年福

克(Forch)等建立了盐度与氯度关系式：

$$S_A = 0.030 + 1.805Cl \tag{1-5}$$

1962 年联合国教科文组织(UNESCO)提出了新的盐度-氯度关系式：

$$S_A = 1.806\,55Cl \tag{1-6}$$

1966 年，UNESCO 建立了海水盐度(以氯度估算)和 15 ℃测得的相对于盐度为 35.00 的标准海水的电导比(R_{15})间的关系式：

$$S_A = -0.089\,96 + 28.297\,20R_{15} + 12.808\,32R_{15}^2 - 10.678\,969\,R_{15}^3 + 5.986\,24R_{15}^4 - 1.323\,11R_{15}^5 \tag{1-7}$$

从而可以通过测定电导比经计算得到海水的电导盐度，但是，这个电导盐度存在问题：水样采集自水深 200 m 以内，且公式建立在海水组成恒比性基础上，为实际含盐量的近似值。1978 年，路易斯(Lewis)和帕金(Perkin)提出用 KCl 水溶液(浓度 32.435 6 g/kg)作为海水盐度的测定标准，并建议该 KCl 标准溶液的浓度应使其电导率与氯度为 19.374 g/kg 的海水($S_A=35.000$ 标准海水)电导率相同。由此形成了被广泛采用的实用盐度(practical salinity units，PSU)定义：在大气压力为 101.325 kPa(标准大气压)、15 ℃环境温度下，海水样品与 KCl 标准溶液的电导比，并以此计算电导盐度。同年，国际"海洋学常用表和标准联合专家小组"(JPOTS)提出将该 KCl 标准溶液作为实用盐度标度(practical salinity scale，PSS78)，于 1982 年 1 月起在国际上推行，并建立公式：

$$S = \sum_{i=0}^{5} a_i K_{15}^{\frac{i}{2}} \tag{1-8}$$

式中：S 为实用盐度；K_{15} 为大气压力为 101.325 kPa(标准大气压，即水面大气压力，记为 $p=0$)、15 ℃环境温度下，海水样品与 KCl 标准溶液的电导比，$K_{15}=c_{(S,15,0)}/c_{(35,15,0)}$；$a_i$ 为常数($a_0=0.008\,0$、$a_1=-0.169\,2$、$a_2=25.385\,1$、$a_3=14.049\,1$、$a_4=-7.026\,1$、$a_5=2.708\,1$)。

对于其他任意温度，可进行温度校正：

$$S = \sum_{i=0}^{5} a_i K_T^{\frac{i}{2}} + \Delta S$$

$$S = \sum_{i=0}^{5} a_i K_T^{\frac{i}{2}} + \frac{T-15}{1+K(T-15)} \sum_{i=0}^{5} b_i K_T^{\frac{i}{2}} \tag{1-9}$$

式中：S 为实用盐度；K_T 为大气压力 101.325 kPa(标准大气压)、环境温度 T ℃下，海水样品与 KCl 标准溶液的电导比，$K_T=c_{(S,T,0)}/c_{(35,T,0)}$；$b_i$ 为常数($b_0=0.000\,5$、$b_1=-0.005\,6$、$b_2=-0.006\,6$、$b_3=-0.037\,5$、$b_4=0.063\,6$、$b_5=-0.014\,4$)；$K=0.016\,2$。

由于海水离子组成变化，对同一海水样品采用滴定氯度测得的绝对盐度(S_A)与实用盐度(S)间的关系为：

$$S_A = a + b \cdot S \tag{1-10}$$

式中：a、b 为常数，依赖于海水离子组成。国际标准海水的 $a=0$、$b=1.004\,88 \times 10^{-3}$。

离子总量、矿化度概念多用来反映内陆水的含盐量，盐度则是反映海水含盐量的参数。在一些内陆水含盐量的文献中，也有使用"盐度"这个术语，从上、下文中分析，有的作者指的是离子总量、有的作者指的是矿化度，并不是指海洋学上的盐度概念。

从概念上看，离子总量比矿化度稍大，矿化度又比盐度稍大。海水中离子总量 S_T 与绝

对盐度 S_A、实用盐度 S 有下列关系：

$$S_T = 1.005\ 1S_A = 1.005\ 1S \qquad (1-11)$$

4. 其他　与含盐量有密切关系的水质参数还有许多，比如海水的折射率、密度等都与海水含盐量有密切关系，因而市场上设计生产了海水光学盐度计、海水密度计等设备，使用它们可以直接测定盐度，但目前较多使用的还是电导盐度计。

(三)含盐量与水产养殖的关系

天然水的含盐量相差悬殊。含盐量低的，离子总量每升仅有数十毫克，如多数雨水及某些潮湿多雨地区的地表水。我国的福建、广东沿海一些河流、水库的离子总量就在 100 mg/L 以下。含盐量高的，离子总量每升水则可达数十克甚至数百克，如大洋海水离子总量可达 35 g/L，我国新疆、四川一些地下水离子总量可达 300 g/L 以上。死海的表层水盐度可达 300，下层水盐度可达 332。

由于水生生物渗透压调节机制不同，淡水鱼类只能生活在含适量盐分的水中，不同鱼类或同一种鱼类的不同生长阶段所能适应的含盐量的范围是不同的，即耐盐限度不同。例如，鲢、鳙鱼苗的耐盐上限为 2.5 g/L 左右，夏花鱼种为 3.0 g/L 左右；鲢的仔鱼期为 5～6 g/L，成鱼为 8～10 g/L；草鱼耐盐性较鲢强，仔鱼期耐盐上限为 6～8 g/L，成鱼为 10～12 g/L；鳟的成鱼耐盐限度可达 30 g/L。几种常见养殖淡水鱼类在 pH 8.0～8.2 对盐度的耐受性(24 h LC$_{50}$)顺序为：尼罗罗非鱼>罗氏沼虾>鲫>淡水白鲳>鲤>草鱼>鲢。

海水鱼在盐度过低的水中会死亡。但是一些广盐性生物，对渗透压的调节能力很强，经过驯化，本来生长在淡水的种类可以在海水中生长，例如，本来生活在海水中的罗非鱼，可以在接近淡水的水中生长，以及花鲈、美国红鱼、中国对虾等。河蟹要在海水中产卵、孵化、发育到大眼幼体后，到淡水中变成仔蟹，生长、成熟。南美白对虾既可以在淡水中养殖，也可以在海水中养殖。

水生生物对盐度有一定的适应范围，盐度过高或过低均会影响水生生物的生长发育及存活。一般来说，水生生物在最适盐度范围内的生长和繁殖速率快。例如，在盐度小于 7 的咸水中，瓦氏黄颡鱼的生长率和存活率差异均不显著，但盐度达到 10 时，生长率和存活率均明显下降。绿鳍马面鲀幼鱼最适盐度为 25～35，超出此范围其生长速度明显降低。盐度对口虾蛄的生长与存活率有较大影响，口虾蛄存活的盐度为 20～40，适宜盐度为 24～36，生长最适盐度为 32。臧维玲等的研究发现，日本对虾幼体最适盐度为 10.2～26.9，盐度 20.3 时增长率与增重率最大；克氏原螯虾受精卵孵化对盐度要求较为严格，其孵化的适宜盐度为 0～4，超出此范围孵化率明显降低。刘锡胤等的研究发现，大银鱼受精卵能够在盐度 20 以下的条件下孵出仔鱼，但孵化率随盐度的升高而降低，孵出的仔鱼畸形率随盐度的升高而升高，胚胎发育速度也相应减慢。

水产动物对盐度的适应性同时也受到水环境中的 pH、碱度、离子组成等因素的影响。如臧维玲等认为，鲢、鳙对盐度的耐受限度与水的 pH 有关，随着 pH 增大，其耐盐上限降低。鲢、鳙鱼种对高盐度的 24 h LC$_{50}$ 与 pH 有着如下关系：

鲢：24 h LC$_{50}$ = 39.75 − 3.78pH，$n=8$，$r=0.999$

鳙：24 h LC$_{50}$ = 49.25 − 4.78pH，$n=8$，$r=0.983$ $\qquad (1-12)$

pH 8 时鲢、鳙鱼种对盐度的 96 h 中间耐受限度(详见第八章)值分别为 6.50 与 9.06。盐度和碱度对鱼类的作用存在交互性，这种交互性既有协同作用又有拮抗作用。武鹏飞在研究盐碱交互作用对三种鳅科鱼的影响时发现，盐碱交互对黑龙江泥鳅、大鳞副泥鳅在 48 h 和 96 h 内均表现为协同作用，对达里湖高原鳅在 48 h 内表现为协同作用，而在 48 h 后、96 h 内表现为拮抗作用，表 1-1 是这三种鳅科鱼在盐碱联合毒性下的回归模型。

表 1-1 三种鳅科鱼在盐碱联合毒性下的回归模型

种类	暴露时间/h	回归方程	相关系数 r^2
黑龙江泥鳅	48	$Y=0.570-0.341S-4.174A+5.263A^2+2.552c_{SA}$	0.965
	96	$Y=-1.027+0.490S+4.894A-6.000A^2+1.307c_{SA}$	0.987
大鳞副泥鳅	48	$Y=-1.398-1.286S+5.703A-11.237A^2+7.725c_{SA}$	0.996
	96	$Y=-1.776-0.77S+7.537A-9.381A^2+3.301c_{SA}$	0.983
达里湖高原鳅	48	$Y=1.658-1.022S-7.556A+7.382A^2+3.301c_{SA}$	1.000
	96	$Y=-11.415+13.785S+22.54A-7.13A^2-19.4c_{SA}$	0.997

注：Y 为死亡系数，S 为盐度，A 为碱度，A^2 为碱度平方，c_{SA} 为盐度碱度积。

水产动物的耐盐限度还与盐分的组成有关。许多水产动物对含 HCO_3^-、CO_3^{2-} 以及 K^+ 较多的水的耐盐限度显著降低，大部分耐盐试验是用低盐海水或淡水添加 NaCl 进行的，这些试验结果不能随意推广应用至 HCO_3^-、CO_3^{2-} 及 K^+ 含量高的半咸水，对此类水的适宜养殖种类应通过试验加以确定。同时，鱼类的区系结构、种类数量和生长速度与水体盐碱度的高低有着密切关系，盐碱度高的水体其鱼类的生长速度较慢。因为在高盐碱度下鱼类可能会出现烂鳍、瞎眼、肌肉溃疡和坏疽等，产生"碱病"（即原纤维腐蚀和坏死）。

主要离子 Ca^{2+}、Mg^{2+} 含量（$c_{Ca^{2+}}$、$c_{Mg^{2+}}$）及比例也会对水产动物产生影响。在水产养殖中，有时仅仅考虑总含盐量或盐度是不够的。如臧维玲等的研究发现，在河口区进行河蟹、罗氏沼虾育苗时，可用盐卤稀释、地下水加盐等方式配制人工海水，此时，不仅盐度必须符合要求，而且其中的主要离子 Ca^{2+}、Mg^{2+} 含量及其比例也需维持在合适范围内。如河蟹育苗时 Mg^{2+} 含量为 484～816 mg/L、Ca^{2+} 含量为 178～340 mg/L，$c_{Mg^{2+}}/c_{Ca^{2+}}$ 为 2.3～3.0；罗氏沼虾育苗时 Mg^{2+} 含量为 300～440 mg/L、Ca^{2+} 含量为 170～244 mg/L，$c_{Mg^{2+}}/c_{Ca^{2+}}$ 为 1.8～2.2；花鲈孵化与生长发育也受 Ca^{2+}、Mg^{2+} 含量的影响，当 $c_{Ca^{2+}} \leqslant 194.26$ mg/L，$c_{Mg^{2+}} \leqslant 556.67$ mg/L 时会增加花鲈受精卵孵化的畸形率，降低仔鱼的活力。

二、天然水的化学分类法

天然水的分类方法不尽相同，使用较广的分类方法是按含盐量和基于化学成分的分类方法。

(一)按含盐量的分类

下面介绍 3 种按矿化度分类的方法，单位为 g/L 或 g/kg。

1. 苏联学者 O. A. 阿列金提出的分类方法

淡水：矿化度 0～1 g/L（或用无量纲单位 10^{-3}，下同）

微咸水：矿化度 1～25 g/L

具海水盐度的水：矿化度 25～50 g/L

盐水：矿化度＞50 g/L

基于人的味觉，把淡水的范围确定在小于 1 g/L，当离子总量高于 1 g/L 时，大多数人可以感到咸味；微咸水与具有海水盐度的水的分界线定在 25 g/L，是根据在这种含盐量时，水的结冰温度与最大密度时的温度相同；具海水盐度的水与盐水的界线乃是根据在海水中尚未见到过高于 50 g/L 的情况，只有盐湖水和强盐化的地下水才会超过此含盐量。

2. 按离子总量的分类方法

淡水：矿化度 0～1 g/L

微咸水：矿化度 1～10 g/L

咸水：矿化度 10～100 g/L

盐水：矿化度＞100 g/L

3. 在湖沼学与生态学中常用的划分法

淡水：矿化度 0～0.5 g/L(其中 0～0.2 g/L 称为缺盐水)

寡混盐水：矿化度 0.5～5 g/L

中混盐水：矿化度 5～18 g/L

多混盐水：矿化度 18～30 g/L

真盐水：矿化度 30～40 g/L(世界海洋的平均盐幅)

超盐水：矿化度＞40 g/L

(二)按主要离子成分的分类——阿列金分类法

按照水中化学成分的天然水分类方法也有很多，其中较常用的是由苏联学者阿列金提出的。阿列金分类法既考虑了占优势的离子，又考虑了离子含量之间的比例关系。具体划分方法是：

1. 根据含量最多的阴离子将水分为三类 碳酸盐类、硫酸盐类和氯化物类。含量的多少是以单位电荷离子为基本单元的物质的量浓度进行比较，并将 HCO_3^- 与 $\frac{1}{2}CO_3^{2-}$ 合并为一类，$\frac{1}{2}SO_4^{2-}$ 及 Cl^- 各为一类。各类的符号：C 为碳酸盐类，S 为硫酸盐类，Cl 为氯化物类。

2. 再根据含量最多的阳离子将水分为三组 钙组、镁组与钠组。在分组时将 K^+ 与 Na^+ 合并为钠组，以 $\frac{1}{2}Ca^{2+}$、$\frac{1}{2}Mg^{2+}$ 及 $Na^+(K^+)$ 为基本单元的物质的量浓度进行比较。各组的符号：Ca 为钙组，Mg 为镁组，Na 为钠组。

3. 根据阴、阳离子含量的比例关系将水分为四个型

Ⅰ型：$c_{\frac{1}{2}Ca^{2+}} + c_{\frac{1}{2}Mg^{2+}} < c_{HCO_3^-} + c_{\frac{1}{2}CO_3^{2-}}$

Ⅱ型：$c_{HCO_3^-} + c_{\frac{1}{2}CO_3^{2-}} < c_{\frac{1}{2}Ca^{2+}} + c_{\frac{1}{2}Mg^{2+}} < c_{HCO_3^-} + c_{\frac{1}{2}CO_3^{2-}} + c_{\frac{1}{2}SO_4^{2-}}$

Ⅲ型：$c_{HCO_3^-} + c_{\frac{1}{2}CO_3^{2-}} + c_{\frac{1}{2}SO_4^{2-}} < c_{\frac{1}{2}Ca^{2+}} + c_{\frac{1}{2}Mg^{2+}}$，或 $c_{Na^+(K^+)} < c_{Cl^-}$

Ⅳ型：$c_{HCO_3^-} + c_{\frac{1}{2}CO_3^{2-}} = 0$

在每一组内一般只能有其中的 3 个型的水存在，见表 1-2 所示。

各型水分别具有不同的水质特点：

Ⅰ型水是弱矿化水。主要在含大量 K^+、Na^+ 的火成岩地区形成，水中含有相当数量的 $NaHCO_3$ 成分(即主要含有 Na^+ 和 HCO_3^-)，在某些情况下也可能由 Ca^{2+} 交换土壤和沉积物中的 Na^+ 而形成。此型水多半是低矿化度水。干旱、半干旱地区的内陆湖，如果由Ⅰ型水特征很强的水所补给，有可能形成微咸水的苏打湖，甚至生成产天然碱的盐碱湖。

Ⅱ型水为混合起源水。其形成既与水和火成岩的作用有关，又与水和沉积岩的作用有关。大多数低矿化度(200 mg/L 以下)和中矿化度(200～500 mg/L)的河水、湖水和地下水属于这一类型。

表 1-2 天然水的分类(阿列金分类法)

类	碳酸盐类 C			硫酸盐类 S			氯化物类 Cl		
组	钙组 Ca	镁组 Mg	钠组 Na	钙组 Ca	镁组 Mg	钠组 Na	钙组 Ca	镁组 Mg	钠组 Na
型	I	I	I	II	II	I	II	II	I
	III	II	II	III	III	II	III	III	II
	III	III	III	IV	IV	III	IV	IV	III

III 型水也是混合起源水。但一般具有很高的矿化度。在此条件下,由于离子交换作用使水的成分明显变化,通常是水中的 Na^+ 交换出土壤和沉积岩中的 Ca^{2+} 和 Mg^{2+}。海水、受海水影响地区的天然水和许多具高矿化度的地下水属此类型。

IV 型水的特点是不含 HCO_3^-。酸型沼泽水、硫化矿床水和火山水属此型。在碳酸盐类水中不可能有 IV 型水,在硫酸盐与氯化物类的钙组和镁组中也不可能有 I 型水,而硫酸盐与氯化物类的钠组一般没有 IV 型水。这样,天然水就分成见表 1-2 所示的 27 种类型。

分类符号的排列,先写"类","组"写在"类"的右上方,"型"则用罗马数字标在"类"符号的右下方。如 C_{II}^{Ca} 表示碳酸盐类、钙组、第 II 型水。S_{III}^{Na} 表示硫酸盐类、钠组、第 III 型水。此外,有时还要标上矿化度或含盐量(精确至 0.1 g/L,写在型的右面)和总硬度(精确至 0.1 mmol/L,写在组的右面),如 $C_{II\ 0.4}^{Ca5.0}$,表示总硬度为 5.0 mmol/L,含盐量为 0.4 g/L。

有时水中的阴离子或阳离子并不是一种离子独占优势,而是两种离子相差不多,当次要离子以单位电荷为基本单元的物质的量百分比与主要离子的相差不超过 5% 时,则应在分类符号中将次要离子也标出。CS_{II}^{Ca} 表示碳酸盐硫酸盐类、钙组、II 型水,该水中 SO_4^{2-} 仅次于 HCO_3^-,且含量相差不大。

第二节 天然水的密度和透光性

一、天然水的密度

1. **纯水的密度** 纯水的密度是温度和压力的函数。在压力为 101.325 kPa 时,纯水的密度见附录 2。

纯水在 4 ℃时密度最大。天然水的密度是温度、含盐量、盐分组成、压力的函数。对于淡水可以近似比照纯水的参数看待,以 4 ℃密度最大。

2. **海水的密度** 海水的密度是温度、压力和盐度的函数。由于海水密度的测量相对不方便,因此一般采用海水状态方程由盐度等计算海水的密度。为书写方便,通常采用密度偏差表征海水的现场密度:

$$\{\sigma_{S,0,0}\}_{g/cm^3} = -0.069 + 0.814\,15S - 4.81 \times 10^{-4}S^2 + 6.75 \times 10^{-6}S^3 \qquad (1-13)$$

式中:S 为盐度;$\{\sigma_{S,0,0}\}_{g/cm^3}$ 为在盐度 S、温度 0 ℃、海面压力 $p = 0$(101.325 kPa)时以 g/cm^3 为单位的海水密度偏差。

$$\{\sigma_{S,T,p}\}_{g/cm^3} = (\{\rho_{S,T,p}\}_{g/cm^3} - 1) \times 1\,000 \qquad (1-14)$$

式中：S 为盐度；$\{\sigma_{S,T,p}\}_{g/cm^3}$ 为在盐度 S、温度 T、压力 p 时以 g/cm^3 为单位的海水密度偏差；$\{\rho_{S,T,p}\}_{g/cm^3}$ 为在盐度 S、温度 T、压力 p 时以 g/cm^3 为单位的海水现场密度。

其他温度条件下海水密度与盐度间关系的计算公式比较复杂，有兴趣的同学可以查阅有关文献。不同温度、盐度时海水的密度可查阅附录 3。海水密度一般都大于 $1\ g/cm^3$，小于 $1.03\ g/cm^3$。

分析比较附录 3 中的数据可以发现，盐度变化 1 个单位引起的密度变化值，比温度变化 1 ℃引起的密度变化值大许多，这对我们研究和控制海水池塘冬天的温度分布有指导意义。

纯水密度最大时的温度是 4 ℃（严格为 3.98 ℃），海水密度最大时的温度 $T_{最密}$ 是盐度的函数：

$$\{T_{最密}\}_{℃} = 3.975 - 0.216\,8S + 1.282 \times 10^{-4}S^2 \qquad (1-15)$$

$T_{最密}$ 随盐度变化的曲线见图 1-1，近似于一条直线。

通常将 17.5 ℃时的海水密度与盐度的关系计算列成表格，便于查。附录 4 是经过简化以后的不同温度下海水条件密度与盐度的关系。利用附录 4 可以根据海水温度和密度计测得的海水密度 ρ_T，从中查得海水的盐度。虽然这样得到的盐度精度不高，但是采用内插法可以精确到小数点后 1 位，对于水产养殖工作，该精度可满足要求。

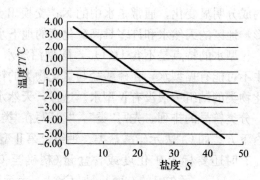

图 1-1　海水冰点和最大密度时的温度
—— $T_f/℃$ 　—— $T_{最密}/℃$

二、天然水的透光性

太阳光照射到水面以后，一部分被反射，一部分经折射进入水体。进入水体的部分，一部分被吸收，一部分被散射，余下的继续向深部穿透。

(一)水面对太阳辐射的反射

一束太阳辐射 A，以一定入射角 i 直接射到平静的水面后(图 1-2)，一部分辐射被水面沿 D 线反射，反射角等于入射角。一部分光则沿折射角 α 进入水体。被水面反射的太阳辐射与投影到水面的太阳辐射的比率称为反射率。反射率与入射角有关，入射角是光线与水平面的垂线间的夹角，也是太阳的天顶距。人们将太阳光线与地平面的夹角称为太阳高度(角)。据研究，平静水面对太阳直接辐射的反射率随太阳高度(角)的增大而降低，当太阳的高度(角)在 30°～80°时，反射率只有 6.2%～2.1%，太阳高度(角)在 30°以下，反射率随太阳高度(角)的降低而迅速增加。

水面对大气层散射辐射的反射率在 5%～10%。

(二)水对太阳辐射的吸收和散射

通过水面进入水中的太阳辐射，一部分被水及其中溶存的物质吸收，一部分被散射，一部分继续向深处穿透。被吸收的辐射能，大部分被转变成热能，使水温升高。被散射的部分，变为朝各方向传播的辐射；向水深处传播的辐射，沿程仍不断被吸收与散射。

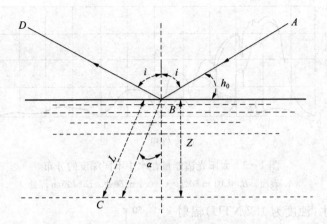

图 1-2　太阳光线的反射与折射

如果以 I_L 表示在水中穿过光程 L(m)后的某波长太阳辐射能，以 I_0 表示穿过水面进入水中的该波长太阳辐射能，则可以用下列指数方程表示它们之间的关系：

$$I_L = I_0 \exp\{-(m+K)L\} = I_0 \exp\{-\mu L\} \qquad (1-16)$$

式中：m、K 分别为水对该波长辐射能的吸收、散射的系数；μ 为 m、K 之和，称为衰减系数。μ 与水中所含物质有关，也与光的波长有关(表 1-3)。

表 1-3　不同波段的辐射能通过一定水深后的能量百分比(%)

波长/μm	水深/m				
	0	0.01	0.1	1	10
0.2～0.6	23.7	23.7	23.6	22.9	17.2
0.6～0.9	36	35.3	30.5	12.9	0.9
0.9～1.2	17.9	12.3	0.8	0	0
1.2 以上	22.4	1.7	0	0	0
总计	100.0	73.0	54.9	35.8	18.1

图 1-3 是太阳光谱能量在水中不同深度的分布示意图。表 1-3 给出了不同波段的辐射能通过一定水深后的能量变化。可以看出，太阳辐射中的红外线绝大部分被表层 0.1 m 水层吸收。太阳辐射总能量的 27% 可被 0.01 m 水层吸收，64% 被 1 m 水层吸收，10 m 深处的辐射能仅是表层的 18.1%，到 100 m 深处的辐射能只及表层的 1.4% 左右。但蓝色光的穿透能力很强，到 100 m 深处只剩下蓝色光。

光合作用有效辐射主要是可见光部分的辐射。可见光辐射在水中随深度的衰减可用下式表达：

$$I_Z = I_0 \exp\{-(\mu_w + \mu_C + \mu_P)Z\} = I_0 \exp\{-K_\lambda Z\} \qquad (1-17)$$

式中：Z 为水深(m)；I_0、I_Z 分别为进入水中表层 0 m 和 Z(m)深处的可见光的光照度；μ 为可见光波长的平均衰减系数；μ_w、μ_C、μ_P 分别为由纯水、溶解有机物质及悬浮物质形成的衰减系数；K_λ 为 μ_w、μ_C、μ_P 之和，称为波长 λ 的消光系数。

将上式进行整理可得：

$$\tau = I_Z / I_0 = \exp\{-K_\lambda Z\} \qquad (1-18)$$

式中：τ 为辐射透射率。

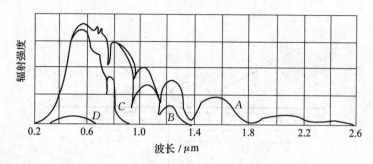

图1-3 太阳光谱能量在水中不同深度的分布

A. 表面 B. 0.01 m深处 C. 0.1 m深处 D. 100 m深处

图1-4为淡水(浊度为1.2 NTU)辐射
透射率在不同深度处随时间变化的特征曲
线，由图中可以看出，两条透射率曲线均
先升高，之后呈现下降趋势。其原因主要
是随着时间的变化，太阳辐射入射角不同。
太阳辐射投射到水层表面的入射角越小，
水下的折射角越小，射线在水中的折射范
围就越集中，相应地增加了透射光线的强
度和透射率。因为中午的时候太阳辐射的
入射角最小，所以这期间的透射率也最大，
相应地随着入射角的变大，透射率逐渐降
低。同时，随着深度的增加，太阳辐射量

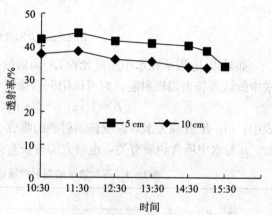

图1-4 淡水辐射透射率随时间变化曲线
(赵建华，2004)

由于被水吸收及散射，辐射透射率也会有所降低。在水下0.02 m、0.2 m和1 m处的太阳辐
射能剩余份额分别为52%、34%和7%(图1-5)。此外，冬季水体结冰对太阳辐射透射率也
有一定影响，海水池塘的冰厚为10～30 cm，透射率一般为20%～30%，最高可达60%以
上。图1-6给出了海水越冬池塘冰下光照度随水深的变化。

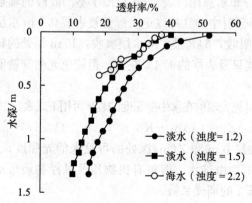

图1-5 淡水辐射透射率随深度
变化曲线(10月28日)
(赵建华，2004)

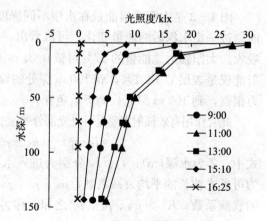

图1-6 海水越冬池塘冰下光
照度随深度变化曲线
(周波等，2009)

在水域生态学中通常用透明度反映可见光在水中的衰减状况。水体透明度采用专门的透明度盘(Secchi disc)放入水中测定。透明度盘是采用黑色与白色油漆涂成黑、白相间的金属圆盘制成。圆盘中央拴一根有深度标记的软绳(此绳应不易伸长)。测定时将圆盘沉入水中，在不受阳光直射条件下，刚刚看不见圆盘的深度，即为透明度。清澈的海水与湖水，透明度可达十多米。透明度小的池塘水，透明度只有 $20\sim30$ cm。浑浊的黄河水，透明度只有 $1\sim2$ cm。一般可以粗略认为，在相当于透明度的深度处的光照度只有表层光照度的 15% 左右。

人们把光照充足、水中植物光合作用速率大于呼吸作用速率的水层，称为真光层。在这水层中植物光合作用合成的有机物多于呼吸作用消耗的有机物，有机物的净合成大于零，这一水层又叫营养生成层。而光照不足、水中植物光合作用速率小于呼吸作用速率的水层，称为营养分解层，这一水层的植物不能正常生活，有机物的分解速率大于合成速率。

有机物的分解速率等于合成速率的水层深度称为补偿深度。粗略地说，补偿深度平均位于透明度的 $2\sim2.5$ 倍深处。

第三节 天然水的依数性和导电性

一、天然水的依数性

(一)蒸气压和冰点

在无机化学中，稀溶液的依数性是指稀溶液蒸气压下降值(Δp)、沸点上升值(ΔT_b)、冰点下降值(ΔT_f)都与溶液中溶质的质量摩尔浓度成正比，而与溶质的本性无关。有如下关系式：

$$\Delta p = K \cdot b \tag{1-19}$$
$$\Delta T_b = K_b \cdot b \tag{1-20}$$
$$\Delta T_f = K_f \cdot b \tag{1-21}$$

式中：K、K_b、K_f 分别为蒸气压下降常数、沸点上升常数、冰点下降常数；b 为溶质的质量摩尔浓度，等于溶质的物质的量除以溶剂的质量。

注意：溶质如果发生了电离，"溶质的物质的量"则应理解为以质点为基本单元的物质的量。

如果水的含盐量比较大，由于电离和正负离子间的作用，就不符合上述的简单关系。但"含盐量越大，水的蒸气压降低、沸点上升和冰点下降的量也越大"的这一性质还是存在的。对于海水，由于主要成分的比例恒定，上述性质都可以用它们与盐度的经验关系式来描述。

1. 海水的冰点 在标准压力下海水的冰点与盐度的经验关系为：

$$\{T_f\}_{\text{C}} = -0.013\,7 - 0.051\,99S - 7.225\times10^{-5}S^2 \tag{1-22}$$

式中：T_f 为冰点；S 为盐度。

在 $T_f - S$ 图中近似为一直线(图 1-1)。两线的交点为最大密度的温度与冰点相同时的盐度($K = -1.35\ ℃$，$S = 24.9$)。盐度小于此值的海水，密度最大时的温度比冰点高，在冰下的水层可以保持高于冰点温度。

2. 海水的蒸气压 纯水的蒸气压是温度的函数，不同温度下纯水的饱和蒸气压见附录5。

海水是一种中等强度的电解质溶液，在相同温度下，海水的蒸气压总是低于纯水的蒸气压。但由于海水中离子种类繁多，浓度也较大，因此，通常的稀溶液蒸气压下降与浓度的关系式不适用于海水。但海水的蒸气压下降值，包括其他依数性，都与海水盐度之间存在一定的相关性：

$$p_w^{0'} = p_w^0(1 - 0.000\,537S) \tag{1-23}$$

式中：p_w^0 为纯水饱和蒸气压；$p_w^{0'}$ 为海水饱和蒸气压。它们都与温度有关。

从式(1-23)可以看出，盐度对于天然水的饱和蒸气压影响不大；盐度为 35 的海水，饱和蒸气压是纯水的 0.98 倍，仅下降了 2%。

(二)海水的渗透压

渗透是水分子或其他溶剂分子透过半透膜从低浓度溶液向高浓度溶液的扩散现象，普遍存在于自然界中。渗透所产生的压强称为渗透压。若应用只能使溶液中的溶剂通过而不让溶质通过的半透膜作为固定的壁垒，在壁垒两侧分别放置溶液和溶剂，则溶剂的一部分会进入溶液内直至浓度达到平衡。此时半透膜两侧的温度相等，但作用于半透膜两侧的压强并不相等，其压强差称为该溶液的渗透压。溶液的渗透压与溶液(摩尔)浓度之间存在正比关系(与溶质种类无关)：

$$\Pi V = nRT \quad 或 \quad \Pi = \frac{n}{V}RT \approx cRT \approx bRT \tag{1-24}$$

式中：Π 为渗透压；V 为溶液中溶剂的体积，对于稀溶液，可以近似看作溶液的体积；n 为非电解质溶质的物质的量；c 为物质的量浓度；R 为摩尔气体常数$[8.314(kPa \cdot L)/(mol \cdot K)]$；$T$ 为热力学温度；b 为质量摩尔浓度，对于稀溶液可以近似认为 $c \approx b$。

天然水的渗透压主要取决于其中的含盐量。含盐量越大，渗透压也越大。海水组成恒定，其渗透压 Π 也可按氯度或盐度的经验公式进行计算：

$$\{\Pi\}_{kPa} = 69.55S + 0.254\,6TS \tag{1-25}$$

式中：T 为温度($\degree C$)。

渗透压不容易直接测量，常常采用冰点下降数值来换算，或者直接用冰点下降值来反映渗透压的大小，冰点下降值大，渗透压大。在 0 $\degree C$ 时渗透压Π_0(Pa)与冰点下降值 ΔT_f($\degree C$)的关系式为：

$$\Pi_0 = 101\,325 \times (12.08\Delta T_f) \tag{1-26}$$

而在任意温度 T($\degree C$)时的渗透压Π_T与Π_0的关系式为：

$$\Pi_T = \Pi_0(273.15 + T)/273.15 \tag{1-27}$$

天然水的渗透压与水生生物有着密切关系。生物细胞壁中的原生质膜就是一层半透膜，当外界水环境中的含盐量高于细胞液中物质的浓度时，细胞将失水导致原生质膜收缩；相反，当外界水环境中的含盐量低于细胞液中物质的浓度时，细胞将从外界获得水分而肿胀。水生生物为适应其生活的水质环境，通常进化出不同的生理机能调节适应水的渗透压。如渗透压调节能力较强的溯河鱼类，在海水中生活时，细胞液渗透压小于海水渗透压，为维持体内的渗透平衡，通常吞饮海水，通过肠壁吸收海水，并将盐分从鳃排出，排尿很少，每天只有 0.4~29 mL/kg。当洄游入淡水时，细胞液渗透压大于水，它们则通过鳃和口黏膜以及肠肾等吸收必要的盐分，将多余的水分以尿的形式排出体外，所以在淡水中的排尿量每天可达 15~106 mL/kg。狭盐性生物调节渗透压的能力较差，所以一旦天然水盐度发生较大的波动，将对其产生严重的危害。

二、天然水的离子强度、活度与导电性

(一)天然水的离子强度

1. 离子活度(a)　天然水中溶存着多种离子成分，使天然水成为一种电解质溶液。在电解质溶液中，阴阳离子共存，带同号电荷的离子之间存在着互斥作用，带异号电荷的离子间存在着互吸作用。在静电作用力的影响下，处于不停热运动状态的阴阳离子中，阳离子周围阴离子出现的概率较大，阴离子周围阳离子出现的概率较大。这样对于每一个中心离子(溶液中的任何离子都可以被当作中心离子)表观上被异号离子所包围，形成了离子氛。离子氛中总的剩余电荷等于中心离子的电荷，使溶液保持电中性。

由于天然水中离子氛的存在，水中离子的活动性有所降低。表面上看，好像是离子的浓度降低了，此时如果用原来的浓度进行化学计算，就会出现一定程度的偏差。为使计算结果与实验结果相符，必须对水中离子的浓度进行校正。校正后的浓度即称为离子的有效浓度，又称离子的"活度"(a)。水中的各种分子之间也存在着相互作用，只是其相互作用的程度比离子低。

离子或分子的活度(a)是真实浓度(c)的函数：

$$a = \gamma \cdot c$$

式中：γ 为活度系数。一般情况下，离子或分子的活度系数小于1，对于无限稀释的溶液，其活度将趋向于浓度，活度系数趋向于1，即

$$\lim_{I \to 0} a = c; \quad \lim_{I \to 0} \gamma = 1 \tag{1-28}$$

活度是离子的一种特性。同一种离子，无论其来自何种电解质，在相同条件下都有同样的活度；而各种不同离子的活度则并不完全一样。目前尚无法测定某一种离子的活度。实际测得的都是包括阴阳离子在内的某种电解质的活动能力，称为该种电解质的"平均离子活度"，以 $a_\pm$ 表示。对于某一电解质 M_nA_m，溶于水后发生如下电离平衡：

$$M_nA_m \longrightarrow nM^{m+} + mA^{n-} \tag{1-29}$$

式中：m 与 n 分别为正负离子所带的电荷数。

若以 a_M 表示阳离子活度，a_A 表示阴离子活度，则存在如下关系：

$$a_\pm = (a_M^n \cdot a_A^m)^{\frac{1}{n+m}}$$
$$\gamma_\pm = (\gamma_M^n \cdot \gamma_A^m)^{\frac{1}{n+m}} \tag{1-30}$$

对于 1∶1 价型电解质如 KCl 等，就有：

$$a_{\pm KCl} = \sqrt{a_{K^+} \cdot a_{Cl^-}}$$
$$\gamma_{\pm KCl} = \sqrt{\gamma_{K^+} \cdot \gamma_{Cl^-}} \tag{1-31}$$

而对于 1∶2 价型电解质如 $CaCl_2$ 等，则有：

$$a_{\pm CaCl_2} = \sqrt[3]{a_{Ca^{2+}} \cdot a_{Cl^-}^2}$$
$$\gamma_{\pm CaCl_2} = \sqrt[3]{\gamma_{Ca^{2+}} \cdot \gamma_{Cl^-}^2} \tag{1-32}$$

2. 含盐量与离子活度的关系　溶液中离子的运动必然会受到其周围离子氛中异号离子的吸引，使其运动受到牵制。研究发现：对这种牵制作用产生影响的包括溶液中各种离子的浓度以及它们各自的离子价，即牵制作用与溶液中全部离子电荷所形成的静电场的强度有关。根据这一特性，提出了电解质溶液离子强度(I)的概念，其定义式为：

$$I = \frac{1}{2} \sum (c_i Z_i^2) \qquad (1-33)$$

式中：I 为溶液的离子强度；c_i 为溶液中第 i 种离子的物质的量浓度；Z_i 为第 i 种离子的离子价。

天然水的离子强度也可用上式进行计算，但在实际应用中多采用经验公式：

$$I = 2.5 \times 10^{-5} \{S_T\}_{mg/L} \qquad (1-34)$$

式中：$\{S_T\}_{mg/L}$ 为天然淡水的离子总量以 mg/L 为单位的数值。

海水的离子强度较高。若将海水中各种主要离子浓度和离子价代入式(1-33)计算，所得的数值与经验公式(1-35)的计算结果十分相近。

$$I = 0.020\,6S \qquad (1-35)$$

但由于海水中主要离子的缔合作用(有相当部分的离子形成离子对)，离子浓度有所下降，所带电荷相互抵消，从而降低了海水中全部离子电荷所形成的静电场的强度，因而，海水的实际离子强度采用下式计算更为接近：

$$I = 0.019\,3S \qquad (1-36)$$

式中：S 为盐度。

计算天然水离子强度的目的，是为了确定离子的活度系数，以便能采用热力学平衡关系式做一些理论上的计算。

电解质的平均离子活度系数可通过实验，如冰点下降、沸点上升、蒸气压对比、溶度积以及电动势等方法加以测定而求出。根据许多电解质平均活度系数的测定可以发现，一般浓度不大时，$\gamma_\pm$ 均小于1，当浓度大至一定程度后，有些电解质的 $\gamma_\pm$ 大于1。这些与理想行为的偏差，反映了电解质溶液中发生的各种影响，包括正负离子间相互作用的影响、离子水合作用的影响以及其他因素的影响等。德拜和休克尔(Debye and Hückel)(1932)根据离子间互相吸引及离子氛的概念提出计算活度系数的极限公式：

$$\lg \gamma_i = -AZ_i^2 \sqrt{I} \qquad (1-37)$$

式中：A 为水的溶剂常数，在 15 ℃、20 ℃和 25 ℃分别为 0.500、0.505 和 0.509；Z_i 为该离子的离子价；I 为水溶液的离子强度。

该公式适用于 $I < 0.001$ 的溶液。当离子强度 $I < 0.01$ 时，可采用以下的简化式计算：

$$\lg \gamma_i = -\frac{AZ_i^2 \sqrt{I}}{1 + \sqrt{I}} \qquad (1-38)$$

而公式

$$\lg \gamma_i = -AZ_i^2 \left(\frac{\sqrt{I}}{1 + \sqrt{I}} - 0.2I \right) \qquad (1-39)$$

可近似地适用于 $I < 0.5$ 的强电解质溶液。表 1-4 是在 $I < 0.2$ 的溶液中，不同价态离子的活度系数。

表1-4　不同离子强度水溶液中离子的活度系数(γ)

Z	I							
	0.001	0.002	0.005	0.01	0.02	0.05	0.1	0.2
1	0.97	0.96	0.93	0.90	0.87	0.81	0.76	0.70
2	0.87	0.82	0.74	0.66	0.56	0.44	0.33	0.24
3	0.73	0.64	0.51	0.39	0.28	0.15	0.08	0.04

天然淡水含盐量较低，一般可根据离子强度范围套用上述相应公式或查表 1-4 获得各种离子的活度系数。对于海水，离子强度一般大于 0.6，同时由于主要离子存在着缔合作用，套用上述公式将产生较大的误差，一般可采用海水活度系数的实测值（表 1-5）。

表 1-5　海水中主要离子及 H^+ 的活度系数（$I=0.7$）

离子	H^+	Na^+	Mg^{2+}	Ca^{2+}	K^+	Cl^-	SO_4^{2-}	HCO_3^-	CO_3^{2-}
γ	0.75	0.68	0.23	0.21	0.64	0.68	0.11	0.55	0.02

表 1-6 是海水不同氯度时 H^+ 的活度系数值。在根据实测 pH 计算氢离子浓度时要使用 γ_{H^+}，因为用 pH 计测得的是氢离子活度的负对数。

表 1-6　不同氯度（Cl）时的 γ_{H^+}

Cl	0	2	4	6	8	10	12～18	20
γ_{H^+}	1.00	0.845	0.782	0.77	0.76	0.755	0.753	0.758

(二)电解质摩尔电导

电导率是反映水体物理化学特性的一个重要指标。目前，天然水的总含盐量以及海水的盐度多采用电导法测定。电导 G 是电阻 R 的倒数，而电导率 κ 是电阻率 ρ 的倒数，是单位面积、单位长度导体所具有的电导。κ 的单位为 S/m（西门子/米）或 S/cm（西门子/厘米）。

纯水的导电性很小。电导率在 $10^{-6} \sim 10^{-7}$ S/cm。天然水的导电能力主要是由水中溶解的离子贡献的。天然水是一种电解质溶液，电解质溶液的电导率 $\{\kappa\}_{S/m}$ 可理解为在相距 1 m，面积为 1 m^2 的两平行电极之间充满电解质溶液时两电极间具有的电导率；$\{\kappa\}_{S/cm}$ 则是在相距 1 cm，面积为 1 cm^2 的两平行电极之间充满电解质溶液时两电极间的电导率。显然，电解质溶液的电导与其浓度有关，也与其种类有关。采用"电解质摩尔电导"Λ_B（下标 B 表示某种电解质）可以比较不同电解质的导电能力，Λ_B 等于该电解质溶液的电导率 κ_B 除以该溶液的物质的量浓度 c_B：

$$\Lambda_B = \kappa_B / c_B \tag{1-40}$$

如果 κ_B 的单位用 S/cm，c_B 的单位用 mol/L，Λ_B 的单位用 $(S \cdot cm^2)/mol$，则上式变为：

$$\{\Lambda_B\}_{(S \cdot cm^2)/mol} = \frac{\{\kappa_B\}_{S/cm}}{\{c_B\}_{mol/L}} \times 10^3 \tag{1-41}$$

这是数值方程，$\{\Lambda_B\}_{(S \cdot cm^2)/mol}$ 表示采用下标所示的单位时 Λ_B 的数值，其余类推。

电解质的摩尔电导与测定时溶液的浓度有关，遵从柯尔劳许定律（Kohlrauschs law）：$\Lambda = \Lambda_0 - A\sqrt{c}$，$c$ 为电解质浓度，A 为系数。电解质浓度增大时，正负离子相互影响也增大（形成离子氛），离子的导电能力相对减小。推导出的无限稀释时的电解质摩尔电导 Λ_0，才真正是电解质特有导电能力的反映。表 1-7 列出了部分电解质的 Λ 与 Λ_0。

电解质溶液导电是由正、负离子共同完成的。在无限稀释状态下，正、负离子不受异号离子干扰，独立完成导电"任务"。可以推想，在一定温度、压力下，各种离子在无限稀释状态下有自己固有的摩尔电导，记为 Λ_0^+ 与 Λ_0^-，并且存在如下关系：

$$\left. \begin{aligned}
\Lambda_{0(NaCl)} &= \Lambda_{0^+(Na^+)} + \Lambda_{0^-(Cl^-)} \\
\Lambda_{0(MgCl_2)} &= \Lambda_{0^+(Mg^{2+})} + \Lambda_{0^-(2Cl^-)} = \Lambda_{0^+(Mg^{2+})} + 2\Lambda_{0^-(Cl^-)} \\
\Lambda_{0(\frac{1}{2}MgCl_2)} &= \Lambda_{0^+(\frac{1}{2}Mg^{2+})} + \Lambda_{0^-(Cl^-)} \\
\Lambda_{0(MgCl_2)} &= 2\Lambda_{0(\frac{1}{2}MgCl_2)}
\end{aligned} \right\} \tag{1-42}$$

表 1-8 列出了天然水中常见离子的摩尔电导 Λ_0^+ 与 Λ_0^-。从表中数据可以知道，不同离子的导电能力相差很大。表中 $\Lambda_0^+{}_{(H^+)}$ 最大，其次是 $\Lambda_0^-{}_{(OH^-)}$；对其他离子，带电荷多的离子导电能力强；电荷数相同的，离子半径大的(水化后离子半径小的)导电能力较强。

表 1-7 电解质的摩尔电导 Λ 与浓度的关系(25 ℃，101.325 kPa)

c/(mol/L)	摩尔电导 Λ/[(S·cm²)/mol]					
	KBr	NaCl	KCl	$\frac{1}{2}Na_2SO_4$	$\frac{1}{2}CaCl_2$	$\frac{1}{2}MgCl_2$
1.0	115.46	85.76	111.87	—	—	—
0.5	120.35	93.62	117.27	—	—	—
0.2	126.59	101.71	124.08	—	—	—
0.1	131.19	106.74	128.96	89.98	102.46	97.10
0.05	135.44	111.06	133.37	97.75	108.47	103.08
0.01	143.15	118.53	141.27	112.44	120.36	114.55
0(Λ_0)	151.64	126.45	149.85	130.10	135.85	129.40

表 1-8 常见离子的摩尔电导(25 ℃，101.325 kPa)

阳离子	Λ_0^+/[(S·cm²)/mol]	阴离子	Λ_0^-/[(S·cm²)/mol]
H^+	349.8	OH^-	198.6
Tl^+	74.7	Br^-	78.1
K^+	73.5	I^-	76.8
NH_4^+	73.4	Cl^-	76.3
Ag^+	61.9	$\frac{1}{2}CO_3^{2-}$	59.3
Na^+	50.1	HCO_3^-	44.5
Li^+	38.7	CN^-	82
$\frac{1}{2}Ba^{2+}$	63.64	NO_3^-	71.4
$\frac{1}{2}Ca^{2+}$	59.50	$\frac{1}{3}PO_4^{3-}$	80
$\frac{1}{2}Sr^{2+}$	59.46	$\frac{1}{2}SO_4^{2-}$	79.8
$\frac{1}{2}Mg^{2+}$	53.06		

(三)陆地天然水的电导率

天然水的电导率与水中离子总量、离子的种类有关，也与温度和压力有关。但压力的影响比较小，只要不在深水中做现场测量，压力的影响可以不考虑。

内陆水的离子组成变化很大。有的是硫酸盐钙组，有的是碳酸盐钙组，比较天然水主要离子的摩尔电导，阳离子的摩尔电导大小关系是：

$$\Lambda_0^+{}_{(K^+)} \gg \Lambda_0^+{}_{(\frac{1}{2}Ca^{2+})} > \Lambda_0^+{}_{(\frac{1}{2}Mg^{2+})} > \Lambda_0^+{}_{(Na^+)}$$

阴离子的摩尔电导大小关系是：

$$\Lambda_0^-{}_{(\frac{1}{2}SO_4^{2-})} > \Lambda_0^-{}_{(Cl^-)} > \Lambda_0^-{}_{(\frac{1}{2}CO_3^{2-})} > \Lambda_0^-{}_{(HCO_3^-)}$$

可见，组成不恒定，含盐量与电导率没有精确的关系，不能用测定电导率的方法来准确测定含盐量。但是，由于电导率的测定比较简便准确，对于一个特定地区，水中主要离子组成比例变化不大时，可以用水的电导率来反映含盐量的变化。例如，陕西水利部门针对关中地区的天然水拟定的利用 25 ℃ 的电导率 κ_{25} 估算离子总量 S_T 的关系式为：

$$\{S_T\}_{mg/L} = f \times \kappa_{25} \times 1\,000 \tag{1-43}$$

式中：f 为换算系数，具体取值随电导率而变化（表 1-9）。

表 1-9 不同电导率的换算系数 f

$\kappa_{25}/(mS/cm)$	<2	2~3	3~5	5~6	6~7	>7
f	0.64	0.71	0.75	0.83	0.90	0.96

(四)海水的电导率

1. 海水的电导率与温度　图 1-7 反映了不同盐度海水电导率随温度的变化规律。同一盐度的海水，温度升高电导率增加，近于直线关系。在相同盐度下，电导率的温度系数随温度的升高而降低，0 ℃ 附近，温度每增加 1 ℃ 电导率增加 3% 左右；而 20 ℃ 附近，温度每增加 1 ℃ 电导率增加 2% 左右。

2. 海水的电导率与盐度　海水主要成分的比例恒定，因此电导率与盐度有很精确的关系，这就是用电导率来测定盐度的基础。具体见本章第一节。

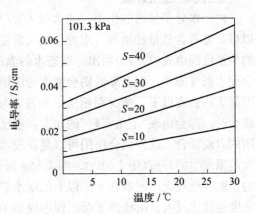

图 1-7 温度对海水电导率的影响

第四节　水的流转混合作用与水体的温度分布

水体中水的流转混合作用是水质点的物理运动，不仅影响水温的分布，对水中溶解气体、营养盐类、主要离子的分布和变化都会产生影响。为了更好地理解水化学成分的分布变化，需要了解水的流转混合作用及影响水温分布的因素。

一、水的流转混合作用

对于一般的湖泊、池塘，引起水体流转混合的主要因素有两个方面，一方面是风力引起的涡动混合，另一方面是因密度差引起的密度环境。

(一)风力引起的涡动混合

在风力作用下，表层水会顺着风向移动，使得下风岸处产生"堆积"现象，即造成下风岸处水位有所增高，此增高的水位就形成了使水向下运动的原动力，从而形成"风力环流"（图 1-8）。风力越大，涡动混合作用越强烈。水面开阔、深度浅的水体，较易混合彻底。戴恒鑫等在研究强风作用对池塘溶解氧水平分布的影响中发现，强风作用下，池塘下风处浮游生物和有机物较上风处多，因此白昼下风处浮游植物光合作用产氧和大气溶入的氧气较上风处高。风力越大,上下风处的溶解氧差距也就越大。但夜晚分布与白昼相反,下风处溶解氧低于上风处。这是由于夜间下风处集中的浮游生物呼吸作用和有机物分解消耗的氧气量高于上风处,下风处耗氧速度快,故夜晚下风处溶解氧低于上风处。

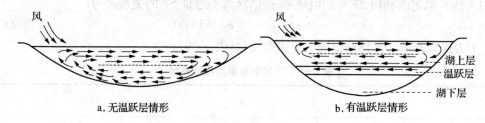

图1-8　风力的涡动混合作用示意图

(二)水的密度环流

由于水分子氢键的作用,纯水在4℃(严格讲是3.98℃)时密度最大。水中溶解了盐类以后,随着含盐量的增加,水处于最大密度时的温度会下降。海水最大密度时的温度与盐度的关系已经由式(1-15)给出。液态水的温度在水处于最大密度时的温度以上时,温度升高会使水密度减小,温度降低则会使水密度增大,符合一般的"热胀冷缩"原理。如果水温在密度最大的温度以下,情况则相反,水表现为"热缩冷胀"。当表层水密度增大,或底层水密度减少时,都会出现"上重下轻"的状态,密度大的水下沉,密度小的水则上升,形成了上下水团的对流混合。这种混合作用可以是在较小范围发生的上下对流(图1-9b),也可以是在较大范围发生的环流(图1-9a)。因1-9a所示环流的产生是由于在升温或降温时,岸边浅处的水温变化较大。比如在4℃以上的淡水湖泊(池塘),在降温时,沿岸水的温度降低较快,密度也就比较大,沿底部下沉,即形成如图1-9a所示的环流。人们把这种由密度引起的对流作用称为密度环流。水温在4℃以上、水面只有一部分受太阳辐射影响而升温时,也会形成密度环流。

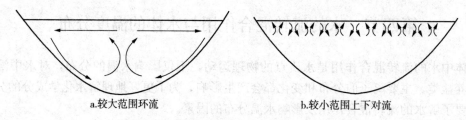

图1-9　温度变化引起的密度环流示意图

水库及开放性湖泊,由于注水与排水作用,会引起大范围的水体运动。这种运动受水温、水的密度、湖盆形态等因素影响。注入水因密度不同,可能进入水体表层,也可能进入中层、底层或引起其他运动状态。注入水所进入的水层是密度与其相同的水层。

二、水体的温度分布和水质分布

(一)水体的温度分布

一个开阔的水体,水体温度的水平分布一般不会有太大的差别,只是岸边浅水区与中心区的水温可能有所不同。升温季节,浅水区水温较高;降温季节,浅水区水温较低。夏季处于分层状态(上层水温度高、下层水温度低)的养殖池塘水温的水平分布在受风力影响时,上下风处水温会出现明显不同。晴天下午，表层水的温度较高时，风的吹动会使下风处表层温度高于上风处表层温度。

水温的垂直分布有明显的季节特点。尤其是在我国北方地区，夏季一般是上层水温高、下层低，形成水温的正分布；冬季则是上层低、下层高，形成水温的逆分布；春、秋季节是以上下层水温几乎相同为特征，称为全同温。以下按照春、夏、秋、冬四个季节水温典型分布的形成及特点加以介绍。前面已经提到盐度为 24.9 的海水，密度最大时的温度与冰点均为 -1.35 ℃。下面内容的前提是水的含盐量上下均匀。

1. 冬季逆分层期　我国北方地区的湖泊、水库都可封冻，表面形成冰盖，冰盖下是接近冰点的水。水温随深度增加而缓慢升高，底层水温可以达到或小于密度最大时的温度。对于淡水，紧贴冰下的水是 0 ℃，底层水温可等于或小于 4 ℃，如图 1-10d 所示。海水（S=35）的冰点为 -1.9 ℃，密度最大温度低于冰点，结冰时上下层水温都达到冰点，底层水温不会比表层高。盐度超过 24.9 的海水都是这种状况，只是冰点有所不同。因此，海水自然越冬池塘的冰下水温较低，低于 0 ℃时间较长，这很可能是造成冬季鱼类死亡最主要的环境因素。周波等研究了添加淡水对越冬海水池塘的保温、增温作用，结果表明，添加淡水能在海水池塘表面形成一层低盐层，使得中下层水温维持在一个较高的水平（水温保持在 3 ℃以上），而不添加淡水的池塘，越冬期间水温为 -1.6～3.7 ℃，最低温度出现在 1 月底至 2 月初，平均为 -1.2 ℃；且添加淡水大幅度提高了越冬鱼类的成活率，鲈的成活率从 0 提高到了 60%～73.3%，而鰕虎鱼的成活率从 3.6%～7.3% 提高到了 42%～53%。

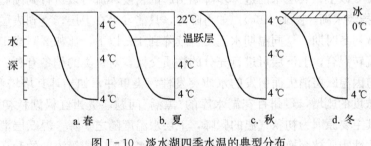

图 1-10　淡水湖四季水温的典型分布

我国海南、广东及广西的一些地区，冬季水温可保持在 4 ℃以上，就不存在水温的逆分层现象。

2. 春季全同温期　春季气温回升，太阳辐射使冰盖融化后，表层水温升高。水温低于水的最大密度时的温度，温度的升高会使密度增大，表面温度较高的水就会下沉，下层温度较低的水就会上升，形成密度流。密度流使上下层水对流交换，直到上下层水温度都是密度最大时的温度为止（图 1-10a）。此后，表层水温进一步上升，密度就会进一步减小，不会产生密度流。如果此时有风的吹拂，可克服热阻力产生涡动混合，继续使上下水层混合，把上层得到的热量带到下层，水体仍可以继续处在上下温度基本一致的状态，这时称为春季的全同温期。需要特别指出的是，当水体温度均低于密度最大的温度时（淡水为低于 4 ℃），升温期产生的密度流就足以维持水体的全同温，不必有风力的参与。

盐度高于 24.9 的海水，密度最大时的温度低于冰点。这种水在任何水温下表面水的升温都不会产生密度流。表层冰盖融化后，因融冰，表层水盐度降低，密度则更低，更不会产生密度流。盐度高于 24.9 的海水，春季的全同温需靠风力的混合作用来维持。

春季的全同温可持续到 8 ℃、10 ℃，甚至 15 ℃以上，这取决于春季的风力大小、多风天气持续的时间、水的深度和湖盆的形状等。春季的对流混合作用可把上层丰富的溶解氧带到下层，把下层富含营养盐的水带到上层，对湖泊的初级生产及鱼类的生长都很有利。

3. 夏季正分层期(停滞期) 由于太阳辐射能量的绝大部分在表层约 1 m 内的水层被吸收，并且主要使表层 20 cm 的水层升温。如无对流混合作用，水中热量往下传播很慢(水的导热性小)。夏季或春季如遇连续多天的无风晴天，就会使表层水温有较大的升高，这就增加了上下水层混合的阻力。风力不够大，只能使水在上层进行涡动混合。造成上层有一水温垂直变化不大的较高温水层，下层也有一水温垂直变化不大的较低温水层，两层中间夹有一温度随深度增加而迅速降低的水层，称温跃层，又称间温层(图 1-10b)。

温跃层一旦形成，就如同一个屏障把上下水层隔开，使风力混合作用和密度对流作用都不能进行到底。夏季上层丰富的氧气不能传输到下层，下层丰富的营养盐也不能补充给上层。久而久之，水体下层富营养化，可能出现缺氧。上层缺乏营养盐，对鱼类及饵料生物的生长均不利。温跃层形成以后，较大的风力可以使温跃层向下移动。较浅水体的温跃层就可能消失。人为混合，如开动增氧机可以打破温跃层，使富氧的上层水与富含营养元素的下层水充分混合。

4. 秋季的全同温期 进入秋季，天气转凉，气温低于水温，表层水温度下降，密度增大，表层以下水层温度较高，密度较小，此时即发生密度环流。加上风力的混合作用，使温跃层以上的水层不断降温，直至温跃层消失，出现上下水温基本相同的秋季全同温状态。如果此时水温在 4 ℃以上，表层水的进一步降温引起的密度环流可以进行到湖底，直到上下层都为 4 ℃为止(指淡水湖，图 1-10c)。如再降温，只能发生在上层，直到表层结冰。如有风力参与，在深秋初冬时期，全同温期水温可持续降到 4 ℃以下，比如 2 ℃或 1 ℃。秋季全同温，水体充分流转混合，上下层可进行充分的物质交换，对鱼类的越冬有利。然而，近年来国内外也有报道因温跃层消失而引发的水质突发性污染事件，如土耳其塔塔利水库(Tahta-li)冬季营养盐浓度的剧增，贵州百花湖水库的"黑潮"问题，贵州红枫湖秋初鱼类等水生生物的死亡等。其主要原因为初秋气温的骤降，上层水温度随之下降，温跃层消失，水体下层的营养盐和还原性物质被交换至上层，不仅引起表层水体氮、磷等浓度的升高，硫化氢等厌氧产物的释放以及亚铁等还原性物质的氧化，还会导致水体变臭，溶解氧含量下降，局部水域出现鱼类等水生生物死亡现象。

图 1-11 是山东省枣庄市周村水库主库区不同时期的水温垂直分布图。由图可知，不同时期，周村水库水温的垂直分布特征存在明显差异。冬季为全混合期，温度变化为 3.8～6.2 ℃，没有形成冰封和逆分层，垂直水温基本一致(图 1-11a)。夏季(6～8 月)为分层稳定期，太阳辐射水平为全年最高，且夏季风力较小，水库表、底层温差变化达到全年最大(16～17 ℃)，温度梯度高达 6.4 ℃/m(图 1-11c)。分层稳定期时周村水库变温层水深为 0～5 m，温跃层为 5～10 m，恒温层水深为 10 m 至底层。值得注意的是，周村水库春秋季虽然表、底层水温相近，但是水温的垂直分布形式不同(图 1-11b、图 1-11d)。这可能是由于春季水体处于升温过程，随着太阳辐射的增强，水体温度迅速增加，且上层水体温度增加的速度明显高于下层水体，造成密度低的上层水体不易被风能混合至下层水体；而秋季处于降温过程，虽然水体吸收太阳辐射的热量随着深度的增加逐渐减少，但是季节性降温和夜间气温骤降会造成表层水体温度降低，水体对风力混合的热阻减小，这使得秋季周村水库变

温层混合较充分，变温层温差小于春季。

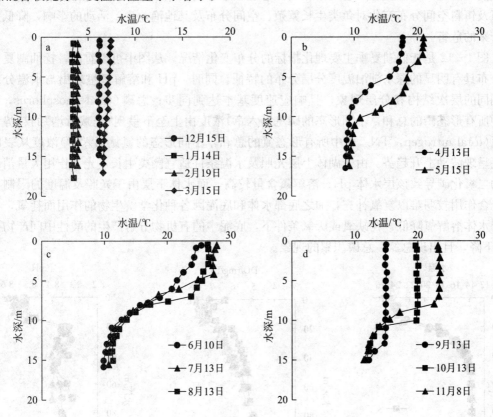

图 1-11　枣庄周村水库水温的垂直分布

a. 完全混合期　　b. 分层形成期　　c. 分层稳定期　　d. 分层减弱期

(邱晓鹏，2016)

(二)温跃层水体的水质分布

大量研究表明，大多数温带及亚热带的湖泊、水库、池塘在夏季均会出现温跃层现象。温跃层能有效阻碍上下层水体的对流、紊动和分子交换，影响光和营养盐在湖泊水体中的分布，从而影响水体水质的垂直分布。

随着水温的升高，水体表层植物光合作用增强，使得表层始终保持较高的溶解氧浓度，且浮游植物的光合作用消耗大量二氧化碳，表层水体 pH 较高。随着水深的进一步增加，溶解氧浓度逐步降低，并且在温跃层范围内急剧减小，特别是水体存在稳定的温跃层时，上下层水体不能进行交换，阻止了上层水体的溶解氧向下层水体传递，上层水体的气体交换和中上层浮游植物的光合作用为上层水体提供了溶解氧，而下层水则由于沉积物有机质的矿化降解和大量有机体死亡下沉分解消耗大量水体中的溶解氧，积累了大量二氧化碳，以及氮、磷等营养元素和有机酸，降低了 pH，因此形成了显著的溶解氧和 pH 纵向梯度，出现上层、中层和下层水体不同的变化特征，也会引起下层水体暂时性缺氧问题。同时也大大加快了底泥对氮、磷等营养物质的释放，导致水体底层出现营养盐的积累。对于富营养化水体，温跃层消失后，水体垂直混合较强，表、底层水体交换频发，底部积累的营养盐又回到表层水中，氮、磷等营养物质浓度进一步升高，进而导致水体出现二次污染，增大了水体富营养化的风险。因此,在渔业生产管理中,要注意表层水过高的 pH、溶解氧及底层水体过低的溶解氧及饵料空间分布变化对鱼类生长繁殖、空间分布及其他渔业生产活动的影响,降低温跃层带来的危害。

图 1-12 是抚仙湖夏季主要理化指标的分布变化情况。从图中可以看出,抚仙湖夏季水温分布具有明显的深水湖泊温度分层分布的特征,同时,pH 和溶解氧呈现出与水温分层近似相同的层次结构和分层现象,且响应速度基本达到同步;总磷(total phosphorus,TP。水中所有形态磷的总和,不同形态的磷见第六章)浓度由上至下呈现"先减后增"的趋势,而总氮(total nitrogen,TN。水中所有形态氮的总和,不同形态的氮见第六章)浓度从表面至湖底呈现波动上升趋势。由于湖体上层光照及水温条件适宜藻类生长,光合作用大量消耗水中的二氧化碳导致该层水体 pH、溶解氧含量较高,而水体下层由于光照及温度的限制,藻类光合作用较弱难以复氧补充,加之底部水体和底泥因各种化学、生物的作用而耗氧,导致底部水体溶解氧降低,在缺氧或厌氧条件下,底泥中的有机物分解产生的酸性中间产物导致 pH 下降,且出现总氮、总磷积累的现象。

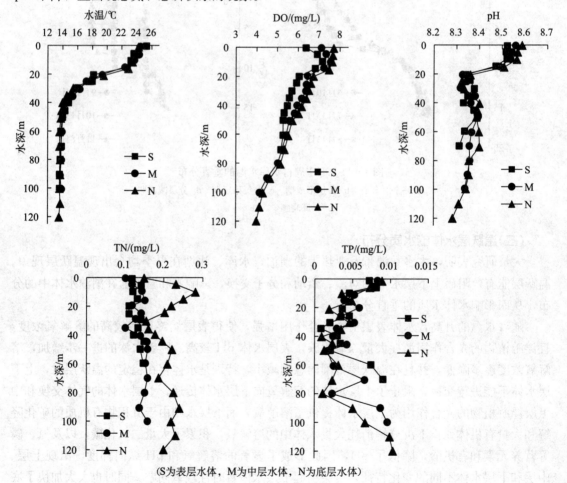

(S为表层水体,M为中层水体,N为底层水体)

图 1-12 抚仙湖夏季主要理化指标的分布变化(2014 年 7 月)

表 1-12 给出了江苏溧阳天目湖沙河水库 2016 年 4～5 月温跃层形成前和 9～10 月温跃层消失后水体底层主要理化指标变化情况。天目湖沙河水库 2016 年 5 月底温跃层稳定形成。

10月初水温下降，水体垂直温差消失，表底层水体完全混合。从表1－10中看出，水体底层溶解氧饱和度在温跃层形成与消失前后变化明显。水体底层溶解氧饱和度5月较4月明显降低，总磷、氨态氮有所增加，这主要是5月水体温跃层形成阻碍了上层水体溶解氧的向下传递，底层水体形成厌氧环境，硝化反应受到抑制而积累氨态氮。而10月时水体底层溶解氧浓度较9月有明显的增加，主要是10月温跃层消失，水体上下层混合扰动，导致底层沉积物中的磷及悬浮颗粒物(suspended solid，SS)向水体释放，氨态氮10月较9月有所减少。由此可见，水体热分层形成及消散可导致水体内部营养负荷变化从而影响水体环境。

表1－10　2016年天目湖沙河水库温跃层形成和消失前后水体底层主要理化指标的变化

日期	溶解氧饱和度/%	总磷/(mg/L)	氨态氮/(mg/L)	悬浮颗粒物/(mg/L)
4～5月	−42.2	0.014	0.011	−3.74
9～10月	17.5	0.004	−0.748	3.78

习题与思考题

1. 哪些参数可以反映天然水的含盐量？它们各有什么特点？

2. 海水盐度、氯度是怎么定义的？它们之间关系如何？

3. 海水实用盐度是用一定质量分数的 KCl 溶液作电导率标准，用水样电导率与 KCl 标准溶液的电导率比值来定义的，与盐度的初始定义、氯度都没有关系。为什么在必要时可以用实用盐度来反算氯度？

4. 阿列金分类法如何对天然水分类？为什么硫酸盐类、氯化物类的钙组、镁组中没有 I 型水？请用逻辑推断方法证明。

5. 解释以下概念

冰点下降，渗透压，电导率，电解质，溶液的电导率，西门子，离子活度，离子强度，现场密度。

6. 影响天然水渗透压的因素有哪些？渗透压和冰点下降有什么关系？

7. 海水的密度与哪些因素有关？温度和盐度哪个对海水密度的影响更大？

8. 海水冰点、密度最大时的温度与盐度有什么关系？盐度24.9的海水有什么特点？

9. 电解质溶液的电导率是怎样定义的？

10. 什么是电解质摩尔电导？什么是离子摩尔电导？为什么溶液越稀电解质摩尔电导越大？

11. 天然水的电导率与哪些因素有关？海水盐度为什么可以用测电导率的方法来测定？

12. 如何计算溶液的离子强度？如何计算海水的离子强度？

13. 什么叫太阳高度(角)？水面对太阳直接辐射的反射与太阳高度(角)有什么关系？

14. 太阳辐射在水中的吸收情况如何？单色光在水中的衰减有什么规律？

15. 可见光辐射在水中的衰减符合什么规律？与哪些因素有关？

16. 什么是风力的涡动混合作用？什么是密度环流？与水的盐度有什么关系？

17. 简述水温四季分布的特点。什么是温跃层？温跃层对水产养殖有什么影响？

天然水中的常见化学反应

第一节　天然水中的氧化还原反应

一、天然水中的氧化还原物质

氧化还原反应的实质是电子的得失或共用电子对的偏移。其中，失去电子（氧化数升高）的反应叫氧化反应，得到电子（氧化数降低）的反应叫还原反应。例如：

$$Zn + Cu^{2+} \rightleftharpoons Zn^{2+} + Cu$$

氧化反应　　　　$Zn - 2e^- \rightleftharpoons Zn^{2+}$

还原反应　　　　$Cu^{2+} + 2e^- \rightleftharpoons Cu$

在氧化还原反应中，氧化与还原总是同时发生的，无论是氧化反应还是还原反应都只是整个氧化还原反应的一半，所以统称为半反应。在半反应中，氧化数较高的物质叫氧化态（如 Zn^{2+}、Cu^{2+}）；氧化数较低的物质叫还原态（如 Zn、Cu）。半反应中的氧化态和还原态是彼此依存、相互转化的，这种共轭的氧化还原体系称为氧化还原电对。氧化还原电对通常用"氧化态/还原态"的形式表示，如 Zn^{2+}/Zn、Fe^{3+}/Fe^{2+}。一个电对就代表一个半反应，半反应一般写成：

$$氧化态(Ox) + ne^- \rightleftharpoons 还原态(Red)$$

天然水是复杂的氧化还原体系，其中同时存在多种处于氧化态与还原态的物质。常见处于氧化态的物质有：O_2、SO_4^{2-}、NO_3^-、PO_4^{3-}、CO_3^{2-}、Fe(Ⅲ)、Mn(Ⅳ) 等；处于还原态的物质有：Cl^-、Br^-、F^-、N_2、NH_3、NO_2^-、H_2S、Fe(Ⅱ)、CH_4 和其他有机物等。常见

的氧化还原半反应如下:

$$\frac{1}{4}O_2(g)+H^++e^-=\frac{1}{2}H_2O$$

$$\frac{1}{5}NO_3^-+\frac{6}{5}H^++e^-=\frac{1}{10}N_2(g)+\frac{3}{5}H_2O$$

$$\frac{1}{2}MnO_2+\frac{1}{2}HCO_3^-+\frac{3}{2}H^++e^-=\frac{1}{2}MnCO_3(s)+H_2O$$

$$\frac{1}{2}NO_3^-+H^++e^-=\frac{1}{2}NO_2^-+\frac{1}{2}H_2O$$

$$\frac{1}{8}NO_3^-+\frac{5}{4}H^++e^-=\frac{1}{8}NH_4^++\frac{3}{8}H_2O$$

$$\frac{1}{6}NO_2^-+\frac{4}{3}H^++e^-=\frac{1}{6}NH_4^++\frac{1}{3}H_2O$$

$$FeOOH(s)+HCO_3^-+2H^++e^-=FeCO_3(s)+2H_2O$$

$$\frac{1}{6}SO_4^{2-}+\frac{4}{3}H^++e^-=\frac{1}{6}S(s)+\frac{2}{3}H_2O$$

$$\frac{1}{8}SO_4^{2-}+\frac{5}{4}H^++e^-=\frac{1}{8}H_2S(g)+\frac{1}{2}H_2O$$

$$\frac{1}{8}SO_4^{2-}+\frac{9}{8}H^++e^-=\frac{1}{8}HS^-+\frac{1}{2}H_2O$$

$$\frac{1}{4}CH_2O+H^++e^-=\frac{1}{4}CH_4(g)+\frac{1}{4}H_2O$$

在这些氧化还原半反应中,由于 O_2/H_2O 电对的氧化能力最强,因此在富含溶解氧的水中,H_2S、Fe^{2+}、Mn^{2+} 等均被氧化,大部分元素以氧化态存在于天然水中。如 S 以 SO_4^{2-} 形态存在,氮主要以 NO_3^- 存在,Fe 以 FeOOH 或 Fe_2O_3 等形态存在,Mn 以 MnO_2 形态存在。N_2 和有机物也可在含溶解氧丰富的水中存在。可见在天然水中难以达到总的氧化还原平衡。表 2-1 是常见元素在含氧量丰富的氧化环境与缺氧的还原环境中的主要存在形态。

表 2-1 不同氧化还原水环境中常见元素的存在形态

常见元素	氧化环境	还原环境
C	CO_2、HCO_3^-、CO_3^{2-}	CH_4、CO
N	NO_3^-、NO_2^-、N_2、NH_3	NH_3、N_2
S	SO_4^{2-}	H_2S、HS^-、S^{2-}
Fe	Fe^{3+}	Fe^{2+}
Mn	Mn^{4+}	Mn^{2+}

二、天然水的氧化还原电位

1. 水环境中氧化还原电位的概念及意义 假设有氧化还原半反应:

$$Ox+ne^- \Longleftrightarrow Red$$

其氧化还原电位应遵守能斯特(Nernst)方程:

$$E_h = E_h^{\ominus} + \frac{2.303RT}{nF} \lg \frac{a_{Ox}}{a_{Red}} \qquad (2-1)$$

式中：E_h 为以标准氢电极为基准的氧化还原电位（在化学上一般把 h 省略，直接写作 E）；$E_h^{\ominus}$ 为标准电极电位；R 为气体常数[8.314 J/(mol·K)]；F 为法拉第常数(96 485 C/mol)；T 为热力学温度；n 为电子系数；a_{Ox} 和 a_{Red} 分别为氧化态和还原态的活度。

天然水的氧化还原电位(oxidation reduction potential，ORP)是用惰性金属(铂或金)作指示电极，与参比电极一起插入水中所测得的电位(计算时以标准氢电极为基准进行校正)。符号 E_h，单位为伏特或毫伏(V 或 mV)。

由于天然水中实际存在的氧化还原体系很多，所以水环境的氧化还原电位不是水中某个特定电对的电位，而是水中各个氧化还原电对相互作用、相互影响最终在宏观上表现出来的结果，它反映了水体氧化还原状况的总特点。E_h 的高低可以直观地反映水环境氧化还原性的相对强弱。水环境的 E_h 越高，其氧化性就越强；E_h 越低，其还原性就越强。

由于天然水是一个复杂的氧化还原混合体系，其氧化还原电位应该介于各个电对的电位之间，而且接近于含量较高的电对的电位。若某个电对的含量比其他电对高得多，该电对就是"决定电位"体系。在大多数情况下，O_2/H_2O 电对是天然水的"决定电位"体系，因此溶解氧的高低会直接影响水体的氧化还原电位。理论计算表明，当水中氧气的分压为 21 kPa、水温为 25 ℃、pH 为 7.0 时，水体的 E_h 为 0.83 V。但海水与淡水体系 E_h 的实测值通常约为 0.4 V，这主要是因为在天然水的条件下，氧化还原反应基本上都处于非热力学平衡状态，同时由于天然水体具有多种氧化还原作用，是一种极为复杂的氧化还原体系，其氧化还原电位是诸多不确定因素综合作用的结果。因此水体氧化还原电位的理论计算值与实测值具有显著的差异。

表 2-2 和表 2-3 为东海某站水柱与沉积物所测得的 E_h 和 pH，表 2-4 为无锡某淡水鱼池的 E_h 和 pH 随底泥深度的变化情况，表 2-5 为室内以循环水饲养凡纳滨对虾幼虾池水的水化学状况。从这几个表中可以看出，在溶解氧丰富的情况下，水环境 E_h 的实测值一般只有 0.4 V 左右，底泥属于缺氧的还原性环境，其氧化还原电位一般为负值。由此可见，在一般情况下，若天然水或养殖用水的氧化还原电位为 0.4 V 左右，可以认为该水体处于良好的氧化状态。通过氧化还原电位可以了解水体中可能存在的氧化还原物质。同时由于氧化还原电位测定具有一定的灵敏性，且可在线实时测定，故通常被水族馆和水产养殖场所采用。

表 2-2　东海某站水柱氧化还原电位(E_h)与 pH 的现场测定结果

(洪家珍等，1983)

深度/m	0	15	30	45	60	底层水
E_h/mV	364	357	363	369	367	373
T/℃	28.2	28.2	28.2	27.8	27.0	26.5
pH	8.49	8.27	8.26	8.13	8.13	7.5

表 2-3　东海某站沉积物柱样氧化还原电位(E_h)、pH 和硫的测定结果

(洪家珍等，1983)

深度/cm	pH	E_h/mV	AVS/(mol/g 干泥)
底层水	7.71	424	—

（续）

深度/cm	pH	E_h/mV	AVS/(mol/g 干泥)
0～1	7.55	102	0.29
1～2	7.50	70	0.57
2～3	7.46	66	1.7
3～5	7.11	−90	5.3
5～10	7.21	−98	3.8
10～15	7.46	−118	3.6
15～20	7.27	−109	3.7

注：酸挥发硫(acid volatile sulfide，AVS)，详见第八章。

表 2-4　无锡某鱼池塘泥的氧化还原电位(E_h)随底泥深度的变化

(1984.12.20)(臧维玲等，1985)

塘泥深度/cm	底层水	0～1	5～6	10～11	14～15	18～19
E_h/mV	442	112	60	−50	−64	−72
pH	7.80	7.60	7.50	7.35	7.20	7.00

表 2-5　室内凡纳滨对虾幼虾循环水养殖池水质状况

(2001 年)(臧维玲等，2003)

日期	T/℃	pH	$TNH_4 - N$/(mg/L)	$NO_2^- - N$/(mg/L)	COD/(mg·L^{-1})	E_h/mV
08.09	27.8	8.20	0.24	0.035	7.79	341
08.13	26.4	8.33	0.21	0.034	10.12	366
08.18	28.7	8.29	0.21	0.019	9.37	372
08.22	29.4	8.25	0.19	0.033	9.45	377
08.30	29.0	8.25	0.29	0.008	9.72	384
09.06	28.7	8.30	0.36	0.014	10.14	387
09.12	27.0	8.29	0.59	0.160	10.24	390
09.18	26.8	8.26	0.62	0.100	10.98	376
09.23	25.8	8.31	0.68	0.110	11.04	394
10.01	25.0	8.31	0.73	0.064	12.32	398
平均值	27.5±1.5	8.28±0.04	0.41±0.21	0.057±0.005	10.12±0.20	379±17

注：$TNH_4 - N$ 为总氨态氮，详见第六章；COD 为化学需氧量，详见第七章。

2. 水环境氧化还原电位的影响因素　天然水的氧化还原电位受多种因素的影响。从能斯特方程可以看出，凡是可以引起水中各种氧化还原电对浓度以及温度、pH 变化的因素均将导致氧化还原电位的变化。

（1）溶解氧　由于 O_2/H_2O 电对通常是天然水的"决定电位"体系，因此溶解氧的高低会直接影响水体的氧化还原电位。O_2/H_2O 电对的半反应为：

$$O_2+4H^++4e^-=2H_2O \qquad E_h^\ominus=1.229\ V$$

$$E_h=E_h^\ominus+\frac{2.303RT}{4F}\lg\frac{p_{O_2}\times a_{H^+}^4}{1}=1.229+\frac{2.303RT}{4F}\lg(p_{O_2})-\frac{2.303RT}{F}pH$$

所以，从理论上讲，在有氧的情况下，水环境的氧化还原电位与水中氧气分压的对数成正比，溶解氧越高，水体的 E_h 就越大。

(2)pH 由于水环境中很多电对的电极反应都有 H^+ 或 OH^- 参与，所以 pH 对水体氧化还原电位的影响也比较明显，在通常情况下 pH 每提高一个单位，E_h 大约降低 59 mV。

(3)温度 从能斯特方程可以看出，任何电对的氧化还原电位都受温度的影响。以 O_2/H_2O 电对为例，当 pH 为 7.0 时，水温每升高 1℃，其 E_h 大约降低 1.3 mV。可见，温度的变化对 E_h 的直接影响并不大。但是由于温度升高可能加快水中溶解氧的消耗，同时降低 O_2 在水中的溶解度，所以温度升高也可能导致水体 E_h 明显下降。

(4)有机物 有机物在分解过程中要消耗溶解氧，使 E_h 降低。在有机物累积的厌氧环境中，有机物通常是"决定电位"体系，其 E_h 往往很低，并且是负值。

除此之外，光照、生物代谢、投饵、搅动水体、施用氧化剂或还原剂等均将导致氧化还原电位的变化。

3. 氧化还原电位的测定方法 水中氧化还原电位的测定通常采用铂电极直接测定法。由于铂电极本身难以被腐蚀、溶解，可作为一种电子传导体。将铂电极和参比电极插入水中，其中的氧化剂或还原剂将从铂电极上接受或给予电子，于是电极与溶液之间就产生了电位差，当电极反应达到平衡时，相对于标准氢电极的电位差就是该体系的氧化还原电位 (E_h)。由于单一电极的电位无法直接测得，所以必须将铂电极与另一电位稳定且已知的电极(参比电极)一起插入被测溶液中构成电池，用电位计测量电池电动势 ε，计算时以标准氢电极为标准进行校正，然后求出溶液的 E_h，计算公式为：

$$E_h=\varepsilon+E_{参} \qquad\qquad (2-2)$$

式中：$E_{参}$ 为参比电极的电极电位。常用的参比电极为饱和甘汞电极或银-氯化银电极，其电极电位可以根据被测溶液的温度从有关资料上查得。

铂电极直接测定法所需仪器设备简单，操作也不复杂，在测定比较清洁水体的 E_h 时能够在较短的时间内获得较稳定的结果。但在测定复杂介质的 E_h 时，平衡时间较长并且测定值不稳定。许震等(2017)发现使用铂电极直接法测定地下水和自来水等清洁水体时 E_h 达到稳定电位所用时间均小于 1 min，但在测定黑臭河道水体和工业污水时 E_h 达到稳定电位所用时间大约要 7 min 甚至更长，并且 E_h 标准偏差值达 9.7~11.8 mV。刘筱雪等(2017)在测定肉汤培养基和马铃薯肉汤培养基的 E_h 时发现，铂电极直接测定法需要 20 min 才达到稳定电位。采用去极化法氧化还原电位全自动测定仪测定 E_h 可以克服这一缺点。

三、天然水中的电子受体与元素存在形态

有机物在微生物的作用下氧化降解需要电子受体，在不同的氧化还原环境中，随着 E_h 的降低，有机物氧化时的电子受体也随着改变，即氧化分解有机物的氧化剂发生相应的变化，因而所生成的产物也不一样(图 2-1)。从图中可以看出，水环境中有机物的氧化分解通常按 O_2、NO_3^-、MnO_2、Fe^{3+}、SO_4^{2-}、CO_2 的顺序消耗电子受体。

当水中溶解氧含量丰富时，溶解氧通常是电子受体，此时水的 E_h 一般约为 0.4 V。在

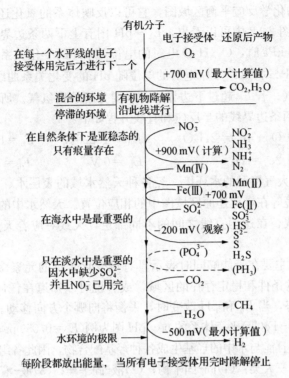

图 2-1　水环境内有机物氧化降解顺序
(惠特菲尔德 Whitfield, 1977)

这种水环境中，通过好氧菌的作用，有机物可以得到彻底的氧化分解，最终产物对水生生物基本无毒：

$$(CH_2O)_{106}(NH_3)_{16}H_3PO_4 + 138O_2 \longrightarrow 106CO_2 + 16NO_3^- + HPO_4^{2-} + 18H^+ + 122H_2O$$

随着溶解氧的消耗，E_h 降低，电子受体也发生相应的变化。当溶解氧耗尽，以 NO_3^- 作为电子受体时，有机物的氧化分解将在厌氧菌的作用下发生脱氮反应：

$$(CH_2O)_{106}(NH_3)_{16}H_3PO_4 + 84.8HNO_3 \longrightarrow 106CO_2 + 42.4N_2 + H_3PO_4 + 16NH_3 + 148.4H_2O$$

若水中尚含有足量的 NO_3^-，则 NH_3 可以继续被氧化，发生脱氮反应：

$$5NH_3 + 3HNO_3 \longrightarrow 4N_2 + 9H_2O$$

若水中 NO_3^- 也被消耗尽，E_h 进一步降低，有机物便以 SO_4^{2-} 作为电子受体，通过厌氧菌的作用生成对水生生物有害的 NH_3 与 H_2S：

$$(CH_2O)_{106}(NH_3)_{16}H_3PO_4 + 53H_2SO_4 \longrightarrow 106CO_2 + 53H_2S + 16NH_3$$

高井(Takai)等报道，底质中 NO_3^- 作为电子受体还原为 NO_2^-、$Mn(IV)$ 作为电子受体还原为 $Mn(II)$ 时，氧化还原电位为 0.2～0.3 V；$Fe(III)$ 作为电子受体还原为 $Fe(II)$ 时，氧化还原电位大约为 0.05 V；SO_4^{2-} 作为电子受体还原为 S^{2-} 时，氧化还原电位为 −0.15～−0.2 V；CO_2 作为电子受体还原为 CH_4 时，氧化还原电位大约为 −0.25 V。

四、E_h – pH 图

很多氧化还原反应都有 H^+ 或 OH^- 参与，因此，水环境的 E_h 除了与氧化态和还原态的浓度有关外，还受 pH 的影响，这种关系可以用 E_h – pH 图来表示。E_h – pH 图是以 E_h 为纵坐标、pH 为横坐标的化学反应平衡区域图，它可以反映体系的氧化还原电位随 pH 的变化情况，见图 2-2。从图 2-2 中可以看出，E_h-pH 图有上下两条边界线。其中最上边的边界线是 $p_{O_2}=101.325\ kPa$ 时，O_2/H_2O 电对的电位随 pH 的变化关系曲线；最下边的边界线是 $p_{H_2}=101.325\ kPa$ 时，H^+/H_2 电对的电位随 pH 的变化关系曲线。若 E_h 超过上边界线，水要分解放出氧气；若 E_h 超过下边界线，水要分解放出氢气。所以，上下两条边界线之间是水稳定区。这两条边界线的半反应和直线方程如下：

上边界线：$4H^+ + O_2 + 4e^- = 2H_2O$　　　$E_h^{\ominus}=1.229\ V$　　$E_h=1.229-0.059\ 2pH$

下边界线：$2H^+ + 2e^- = H_2$　　　　　　　$E_h^{\ominus}=0\ V$　　　　$E_h=-0.059\ 2pH$

图 2-2 表明了与大气接触的水环境、经各种天然水域的表层水、与大气隔绝的下层水以至沉积物中的水环境等在氧化还原区域图中的相应位置。天然水中的各种过程都不会超过水稳定区的上下边界线，在这两直线之间的不同部位，大致对应着天然水的一种氧化还原状态。

E_h-pH 图的价值主要在于能够同时表示具有可变化合价的元素多种反应平衡的关系，直观反映各组分生成的条件和稳定存在的区域，或者说可以知道在任何给定的 E_h 和 pH 条件下，何种形态占优势，当 E_h 和 pH 改变时，平衡将向哪个方向移动。

以 25 ℃时，Fe(Ⅱ)-Fe(Ⅲ)平衡体系的 pe-pH 图为例($E_h=0.059\ pe$，图 2-3)，铁在水溶液中的价态有两种，并且能与水中的羟基生成各种羟基配合物，因此各组分之间存在多种反应平衡。这些平衡可分为三大类：(1)固-固平衡；(2)液-固平衡；(3)液-液平衡。Fe(Ⅱ)-Fe(Ⅲ)平衡体系的 pe-pH 图标出了不同价态铁之间相平衡时的稳定区域。从图中可以方便地查出在不同 E_h 和 pH 的条件下铁的存在形态。例如，Fe^{3+} 位于 pe-pH 图的左上方 pH<2 和 $E_h>$0.77 V的区域，因此在 pH<2、$E_h>$0.77 V的强酸性水中，铁元素主要以 Fe^{3+} 的形式存

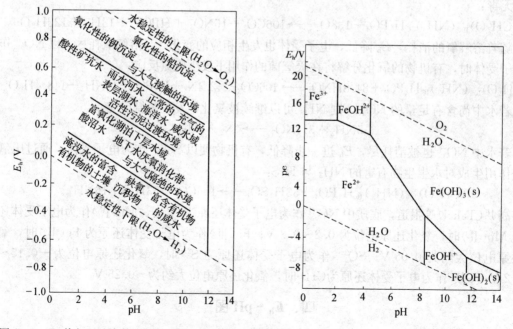

图 2-2　E_h 值与天然水体内某些特征过程的关系　　图 2-3　25 ℃时 Fe(Ⅱ)-Fe(Ⅲ)体系的 pe-pH 图
　　　　　　　　(雷衍之等，1993)　　　　　　　　　　　　　　　　　(张正斌等，1989)

在，若水中有 Fe^{2+} 也会被氧化为 Fe^{3+}。

E_h - pH 图和其他平衡图一样，是在特定的条件下绘制的，其仅能反映绘制时所采用的边界条件下所发生反应的平衡特点。

第二节　天然水中的胶体与界面作用

界面是相与相之间的接触面，按照两相物理状态的不同，可将界面分为气-液、气-固、液-液、液-固、固-固 5 种类型。天然水体是复杂的多相体系，在水与大气、水与气泡、水与底质、水与生物、水与胶体及悬浊物质相互接触之处都有界面。物质在界面处的行为与均相溶液内不同，水中的化学反应大多发生在相间不连续的界面上。

胶体是物质存在的一种特殊状态，它普遍存在于自然界中，与人类的生活密切相关。胶体由于具有巨大的比表面积、表面能和电荷，能够强烈地吸附各种分子和离子。天然水体内的悬浮物和底泥中均含有丰富的胶体，这些胶体在水环境中的界面作用最主要的是吸附作用和凝聚作用。

一、胶　　体

(一)胶体基本知识

1. 胶体的基本概念　　胶体是分散质粒径为 $10^{-9} \sim 10^{-7}$ m 的分散体系，即胶体粒径为 $1 \sim 100$ nm，但这个划分也不是绝对的，也有人将胶体分散质粒径划分为 $1 \sim 1\,000$ nm。

按分散剂的不同可分为气溶胶、液溶胶和固溶胶。分散剂为气体的胶体称为气溶胶，分散剂为液体的胶体称为液溶胶，分散剂为固体的胶体称为固溶胶。通常所说的胶体是指液溶胶。

按分散质与分散剂之间亲和力的强弱，可分为亲液溶胶和憎液溶胶。如蛋白质、明胶等容易溶入介质的物质形成的胶体，叫作亲液溶胶。那些本质上不溶于介质的物质，必须经过适当处理后才可将它分散在某种介质中，这种胶体叫作憎液溶胶。如金溶胶、$Fe(OH)_3$ 溶胶等，都是憎液溶胶。

2. 胶体的结构　　胶体颗粒的中心是由数百至数万个分散质固体分子组成的胶核。在胶核表面，有一层电荷相同的离子，称为电位离子，电位离子所带的电荷称为胶体颗粒的表面电荷。胶核表面带电后，由于静电引力关系，可从溶液中吸附一些电荷相反的离子，称为反离子，它们与胶核表面保持一定距离。离胶核表面近的反离子，受的引力较大，总是随胶体颗粒一起移动，它和电位离子层一起构成胶体颗粒的吸附层。离胶体表面更远的反离子，由于受到的引力较小，在胶体颗粒移动时，它们并不随之移动，称为扩散层。扩散层中，反离子浓度呈内浓外稀的递减分布，直至与溶液中的平均浓度相等。胶粒及黏土微粒的胶团结构可用下列模式表示：

$$\overbrace{\underbrace{\{胶核或黏土结晶 \cdot 核表面离子 + 反离子\}}_{吸附层} + \underbrace{反离子}_{扩散层}}^{胶粒}$$

胶团

如果用通式来表示胶团结构，就是：

$$[胶核 \mid n \text{ 表面离子} + (n-x) \text{反离子}]^{x\pm} \cdot x \text{ 反离子}^{\mp}$$

根据这个通式，可以写出各种溶胶的胶团表示式，如在 KBr 溶液中带负电的 AgBr 溶胶其胶团公式为：

$$[(AgBr)_m \cdot nBr^- + (n-x)K^+]^{x-} \cdot xK^+$$

3. ζ-电位 从胶团的结构可以看出，胶团是由胶粒和反离子扩散层所构成的。但胶体在电泳时运动的质点是胶粒，也就是说胶核和吸附层作为一个整体在一起运动，决定其受电场力作用大小的是吸附层和扩散层之间的电位差，这种电位差称为电动电位，用希腊字母 ζ(zeta) 表示，又称为 ζ-电位。图 2-4 是胶体 ζ-电位示意图，图中 Ψ^0 为胶体的总电位。

4. 胶体的稳定性及其影响因素

苏联学者德查金（Derjaguin）、朗道（Landau）于 1941 年，与荷兰学者维韦（Verway）、奥弗比克（Overbeek）于 1948 年均独立提出了把胶粒表面电荷与胶体稳定性联系起来的理论，这一理论通常以四人名字的首字母命名，称为 DLVO 理论。DLVO 理论认为：胶粒之间存在着互相吸引力，即范德华力，也存在着互相排斥力，即双电层重叠时的静电排斥力。这两种相反的作用力就决定了溶胶的稳定性。当胶粒之间吸引

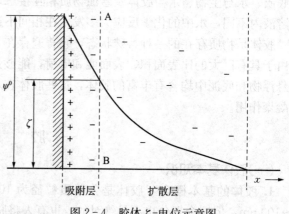

图 2-4　胶体 ζ-电位示意图

力占主导时，胶体就发生聚沉；当静电排斥力占优势，并能阻止胶粒因碰撞而聚沉时，胶体就处于稳定状态。很显然，ζ-电位越大，即说明胶粒的电荷越多，它们之间的电性斥力也越大，胶体越稳定；相反，ζ-电位越小，说明胶粒的电荷越少，胶体越不稳定；当 ζ-电位等于零时，说明胶粒不带电，胶体最不稳定。

除了胶粒带电的原因以外，胶体是否稳定还受另一个因素影响，那就是溶剂化作用（水化作用）。因为离子在溶液中都具有一层溶剂化薄膜，所以，分布在扩散层里的反离子，通过水化作用，在胶粒的外面组成一个水化薄膜层，它阻止了胶粒因互相碰撞而引起的合并，使胶体具有一定的稳定性。特别是高分子化合物的溶液，其稳定因素中溶剂化作用往往比电荷的作用更重要。如明胶、琼胶、血清蛋白等，在等电点下仍然保持一定的稳定性。而某些高分子化合物溶液，如溶解在苯中的橡胶，或溶解在苯中的聚苯乙烯，它们根本不带电，只靠溶剂化作用来维持稳定性。

使胶体具有稳定性的这两个因素并不一定要同时具备，而且所起作用的大小也因胶体的性质而有所不同。一切可以增加 ζ-电位和溶剂化作用的因素，都可以提高胶体的稳定性；一切可以降低 ζ-电位和溶剂化作用的因素，都可以减弱乃至破坏胶体的稳定性。

（二）水环境中的胶体

1. 水环境中胶体的种类 胶体在水环境中普遍存在，水环境中的胶体可以分为三类：无机胶体、有机胶体和无机-有机复合体胶体。其中无机胶体主要指黏土矿物胶体和水合氧化物胶体；有机胶体则包括蛋白质、碳水化合物、脂类、腐殖质等；无机-有机复合体胶体一般是无机胶体与有机物相互作用的结果。此外，天然水体中的藻类，污水中的细菌、病毒

等也有类似胶体化学的表现，起类似的作用。下面简要介绍一下黏土矿物胶体、水合氧化物胶体和腐殖质胶体。

(1)黏土矿物胶体 黏土矿物胶体是由其他矿物经化学风化作用而形成的，其成分主要为铝或镁的硅酸盐，具有晶体层状结构，每个单元层都是由硅氧四面体层片和铝氧八面体层片交替叠加而成。黏土矿物的种类很多，在天然水体中有代性的是高岭石类、蒙脱石类、伊利石类等。

我国河流多属于较高浑浊型，含有较多的悬浮黏土矿物微粒。北方河流中黏土矿物以蒙脱石为主，中部以伊利石为主，南方以高岭石为主。例如，湖南湘江悬浮沉积物中的黏土矿物有 $70\%\sim75\%$ 为伊利石，$25\%\sim30\%$ 为高岭石。

(2)水合氧化物胶体 铝、铁、锰、硅等在地球上大多是丰产元素，但在水体中溶解态的含量并不高，主要以无机高分子及胶体状态存在。它们多与羟基结合，成为各种水合氧化物，在水环境中发挥重要的胶体化学作用。

水合氧化物胶体中最重要的代表为褐铁矿($Fe_2O_3 \cdot nH_2O$)、水化赤铁矿($2Fe_2O_3 \cdot H_2O$)、针铁矿($Fe_2O_3 \cdot H_2O$)、水铝石($Al_2O_3 \cdot H_2O$)和三水铝石($Al_2O_3 \cdot 3H_2O$)。除了上述水合氧化物外，环境中常见的含水氧化物胶体还有二氧化硅凝胶，其中蛋白石($SiO_2 \cdot nH_2O$)是最主要的代表。所有的金属水合氧化物都能够结合水体中微量物质，同时其本身又趋向于结合在矿物微粒和有机物的表面上。

(3)腐殖质胶体 腐殖质是自然界有机物经过微生物分解、再合成的从黄色到黑色的高分子物质。水环境中的腐殖质主要为富里酸和胡敏酸。不同来源的腐殖质其组成与含量会有较大的差异。腐殖质具有多种功能基团，除羧基、酚羟基、醇羟基、羰基及甲氧基外，还有氨基、醚基、酰胺基、环氮基等，这些功能团使腐殖质有很强的螯合、吸附、絮凝能力。

2. 水环境中胶体的带电性 自然环境中的胶体颗粒大部分带负电荷。只有少数胶体颗粒带正电荷。胶体颗粒所带电荷的来源大致有以下三个方面：

(1)电离 一些胶体颗粒在水中本身就可以电离，故其表面带电荷。例如，硅胶表面分子与水作用生成 H_2SiO_3，它是一个弱电解质，在水中电离生成 SiO_3^{2-} 使硅胶粒子带负电。

$$H_2SiO_3 \longrightarrow HSiO_3^- + H^+ \longrightarrow SiO_3^{2-} + 2H^+$$

腐殖质胶体带负电荷，主要由腐殖质羟基和羧基中 H^+ 的离解而引起。

水合氧化铁、水合氧化铝则是两性胶体，在酸性条件下离解出 OH^- 离子使自身带正电荷，在碱性条件下则离解出 H^+ 使自身带负电荷。例如，

$$Al(OH)_3 + H^+ = Al(OH)_2^+ + H_2O$$

$$Al(OH)_3 + OH^- = Al(OH)_2O^- + H_2O$$

(2)离子选择吸附 胶核表面优先吸附某种离子从而使其表面获得电荷。影响胶核表面带正电荷还是带负电荷的因素主要有两个。一是离子的水化能力，水化能力弱的离子更容易

被吸附于固体表面。阴离子的水化能力一般比阳离子弱，所以固体表面带负电荷的可能性比较大。二是优先吸附与胶核具有相同成分的离子。例如，用 $AgNO_3$ 和 KBr 反应制备 AgBr 胶体时，AgBr 质点易于吸附 Ag^+ 或 Br^-，而对 K^+ 和 NO_3^- 吸附较弱，因此 AgBr 胶体的带电状态，取决于溶液中 Ag^+ 与 Br^- 哪种离子过量。

(3)晶格取代　晶格取代也是黏土粒子带电的原因之一。黏土是由氧化铝八面体和硅氧四面体的晶格组成，黏土晶格中的 Al^{3+} 往往有一部分被 Mg^{2+} 或 Ca^{2+} 取代，结果使黏土晶格带负电。

二、吸　　附

任何物质的表面都存在表面张力或表面自由能，表面分子的能量比内部分子的能量高。体系的表面积越大，表面自由能就越高，体系就越不稳定。为了降低自身的能量，可以有两种自发的方式：一是收缩表面积；二是在表面上产生吸附现象。不同类别的表面产生的吸附现象其特点和规律是不同的。水环境中发生的吸附主要是溶液表面吸附(气-液界面吸附)和固体从溶液中的吸附(液-固界面吸附)。

(一)溶液表面吸附

在纯溶剂中，体系是均匀的，表面层溶剂的组成与内部相同。加入溶质后，由于它们之间的亲和力不同，会对溶剂的表面张力产生不同的影响。若溶质与溶剂分子间的引力小于溶剂分子间的引力，加入溶质后会导致溶液的表面张力下降，溶质分子趋于在溶液表面聚集以降低体系的表面自由能，表面活性物质属于这种情况。相反，若溶质与溶剂分子间的引力大于溶剂分子间的引力，加入溶质后会导致溶液的表面张力升高，溶质分子上升到表面所需的功大于溶剂分子上升到表面所需的功，所以溶质在溶液表面的浓度小于它在溶液内部的浓度，非表面活性物质属于这种情况。与此同时，由于浓度差所引起的扩散作用则趋于使溶液内部各部分的浓度均匀。当这两种作用达到平衡时，会使溶液表面和溶液内部溶质浓度不同，这种现象称为溶液表面吸附。若溶液表面溶质浓度比溶液内部高，称为正吸附；反之，若溶液表面溶质浓度比溶液内部低，则称为负吸附。在天然水体中，与溶液表面吸附密切相关的是泡沫气提浮选作用和水体表面微层。

1. 泡沫气提浮选作用　泡沫是气体以气泡的形式分散在液体中所形成的粗分散系。泡沫的稳定性主要取决于气-液界面吸附作用。一般认为表面活性物质是泡沫稳定剂或起泡剂。表面活性剂都是一些在分子中同时具有亲水基团和疏水基团的物质，它们被吸附于气-液界面上形成定向排列的单分子层，分子中极性基团在水里，而非极性基团指向气相(图 2-5)，从而形成较牢固的液膜并使表面张力下降，阻止了气泡相互聚结，由于被吸附的表面活性物质对液膜起保护作用，生成的泡沫比较稳定。

气浮过程中，细微气泡首先与水中的悬浮颗粒相黏附，形成整体密度小于水的"气泡-颗粒"复合体，使悬浮颗粒随气泡一起上浮到水面。水中的悬浮颗粒能否与气泡黏附主要取决于颗粒表面的性质。一般规律是疏水性颗粒易与气泡黏附，而亲水性颗粒则难黏附(图 2-6)。由于气泡的形成及在其气-液界面上的吸附作用，水体中具有表面活性的物质连同可与其结合的其他各种形态物质一起被选择性地富集于液相表面膜中，这种现象称为气提作用或浮选作用。

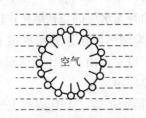
图 2-5　表面活性物质的起泡作用

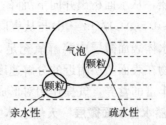
图 2-6　亲水性和疏水性颗粒与气泡的黏附

在水生生物培养研究中，人们常常利用气提作用除去或收集水体中的有机物。在人工养殖水环境中，可借助机械鼓气的方法产生泡沫，使溶解性有机物质聚集于气-液界面，并在泡沫破裂时成为不溶性有机碎屑从而降低有机负荷，增加碎屑饵料。在海水循环水养殖系统中常用的泡沫分离技术，其理论依据就是泡沫气提浮选作用。泡沫分离技术最初用于矿物的浮选，后来又被用于去除废水中的表面活性物质（如表面活性剂、蛋白质等），或提取可与表面活性剂配位或螯合在一起的物质，如金属离子等。因为它对蛋白质的去除效率高，常被称作"蛋白质分离"，但实际上去除的不仅仅是蛋白质，所以称之为"泡沫分离"更准确。图 2-7 是泡沫分离器的结构示意图。废水从柱体上端注入，空气从柱底输入，气泡在上升过程中与废水流逆向接触，水中的表面活性物质和有机颗粒物被气泡吸附，并借气泡的浮力上升到水面形成泡沫，从而去除水中溶解和部分悬浮的有机物。泡沫分离能将蛋白质等有机物在未转化成氨及其他有毒物质前去除，避免了有毒物质在水体内积累，减少了有机物分解所需的氧气，使溶解性有机物及部分悬浮物退出水循环，同时还能够有效地去除水中的病菌、增加溶解氧，但泡沫分离技术在去除有害物质的同时，也会使水中的微量元素流失。若与臭氧发生器联合使用还可以起到杀菌消毒的作用，但海水使用臭氧杀菌消毒时，可能因臭氧的强氧化性而使海水中的 Cl^- 被氧化，因此较少使用。

溶液的气-液界面与溶液内部物质的含量会有所不同。一般表面活性物质可降低溶液表面张力，因而总是聚集于溶液表面。此外，水体中由于风浪以及光合作用、反硝化作用、有机物的发酵作用等会产生微小气泡，这些微小气泡的气-液界面上也聚集着表面活性物质，它们随着气泡一起升至水面形成泡沫，这一过程称为"气提作用"。水体中的类脂化合物和烃类是表面活性物质，它们易在水面上形成泡沫。在"气提作用"过程中，一些不溶性的颗粒较小的有机物，也会富集于泡沫中，一起上升至水面，形成水体表面微层。许多研究者测定了水体表面微层（包括水面泡沫）中有机物及其他微量元素的含量。研究发现在表面微层内，表面活性有机物，细菌，微型浮游生物，碎屑物质及氮、磷和其他微量元素化合物的含量可能为其他水层的几倍至几百倍，其含碳量有时甚至比浮游植物还高。同时，表面微层是不断更新的，波浪作用会造成皮膜破损，聚集的有机物质可以变成薄片

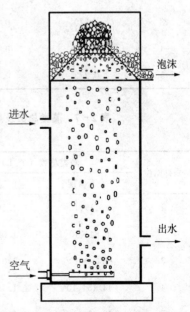
图 2-7　泡沫分离器的结构示意图

状碎屑物质，从水面析出并向下沉降。据调查，一些海区海水表面微层中产生有机碎屑的速率为 $0.2 \sim 0.5$ g(C)/(m^2·d)与从表层至 100 m 深海区的有光水层的总初级生产能力大体相当，由于水体表面微层中溶解氧充足，有机营养丰富，为细菌的迅速繁殖提供了良好的条件。有机物在表面微层附近的分解速度远快于水体内部。可见，由气提作用所形成的颗粒有机体含有丰富的营养，气提作用对形成天然饵料具有重要作用。

2. 天然水体表面微层 天然水体中的许多物质可以借助扩散、上升流和上升气泡的气提浮选作用富集于水体的表面，形成所谓表面微层(也称微表层、表面膜)。水体表面微层是水体表面一层与水体不相混溶的薄层，其厚度没有确定的值，一般认为是几十到几百微米。与水的主体相比，水体表面微层具有特殊的理化及生物特性，对污染物的生物地球化学循环有着重要的影响。由于风浪作用产生的气泡在上升过程中从水中吸附了溶解物质和悬浮颗粒，当气泡上升到表面破碎时，吸附的物质大部分留在水体表面，所以泡沫的气提浮选作用对水体表面微层的形成起着重要作用。此外，水体表面微层中的物质还有一些是来自于大气，大气中的物质通过降水、气体溶解、气溶胶和颗粒物沉降等方式进入水体的表面微层。

水体表面微层是一个复杂的体系，很多物质可以在其中富集，如有机物、金属离子、营养元素、微生物、藻类、颗粒物、腐殖酸等。表 2-6、表 2-7 和表 2-8 是天津水上公园湖水表面微层和表层中总磷、溶解态总磷、藻类、悬浮颗粒物和几种重金属的分布情况。

表 2-6 总磷、溶解态总磷含量在湖水表面微层和表层中的分布情况

(郁建栓等，1997)

采样站位	总磷/(mg/L)		富集倍数	溶解态总磷/(mg/L)		富集倍数
	表面微层	表层		表面微层	表层	
1	0.285	0.037 3	7.64	0.029 3	0.017 4	1.68
2	0.203	0.035 3	5.75	0.027 3	0.011 4	2.39
3	0.370	0.043 3	8.55	0.017 4	0.015 4	1.13
4	0.386	0.023 3	16.57	0.021 4	0.015 4	1.39
5	0.273	0.031 3	8.72	0.017 4	0.010 0	1.74

表 2-7 藻类总数及悬浮颗粒物总量在湖水表面微层和表层中的分布情况

(郁建栓等，1997)

采样站位	藻类总数/(个/L)		富集倍数	悬浮颗粒物总量/(mg/L)		富集倍数
	表面微层	表层		表面微层	表层	
1	7.11×10^7	1.18×10^7	6.03	500.5	73.6	6.80
2	6.84×10^7	1.09×10^7	6.28	70.0	45.2	1.55
3	6.64×10^7	1.08×10^7	6.15	192.3	40.4	4.76
4	14.15×10^7	1.53×10^7	9.25	160.7	20.8	7.73
5	10.02×10^7	1.46×10^7	6.86	95.1	30.0	3.17

表 2-8　几种重金属含量在湖水表面微层和表层中的分布情况(mg/L)

(郁建栓等，1994)

重金属	采样站位	表面微层	表层(水下 0.5 m 内)	富集倍数
Fe	1	72.45	2.29	31.64
	2	5.45	1.88	2.90
	3	3.89	2.27	1.71
	4	57.17	1.86	30.74
	5	3.27	1.99	1.64
Mn	1	1.85	0.161	11.49
	2	0.355	0.152	2.34
	3	0.325	0.170	1.91
	4	2.21	0.154	14.35
	5	0.278	0.166	1.67
Zn	1	1.47	0.072	20.42
	2	0.208	0.053	3.92
	3	0.163	0.071	2.30
	4	0.828	0.055	15.05
	5	0.320	0.061	5.25
Cu	1	392.25	4.44	88.34
	2	108.25	4.05	26.73
	3	77.97	4.53	17.21
	4	93.55	4.37	21.41
	5	24.83	4.41	5.63

(二)固体从溶液中的吸附

1. 吸附机理　同液体表面一样，固体表面的分子或原子也是受力不均的，因为有剩余的力场存在，所以固体表面也有过剩的表面能。与液体不同的是，固体一般不能通过缩小表面积来降低过剩的表面能，因此发生吸附作用就是其必然选择。不同的固体物质和不同的吸附对象可能有不同的吸附机理，水环境中胶体颗粒的吸附作用大体可分为表面吸附、离子交换吸附和专属吸附等。

(1)表面吸附　表面吸附是指吸附剂和吸附质之间通过分子间力所产生的吸附，又称为物理吸附。由于分子间力的普遍存在，所以水中的胶体可以同时吸附多种物质。但物理吸附的吸附力较弱，吸附热较小，容易解吸。

(2)离子交换吸附　离子交换是一种物理化学吸附，指胶体对介质中各种离子的吸附，这种现象的发生与胶体颗粒带有电荷有关，又称极性吸附。

由于环境中大部分胶体带负电荷，所以在自然界中易被吸附的主要是各种阳离子。在吸附过程中，胶体每吸附一部分阳离子，同时也放出等物质的量电荷的其他阳离子，所以这种吸附又称为离子交换吸附。这种吸附是一种可逆过程，反应的方向主要取决于以下因素：

① 离子交换吸附能力。在其他条件相同的情况下，交换能力强的离子可以把交换能力弱的离子从胶体颗粒上交换下来。底泥中常见阳离子的交换能力强弱顺序为

$$Fe^{3+}>Al^{3+}>H^+>Ca^{2+}>Mg^{2+}>K^+>NH_4^+>Na^+$$

② 离子的相对浓度。交换能力较弱的离子，如果在溶液中的浓度较大，也可以从胶体颗粒上置换出能力较强，但在溶液中浓度较小的离子。例如，当 NH_4^+ 浓度增加时，可以把胶体颗粒上吸附的 Ca^{2+} 交换下来。

$$胶体-Ca+2NH_4^+ \Longrightarrow 胶体-(NH_4^+)_2+Ca^{2+}$$

(3)专属吸附　专属吸附指在吸附中除化学键的作用外，尚有加强的憎水键和范德华力在起作用。专属吸附作用的存在，不但可使表面电荷改变符号，而且可使离子化合物吸附在同号电荷的表面上。

在水环境胶体化学中，专属吸附是特别重要的。水合氧化物胶体表现出的专属吸附作用最强，特别是水合氧化物胶体对重金属离子的专属吸附。由于专属吸附作用，水合氧化物胶体可以从常量浓度的碱金属盐溶液中吸附其中痕量(浓度上低 3~4 个数量级)的重金属离子。专属吸附不是静电引力所致，在水合氧化物胶体带正电荷或不带电荷时也能发生。水合氧化物胶体的专属吸附对阴离子(如 PO_4^{3-}、SO_4^{2-}、NO_3^-、Cl^- 和 F^- 等)也有效，这种吸附不同于带正电荷的胶体对阴离子的吸附。

这几种吸附并不是孤立的，在某一具体的吸附过程中，它们往往相伴发生，在胶体表面的不同位置上可能会发生不同的吸附。一般吸附是几种吸附过程综合作用的结果。

2. 吸附等温式　在温度固定的条件下，吸附量 Q 同溶液浓度之间的关系称为等温吸附规律，表达这一关系的数学式称为吸附等温式。根据这种关系绘制的曲线则称为吸附等温线。在实践中有多种类型的吸附等温式和吸附等温线，它们各自有不同的吸附理论模式及适用范围。由于固体在溶液中的吸附很复杂，吸附等温式从理论上推导有一定的困难，但等温线的形状和气体的吸附等温线形状很相似，因此一直沿用气体吸附等温式，只要用浓度代替原来公式中的压力即可。这里主要介绍弗兰德里希(Freundlich)吸附等温式、朗格缪尔(Langmuir)吸附等温式。

(1)Freundlich 吸附等温式　一般情况下，固体吸附为正吸附，吸附量随溶液浓度提高而增大，但并不是成正比关系。固体吸附等温线最常见的形式见图 2-8a，纵轴为吸附量 Q，单位为 mg/g，横轴为吸附质在溶液中的浓度 c，可用浓度的一般单位表示。曲线可划分为三段，第 I 段位于低浓度区，此区内浓度对吸附量的影响最大，二者接近直线比例关系。在继续提高浓度时，吸附量仍随之增长，但增长的速度缓慢下来(II段)。最后，当浓度很高时，曲线进入第 III 段，成为一条几乎与横轴平行的直线，也就是吸附量达到饱和的区段。一旦达到或接近饱和后，浓度对吸附量的影响已经很小。对于曲线的第 II 段，即非直线区段中的吸附规律，在实际工作中常用 Freundlich 吸附等温式来表示：

$$Q=Kc^{\frac{1}{n}} \tag{2-3}$$

式中：K 及 n 都是在一定范围内表示吸附过程的经验系数。若取对数值，上式可改为：

$$\lg Q=\lg K+\frac{1}{n}\lg c \tag{2-4}$$

以 $\lg Q$ 及 $\lg c$ 为坐标绘图(图 2-8b)，得到一条直线，它在纵坐标上的截距即为 $\lg K$。因此 K 值形式上是浓度 $c=1$ 时，即 $\lg c=0$ 时的吸附量。

在实践中，如果通过实验得到一系列吸附量与溶质浓度的对应数据，其规律基本符合Freundlich 吸附等温式，则可取对数值绘制出直线，由其截距及斜率求出 K 及 n 值，从而确定吸附等温式。

在研究水体悬浮物与底泥对重金属离子吸附时，即可利用此类吸附等温式。这一经验公式在实践中得到广泛应用，但它存在以下缺点：①公式的应用范围限于中等浓度的情况，对于低浓度及高浓度可能产生较大误差；②由于 Freundlich 吸附等温式是根据实测数据获得的经验关系式，吸附机制不够明确，因此，参数 K 和 n 的物理意义不明确，一般不用于比较不同的吸附作用。

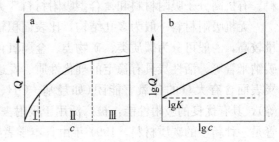

图 2 - 8　Freundlich 吸附等温线
a. 固体吸附等温曲线　b. 等温线的对数图
Ⅰ区：低浓度区　Ⅱ区：中等浓度区　Ⅲ区：高浓度区

(2)Langmuir 吸附等温式　1916 年朗格缪尔(Langmuir)根据分子间力随距离的增加迅速下降的事实，提出了吸附应只限制在单分子层的理论。Langmuir 吸附等温式：

$$Q = \frac{Q_m ac}{1 + ac} \qquad (2-5)$$

式中：Q 为吸附量；Q_m 为吸附达到饱和时的最大吸附量；c 为吸附质平衡浓度；a 为常数，$1/a$ 为吸附量达到最大吸附量一半时的吸附质浓度。

为了计算方便，可将上式改为倒数式，即

$$\frac{1}{Q} = \frac{1}{Q_m a} \cdot \frac{1}{c} + \frac{1}{Q_m} \qquad (2-6)$$

从上式可以看出，$1/Q$ 与 $1/c$ 成直线关系，利用这种关系可求 Q_m 与 c 值。

3. 胶体的吸附作用对水中污染物环境行为的影响　胶体广泛存在于水环境中，因其具有巨大的表面积和较多的吸附点位，所以胶体对水中污染物有较强的吸附作用。胶体的吸附作用对水环境中污染物的生物有效性、迁移转化等环境行为有很大的影响。

(1)影响污染物的形态和生物有效性　胶体可以吸附或配位多种溶解态的微量金属，并对微量金属在水环境中的化学存在形式起非常重要的作用，被胶体吸附或配位是微量金属在水中的主要存在形态。一些过去认为是存在于"溶解相"($<0.45~\mu m$)中的组分，实际上正是以胶体态的形式分散在天然水体中。物质的存在形态与其生物有效性的关系非常密切。以 Cu^{2+} 为例，Cu^{2+} 是浮游植物生长必需的营养元素，但过多的游离 Cu^{2+} 又会抑制浮游植物的生长。由于水中的 Cu^{2+} 大部分吸附在胶体颗粒表面，使得游离 Cu^{2+} 的浓度降低而不会对浮游植物的生长产生毒性作用。

(2)影响污染物的迁移过程　水中的胶体颗粒可能是污染物迁移过程的重要环节。水环境中的许多毒物，可以通过与大胶体颗粒的结合迅速沉降而从水中除去，而与小胶体颗粒结合的毒物则可在水中迁移很长的距离。水环境中胶体的吸附作用也是许多微量金属从不饱和的天然溶液中转入固相的最重要的途径。

4. 吸附作用在污染物去除中的应用　水环境中污染物的种类很多，去除方法也多种多样，利用吸附作用去除污染物的方法通常称为吸附法。因吸附法一般具有操作简单、高效、节能、吸附剂可再生循环利用等优点，因而在水中重金属、持久性有机污染物的处理等领域得到了广泛的应用。特别是在处理低浓度废水方面，吸附法的优势更加明显。决定吸附法对污染物去除效果的关键因素是吸附材料(吸附剂)。吸附材料按其化学组成可分为无机吸附材料、有机高分子吸附材料和复合型吸附材料 3 类。

无机吸附材料一般为多孔结构，比表面积较大。这类材料来源广泛，成本低廉，吸附容量较高，一般可分为碳质类、矿物类、金属氧化物类等。碳质类吸附材料主要包括活性炭、碳纳米管等。活性炭具有稳定的理化性质、发达的孔隙结构和巨大的比表面积，此外，活性炭表面含有大量的含氧官能团(如羟基—OH、羧基—COOH、醛基—CHO、羰基—CO—等)，具有优良的吸附性能，被广泛用于吸附去除水中的重金属离子和有机污染物。碳纳米管是一种新型的碳质材料，1991 年由日本学者首次报道，分为单壁碳纳米管和多壁碳纳米管，碳纳米管的内外表面均可吸附污染物，因具有极大的比表面积、疏水性和化学稳定性，对重金属离子以及脂肪烃、芳香化合物、酮、酸等有机污染物都具有一定的吸附能力。常见的矿物类吸附材料有沸石、硅藻土、膨润土、高岭土、水滑石等，因其来源广泛、种类多、价格低廉，受到了研究者的重视。金属氧化物类吸附材料包括氧化铁、氧化铝、氧化锰、氧化镁、氧化钛、氧化锆、铁氧体等，金属氧化物具有较大的比表面积、特殊的表界面特性和反应活性，常用于去除水中的重金属离子。

有机高分子吸附材料包括天然高分子材料和人工合成高分子材料。天然高分子材料通常是指存在于自然界动植物体内的大分子聚合物，常用的天然高分子材料主要有纤维素、壳聚糖、淀粉、木质素及各种农林废弃物如玉米秆、稻草、木屑、树皮等，它们来源广泛，储量大，可生物降解，对有机污染物、重金属都有较好的吸附作用。天然高分子材料具有多种功能基团，如羟基(—OH)、羧基(—COOH)、氨基(—NH$_2$)等，可通过离子交换或螯合作用吸附重金属离子。天然高分子材料经表面改性可提高其吸附性能。常用的人工合成高分子材料是各种功能性树脂，如离子交换树脂、螯合树脂等，其中大部分离子交换树脂对水中的重金属离子具有较好的吸附能力。

复合型吸附材料是指将两种或多种物理化学性质不同的材料通过某种方式复合而成的吸附材料。复合型吸附材料可根据实际需求进行多样化的结构构建和设计，其性能是单一材料所不具备的，按复合基材的不同可分为 3 大类：有机-有机型、无机-无机型、有机-无机型。复合型吸附材料在重金属离子吸附及其他环境工程材料领域应用广泛。

三、凝聚作用

(一)凝聚作用及其影响因素

1. 凝聚与絮凝 由于胶体具有较大的表面能，是热力学不稳定体系，因此胶粒有自动聚集以减少表面能的倾向。胶体颗粒的聚集过程称为"凝聚"。由于所得到的沉淀常为絮状物，因此又称为"絮凝"。在水处理上，一般把由电解质促成的聚集称为凝聚，由聚合物促成的聚集称为絮凝。但在讨论胶体聚集的化学概念时这两个名词常常交换使用。胶粒及黏土微粒在絮凝沉淀时，总是把水中共存的一些可沉降或非沉降性物质结合一起沉淀出，故又称为"混凝作用"。

2. 絮凝剂 胶体虽然具有较大的表面能，但由于 ζ-电位的存在或溶剂化作用使其也具有一定的稳定性，为了促进胶体凝聚而使用的药剂通常称为"凝聚剂""絮凝剂"或"混凝剂"。

在水处理领域，一般把主要通过压缩双电层和电性中和机理起作用的添加剂称为凝聚剂；主要通过吸附桥联机理起作用的添加剂称为絮凝剂；同时兼有以上功能的统称为混凝剂。但在实际工作中经常混用。常用的絮凝剂可以分为无机絮凝剂和有机絮凝剂两个大类。

（1）无机絮凝剂　无机絮凝剂包括无机低分子凝聚剂和无机高分子絮凝剂。无机低分子凝聚剂包括传统的铝盐、铁盐等，如氯化铁（$FeCl_3 \cdot 6H_2O$）、硫酸铝[$Al_2(SO_4)_3 \cdot xH_2O$]、硫酸亚铁（$FeSO_4 \cdot 7H_2O$）等；无机高分子絮凝剂包括铝系聚合电解质和铁系聚合电解质等，如聚合氯化铝{$Al_n(OH)_mCl_{3n-m}$，$0<m<3n$}、聚合硫酸铝{$Al_n(OH)_mSO_{(3n-m)/2}$，$0<m<3n$}、聚合硫酸铁{[$Fe_2(OH)_nSO_{3\sim n/2}]_m$，$0<m<3n$，$m$ 代表聚合硫酸铁的聚合度}等。

这些无机絮凝剂不仅具有一般电解质的作用，还能通过水解等反应，形成絮状沉淀，絮凝作用很强，对无机杂质有很好的净化效果，但对有机物的凝聚效率并不高。

（2）有机絮凝剂　有机絮凝剂主要是天然和人工合成的水溶性有机高分子絮凝剂。天然高分子絮凝剂可以是纯天然的，但更多的是以天然产物为主，经过化学改性而成的。例如，淀粉经化学改性可以得到糊精、苛化淀粉、氧化淀粉等，纤维素经化学改性可以得到三醋酸纤维素，壳聚糖可以通过接枝共聚得到不同性质的化学改性产物等。经过化学改性后的天然改性高分子絮凝剂不但具有原料来源广泛、价格低廉、毒性小、易于生物降解等优点，而且因为化学改性后絮凝剂的相对分子质量增加，具有更多的官能团，所以这类絮凝剂具有多功能的特性，不但具有有机合成高分子絮凝剂的一些优点，而且又保留天然高分子絮凝剂的一些优点。此外，水体内生物活动所产生的天然有机高分子物质，如细菌的菌膜、鱼类分泌的黏液等，也都是良好的有机混凝剂，对于水体内的絮凝作用有重要影响。

合成有机高分子絮凝剂均为线形大分子，每个大分子由许多链节组成且常含带电基团，故又被称为聚合电解质。按基团的带电情况可以分为阳离子型、阴离子型、两性型和非离子型四种。其中阳离子型聚合电解质是指大分子结构重复单元中带有正电荷氨基（—NH_4^+）、亚氨基（—CH_2—NH_2^+—CH_2—）或季氨基（N^+R_4）的水溶性聚合物，主要产品包括聚乙烯胺、聚乙烯亚胺等。由于水中胶粒一般带有负电荷，所以这类絮凝剂无论相对分子质量大小，均有凝聚和絮凝双重功效。由于阳离子型高分子絮凝剂是一种高分子聚合电解质，它可以与水中微粒起电性中和、吸附桥联作用，从而有利于体系中微粒脱稳、絮凝而完成沉降和过滤脱水，有效地降低水中悬浮物固体含量和水的浊度及有机物油污含量。但有机高分子絮凝剂普遍存在未聚合的单体毒性较强、难生物降解、价格偏高等缺点，这在一定程度上限制了它的应用。

3. 影响凝聚作用的因素　影响水环境中胶体凝聚作用的因素有很多，主要有以下几点：

（1）电解质的作用　加入电解质可以压缩扩散层，降低胶粒的 ζ-电位，导致凝聚作用的发生。对于无机凝聚剂而言，高价离子的聚沉能力大于低价离子；对于同价离子，其水合离子半径越小，聚沉能力越大。而有机凝聚剂由于与胶体颗粒之间有较强的范德华引力，比较容易在胶体颗粒上吸附，所以与同价无机离子相比，聚沉效率要高得多。

（2）电性相反的溶胶可以相互凝结　一般认为，疏液溶胶相互凝结，主要通过静电引力；疏液溶胶与亲液溶胶相互凝结则主要依靠吸附及桥联作用。亲液溶胶相互凝结则与所谓乳粒积并作用有关。

溶胶相互凝结的条件比较严格，只有在一种胶体的总电荷量适合中和另一种的异号电荷总电荷量的情况下才能完全聚沉，如不符合这一条件，聚沉就不能完全或根本不发生。如果反电荷溶胶的用量过多，可能不仅不引起凝结，反而可使疏液溶胶稳定性大大增加，这就是所谓"胶体保护"作用。

(3)助凝剂　有时使用单一的混凝剂并不能取得良好效果，需要添加辅助药物提高混凝效果，所用辅助药物称为助凝剂。助凝剂的作用在于加速混凝过程，加大絮凝颗粒的密度和质量，使其迅速沉淀；并通过加强凝结和桥联作用，使絮凝颗粒增大且有更大表面，可以充分发挥吸附卷带作用，提高澄清效果。

常用助凝剂可以分为两类：一是调节和改善混凝条件的助凝剂，如石灰、苏打、小苏打等碱性物质可提高水的 pH。用 Cl_2 等氧化剂、黏土以及活性硅胶等，可以去除有机物对混凝剂的干扰，将 Fe^{2+} 氧化为 Fe^{3+}。二是改善絮凝体结构的高分子助凝剂，如聚丙烯酰胺、骨胶、海藻酸钠、活性硅酸、苛化淀粉、羧甲基纤维素以及一些天然有机物等。

(4)非电解质的作用　非电解质对于溶胶所表现出来的聚沉效应，可因非电解质的不同而有显著的差异。有许多能在水中形成分子分散的非电解质物质都能引起胶体的聚沉，如乙醇、丙酮、糖等，当然这些物质需要较高的浓度才有聚沉效应。

(5)其他　如改变 pH、加热、剧烈搅拌等都可加速絮凝。

(二)凝聚作用与水生生物的关系

天然水体中常有大量胶体及悬浊物质，因此胶体及悬浊物的絮凝及混凝作用经常发生。海水中铁的主要来源是河水及内陆排水。河水入海后由于环境条件的变化，在河口海区将有大量的水合氢氧化铁胶体析出，铝、锰等亦然。因此铁、铝、锰等在海水中的分布规律，一般是河口及沿岸高，外海低；底层高，表层低。河口附近悬浮物分布亦有类似情况，这都是聚沉及迁移的结果。这些无机胶体及有机胶体能选择性地吸附有害的重金属离子，它们聚沉的结果使被污染河流中有害的重金属也一并沉积在河口海区，导致河口海区沉积物中重金属含量显著增高，而保证了水体的清洁，有利于海洋生物的生活和繁殖。

河口海水中的悬浮物有分级沉积现象，粗颗粒先沉积，细颗粒后沉积。沉积物的颗粒愈细，含铁量愈高，在最细的黏土质软泥中，其平均含铁量为 5.92%，而在颗粒较粗的细砂中，其平均含铁量为 3.9%。海水中硅的主要来源一部分是由河水带入，另一部分则由浮游植物死亡分解而来。铁、铝等元素的氢氧化物胶体，吸附了活性硅，再进一步转化为铁、铝的硅酸盐化合物沉积到海底。在铁和锰的沉积过程中，重金属如汞、镉、铜、铅和锌可能被结合，从而消除对海洋生物的毒性，同时，其他微量金属也会出现在海底锰胶核中。

而水环境中胶体的形成和絮凝作用等对于水生生物的繁殖、生长发育更是有着直接的影响。由于河口滨海区水的 pH 及含盐量均较河水高，河水中原有的铁元素在混合水体中被氧化，与从河水中带来的铝硅酸根等离子一起均被水解成胶态氢氧化物，并逐渐凝聚、吸附、沉降。河水中原有的带电荷的胶体在混合水体中由于高浓度的电解质或者因相反电荷的作用，双电层变薄，动电位降低或因某些生物如铁细菌的作用，而逐渐凝聚沉降。因此在河口及河口三角洲一带便形成了一片"胶体王国"，这个"王国"与水生动物，特别是处于幼体阶段对虾的生长发育有密切关系。概括起来，以铁为主的胶体作为对虾等的环境因子具有下列特点：

(1)具有一定的渗透压，有助于卵及幼虫的体内物质通过皮膜与环境交换保持一定的平衡，对卵的孵化，特别是对幼虫的生活有益。

(2)具有较好的浮力，使浮游能力较弱的对虾幼虫便于起浮而不易沉底。

（3）具有活性表面，有较强的吸附能力，能吸附或置换水中有害杂质，使其丧失或减弱毒性，保持水质清洁。

（4）胶体黏稠，水色混浊，能见度差，有害生物不易适应，好似一层帷幕屏罩着摇篮，使幼虾获得一个较安全的环境，可以健康地发育成长。

（5）铁的胶体环境对其他浮游生物也是较优良的环境。胶体环境有利于这些浮游生物的发育繁殖，因此对虾及其幼体的饵料丰富。

因此，对虾产卵场、索饵场、越冬场一般均坐落在富含铁等离子的底质区域，其索饵和越冬的洄游也是沿相向汇流处胶体聚沉渠道游进的，其他鱼虾也有此规律。

水体中有机胶体的絮凝作用还可以直接为水生生物提供有机碎屑饵料。黏土胶粒从水中吸附有机物及营养盐后，凝结物、絮凝物一边沉降一边从周围水中吸附有机物（包括碎屑），细菌也在其上面增殖，絮凝物颗粒变大，并被浮游动物和鱼虾等吞食，其营养物质被吸收利用，黏土胶粒则随废物排出，在微生物的作用下得到再生，又可以重新吸附有机物。

水中有机物絮凝后还可以降低水体的有机负荷，改善水环境。在养殖生产中，当水体有机负荷过大时，可以向水中施加凝聚剂，如无机凝聚剂等，使黏土-有机物复合胶体可以迅速絮凝，并使水中有机物质、细菌等一起聚沉，使水中有机负荷迅速下降。此时，黏土胶粒兼有助凝剂的功用。当水中黏土数量足够，絮凝物未被有机物饱和时，还有增氧加快水质净化的作用。当然，在施加凝聚剂时用量和方式都需科学合理。

第三节　天然水中的配位解离平衡

天然水中的金属离子不仅能与水形成水合离子及其水解产物，还能与许多无机或有机化合物依靠配位键结合生成稳定的配位化合物，简称配合物。这种配位作用使得金属离子的溶解性、毒性、形态分布、迁移转化、生物的吸收和吸附等性能发生变化。所以，人们倍加关注污染金属在水体中的存在形态与其性质的关系。对于环境工作者及水产养殖科技人员，了解水环境中配位作用的一般规律有助于更好地理解、管理、调控水质。

一、配位作用

（一）配位作用

配位作用又称为络合作用，是分子或者离子与金属离子结合形成稳定的新离子的反应过程。通过配位作用形成的化合物称为配合物或络合物，它通常是由处于中心位置的原子或离子（一般为金属离子）与周围一定数目的配位体分子或离子键合而成。

配合物的组成一般分为内界和外界两个部分。中心离子和配位体组成配合物的内界，在配合物化学式中一般用方括号表示，方括号以外的部分为外界，如$[Cu(NH_4)_4]SO_4$。中心离子是配合物的核心部分，它位于配离子的中心，多是带正电荷的离子（绝大多数是金属离子）。与中心离子配位的离子（或分子）称为配位体。配位体中提供自由电子对的原子称为配位原子，配位原子大都是非金属原子。在配离子中与中心离子以配位键结合的配位原子的数目称为配位数。

配合物包括的范围很广，品种繁多，但按其结构形式主要可分为如下几类：

①简单配位化合物。这一类是由单基配位体与中心离子简单配位形成的配合物，如

$FeCl_3$ 等。这些配离子在溶液中能逐级解离生成一系列配位数不同的配离子。

②多核配合物。如果一个配位体中一个或两个配位原子同时与两个中心离子配位，从而使配合物内界含有两个或两个以上的中心离子，这样的配合物称为多核配合物。

③螯合物。由中心离子和多基配位体配位生成具有环状结构的配合物称为螯合物。如二乙二胺合铜配离子。

水溶液中大多数金属离子都能同水分子或其他离子(包括无机的和有机的)生成各种类型的配离子，只有少数几种碱金属盐如卤化物、硝酸盐和氯酸盐在稀溶液情况下才呈简单自由离子。由此可见，水溶液中溶质呈配合物形态的现象十分普遍。

(二)配合物的稳定性

配合物的稳定性与配位体的性质、金属离子的电荷与半径、金属离子的电子层结构有关，可用生成常数(即稳定常数)描述。单核配合物的稳定常数有逐级稳定常数和积累稳定常数两种，如下式：

$$M+L \xrightarrow{K_1, \beta_1} ML(+L) \xrightarrow{K_2} ML_2(+L) \xrightarrow{K_3} ML_3 \cdots \xrightarrow{K_n} ML_n$$

$$M+2L \xrightarrow{\beta_2} ML_2$$

$$M+nL \xrightarrow{\beta_n} ML_n$$

$$K_n = \frac{[ML_n]}{[ML_{(n-1)}][L]}; \quad \beta_n = \frac{[ML_n]}{[M][L]^n} \qquad (2-7)$$

从以上两个表达式可以看出 K 和 β 之间的关系。K_n 和 β_n 越大，配离子愈难解离，配合物也愈稳定。不同配位体的重金属配合物的逐级稳定常数见附录6。

若水体中配位体和金属离子浓度固定，则可根据配合物的逐级稳定常数计算配合物各形态的含量。

例2-1：若某水中 Cl^- 浓度为 1.0×10^{-3} mol/L，$HgCl_2$ 含量刚好是饮用水可接受的浓度 1.0×10^{-8} mol/L，求水中汞各形态的含量。

解：

$$[HgCl^+] = \frac{[HgCl_2]}{K_2[Cl^-]} = \frac{1.0\times10^{-8}}{3\times10^6\times1.0\times10^{-3}} = 3.3\times10^{-12}(mol/L)$$

$$[Hg^{2+}] = \frac{[HgCl^+]}{K_1[Cl^-]} = \frac{3.3\times10^{-12}}{5.6\times10^6\times1.0\times10^{-3}} = 5.9\times10^{-16}(mol/L)$$

$$[HgCl_3^-] = K_3[HgCl_2][Cl^-] = 10\times1.0\times10^{-8}\times1.0\times10^{-3} = 1.0\times10^{-10}(mol/L)$$

$$[HgCl_4^{2-}] = K_4[HgCl_3^-][Cl^-] = 9.3\times1.0\times10^{-10}\times1.0\times10^{-3} = 9.3\times10^{-13}(mol/L)$$

可见，该水体中汞的主要存在形态是 $HgCl_2$ 分子，其他形态的相对含量甚微。

在天然水和废水中，常常是几种配位体共存，且可能同时与水中某一金属离子配位，发生配位体之间的竞争或交换作用，而形成混合配位体配合物：

$$[M(H_2O)_6]^{n+} + L = [M(H_2O)_5L]^{n+} + H_2O$$

$$[M(H_2O)_5L]^{n+} + L = [M(H_2O)_4L_2]^{n+} + H_2O$$

$$\cdots\cdots$$

$$M^{n+} + aA + bB + \cdots = [MA_aB_b\cdots]^{n+}$$

$$\beta = \frac{[MA_aB_b\cdots]^{n+}}{[M^{n+}][A]^a[B]^b}$$

计算配合物形态可采用三种方法：

①已知逐级稳定常数和各配位体的浓度，再按前述方法计算不同配合物各形态的分布系数。

②用不同配位体浓度作图，获得各种配位形态占优势的区域图。图 2-9 为水中 Cl^- 和 OH^- 共存时，与 Hg^{2+} 形成配合物的主要存在形态区域分布图（横轴：$pH = 14 + lg[OH^-]$，纵轴：$p[Cl^-] = -lg[Cl^-]$）。计算时假设 Hg^{2+} 浓度恒定。此例中，汞浓度应小于 10^{-4} mol/L，否则高浓度汞在高 pH 下，将形成 HgO 沉淀。大多数天然淡水 $p[Cl^-]$ 在 2~4。由图 2-9 可知，若 pH>7，则 $Hg(OH)_2$ 是主要存在形态；若 pH<5.5，则主要存在形态是

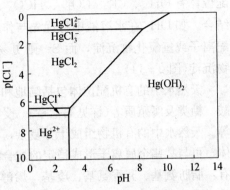

图 2-9 pH 和 Cl^- 浓度对汞配合物形态分布的影响

$HgCl_2$。对于海水，$p[Cl^-]$ 在 0~1。在天然海水 pH 范围内（pH=7.9~8.2），则主要以 $HgCl_4^{2-}$ 形态存在。图 2-9 中的斜线是两种配位体的竞争效应曲线。当 $p[Cl^-]=3$ 时，竞争点的 pH=6.8；$p[Cl^-]=4$ 时，竞争点的 pH=5.8。

③ $lgc-pH$ 图。图 2-10 是汞的 $lgc-pH$ 图，其中 $p[Hg]=7$，图 2-10a 中 $p[Cl^-]=1$，接近海水，图 2-10b 中 $p[Cl^-]=3$，相当于河水。当体系中 $HgCl_2$ 和 $Hg(OH)_2$ 浓度相等时，在图 2-10a 的情况，pH=8.8；在图 2-10b 的情况，pH=6.8。表明 Cl^- 和 OH^- 对 Hg(Ⅱ)的激烈竞争。

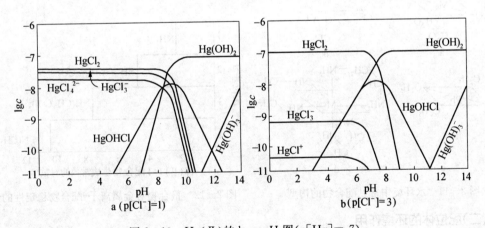

图 2-10 Hg(Ⅱ)的 $lgc-pH$ 图（$p[Hg]=7$）

水体中不仅存在着配位体之间的竞争，同时也存在着中心离子之间的竞争，特别是对某些有机配位体。如水溶液中的 Mg^{2+} 和 Ca^{2+} 对 EDTA 的竞争，这类竞争的结果，取决于竞争者的性质、浓度和溶液的 pH。

二、天然水中的配位体及其环境作用

(一)水环境中常见配位体

天然水中的配位体可分为无机配位体和有机配位体两大部分。天然水中重要的无机

配位体有 OH^-、Cl^-、CO_3^{2-}、HCO_3^-、F^-、S^{2-} 等。除 S^{2-} 外均属于硬碱，它们易与硬酸结合。如 OH^- 在水溶液中将优先与作为中心离子的硬酸(Fe^{3+}、Mn^{2+} 等)结合，形成羟合配离子或氢氧化物沉淀，而 S^{2-} 则更易与重金属如 Hg^{2+}、Ag^+ 等形成多硫配离子或硫化物沉淀(图 2-11)。

天然水中的有机配位体包括陆地和水体动植物的排出物或死亡残体的降解产物，如氨基酸、糖类及腐殖质等(详见第七章)。受有机物污染的水体还可能包括洗涤剂、EDTA、农药等。天然水中的有机物组成十分复杂，多为含有孤对电子的活性基团物质，是典型的电子供体，可与某些金属离子形成稳定的配合物。易给出电子同金属离子配位的有机配位体官能团有：脂肪氨基、芳香氨基、羧基、烯醇基、烷氧基、羰基、硫醇基、磷酸基及膦酸基。此外，强度较弱但可生成辅助配位体的基团还有酯基、醚基、酰氨基、硫醚基、烷烃基等。带有一个以上官能团的有机物就可能成为金属离子的配位体，它们种类繁多，但含量各不相同。只有在水体中达到一定浓度方可对金属离子起到影响作用，在天然水体中主要为腐殖质和一些生物分泌物。

水环境中常见的螯合物大致可分为两类。一类属易变性螯合物，如 EDTA 与各种金属形成的螯合物，只要溶液的 pH 有微小的变化就显著影响螯合物的稳定性。另一类属非易变性螯合物，如铁色素、细胞色素、叶绿素和维生素 B_{12} 等。它们一般是由很大的有机分子与金属离子组成的一种笼式结构，具有非常高的稳定性(图 2-12)。

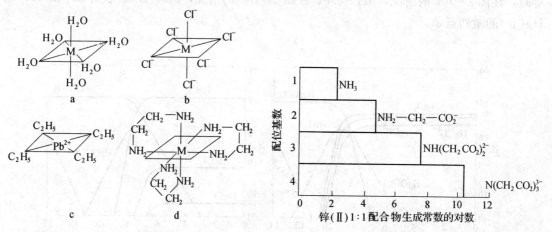

图 2-11　水环境中常见配合物的构型　　图 2-12　螯合物对金属离子-配合物稳定性的影响

(二)配位体的环境作用

天然水体中的无机、有机配位体配合物的形成，常常对水生态环境产生一定的影响。①配位体与金属离子形成配合物使其更易溶于水，如将沉积物中的金属溶出，增大其在水体中的浓度。②配位作用可以改变固体的表面性质和吸附行为。在固体表面争夺金属离子以抑制固体表面对金属离子的吸附，配合物被固体表面吸附后又成为新的吸附位点。③配位作用改变金属离子对水生生物的营养供给和毒性。如水中对水生生物产生毒害的重金属离子以可吸收的游离离子形态为主，当其转化为稳定的配合物后，则其毒性可能减小或消除。以水中 Cu^{2+} 为例，在 pH 6.5～9.5 时，Cu^{2+} 能和 CO_3^{2-} 结合成稳定的 $CuCO_3$ 配合物($K=10^{6.8}$)，从而降低 Cu^{2+} 的含量，达到减缓毒性的作用。

三、金属离子的配位反应

(一)OH⁻ 与金属离子的配位反应

水环境中存在的 OH^- 与许多金属离子都有极强的亲和力。水中金属离子对 OH^- 的争夺作用实质是金属离子的水解作用。离子电位低(离子半径大、电价低)的金属离子，如 K^+、Na^+、Rb^+、Cs^+、Ca^{2+}、Sr^{2+} 等，它们对 OH^- 的吸引力小于 H^+，因此这类离子不能水解或在很高的 pH 下才可水解，它们往往以简单的水合离子的形式存在于水中。而离子电位高(离子半径小，电价高)的金属离子争夺 OH^- 的能力与 H^+ 相当，水中金属离子的存在形式取决于溶液的 pH。pH 较低，H^+ 争夺到 OH^-，金属以简单的离子形式存在；pH 较高，则金属离子争夺到 OH^-，金属形成羟基配离子。所以金属离子的水解作用，实际上就是羟基与金属离子的配位反应。

重金属离子大多数都具有较高的离子电位，能在较低的 pH 下水解，可大大提高某些重金属氢氧化物的溶解度。虽然在天然条件下制约重金属离子浓度的因素有很多，但羟基配位反应促进重金属的溶解和迁移却是毋庸置疑的。

(二)Cl⁻ 与金属的配位反应

水环境中的 Cl^- 与重金属离子的配位反应主要形成 4 级单核配合物：

$$Me^{2+} + Cl^- = MeCl^+$$
$$Me^{2+} + 2Cl^- = MeCl_2$$
$$Me^{2+} + 3Cl^- = MeCl_3^-$$
$$Me^{2+} + 4Cl^- = MeCl_4^{2-}$$

若水体中含固定浓度配位体和金属离子，可采用上述的根据配合物逐级稳定常数的计算方法计算配合物各形态的含量。重金属与 Cl^- 配位的配位数取决于重金属离子对 Cl^- 的亲和力，也与 Cl^- 的浓度有关。Cl^- 与汞的亲和力最强，不同配位数的氯合汞离子都可以在较低的 Cl^- 浓度下生成。据哈恩等(Hahne, 1973)计算，当 $[Cl^-] = 10^{-9}$ mol/L 时可生成 $HgCl^+$，$[Cl^-] > 10^{-7}$ mol/L 时生成 $HgCl_2$，$[Cl^-] > 10^{-2}$ mol/L 时生成 $HgCl_3^-$ 与 $HgCl_4^{2-}$。几乎在所有淡水及正常土壤中都可检测到大于 10^{-7} mol/L 的 Cl^- 含量。其他重金属必须在较高的 Cl^- 浓度下才与 Cl^- 生成配离子，如 Zn^{2+}、Cd^{2+}、Pb^{2+} 生成 $MeCl^+$ 型配离子需要 $[Cl^-] > 10^{-3}$ mol/L；生成 $MeCl_3^-$ 和 $MeCl_4^{2-}$ 型配离子则需要 $[Cl^-] > 0.1$ mol/L。Cl^- 与上述四种金属生成配离子的顺序为：$Hg > Cd > Zn > Pb$。

水中 $[Cl^-]$ 较高，pH 在 $8.0 \sim 8.5$ 的盐碱土壤区水和海水中的重金属也可发生水解，生成羟基配离子，OH^- 和 Cl^- 与重金属发生竞争配位反应。据计算，在 pH=8.5，$[Cl^-] > 0.1$ mol/L 时，Hg^{2+} 和 Cd^{2+} 主要与 Cl^- 发生配位反应，而 Zn^{2+} 和 Pb^{2+} 主要与 OH^- 发生配位反应。在海水中，锌、铅、镉、汞的主要配合物分别为 $Zn(OH)_2$、$Pb(OH)^+$、$CdCl_2$、$CdCl_3^-$、$HgCl_3^-$ 和 $HgCl_4^{2-}$。另外，当有多种配位体共存时，还可形成更为复杂的配离子，如 $HgOHCl$、$CdOHCl$ 等。

(三)有机配位体与金属离子的配位反应

天然水中的有机配位体结构复杂，多为多齿配体，可以与金属离子生成螯合物，稳定性很高，可以阻止重金属沉淀，甚至可使重金属沉淀物溶解，增加重金属在环境中的移动性。

据调查，天然水中的许多重金属离子常以腐殖酸配合物的形式存在。例如，在北美淡水

湖中 Cd^{2+}、Pb^{2+}、Cu^{2+} 绝大部分就是以腐殖酸配合物的形式存在;Fe^{2+}(Fe^{3+})、Zn^{2+}、Co^{2+}、Ni^{2+}、Pb^{2+} 和 Ag^+ 在底泥的间隙水和上覆水中大部分形成富里酸的配合物。

在常见的重金属离子中,以 Hg^{2+}、Pb^{2+} 和 Cu^{2+} 的配位能力最强。部分重金属离子及 Ca^{2+}、Mg^{2+} 腐殖酸配合物的稳定性顺序如下:

河水:$Hg^{2+} > Pb^{2+} > Cu^{2+} > Cd^{2+}$

湖水:$Pb^{2+} > Cu^{2+} > Cd^{2+}$

海水:$Hg^{2+} > Cu^{2+} > Ni^{2+} > Zn^{2+} > Co^{2+} > Mn^{2+} = Cd^{2+} > Ca^{2+} > Mg^{2+}$

来源不同的腐殖酸,组分有差异,其配位能力也就不同。一般认为,天然水中富里酸的配位能力最强。低分子质量级的腐殖酸(<700)与金属离子的配位最容易,对 Me^{2+} 而言,低分子质量级的腐殖酸的配位能力比其他级高 $2\sim6$ 倍。

在胡敏酸和富里酸所含的官能团中,有 3 种官能团影响配位能力,即酚羟基、第一类羧基(即邻位于酚羟基的羧基)以及一些与酚羟基间位的羧基。与土壤腐殖质相比,水体中的腐殖质含有更多的链烃,酚羟基较少而羧基较多。羧基是亲水性的,水合度较高,因而形成的配合物稳定性和溶解度都较大。

一般认为,腐殖酸金属配位键可能有以下两种构型:

由此可见,腐殖酸金属配合物包括两种价键:羧基和金属形成的电价键以及酚羟基的氧原子和金属形成的配位共价键。显然不同的金属离子其价键的形式是不同的。在天然水中,腐殖酸和重金属浓度均很低,一般认为形成的是 $1:1$ 的配合物。

水体中的腐殖酸与重金属的作用是一个复杂的配位解离平衡过程。它除了受本身浓度的限制以外,还受到许多外界因素的影响,其中最重要的是 pH 和 E_h(pe)。腐殖酸是高聚有机酸,因此 pH 将影响腐殖酸酸性基团的电离以及介质中 OH^- 及 CO_3^{2-} 等的浓度。这两种无机阴离子也可以和金属阳离子结合,因此将发生其与有机配位体争夺阳离子而影响平衡的现象。关于 pH 与配位解离平衡的关系有实验结果表明,Pb^{2+} 与腐殖酸配合物的稳定性在 $pH < 8$ 时,随着 pH 的增大而升高,而 $pH > 8$ 时则随着 pH 的增大略有降低;Cd^{2+}、Zn^{2+}、Pb^{2+}、Cu^{2+} 四种离子形成腐殖酸配合物的趋势随 pH 增大而升高。

此外,离子强度也会影响腐殖酸配合物的稳定常数。电解质中的阳离子可以同重金属竞争腐殖酸,而阴离子可以和重金属配位形成新的配合物。因而重金属离子(如 Cu^{2+}、Pb^{2+}、Zn^{2+}、Cd^{2+} 等)形成腐殖酸配合物的倾向随溶液电解质含量的增加而降低。如 Hg-胡敏酸配合物在盐度为 0 时，其占汞的各种形态百分比为 100%，盐度接近 2.5 时，其形态百分比降为 0；而 Cu -胡敏酸配合物在盐度为 0 时，其形态百分比为 100%，随着盐度升高，形态百分比下降，但至盐度为 3.5 时，其配合物形态百分比仍大于 10%。在还原性底泥中有较多的 S^{2-}，它也将与腐殖酸争夺金属离子，从而影响腐殖酸-金属配合物的稳定性。

水环境中腐殖酸-金属配合物的形成，对环境中重金属离子的迁移转化有重要的影响，如底泥中腐殖酸对汞有显著的溶出作用。研究表明，随着富里酸含量的增加，从底泥中释放的汞增多。间隙水中的富里酸可能不断地将汞溶出，从而造成汞的二次污染。此外，由于腐殖酸的配位反应，也可能抑制天然水中溶解态汞的无机沉淀物的形成。实验表明，在有 S^{2-} 存在的情况下富里酸能明显地抑制 HgS 的沉淀，而且由于富里酸和胡敏酸的共同作用，可以使 Hg^{2+} 几乎不产生 HgS 沉淀。显然，底泥中腐殖酸的配位反应是间隙水中的汞以可溶态存在，使底泥中汞向水相释放并稳定于水相中的主要因素。另外，腐殖酸的配位反应也对天然水中悬浮物吸附重金属离子有明显的抑制作用。

腐殖酸对水体中重金属的配位作用还将影响重金属对水生生物的毒性，范·金尼肯（Van Ginneken）研究发现，在有腐殖酸存在的情况下，镉被鲤吸收的量与游离态的 Cd^{2+} 浓度成正比。但不同生物富集不同重金属的效应不同，桑切斯-马林（Sánchez - Marín）等的研究指出，在水中加入腐殖质，无脊椎动物对铅的吸收量和铅对其毒性都明显增加。

第四节　天然水中的溶解与沉淀

一、天然水的溶解与沉淀平衡

(一)基本概念
难溶固体物质(M_nA_m)的溶解-沉淀平衡可表示为
$$M_nA_m(s) \rightleftharpoons M_nA_m(l) \rightleftharpoons nM^{m+} + mA^{n-}$$
该反应的平衡常数表达式为
$$K_{sp} = [M^{m+}]^n \cdot [A^{n-}]^m$$
式中：$M_nA_m(l)$ 为难溶固体 $M_nA_m(s)$ 在水中的溶解产物；K_{sp} 为难溶固体的沉淀-溶解平衡的平衡常数，它反映了物质的溶解能力，故称溶度积常数，简称溶度积。

当难溶固体物质按照 1:1 型沉淀时，$m=1$，$n=1$，则难溶固体 MA 的溶度积常数为
$$K_{sp} = [M^+] \cdot [A^-]$$
当溶液中离子强度增大，离子所受影响较大时，其浓度用活度表示，平衡常数 K_{ap} 以活度积常数表示：
$$K_{ap} = a_{M^+} \cdot a_{A^-}$$
式中：a_{M^+} 为 M^+ 的活度，$a_{M^+} = \gamma_{M^+} \cdot [M^+]$，$\gamma_{M^+}$ 为 M^+ 的活度系数；a_{A^-} 为 A^- 的活度，$a_{A^-} = \gamma_{A^-} \cdot [A^-]$，$\gamma_{A^-}$ 为 A^- 的活度系数。当溶液很稀时，$\gamma \approx 1$，则 $K_{sp} \approx K_{ap}$。

若该难溶固体 $M_nA_m(s)$ 在水中的溶解度为 S，即平衡时每升溶液中有 S mol 的 $M_nA_m(s)$ 溶解，则溶液中可产生 nS mol/L 的 M^{m+} 和 mS mol/L 的 A^{n-}，则
$$K_{sp} = [M^{m+}]^n \cdot [A^{n-}]^m = (nS)^n \cdot (mS)^m = n^n \cdot m^m \cdot S^{m+n}$$
$$S = \sqrt[m+n]{\frac{K_{sp}}{n^n \cdot m^m}}$$

溶度积(活度积)常数的意义是：在一定温度下，难溶固体饱和溶液中离子浓度(活度)的系数次方之积为一常数。

(二)影响溶解-沉淀平衡的因素

天然水中影响溶解与沉淀平衡的因素很多，主要有温度、压力和离子强度等。

温度对溶解-沉淀平衡会产生影响，难溶固体物质溶度积的温度效应取决于溶解过程的热效应。若溶解过程是放热反应，溶解度随温度升高而下降。水中溶解的几种重要的化合物[如 $CaCO_3$、$Ca_3(PO_4)_2$ 和 $CaSO_4$]均属这类情况。

压力对溶度积的影响是轻微的，在一般的天然水中均可不考虑。但若考虑到海洋深处的超高压力，则压力的影响是必须考虑的。如 $CaCO_3$ 的溶度积在 2×10^4 kPa 以下，大约为表层的 1.5 倍。

若水中大量难溶固体溶解，产生了相同的离子，就会产生同离子效应。同离子效应使难溶固体在水体中的溶解度低于相同条件下在纯水中的溶解度。

此外，天然水体中的酸碱反应、水解反应、配位反应、氧化还原反应和各种界面作用都会对溶解-沉淀平衡产生影响。

二、常见固体的溶解性

(一)天然水中溶解-沉淀平衡的复杂性

溶解-沉淀平衡是固-液两相间的平衡，反应发生在两相的界面上。天然水是组成复杂的体系，增加了溶解-沉淀平衡的复杂性。难溶电解质的溶解规律可以用溶度积原理描述，天然水中的溶解平衡有以下特点：

① 反应的滞后性。即平衡状态不是迅速达到，往往要滞后一段时间。因此，在天然水中常常会发现沉淀物的过饱和状态。如大洋表层水中的 $CaCO_3$ 一般呈一定程度的过饱和状态。升高温度、有结晶核及生物作用，均可加快反应的进行。

② 最先生成的沉淀不一定是最稳定的形态，但却是反应速度最快的形态。这种形态经过一定时间的作用，可以转化为更稳定的形态。例如，硅酸盐在沉淀析出时首先析出的是蛋白石，而不是更稳定的石英。

③ 存在吸附沉淀作用和共沉淀作用，使沉淀反应生成的固相组成复杂，使远未达到溶度积的成分也可沉淀析出。

天然水在地球化学循环过程中不断侵蚀陆地，使其风化产物转入水体，最后进入海洋。其中 80%左右是悬浮物质，20%左右是溶解物质。在条件变化时，溶解的物质可以发生沉淀，悬浮物质也可溶解。地面水中的主要离子成分就是径流在汇集过程中对岩石、土壤淋溶而形成的，这些成分主要来自沉积岩。

(二)硝酸盐、氯化物和硫酸盐

在常见化合物中，硝酸盐几乎全部是易溶的，氯化物和硫酸盐绝大多数也是易溶的。较常见的难溶化合物有氯化银、氯化铅、硫酸铅、硫酸钡等。它们的溶度积常数见附录7。另外，硫酸钙在水中的溶解度也比较小(1.9 g/L)。铅虽然是比较常见的污染性重金属，但在海水中，大部分会被转移到沉淀中，使毒性大大降低。

(三)氧化物和氢氧化物

金属氧化物可以与水结合为氢氧化物。难溶金属氢氧化物在水中的平衡和溶度积可用通

式表示：（为使讨论简化，下文均用浓度代替活度）

$$Me(OH)_n \rightleftharpoons Me^{n+} + nOH^-$$

$$K_{sp} = [Me^{n+}] \cdot [OH^-]^n \qquad (2-8)$$

或者写成与 H^+ 的平衡形式：

$$Me(OH)_n + nH^+ \rightleftharpoons Me^{n+} + nH_2O$$

$$K'_{sp} = \frac{[Me^{n+}]}{[H^+]^n} = \frac{K_{sp}}{K_w^n} \qquad (2-9)$$

由式(2-9)得到，与氢氧化物平衡的金属浓度为

$$[Me^{n+}] = \frac{K_{sp}}{K_w^n} \times [H^+]^n$$

$$p[Me^{n+}] = pc_{Me^{n+}} = pK_{sp} - npK_w + npH \qquad (2-10)$$

式(2-10)表明达到溶解平衡时，水中 $[Me^{n+}]$ 的负对数与 pH 呈直线关系。这种关系可用 pc-pH 图来表示(图 2-13)。从图中可以看出，金属离子的价数相同，所得直线的斜率也相同。

图 2-13 绘制时没有考虑溶液中可能还有金属的羟基配合物生成。如果有金属羟基配合物生成，则不是直线关系，而是如图 2-14 的曲线关系。在溶液中亚铁有三种离子[Fe^{2+}、$FeOH^+$ 和 $Fe(OH)_3^-$]与氢氧化亚铁平衡。此图的绘制方法将在后面介绍。

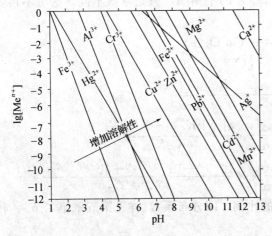

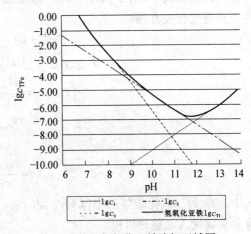

图 2-13　难溶金属氢氧化物的溶解度与 pH 的关系　　　图 2-14　氢氧化亚铁溶解区域图

(四)硫化物和碳酸盐

1. 硫化物　金属硫化物大部分是难溶的，溶度积很小。FeS、MnS 及 CdS 在盐酸中可以溶解，放出 H_2S。CuS、PbS 及 HgS 在盐酸中难溶解，只在具有氧化性的强酸(如硝酸)中溶解。

下面以 2 价金属硫化物为例，介绍硫化物的溶解平衡：

$$MeS \rightleftharpoons Me^{2+} + S^{2-}$$

$$K_{sp} = [Me^{2+}] \cdot [S^{2-}] \qquad (2-11)$$

硫化氢在水中的电离很微弱，分二级进行。电离平衡常数为：

$$K_{a_1} = 6.3 \times 10^{-8}, \quad pK_{a_1} = 7.2$$

$$K_{a_2}=8.9\times10^{-15}, \quad pK_{a_2}=14.0$$

2. 碳酸盐　几乎所有的天然水中都含有碳酸盐。能与碳酸根生成难溶沉淀物的金属很多。一些难溶化合物及其溶度积常数列于附录 7。

与硫化物类似，碳酸盐在水中的溶解度与 pH 有密切关系。但在高 pH 条件下，与铁和锌等金属离子生成羟基配离子则属于分级沉淀。

三、天然水中碳酸钙的溶解和沉淀

碳酸钙的溶解和沉淀是在天然水中不断自然发生的过程，参与天然水中二氧化碳系统过程，在天然水中有重要的作用。了解碳酸钙溶解平衡规律，可以帮助我们理解水环境中的许多变化，如水的 pH、碱度、硬度和海水酸化等。

参与碳酸钙溶解平衡的，除了水中的 Ca^{2+} 及 CO_3^{2-} 外，还有游离 CO_2、HCO_3^- 及 H^+，均会间接影响平衡。对于开放体系，水中的溶解 CO_2，既与空气中的 CO_2 有溶解-逸出平衡，又参与水中 $CaCO_3$ 的溶解-沉淀平衡，这形成了包括气-液-固三相的平衡体系。对于封闭体系，不存在与气相的气体交换，只需考虑固-液平衡。两种平衡情况的规律不同，现分别加以讨论。

(一)封闭体系的碳酸钙溶解平衡

封闭体系的特点是碳酸总量(c_{T,CO_2})不变，在给定了 c_{T,CO_2} 以后就与绘制 $FeCO_3$（未考虑存在铁的羟基离子）的平衡图一样可以绘出 $CaCO_3$ 的平衡图，只是常数不同，这里不再赘述，只列出有关方程：

$$Ca^{2+}+CO_3^{2-} \Longleftrightarrow CaCO_3(s)$$

$$K_{sp(CaCO_3)}=[Ca^{2+}]\cdot[CO_3^{2-}]=10^{-8.35}$$

$$[Ca^{2+}]=\frac{K_{sp(CaCO_3)}}{[CO_3^{2-}]}=\frac{K_{sp(CaCO_3)}}{f_2\cdot c_{T,CO_2}}$$

$$=\frac{K_{sp(CaCO_3)}}{c_{T,CO_2}}\times\frac{a_{H^+}^2+K'_{a_1}a_{H^+}+K'_{a_1}K'_{a_2}}{K'_{a_1}K'_{a_2}}$$

$$=\frac{K_{sp(CaCO_3)}}{c_{T,CO_2}}\times\frac{10^{-2pH}+10^{-pK'_{a_1}-pH}+10^{-pK'_{a_1}-pK'_{a_2}}}{10^{-pK'_{a_1}-pK'_{a_2}}}$$

式中：f_2 为二氧化碳体系中[CO_3^{2-}]占 c_{T,CO_2} 的比例，即分布系数(详见第五章第二节)。将有关常数代入，整理可得：

$$[Ca^{2+}]=\frac{10^{8.41}}{c_{T,CO_2}}\times(10^{-2pH}+10^{-6.38-pH}+10^{-16.76}) \tag{2-12}$$

c_{T,CO_2} 一定时，[Ca^{2+}]与 pH 的关系见图 2-15 的 Ca^{2+} 曲线。c_{T,CO_2} 不同，可引起曲线上下移动。从式(2-12)可以看出，如果 pH 一定，则[Ca^{2+}]与 c_{T,CO_2} 的浓度成反比关系——碳酸总量越高，与其平衡的 Ca^{2+} 含量就越低。体系在短时间发生的过程可近似用封闭体系中的过程来对待，因为 CO_2 来不及逸出或溶解。

(二)开放体系的碳酸钙溶解平衡

开放体系中 c_{T,CO_2} 不是恒量，由于与气相有 CO_2 交换，c_{T,CO_2} 在不断变化。开放体系要考虑的是气-液-固三相的平衡关系。

气-液两相间的 CO_2 平衡用亨利定律来描述：

$$[H_2CO_3^*] = K_{H,CO_2} \cdot p_{CO_2} \qquad (2-13)$$

式中：$[H_2CO_3^*]$ 为游离 CO_2 浓度；p_{CO_2} 为 CO_2 分压力；K_{H,CO_2} 为 CO_2 在水中溶解的亨利定律常数。

或

$$[H_2CO_3^*] = f_0 \cdot c_{T,CO_2} \qquad (2-14)$$

式中：f_0 为二氧化碳体系中 $[H_2CO_3^*]$ 占 c_{T,CO_2} 的比例，即分布系数（详见第五章第二节）。

空气中 CO_2 分压一定时，在一定温度下，达到气-液溶解平衡后，水中 $[H_2CO_3^*]$ 也一定。对于达到平衡的开放体系，在变化过程中水中 $[H_2CO_3^*]$ 不变，这就是开放体系中碳酸钙溶解平衡的特征。

将式（2-13）和式（2-14）代入式（2-12），得

$$
\begin{aligned}
[Ca^{2+}] &= \frac{f_0 \times 10^{8.41}}{K_{H,CO_2} \times p_{CO_2}} \times (10^{-2pH} + 10^{-6.38-pH} + 10^{-16.76}) \\
&= \frac{10^{8.41}}{K_{H,CO_2} \times p_{CO_2}} \times \frac{a_{H^+}^2}{a_{H^+}^2 + K_{a_1}' a_{H^+} + K_{a_1}' K_{a_2}'} \times (10^{-2pH} + 10^{-6.38-pH} + 10^{-16.76}) \\
&= \frac{10^{8.41}}{K_{H,CO_2} \times p_{CO_2}} \times \frac{10^{-2pH}}{10^{-2pH} + 10^{-6.38-pH} + 10^{-16.76}} \times (10^{-2pH} + 10^{-6.38-pH} + 10^{-16.76}) \\
&= \frac{10^{8.41}}{K_{H,CO_2} \times p_{CO_2}} \times 10^{-2pH}
\end{aligned}
$$

$$p[Ca^{2+}] = -8.41 + \lg(K_{H,CO_2} \times p_{CO_2}) + 2pH \qquad (2-15)$$

此式表明，$[Ca^{2+}]$ 负对数与 pH 成直线关系：pH 升高，$\lg[Ca^{2+}]$ 呈直线下降，$[Ca^{2+}]$ 的平衡浓度降低。其他难溶金属碳酸盐与 pH 也有类似的直线关系（图 2-16）。

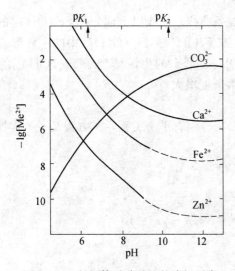

图 2-15 封闭体系碳酸盐的溶解平衡　　图 2-16 开放体系碳酸盐溶解度与 pH 的关系
（不考虑有羟基络合物生成时）

四、碳酸盐和氢氧化物共存时的分级沉淀

CO_3^{2-} 和 OH^- 是在天然水中的常见阴离子，当重金属离子进入天然水体后，能否生成碳酸盐沉淀或氢氧化物沉淀？哪一种沉淀先生成？研究这些问题可以采用模拟实验的方法，

也可以采用已有的溶度积常数绘图法分析。以亚铁离子为例，介绍绘图分析方法。

(一)氢氧化亚铁溶解区域

在图 2-13 中，氢氧化亚铁 pc-pH 图是一条直线。这时考虑亚铁离子在水中只有一种存在形态(Fe^{2+})，但实际上存在 Fe^{2+}、$FeOH^+$ 及 $Fe(OH)_3^-$ 三种形态，所以 pc-pH 图是一条曲线(图 2-14)。有关平衡反应式和图 2-14 的绘制如下：

(1) $Fe(OH)_2(s) \Longrightarrow Fe^{2+} + 2OH^-$

$$K_1 = [Fe^{2+}] \cdot [OH^-]^2 = 10^{-14.5}$$

(2) $Fe(OH)_2(s) \Longrightarrow FeOH^+ + OH^-$

$$K_2 = [FeOH^+] \cdot [OH^-] = 10^{-9.4}$$

(3) $Fe(OH)_2(s) + OH^- \Longrightarrow [Fe(OH)_3^-]$

$$K_3 = \frac{[Fe(OH)_3^-]}{[OH^-]} = 10^{-5.1}$$

在溶液中，上述三个平衡同时建立，同时满足。由于 $Fe(OH)_2(s)$ 溶解产生的水中亚铁离子是 Fe^{2+}、$FeOH^+$ 及 $Fe(OH)_3^-$ 三种形态的总和，设为 $c_{T,Fe(II)}$

$$c_{T,Fe(II)} = [Fe^{2+}] + [FeOH^+] + [Fe(OH)_3^-]$$

将前三式代入上式：

$$c_{T,Fe(II)} = \frac{10^{-14.5}}{[OH^-]^2} + \frac{10^{-9.4}}{[OH^-]} + 10^{-5.1}[OH^-]$$

$$= 10^{-14.5} \times 10^{14 \times 2 - 2pH} + 10^{-9.4} \times 10^{14-pH} + 10^{-5.1} \times 10^{-14+pH}$$

$$= 10^{13.5-2pH} + 10^{4.6-pH} + 10^{-19.1+pH}$$

$$\lg c_{T,Fe(II)} = \lg(10^{13.5-2pH} + 10^{4.6-pH} + 10^{-19.1+pH})$$

该式绘出的 lgc-pH 图见图 2-14 中的粗线条曲线。曲线以上部分是 $Fe(OH)_2$ 的稳定区域。图中的三条细直线，是分别只考虑 Fe^{2+} 或 $FeOH^+$ 或 $Fe(OH)_3^-$ 中的一种形式时的平衡关系式。图中曲线表明：$FeOH^+$ 和 $Fe(OH)_3^-$ 形态的生成增加了 $Fe(OH)_2$ 的溶解度。pH >11.85 后，pH 增大使 $Fe(OH)_2$ 的溶解度增大。

(二)碳酸亚铁溶解区域

$FeCO_3$ 也与水中 Fe^{2+}、$FeOH^+$ 及 $Fe(OH)_3^-$ 分别有平衡关系，其方程及平衡常数为：

(4) $FeCO_3(s) \Longrightarrow Fe^{2+} + CO_3^{2-}$

$$K_{sp} = [Fe^{2+}] \cdot [CO_3^{2-}] = 10^{-10.5}$$

(5) $FeCO_3(s) + OH^- \Longrightarrow FeOH^+ + CO_3^{2-}$

$$K_5 = \frac{[FeOH^+] \cdot [CO_3^{2-}]}{[OH^-]} = K_{FeCO_3/FeOH^+} = 10^{-5.6}$$

(6) $FeCO_3(s) + 3OH^- \Longrightarrow Fe(OH)_3^- + CO_3^{2-}$

$$K_6 = \frac{[Fe(OH)_3^-] \cdot [CO_3^{2-}]}{[OH^-]^3} = K_{FeCO_3/FeOH_3} = 10^{-1.3}$$

同样有

$$c_{T,Fe(II)} = [Fe^{2+}] + [FeOH^+] + [Fe(OH)_3^-]$$

$$c_{T,Fe(II)} = \frac{10^{-10.5}}{[CO_3^{2-}]} + \frac{10^{-5.6}[OH^-]}{[CO_3^{2-}]} + \frac{10^{-1.3}[OH^-]^3}{[CO_3^{2-}]}$$

$$= (10^{-10.5} \times 10^{-5.6-14+pH} + 10^{-1.3-14 \times 3+3pH})/f_2 c_{TCO_2}$$

设体系中 $c_{T,CO_2} = 1 \times 10^{-3}$ mol/L

$$f_2 = \frac{10^{-6.38} \times 10^{-10.38}}{10^{-2pH} + 10^{-6.38} \times 10^{-pH} + 10^{-6.38-10.38}}$$

代入上式，整理可得

$$\lg c_{T,Fe(II)} = \lg(10^{-10.5} + 10^{-19.6+pH} + 10^{-43.3+3pH}) - 3 - 16.76 + \lg(10^{-2pH} + 10^{-6.38-pH} + 10^{-16.76})$$

按此式可以绘出图 2-17 中的粗线条曲线。图中细线条曲线是与 $FeCO_3$ 平衡的 Fe^{2+}、$FeOH^+$ 及 $Fe(OH)_3^-$ 的浓度随 pH 变化曲线。

合并图 2-14 与图 2-17 绘成图 2-18。图 2-18 中的垂直虚线是 $Fe(OH)_2$、$FeCO_3$ 的分界线。在此线上，两种沉淀同时等量发生。图中两条曲线和一条垂线将图从左至右分成 A、B、C、D 四个区。A 区是 $FeCO_3$ 沉淀区，只能发生 $FeCO_3$ 沉淀。B、C 区为 $FeCO_3$ 及 $Fe(OH)_2$ 可以同时沉淀区，当水的 pH 和亚铁含量均在这个区域内时，$FeCO_3$ 及 $Fe(OH)_2$ 沉淀都可发生。但是在 B 区由于与 $FeCO_3$ 平衡的亚铁浓度更低，所以更稳定，$FeCO_3$ 优先生成。当体系的碳酸总量几乎反应完全后，$Fe(OH)_2$ 才能稳定存在。在 C 区，情况正好与 B 区相反，是 $Fe(OH)_2$ 比 $FeCO_3$ 更稳定。D 区为 $Fe(OH)_2$ 沉淀区。从 $FeCO_3$ 与 $Fe(OH)_2$ 的稳定性区分，则 A、B 区是 $FeCO_3$ 的稳定区，C、D 区是 $Fe(OH)_2$ 的稳定区。

需要说明的是，在绘图时忽略了电解质对活度系数的影响(认为活度系数 $\gamma \approx 1$)，仅可用于淡水。对于海水或含盐量比较高的水质体系，则应该考虑离子强度对离子活度的影响。

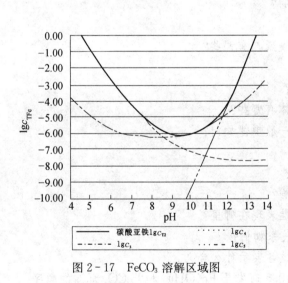

图 2-17 $FeCO_3$ 溶解区域图

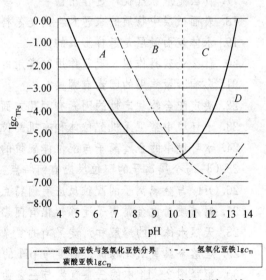

图 2-18 $Fe(OH)_2$、$FeCO_3$ 分级沉淀区域

习题与思考题

1. 天然水环境中常见氧化态与还原态的物质各有哪些？

2. 天然水环境中主要有哪些氧化还原反应？

3. 如何求算水环境中 O_2/H_2O 电对的氧化还原半反应的氧化还原电位？天然水 E_h 的理论计算值约为多少毫伏？实际测定值又约为多少？为什么？

4. 某淡水鱼池水温 $T=25\ ℃$、$p_{O_2}=101.325\ kPa$、$pH=8.0$，求算 O_2/H_2O 电对的氧化还原半反应的氧化还原电位。(答：$0.785\ mV$)

5. 水环境的氧化还原电位如何测定？

6. 水环境中有哪些主要的电子受体？有机物氧化分解与水环境中的氧化还原电位有何关系？

7. 什么是 E_h-pH 图？有什么作用？

8. E_h-pH 图中，什么是水的稳定区域上下限线？写出两条直线的表示方程式。此两条直线以上或以下存有何种特征的氧化还原反应？两条直线之间存有天然水的一些什么氧化还原过程？

9. 什么是胶体？

10. 黏土微粒的胶团结构是怎样的？

11. 胶体颗粒表面电荷的来源有哪些？

12. 什么是 ζ-电位？

13. 哪些因素影响胶体的稳定性？

14. 水环境中的胶体有哪些？

15. 环境胶体都是带负电的吗？

16. 什么是吸附等温线和吸附等温式？

17. 什么是泡沫气提浮选作用？

18. 表面微层中物质的来源和去向是怎样的？

19. 水体表面微层是怎样形成的？

20. 什么是絮凝作用和混凝作用？常用的凝聚剂有哪些？

21. 影响凝聚作用的因素有哪些？

22. 决定配合物稳定性的因素有哪几方面？

23. 水环境中常见无机配位体和有机配位体有哪些？

24. 水环境中的金属离子与配位体配位的一般规律如何？

25. Cl^- 与金属离子的配位反应有何特点？

26. OH^- 与金属离子的配位反应有何特点？

27. 腐殖质对重金属离子迁移转化有何影响？

28. 天然水体中的溶解和沉淀平衡的复杂性表现在哪里？

29. 难溶金属氢氧化物的溶解度与 pH 的关系如何？

30. 解释图 2-14 中的三条直线与一条曲线各表示什么含义。

31. 根据图 2-17 解释 $pH=8.0$ 与 $pH=10.5$ 时发生 $Fe(OH)_2$ 和 $FeCO_3$ 沉淀的顺序。

32. 已知 Ca^{2+} 与氨基三乙酸配合物的生成常数为 1.48×10^8，氨基三乙酸的三级电离常数 $K_3=5.25\times10^{-11}$。试求以下配位反应的平衡常数 K：

$$Ca^{2+}+HT^{2-}\rightleftharpoons CaT^-+H^+$$

(答：$K=7.77\times10^{-3}$)

33. 计算在 Ca^{2+} 含量为 $80\ mg/L$，pH 为 7.00 的水中，氨基三乙酸与 Ca^{2+} 生成的配合物 $[CaT^-]$ 与游离氨基三乙酸—氢离子 $[HT^{2-}]$ 的含量比。(答：$\dfrac{[CaT^-]}{[HT^{2-}]}=155$)

34. 已知：

① $PbCO_3(s) + HT^{2-} \rightleftharpoons PbT^- + HCO_3^-$，$K_1 = 4.06 \times 10^{-2}$

② $Ca^{2+} + HT^{2-} \rightleftharpoons CaT^- + H^+$，$K_2 = 7.75 \times 10^{-3}$

平衡后当水的 pH=8.00 时，水中 PbT^- 与 CaT^- 含量的比值是多少？已知水中 Ca^{2+} 为 20 mg/L，HCO_3^- 为 1.5 mmol/L。（答：$\dfrac{[PbT^-]}{[CaT^-]} = 0.07$）

第三章

天然水中的主要离子

教学一般要求

掌握： 天然水主要离子的来源。水硬度、碱度的概念、单位及换算，天然水主要离子与水产养殖的关系。硫在天然水中的转化、硫酸盐还原作用的条件。

初步掌握： SO_4^{2-}、Cl^-、K^+、Na^+ 在天然水中含量的概况，对生物的影响。

了解： 我国天然水碱度的分布概况。

第一节 钙、镁离子及天然水的硬度

一、天然水中的钙、镁离子

(一)钙

钙在天然水中主要以 Ca^{2+} 形式存在，是天然水中重要的离子。陆地天然水中 Ca^{2+} 的来源主要有地层中石膏($CaSO_4 \cdot 2H_2O$)的溶解，白云石($CaCO_3 \cdot MgCO_3$)、方解石($CaCO_3$)在水和 CO_2 作用下的溶解等。不同条件下天然水中的 Ca^{2+} 含量差别很大。干旱地区，尤其是流经富含石膏、石灰石(主要成分 $CaCO_3$)地层的地下水及受海潮影响地区的地下水含 Ca^{2+} 多。地面水中，潮湿多雨地区的地面水含 Ca^{2+} 少，Ca^{2+} 含量有的只有每升数毫克，如我国广东、广西、福建等地区的许多河流与湖泊水中 Ca^{2+} 含量较少。海水 Ca^{2+} 含量较多，如盐度为 35 的大洋水中 Ca^{2+} 含量达 409 mg/L。

Ca^{2+} 是多数淡水中含量最多的阳离子，随含盐量的增加而增加。但在盐度高的淡水中 Na^+、Mg^{2+} 的含量反而比 Ca^{2+} 含量高，主要是因为 Ca^{2+} 容易生成 $CaCO_3$ 沉淀，使积累减慢。一般而言，Ca^{2+}、Na^+、Mg^{2+} 三种离子在淡水中含量 $Ca^{2+} > Na^+ > Mg^{2+}$，在海水中含量 $Na^+ > Mg^{2+} > Ca^{2+}$。

(二)镁

Mg^{2+} 存在于所有的天然水中，其含量仅次于 Na^+ 和 Ca^{2+}，常居阳离子含量的第二位。大多数淡水中 Mg^{2+} 的含量在 $1 \sim 40$ mg/L。

天然水中 Ca^{2+} 与 Mg^{2+} 含量的比例关系的大致规律：淡水中 Ca^{2+} 显著多于 Mg^{2+}(地壳中 Ca^{2+} 的丰度大于 Mg^{2+})；咸水中 Mg^{2+} 的含量一般大于 Ca^{2+}(Mg^{2+} 的碳酸盐和硫酸盐的溶解度比 Ca^{2+} 的高很多，Mg^{2+} 不如 Ca^{2+} 容易沉积)。在溶解性固体总量低于 500 mg/L 的

水中，Ca^{2+} 与 Mg^{2+} 物质的量浓度比为（4～2）∶1；水中溶解性固体总量大于 1 000 mg/L 时，Ca^{2+} 与 Mg^{2+} 物质的量浓度比为（2～1）∶1；当水中溶解性固体总量进一步增大时，Mg^{2+} 一般会超过 Ca^{2+} 很多倍；海水中 Mg^{2+} 与 Ca^{2+} 物质的量浓度比为 5.2∶1。

二、天然水的硬度的概念及表示单位

天然水的硬度（H）是指水中二价及二价以上金属离子含量的总和。天然水中这些金属离子包括 Ca^{2+}、Mg^{2+}、Fe^{2+}、Fe^{3+}、Mn^{2+}、Al^{3+} 等，构成天然水硬度的主要离子是 Ca^{2+} 和 Mg^{2+}，其他离子在一般天然水中含量都很少，在构成水硬度上可以忽略，因此，一般都以 Ca^{2+} 和 Mg^{2+} 的含量来计算水硬度。构成天然水硬度的这些金属离子有一个共性，即含量偏高，可使肥皂失去去污能力，使锅炉结垢，因此此类水在工业上的许多部门不能使用。

表示天然水硬度大小的单位有很多种。目前文献中使用较多的有以下三种：

1. 毫摩尔/升（mmol/L） 1 升水中含有的形成水硬度离子的物质的量之和。物质的量的基本单元以单位电荷形式 $\frac{1}{n}Me^{n+}$ 计，即以 $\frac{1}{2}Ca^{2+}$、$\frac{1}{2}Mg^{2+}$ 作为基本单元。mmol/L 为常用硬度单位[①]。

2. 毫克/升（CaCO₃）[mg/L(CaCO₃)] 用 1 升水中所含有的形成水硬度离子的质量所相当的 $CaCO_3$ 的质量表示，符号为 mg/L(CaCO₃)。这种表示单位一般应加括号注明是指 $CaCO_3$ 的质量，如不加说明，只要是以毫克/升为单位来表示水的硬度，也应理解为是指 $CaCO_3$ 的质量，而不是 Ca^{2+} 与 Mg^{2+} 的质量。毫克/升（CaCO₃）这个水硬度单位在英文文献中常使用。

3. 德国度（°H_G） 将水中的 Ca^{2+} 和 Mg^{2+} 含量换算为相当量的 CaO 量后，1 升水中含 10 mg CaO 为 1 德国度（°H_G）。德国、苏联和我国常使用德国度这个水硬度单位。

以上三个水硬度单位之间的换算关系为：

$$由\ 1\ mmol\left(\frac{1}{2}Me^{2+}\right)=1\ mmol\left(\frac{1}{2}CaO\right)=\frac{56.08}{2}mgCaO=28.04\ mgCaO$$

$$得\ 1\ mmol\left(\frac{1}{2}Me^{2+}\right)=\frac{28.04\ mgCaO}{[10\ mg/L(CaO)]/1°H_G}=2.804°H_G$$

由以上关系式可推导出 mmol/L、mg/L(CaCO₃)、°H_G 三个水硬度单位的换算关系为：

$$1\ mmol/L=2.804\ °H_G=50.05\ mg/L(CaCO_3)$$

此外，还有英国度、法国度等表示水硬度的单位。

法国度（°H_F）：1 L 水中所含有的形成水硬度离子的质量相当于 10 mg 的 $CaCO_3$，其硬度即为 1 个法国度。

英国度（°H_E）：1 L 水中含有的形成水硬度离子的质量相当于 14.28 mg 的 $CaCO_3$，其硬度即为 1 个英国度。

三、天然水的硬度类型

大多数天然水中 Ca^{2+}、Mg^{2+} 含量高，是形成水体硬度的主要离子，根据形成硬度的阳

---

① 这样规定形成硬度离子的基本单元后，硬度以 mmol/L 为单位的数值，与过去以 me/L 为单位的数值相同。

离子不同,可分为钙硬度、镁硬度、铁硬度等,如某些缺氧地下水(深井水)中可能含有较多的 Fe^{2+},形成水的铁硬度。根据与形成水硬度阳离子共存的阴离子的组成,又可将硬度分为碳酸盐硬度和非碳酸盐硬度。碳酸盐硬度是指水中与 HCO_3^- 及 CO_3^{2-} 所对应的硬度,这种硬度类型的水,在加热煮沸后,绝大部分 HCO_3^- 及 CO_3^{2-} 可因生成 $CaCO_3$ 沉淀而除去,故又称为暂时硬度。非碳酸盐硬度是指硫酸盐和氯化物所对应的硬度,由 Ca^{2+}、Mg^{2+} 的硫酸盐、氯化物所形成,用一般加热煮沸的方法不能从水中除去,但可以用强阳性离子交换树脂或磺化煤等处理从水中除去,这类型水体硬度称为永久硬度。注意,以上硬度分类方法只是反映水中 Ca^{2+}、Mg^{2+} 同阴离子组成间的数量对比关系,不能认为水中只含有这些盐类。

根据硬度和阴离子含量,按照 $c_{\frac{1}{a_i}M^{a_i+}}$ 与 $c_{\frac{1}{b_j}M^{b_j-}}$ 的对比关系,可以把水硬度分为两种情况(表3-1):

1. $c_{\frac{1}{2}Ca^{2+}}+c_{\frac{1}{2}Mg^{2+}}>c_{HCO_3^-}+c_{\frac{1}{2}CO_3^{2-}}$ 这时碳酸盐硬度等于 HCO_3^- 与 $\frac{1}{2}CO_3^{2-}$ 的含量之和,用 mmol/L 作单位。在多数天然水 pH 范围内,水中 CO_3^{2-} 含量很少,故讨论时常将其忽略。如表3-1a中的 $a=c_{HCO_3^-}$。此时另有非碳酸盐硬度,即与 SO_4^{2-} 及 Cl^- 对应的硬度 b。

$$b=c_{\frac{1}{2}Ca^{2+}}+c_{\frac{1}{2}Mg^{2+}}-\{c_{HCO_3^-}+c_{\frac{1}{2}CO_3^{2-}}\}$$

2. $c_{\frac{1}{2}Ca^{2+}}+c_{\frac{1}{2}Mg^{2+}}<c_{HCO_3^-}+c_{\frac{1}{2}CO_3^{2-}}$ 这时可认为全部硬度都属碳酸盐硬度,如表3-1b。

表3-1 硬度的组成

a:

$\frac{1}{2}Ca^{2+}+\frac{1}{2}Mg^{2+}$		Na^++K^+
HCO_3^- ($\frac{1}{2}CO_3^{2-}$)	$\frac{1}{2}SO_4^{2-}$	Cl^-
a	b	

b:

$\frac{1}{2}Ca^{2+}+\frac{1}{2}Mg^{2+}$	Na^++K^+	
HCO_3^- ($\frac{1}{2}CO_3^{2-}$)	$\frac{1}{2}SO_4^{2-}$	Cl^-
a	c	

表3-1b 中的 $a=c_{\frac{1}{2}Ca^{2+}}+c_{\frac{1}{2}Mg^{2+}}$。这时没有非碳酸盐硬度,故 b=0,水中另有不构成硬度的碳酸盐 c,即与 Na^+ 和 K^+ 对应的 HCO_3^-($\frac{1}{2}CO_3^{2-}$)。有时将这部分碳酸盐称为负硬度。

$$c=c_{HCO_3^-}+c_{\frac{1}{2}CO_3^{2-}}-\{c_{\frac{1}{2}Ca^{2+}}+c_{\frac{1}{2}Mg^{2+}}\}$$

按阿列金分类法,上述第二种情况属于Ⅰ型水,第一种情况属于Ⅱ、Ⅲ型水。

为方便利用天然水,一般把天然水按硬度分成五类(表3-2)。天然水的硬度差别很大,雨水及靠雨水或融化雪水补给的河水,水硬度都比较低,如我国南方多雨地区的河流,水硬度很低;干旱半干旱地区的盐碱、涝洼地的地面水与地下水,硬度较高;在一些特殊水文地质条件下形成的苏打湖,如碳酸盐类钠组Ⅰ型水,水硬度较低。一般而言,水的硬度随含盐量的增加而增大。

表 3-2 天然水硬度分类

类别	硬度范围	
	德国度/$°H_G$	$mmol/L\left(\frac{1}{2}Ca^{2+},\frac{1}{2}Mg^{2+}\right)$
极软水	0~4	1.4 以下
软水	4~8	1.4~2.8
中等软水	8~16	2.8~5.7
硬水	16~30	5.7~11.4
极硬水	30 以上	11.4 以上

海水中的 Ca^{2+}、Mg^{2+} 含量很高，硬度很大。盐度 35 的大洋水，总硬度高达 124 mmol/L（约 350 $°H_G$）。

四、肥水养殖池塘水硬度的影响因素与硬度变化

水中发生的植物光合作用和呼吸作用吸收和释放 CO_2，因光照度的日周期变化可以使池水硬度发生昼夜变化。一般养鱼池水中均存在以下平衡：

$$Ca^{2+}+2HCO_3^- \rightleftharpoons CaCO_3(s)+H_2O+CO_2$$

当水中的光合作用速率超过呼吸作用速率时，CO_2 净消耗，平衡向右移动；当呼吸作用速率超过光合作用速率时，CO_2 净补充，平衡向左移动。

养鱼池水的硬度首先取决于所采用水源的水硬度，其次与池塘土质有关。重盐碱地的主要特征为高盐高碱高 pH，修建在盐碱地上灌注淡水的养鱼池，随着塘龄的增加，土壤中的 Ca^{2+}、Mg^{2+} 因淋溶而减少，致使池水的总硬度也逐年降低（表 3-3），因此，在盐碱地进行修建池塘时，应特别注意这种变化。新修建的养鱼池，土壤中的可溶性钙、镁转入池水中，使水硬度增大，在池塘开发初期，注水后水的盐度、硬度、碱度都会增加，因此，必要时，应更换池水。

表 3-3 崇明岛北沿新河养殖场鱼池塘泥与池水的钙、镁含量（单位：mmol/kg，$\frac{1}{2}Me^{2+}$）
（臧维玲等，1989）

泥深度/cm	塘龄/年				
	2	3	4	5	6
0~10	37.62	13.74	17.42	16.24	16.90
10~20	23.12	16.10	16.70	21.14	16.06
20~30	10.12	11.42	10.10	10.66	10.78
底层水	13.61	8.80	7.68	9.58	6.98

淡水养殖池塘，水中生物代谢活动及生产管理也可使池水硬度发生变化。如施用过磷酸钙，泼撒生石灰（主要成分 CaO），都能使池水硬度变化。池水中生物的光合作用和呼吸作用能促使 $CaCO_3$ 的沉积和溶解，可以使池水的碱度、硬度发生昼夜变化，表 3-4 是某鱼池池水硬度日变化的实例，日变化量达到 0.6~0.9 $°H_G$。海水养殖池塘，由于总硬度很高，日变化值小，不容易测定出来。

表 3-4 鱼池池水硬度的日变化

时间	7月15日(晴)		7月16日(晴)	
	5:30	17:00	5:30	17:00
总硬度/°H_G	34.8	33.9	34.2	33.6

另外,有些养殖水体总硬度普遍较低。如普通池塘养殖中后期、多年养殖的水体、很少用生石灰清塘的水体、底泥为青色或底泥很厚的水体、软水地区的水体、红树林地区(海南、广西、广东、福建)的池塘、高密度养殖的水体、种植并经常收割水生植物的池塘等。

五、天然水总硬度及钙、镁离子在水产养殖中的意义

Ca^{2+}、Mg^{2+} 在养殖生产中有着十分重要的作用。淡水养殖生产用水,要求有一定的硬度,即要求水中有一定的 Ca^{2+}、Mg^{2+} 含量。当水体总硬度低时,池塘不易肥水,肥水后倒藻快,水体早晚 pH 变化大,鱼生长慢,部分水产动物甚至不能进行正常的繁殖。调查发现,池水总硬度小于 10 mg/L 时,即使施用无机肥料,浮游植物也生长不好。总硬度为 10~20 mg/L 时,施无机肥料的效果不稳定。仅在总硬度大于 20 mg/L 时,施用无机肥料后浮游植物才大量生长。在软水池塘施生石灰,当总硬度由 7.8 mg/L 增至 32 mg/L 后,水中碱度增大至原来的 4 倍,罗非鱼的产量增加约 25%。高硬度的水体(硬度 200 mg/L)有利于肥水,且肥水保持时间长,水体基础生产力高。海水养殖虽然对水体硬度没有要求,但在使用地下井盐水进行海水鱼、虾、贝类繁殖时,必须重视水的硬度,尤其是 Ca^{2+}、Mg^{2+} 含量比值,否则可能导致养殖失败。

1. 钙、镁是生物生命过程所必需的营养元素 钙、镁不仅是生物体液及骨骼的组成成分,还参与体内新陈代谢的调节。

钙是动物骨骼、介壳及植物细胞壁的重要组成元素,对蛋白质的合成与代谢、碳水化合物的转化、细胞的通透性以及氮、磷的吸收转化等均有重要影响。缺钙会引起动植物的生长发育不良。虽然不同的藻类对钙的需求相差甚大,但钙是水体初级生产不可缺少的因子。硅藻大多喜欢在硬水中生长,水中钙含量过少会限制藻类的繁殖。

研究表明,藻类多样性与离子系数(一价离子、二价离子含量比),总硬度,Ca^{2+}、Mg^{2+} 含量比值三指标相关性大,而这些指标的波动主要是受到钙离子含量变化的影响。

表 3-5 是位于鄂尔多斯遗鸥国家级自然保护区的荒漠型盐碱湖泊群中藻类在盐沼湿地分布的关键限制因子的监测数据。就水质指标 1 而言,藻类密度、生物量与水质的 Ca^{2+}、Mg^{2+} 含量比值呈显著正相关关系,与离子系数、总硬度呈显著负相关关系,说明随着 Ca^{2+}、Mg^{2+} 含量比值的减小,离子系数、总硬度的增大,藻类的种类快速减少,但是,适应环境的单种优势种的密度和生物量则是快速扩张。就水质指标 2 而言,藻类种数与离子系数、总硬度呈显著负相关关系。随着这些指标值的增大,藻类种类数减少快速,而对藻类密度和生物量影响则不显著。水质指标 2 中种类数与 Ca^{2+}、Mg^{2+} 含量比值呈显著正相关关系。其原因是因为该盐沼湿地湖水 CO_3^{2-} 含量高,形成 $CaCO_3$ 沉淀,湖水 Ca^{2+} 含量普遍偏低。所以,Ca^{2+} 成为限制藻类分布的关键因子。

镁是叶绿素组分之一,各种藻类都需要镁。镁在糖代谢中起着重要的作用。植物在结果实的过程中需要较多的镁。镁不足,核糖核酸(RNA)的净合成将停止,氮代谢混乱,细胞

内积累碳水化合物及不稳定的磷脂。缺镁还会影响对钙的吸收。

表 3-5 藻类与水质指标典型相关性分析

(刘文盈等，2012)

	水质指标 1	水质指标 2	水质指标 3
离子系数	−0.685 2	−0.725 5	−0.032 5
总硬度	−0.695 6	−0.717 7	0.006 3
钙、镁含量比值	0.884 8	0.247 3	−0.387 1
	藻类 1	藻类 2	藻类 3
种类	−0.005 6	0.960 3	0.273 1
密度	0.816 3	−0.386 1	0.429 5
生物量	0.885 9	−0.443 8	0.135 1

2. Ca^{2+} 可降低重金属离子和一价金属离子的毒性　对鳟的研究发现，当水的硬度从 10 mg/L 增加到 100 mg/L 时，Cu^{2+} 和 Zn^{2+} 的毒性大约降低了 3/4。许多重金属离子在硬水中的毒性都比在软水中的要小得多，这可能是由于 Ca^{2+} 可减少生物对重金属离子的吸收。表 3-6 列举了部分金属离子在硬水中的毒性与软水中的毒性比。正因为重金属毒性与水的硬度有关，在美国环保局编著的《水质评价标准》(1991)中，对一些重金属提出 3 年仅允许超标一次的评价标准 $\overline{p_{4d}}$ 值(连续 4 d 平均值)时，采用了以总硬度 $H[mg/L(CaCO_3)]$ 为参数的方程表达方式。例如，对于镉(Cd)：

$$\{\overline{p_{4d}}\}_{\mu g/L} = \exp\{0.785\ 2\ln\{H\}_{mg/L}(CaCO_3) - 3.49\}$$

根据上述方程式，可以计算出不同硬度水中 Cd 的 4 d 平均值在 3 年中仅允许一次超标的值如下：

$H[mg/L(CaCO_3)]$	50	100	200
$\{\overline{p_{4d}}\}_{\mu g/L}$	0.66	1.1	2.0

表 3-6 部分金属离子在硬水与软水中的毒性比

金属离子	钛	铬	铁	镍	铜	锌	镉	铅
毒性比	14.6	15	77	24	5~500	3~67	5.5	33

注：毒性比是指硬水中的有毒浓度与软水中的有毒浓度的比值。

一价金属离子浓度过高时对许多水生生物有毒害作用，增加 Ca^{2+} 含量可以降低一价金属离子的毒性。

3. Ca^{2+}、Mg^{2+} 可增加水的缓冲性　Ca^{2+}、Mg^{2+} 可使水具有较好的保持 pH 相对不变的能力。在高密度淡水池塘养殖的情况下，高硬度的水体 pH 日变化幅度小，低硬度的水体 pH 日变化幅度大。底质为泥土的养殖池塘，在外界环境没有大的干扰的情况下，水体硬度日变化幅度大，针对该类型水体，可以大量使用生石灰或提高水体硬度的制剂来提高水体硬度，建立并强化池塘 pH 缓冲体系，降低每天的水体 pH 波动范围，创造良好的水产动物生长环境。

4. 水体 Mg^{2+}、Ca^{2+} 含量比值对海水鱼、虾、贝的存活有重要影响　Mg^{2+}、Ca^{2+} 含量比值不适宜，会引起养殖种类的大批死亡。研究表明在罗氏沼虾育苗中配制人工海水时，不仅要注意盐度符合要求，还要注意 Ca^{2+}、Mg^{2+} 的含量及 Mg^{2+}、Ca^{2+} 含量比值，出苗率较高的条件是满足 Ca^{2+} 含量 $170\sim244\ mg/L$，Mg^{2+} 含量 $324\sim440\ mg/L$ 及 Mg^{2+} 与 Ca^{2+} 质量浓度比 $\rho(Mg^{2+})/\rho(Ca^{2+})=R=1.8\sim2.2$。中华绒螯蟹育苗用水要求 Ca^{2+} 含量 $178\sim340\ mg/L$，Mg^{2+} 含量 $484\sim816\ mg/L$。$\rho(Mg^{2+})/\rho(Ca^{2+})=R=2.0\sim3.0$(实验在 $S=15\sim16$ 的条件下进行)。急性毒性试验测得中国对虾在水环境中能够生存的 Ca^{2+} 和 Mg^{2+} 质量浓度范围分别为 $24.92\sim280.66\ mg/L$ 和 $34.5\sim344.9\ mg/L$。$R=10$ 对中国对虾和凡纳滨对虾生存没有影响，R 在 $1\sim3$ 最好。Ca^{2+} 含量过高或过低都会影响中国对虾的生长，但 Mg^{2+} 含量降为正常海水的一半时中国对虾仍能正常生长。

5. 水生动物生长需要适宜的水体硬度条件　在适宜的硬度条件下，硬水比软水更有利于中国四大家鱼(青鱼、草鱼、鲢、鳙)幼鱼的生长，硬水中的幼鱼体高、体长、体重均超过软水中的同种幼鱼，发育更快，生长得更好。在幼鱼生长 60 d 左右时，适当提高水体的硬度，有利于其快速生长。但部分热带地区的观赏鱼更适应在硬度低的水体生长，在调水时可以通过使用乙二胺四乙酸(EDTA)或泥炭土来降低水体硬度。

在不同硬度水体中对比试验发现，异育银鲫幼鱼在硬水中的生长速度明显快于软水，从第 35 d 开始体长已经有显著性差异。硬水中的异育银鲫幼鱼的最终体长、体高和体重明显大于软水中的异育银鲫幼鱼。从增长率、增高率与增重率来看，硬水中的异育银鲫幼鱼生长情况比软水中的更好。

6. 水体总硬度对鱼类受精卵孵化产生影响　常见鱼类的发育、性成熟和水体总硬度有密切的关系，尤其是受精卵的孵化和水体的硬度密切相关，不同的鱼类受精卵孵化需要的水硬度条件有差异。斑点叉尾鮰在低硬度水条件下受精卵孵化率远高于高硬度水。许多亚马孙河流域的观赏鱼也需要低硬度水孵化受精卵。在鱼苗繁殖过程中，有些鱼的苗种在不同地区孵化率有差异，很大的原因是水的硬度差异导致的。

第二节　碳酸氢根、碳酸根离子和水的碱度

一、天然水中碳酸氢根、碳酸根离子和碱度的组成及碱度的单位

(一)天然水中碳酸氢根、碳酸根离子和碱度的组成

碱度，又称滴定碱度，是水中能与强酸发生中和反应的所有物质的量，表示为 A_T。碱度反映水结合质子的能力，即水与强酸的中和能力。

天然水中能够与强酸发生中和反应的物质包括强碱、弱碱、强碱弱酸盐，构成天然水碱度的物质包括 HCO_3^-、CO_3^{2-}、OH^-、$H_4BO_4^-$、HPO_4^{2-}、$H_2PO_4^-$、$H_3SiO_4^-$、NH_3 等。对于大多数天然水，以前面 4 种离子为主，含量较高，其余的物质含量一般很低，通常将其忽略。前 4 种离子中，一般又以 HCO_3^- 为主，其他离子含量相对少很多。

根据以上讨论，一般天然水中能与强酸发生中和反应的物质与碱度的关系，迪克森(Dickson)给出了如下定义式：

$$A_T=[HCO_3^-]+2[CO_3^{2-}]+[H_4BO_4^-]+[OH^-]-[H^+]+$$
$$([HPO_4^{2-}]+[H_2PO_4^-]+[H_4SiO_4^-]+[NH_3]+\cdots) \qquad (3-1)$$

式中：A_T 为总碱度；$([HCO_3^-]+2[CO_3^{2-}])$ 为碳酸盐碱度（CA）；$[H_4BO_4^-]$[1]为硼酸盐碱度（BA）；$([OH^-]-[H^+])$ 为水碱度（WA）；含量很少的 $([HPO_4^{2-}]+[H_2PO_4^-]+[H_3SiO_4^-]+[NH_3]+\cdots)$ 为次要化合物碱度（MCA）。

通常将"碳酸盐碱度（CA）＋硼酸盐碱度（BA）＋水碱度（WA）"称为实用碱度（PA）。对于一般呈中性偏碱性的天然水，水碱度很小，可以将式中 $([OH^-]-[H^+])$ 项忽略。硼酸盐碱度在海水碱度中占有一定分量，淡水一般含硼很少，在形成碱度方面甚至不如水碱度重要，一般也忽略。因此，对于海水碱度及淡水碱度的定义式可写成：

$$A_{T,海水}=[HCO_3^-]+2[CO_3^{2-}]+[H_4BO_4^-]+[OH^-]-[H^+] \tag{3-2}$$

$$A_{T,淡水}=[HCO_3^-]+2[CO_3^{2-}]+[OH^-]-[H^+] \tag{3-3}$$

碱度的测定一般采用酸滴定法。滴定时，水中的碳酸盐用强酸滴定有两个突跃点，一个在 pH 8.3 附近，此时构成水碱度中的 OH^- 反应为 H_2O，CO_3^{2-} 反应为 HCO_3^-，用酚酞作指示剂，俗称酚酞碱度（A_{pp}）；另一个在 pH 4.2 附近，此时构成水碱度中的 OH^- 反应为 H_2O，CO_3^{2-} 及 HCO_3^- 均反应为 H_2O 和 CO_2，用甲基橙作指示剂，俗称甲基橙碱度。[2] 可见，甲基橙碱度就是总碱度，"酚酞碱度"只包含了氢氧根碱度及一半的碳酸根碱度。水中的 HCO_3^- 不构成酚酞碱度。酚酞碱度的概念可以用下式表达：

$$A_{pp}=[CO_3^{2-}]+[OH^-]-[H^+]-[H_2CO_3^*] \tag{3-4}$$

式中减去 $[H^+]$ 是因为与 $[H^+]$ 量对应的 $[OH^-]$ 的这部分不构成碱度，可视为由水电离出来的。减去 $[H_2CO_3^*]$ 是因为其中结合的一个 H^+ 离子可以电离出来，与 CO_3^{2-} 结合为 HCO_3^-，故与 $[H_2CO_3^*]$ 量相应的这一部分 CO_3^{2-} 是不构成酚酞碱度的。

注意：在无机化学、分析化学中曾提到水的"酸碱度"概念，是指用 pH（氢离子活度的负对数）来度量的量，与我们此处讲的碱度以及后面将提到的酸度的概念不同。前者反映的是水中 H^+ 活度的大小，碱度反映的则是水中能结合质子的物质的总量，也就是水中氢氧根离子与弱酸根离子的总量。所以有的文献又把碱度称为碱储量。为了避免混淆，本书将指水 pH 的"酸碱度"改称为酸碱性，或直接称为水的 pH。

(二)碱度的表示单位

碱度有 3 种表示单位，毫摩尔/升、毫克/升、德国度。

1. 毫摩尔/升（mmol/L）　表示 1 L 水能结合的质子的物质的量，用 mmol/L 表示。

2. 毫克/升（mg/L）　表示 1 L 水中能结合 H^+ 的物质所相当的 $CaCO_3$ 的质量（以 mg 作单位）来表示。由于 1 个 $CaCO_3$ 可以结合 2 个 H^+，所以，对于碱度 1 mmol/L＝50.05 mg/L（$CaCO_3$）。也可以把这个单位理解为从硬度移用过来的单位。

3. 德国度（$°H_G$）　也是从硬度移过来的单位，以 10 mg/L 氧化钙（CaO）为 1$°H_G$。1 mmol/L＝2.804 $°H_G$。

(三)天然水的碱度

天然水碱度主要来自集雨区岩石、土壤中碳酸盐的溶解。

由于水文、地质和气候条件不同，我国地面水的总碱度具有一定的区域性。东南沿海、珠江水系、长江水系的碱度较低，如珠江水系碱度一般在 1.5～2.3 mmol/L，最低的东江水

---

① 据研究，硼酸 H_3BO_3 在水中的酸性不是由于电离产生，而是结合了水中的 OH^- 离子（成为 $H_4BO_4^-$）产生的。

② 现在一般更多使用甲基红-亚甲蓝混合指示剂测定总碱度，终点更敏锐。

的碱度仅 0.4 mmol/L，广东显岗水库水的碱度仅 0.33 mmol/L，长江干流武汉段丰水期的碱度平均值为 1.93 mmol/L，枯水期平均值为 2.46 mmol/L，年平均值为 2.1 mmol/L。黄河流域水的碱度一般均高于 2 mmol/L，黄河干流的碱度在 2.21~5.00 mmol/L，年平均值为 3.25 mmol/L。

内陆干旱、半干旱地区由阿列金分类Ⅰ型水补给的湖泊，可能会积聚较多的碱度。例如，在我国西北、华北地区的一些盐碱水域，水的碱度能达到 100 mmol/L 以上，失去了渔业利用价值。我国还有一批天然碱湖，可以生产天然碱($Na_2CO_3 \cdot NaHCO_3$)，如松嫩平原上的大布苏碱湖，卤水的碱度高达 17 mol/L。还有许多水体碱度在 10~50 mmol/L，水质分类属于碳酸盐类钠组，或者氯化物类钠组，有一定的渔业利用价值。如内蒙古的达里诺尔湖，碱度为 44.5 mmol/L，属于碳酸盐类钠组Ⅰ型水，主要经济鱼类有鲫和瓦氏雅罗鱼，其他许多鱼类在其中都难以存活，渔业产量很低。这类水体的渔业开发利用，还在研究中。

海水中碱度一般较为稳定，通常在 2~2.5 mmol/L。以 mol/kg 为单位表示总碱度时，海水总碱度不随温度、压力的变化而变化。在海洋学中常常利用碱度 A 与盐度 S 或氯度 Cl 的比值(称为碱盐系数 A/S 或碱氯系数 S/Cl)作为区分水团或水系的化学指标之一。海水中 A/S 为 0.065 9~0.072 0。在高纬度海区，由于海水中不含或仅含有少量钙质介壳生物，并且由于垂直混合作用，A/S 的分布较为均匀。但在大洋水中不同水团的 A/S 有一定差异，在河口滨海区差异更大，因此 A/S 是区分不同水团的良好化学指标。表层海水由于部分 $CaCO_3$ 被某些钙质介壳生物所摄取，以及当海水受热蒸发时可能产生 $CaCO_3$ 沉淀，因此 A/S 值较低，在深水层中，由于生物化学的氧化作用所产生的 CO_2 有利于 $CaCO_3$ 溶解，因此 A/S 值较高。由于河水的 A/S 比海水高得多，因此在河口滨海区海水的 A/S 值较高。

地下水由于溶解了土壤中较多的 CO_2，使 $CaCO_3$ 等溶解量增加，水中碱度、硬度一般比较高，但 pH 不一定，可能较低。

二、天然水碱度的变化及意义

(一)碱度的变化

水的碱度受水中光合作用和呼吸作用的双重影响，会发生周期性变化。对于生物密度很大的室外养殖池塘，水的碱度会随光照度的变化而产生周期性的昼夜变化。变化的原因是水中存在以下两个化学平衡：

$$2HCO_3^- \Longleftrightarrow CO_3^{2-} + H_2O + CO_2 \tag{3-5}$$
$$Ca^{2+} + CO_3^{2-} \Longleftrightarrow CaCO_3 \downarrow \tag{3-6}$$

当光合作用速率超过呼吸作用速率时，CO_2 不断被吸收利用，式(3-5)的平衡向右移动，式(3-5)移动的结果是 CO_3^{2-} 含量增加，使式(3-6)的平衡也向右移动，有 $CaCO_3$ 沉淀生成。两个平衡右移的总结果是水的碱度、硬度下降，pH 上升。当呼吸作用速率超过光合作用速率时，不断有 CO_2 产生，促使式(3-5)、(3-6)的平衡均向左移动，其结果是碱度、硬度都上升，pH 下降。

如果水中 Ca^{2+} 含量不足，式(3-6)的平衡尚未建立，仅有式(3-5)的平衡存在。这时光合作用和呼吸作用不会引起碱度、硬度的变化，只是碱度的组成及 pH 有相应的变化。CO_3^{2-} 含量增加，HCO_3^- 含量减少，而 $pH = pK_2' + \lg([CO_3^{2-}]/[HCO_3^-])$。

表 3-7 是某鱼种场碱度、硬度日变化实例。该池塘当时水色浓密，晴天光合作用强烈，

光合作用速率超过呼吸作用速率，碱度、硬度在波浪式的下降。碱度、硬度的日变化幅度与池水中生物活动强度有关。

表3-7 某鱼种场碱度、硬度的日变化

项 目	7月5日	7月15日晴		7月16日晴	
		5:30	17:00	5:30	17:00
总硬度/(mmol/L)	14.5	12.5	12.1	12.2	12.0
总碱度/(mmol/L)	2.7	1.5	1.06	1.15	0.94
pH	8.2	8.4	> 9.6	8.6	10.0

大水体也会有碱度、硬度的变化，只是日变化幅度一般很小，但是季节变化明显。表3-8是某淡水水体碱度的季节变化情况。

夏季碱度变化的幅度可以作为反映湖泊富营养化程度的一项指标：特贫营养湖夏季碱度变化 $\Delta A_T < 0.2$ mmol/L，中富营养湖 ΔA_T 为 $0.6 \sim 1.0$ mmol/L，超富营养湖 $\Delta A_T > 1.0$ mmol/L。

水体中生物学过程对水体碱度也产生重要影响。表3-9列举了水域中常发生的典型生物学过程对碱度的影响。了解这种变化对我们在养殖池水质调控及污水生物处理中认识碱度、pH 的变化和碳源的补充很有帮助。比如在利用硝化作用转化水中 NH_4^+ 的污染时，就要考虑向水中补充碳源，否则碱度和 pH 会不断降低。

表3-8 某淡水水体碱度的季节变化

日期	1月	5月	8月	9月	12月
A_T/(mmol/L)	7.6	2.8	2.3	2.27	6.5

表3-9 生物学过程对碱度的影响

生物学过程	反应示意	对碱度的影响
碳同化	a：$2HCO_3^- \longrightarrow CO_2 + CO_3^{2-} \longrightarrow$ 有机碳 $+ CO_3^{2-} + O_2$	A_T 不变
	b：$Ca^{2+} + 2HCO_3^- \longrightarrow$ 有机碳 $+ CaCO_3 \downarrow + O_2$	A_T 减小
呼吸作用	a：有机碳 $+ O_2 \longrightarrow CO_2 \longrightarrow HCO_3^- + H^+$	A_T 不变
	b：有机碳 $+ O_2 + CaCO_3$（s）$\longrightarrow Ca^{2+} + 2HCO_3^-$	A_T 增大
NH_4^+ 同化	$NH_4^+ \longrightarrow$ 有机氮 $+ H^+$	A_T 减小*
NO_3^- 同化	$NO_3^- \longrightarrow$ 有机氮 $+ OH^-$	A_T 增大*
氨化作用	有机氮 $+ O_2 \longrightarrow NH_4^+ + OH^-$	A_T 增大*
硝化作用	$NH_4^+ \longrightarrow NO_3^- + 2H^+$	A_T 减小*
脱氮作用	$NO_3^- \longrightarrow N_2 \uparrow + OH^-$	A_T 增大*

注：表中的"碳同化"与"呼吸作用"中的示意反应 b 表达的是存在 $CaCO_3$ 溶解-沉淀平衡的次级反应时的情况，其余均只反映了生物学过程本身对碱度的影响。* 只反映了过程本身对碱度的影响。如有次级反应(后续过程)存在，情况就比较复杂，可参考"碳同化"及"呼吸作用"。

(二)碱度与水产养殖的关系

水的碱度对水产养殖，主要对池塘养鱼生产有重要作用。养鱼用水需要有一定的碱度，但碱度过高又有害。有研究认为要维持养殖水体起码的缓冲能力，水的总碱度不得低于 20 mg/L(CaCO₃)。对养殖水体来说，总碱度以大于 1 mmol/L [50.05 mg/L(CaCO₃)]为好。

碱度与水产养殖的关系体现在以下三个方面。

1. 提高水体碱度可降低重金属的毒性　重金属一般是游离的离子态毒性较大。重金属离子能与水中的碳酸盐形成络离子，甚至生成沉淀，使游离金属离子的浓度降低。在研究铜对大型溞的毒性时发现，铜的有毒形式是 Cu^{2+}、$CuOH^+$，可是当湖水的碱度足够大时 [42~511 mg/L(CaCO₃)，pH=7.8~8.0]加进水中的铜约有 90% 转化为碳酸盐络合物，Cu^{2+}、$CuOH^+$ 的实际浓度很低，因而表现出的铜的毒性也较小，有机络合剂的存在降低了大型溞体内生物积累量和金属硫蛋白含量，明显降低了水体中金属铜离子的毒性。

2. 调节 CO_2 的产耗关系、稳定水的 pH　由于水中存在以下化学平衡：

$$Ca^{2+}+2HCO_3^- \rightleftharpoons CaCO_3(s)+CO_2+H_2O \tag{3-7}$$

光合作用强烈时，上述平衡将向右移动，补充被光合作用消耗的 CO_2。当呼吸作用较强时，多余的 CO_2 可以通过平衡向左移动转变为 HCO_3^-，而贮备起来。碱度较大可以使水的 pH 相对稳定，原理将在 CO_2 平衡系统中介绍(详见第五章)。

3. 碱度过高对养殖生物的毒害作用　我国干旱、半干旱地区一些水域，碱度偏大，水中经济水生生物的种类明显较少，有的甚至没有经济鱼类生存，移殖驯化耐盐种类鱼也未能成功。如内蒙古的达里诺尔湖，离子总量 5.6 g/L，总碱度 44.5 mmol/L，Ca^{2+} 浓度 0.14 mmol/L，Mg^{2+} 浓度 1.0 mmol/L，pH 9.5，湖内的经济鱼类只有瓦氏雅罗鱼及鲫。鲤在这种水中仅能存活数天，梭鱼和鲢、鳙只能存活数小时。黎道丰等(2000)对内陆 15 个盐碱度不同的典型水体中鱼类区系结构和主要经济鱼类生长的比较和分析表明，鱼类的区系结构、种类数量和生长速度与水体盐碱度的高低有着密切关系，盐碱度高的水体其土著鱼类的种类较少，鱼类生长速度较慢。

碳酸盐、碱度对鱼的毒性随着 pH 的升高而增加。鲢鱼种碱度的 24 h LC₅₀ 与 pH 有如下回归关系：

$$pH_{24\,h\,LC_{50}}=10.00-0.014\,9\{A_{24\,h\,LC_{50}}\}_{mmol/L}(n=25，r=-0.976)$$

pH 越高，碱度对鲢鱼种的 24 h LC₅₀ 的值越小，即碱度的毒性越大。碳酸盐碱度对淡化南美白对虾幼虾毒性作用实验表明，在 pH 7.50~8.72、盐度 3.29~4.84 时，碳酸盐碱度对淡化南美白对虾幼虾毒性作用的 24 h EC₅₀ 为 2.60 mmol/L；24 h，48 h 和 96 h LC₅₀ 分别为 14.29 mmol/L、12.55 mmol/L 和 12.01 mmol/L；安全浓度(SC)为 2.90 mmol/L，由此可见，未经淡化驯化的南美白对虾幼虾对内陆碳酸盐型盐碱水域环境是无法适应的。

一定量的碱度是水产养殖所必需的，但碱度太低鱼产量也会降低。美国环保局《水质评价标准》中，提出："除天然浓度较低者外，为了保护淡水生物，以 CaCO₃ 表示的碱度应不小于 0.40 mmol/L"。研究表明，养殖水体碱度为 2~3 mmol/L 较适宜，超过 10 mmol/L 以上，对鱼将造成危害，对鱼苗的危害更大，会引起鱼苗大批死亡，但随着鱼体的增长和体重的增加，对碱度的耐受力也增强，而且养殖品种不同，碱度耐受力也不一样。碳酸盐碱度对淡化驯化的凡纳滨对虾幼虾的毒性效应及其在碳酸盐型盐碱水域的生存能力实验表明，在 pH 7.12~8.14 时，碳酸盐碱度对凡纳滨对虾幼虾的 24 h EC₅₀ 为 2.73 mmol/L；在 pH 8.11~8.72 时，碳酸盐碱度对凡纳滨对虾幼虾的 24 h、48 h 和 96 h LC₅₀ 分别为 12.40 mmol/L、11.24 mmol/L 和 10.49 mmol/L，安全浓度为 2.77 mmol/L。在研究影响凡纳滨对虾存活的关键离子研究中，盐度为 5，使 Ca^{2+}、Mg^{2+} 浓度保持在 $25\sim225\ mg/L$ 和 $270\sim625\ mg/L$，能够保证凡纳滨对虾的存活和最佳生长。凡纳滨对虾幼虾可在碳酸盐型盐碱水域存活近 9 h。

碱胁迫对鱼类的毒性作用机理复杂，涉及碱度与 pH 的协同毒性作用。高碱度情况下，pH 越高，对鱼的毒性作用越大；而高 pH 情况下，碱度越高，对鱼的毒性作用越大。包括：①OH^-、HCO_3^- 和 CO_3^{2-} 等离子直接作用于鱼类的鳃表面上皮细胞，而对鳃造成器质性伤害；②血液 HCO_3^- 浓度升高使得 pH 上升，破坏体内酸碱平衡，导致碱中毒；③血液 pH 升高导致 H^+ 浓度降低，从而致使代谢产生的 NH_3 无法与 H^+ 结合形成 NH_4^+ 排出体外，导致氨中毒。

盐度也会使碱度的毒性增加。研究表明，盐度对鲢幼鱼的 24 h LC_{50} 为 11.2 g/L(pH=8.60 ± 0.18)；碱度对鲢幼鱼的 24 h LC_{50} 为 51.4 mmol/L(pH=8.74 ± 0.34)。碱度和盐度共同作用时，两者的 24 h LC_{50} 大致符合如下关系(pH=8.76 ± 0.23、$T=23\pm2\ ℃$)：

$$\{A_{T.24\,h\,LC_{50}}\}_{mmol/L}=24.17-1.78\{S_{24\,h\,LC_{50}}\}_{g/L}(n=6,\ r=-0.871)$$

一些常见经济鱼类对高碱度的耐受能力大致如下：青海湖裸鲤＞瓦氏雅罗鱼＞鲫＞丁鱥＞尼罗罗非鱼＞鲤＞草鱼＞鳙、鲢，青海湖裸鲤和瓦氏雅罗鱼在碱度高达 70 mmol/L(pH 9.6) 的水体中还能存活。研究结果表明脊尾白虾具有较高的碳酸盐碱度耐受性，碳酸盐碱度为 3.5 mmol/L 时对生长和繁殖影响不显著，高于 5 mmol/L 时影响显著，高碳酸盐碱度胁迫下脊尾白虾可以通过调节免疫酶的活性更好地适应高碱环境。

碱度对鱼类的致毒机理可能是一个缓慢积累的过程。通过对达里湖鲫、银鲫和瓦氏雅罗鱼的急性毒理研究发现，这些鱼类在高碱环境下可能是通过增加游离氨基酸的含量和改变氨基酸组成结构来适应高碱环境。

低洼盐碱地的水质组成比较复杂，有的属硫酸盐类型，有的属氯化物类型。水的盐度、碱度有不同程度的偏高，是这类地区水质的共同特点，这类地区水的碱度容易升高，对养殖水生生物产生危害，在渔业开发利用中要特别注意。我国曾专门立项研究了低洼盐碱地渔业开发利用，就盐度、碱度对鱼类的毒性进行了一系列研究，表 3-10 中列出了碱度的急性毒性实验结果。

表 3-10 碱度的急性毒性实验

种类	S/(g/L)		A_T/(mmol/L)		规格/g	参考文献
	24 h LC_{50}	96 h LC_{50}	24 h LC_{50}	96 h LC_{50}		
黑龙江泥鳅	15.64	13.58	117.10	72.62	16.3±0.53	武鹏飞(2017)
大鳞副泥鳅	15.43	14.18	128.38	88.83	47.32±0.88	武鹏飞(2017)
达里湖高原鳅	14.0	12.17	155.18	120.00	8.72±1.20	武鹏飞(2017)
青海湖裸鲤	21.15	18.20	165.02	150.18	12.52±0.32	刘济源(2012)
尼罗罗非鱼	23.08	21.81	113.56	101.30	6.00±0.70	梁从飞等(2015)
黄鳝	17.63	15.46	109.15	75.94	11.82±1.51	周文忠等(2014)
咸海卡拉白	22.61	21.24	137.55	112.23	2.60±4.62	蔺玉华等(2004)
滩头雅罗鱼	28.57	28.40	89.31	68.44	5.85±0.50	池炳杰等(2011)

（续）

种类	$S/(g/L)$		$A_T/(mmol/L)$		规格/g	参考文献
	24 h LC$_{50}$	96 h LC$_{50}$	24 h LC$_{50}$	96 h LC$_{50}$		
大鳞鲃	13.38	11.74	145.01	123.33	—	杨建等（2014）
草鱼	11.75	10.69	106.30	92.94	—	杨建等（2014）
松浦镜鲤	12.78	10.69	119.41	114.26	—	杨建等（2014）
鲢	10.87	9.38	94.33	86.25	—	章征忠等（1999）
彭泽鲫	10.00	6.68	71.71	59.87	3.26±3.68	郑伟刚等（2004）
达里湖鲫	11.57	10.61	71.93	63.42	4.10±0.47	周伟江等（2013）
淡水白鲳	12.00	10.40	83.25	45.70	2.90±0.05	章征忠等（1998）
罗氏沼虾	8.58	2.19	51.02	21.54	16.67±2.33	王桂春等（2001）
河蟹幼蟹	8.12	4.88	52.97	24.96	57.41±2.90	王桂春（2007）
南美白对虾	—		12.94	11.65	13.07±1.74	杨富亿等（2005）
中国对虾	22.00					王慧等（2000）
叶尔羌高原鳅	15.26	12.91	9.98	4.52	5.30±1.46	姚娜等（2018）

第三节　硫酸根离子、氯离子、钠离子、钾离子

一、硫酸根离子与硫在水中的循环

(一)天然水中的硫酸根离子

硫酸根离子是天然水中普遍存在的阴离子，含量较多。在淡水中的离子含量一般为 $HCO_3^- > SO_4^{2-} > Cl^-$，咸水（包括海水）中则是 $Cl^- > SO_4^{2-} > HCO_3^-$。部分流经富含石膏地层的微咸水，阴离子可能以 SO_4^{2-} 最多。

水中 SO_4^{2-} 的重要来源是沉积岩中的石膏（$CaSO_4 \cdot 2H_2O$）和无水石膏（$CaSO_4$）。自然硫和一些含硫矿物在生物作用下氧化后也能生成可溶性硫酸盐：

$$2FeS_2（黄铁矿）+7O_2+2H_2O=2FeSO_4+2H_2SO_4$$
$$H_2SO_4+CaCO_3=CaSO_4+2H_2O+CO_2\uparrow$$

火山喷气中的 SO_2 及一些泉水中的 H_2S 也可被氧化为 SO_4^{2-}；含硫的动、植物残体分解也影响着天然水中 SO_4^{2-} 的含量；蛋白质的氧化分解产物中含有 SO_4^{2-}。含盐量较高的水中，由于盐效应，$CaSO_4$ 的溶解度会增大。

天然水 SO_4^{2-} 的含量取决于各类硫酸盐的溶解度，特别是受到 Ca^{2+} 含量的限制。SO_4^{2-} 的浓度较高时，将与 Ca^{2+} 生成难溶盐 $CaSO_4$。据 $CaSO_4$ 的溶度积常数（2.5×10^{-5}）可以算出，当水中 Ca^{2+} 与 SO_4^{2-} 的物质的量相等并处于溶解平衡时，SO_4^{2-} 的含量只能达到 480 mg/L（25 ℃），如果水中 Ca^{2+} 含量较低，SO_4^{2-} 的含量则会高一些。内陆河水或井水中 SO_4^{2-} 的含量一般为 10～50 mg/L，我国淮河水 SO_4^{2-} 含量为 16.3 mg/L，乌苏里江水为 5.3 mg/L，而钱塘江水仅 1.9 mg/L。在某些干旱地区的地下水中，SO_4^{2-} 的含量可达到每升数克到数十克。沿海地区因受海潮影响，水中 SO_4^{2-} 的含量常较高。海水中 SO_4^{2-} 的含量约达 2.6 g/L，但通常海水中并无硫酸盐沉淀生成，这主要因为与某些金属阳离子生成络合

物和离子对，其中常见的有 $NaSO_4^-$ 和 $CaSO_4$ 等离子对，因此使 SO_4^{2-} 在海水中的含量有所增高。

在油田水中，由于 SO_4^{2-} 被还原，因此 SO_4^{2-} 含量较少，甚至没有 SO_4^{2-} 存在。

某些工业废水如酸性矿水中有大量 SO_4^{2-}，生活污水中的 SO_4^{2-} 含量也比较高。这些都可以对天然水造成污染。

植物需要吸收 SO_4^{2-} 而获得生命活动中所必需的硫，但需要量并不大，天然水中又普遍含有 SO_4^{2-}，故一般不会出现缺乏 SO_4^{2-} 的情况。SO_4^{2-} 无毒，生活饮用水中一般规定不得超过 250 mg/L。用 Na_2SO_3 做试验得出，SO_4^{2-} 对鲢鱼种的安全浓度为 5 600 mg/L。

(二)硫在水中的转化

硫在水中存在的价态主要有 +6 价及 -2 价，以 SO_4^{2-}、HS^-、H_2S、含硫蛋白质等形式存在。也有以其他价态形式存在的。比如 SO_3^{2-}、$S_2O_3^{2-}$、单质硫等。但在天然水中的含量很少。在不同氧化还原条件下，硫的稳定形态不同。各种形态能互相转化，这种转化一般有微生物参与(图 3-1)。

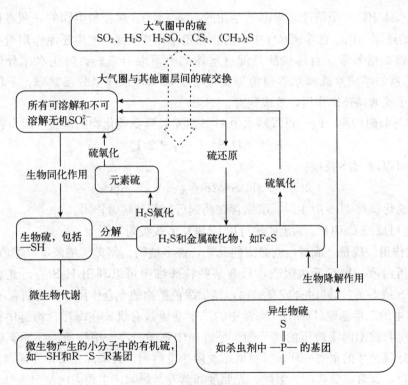

图 3-1　自然界的硫循环

(马纳罕 Manahan，2000)

1. 蛋白质分解作用　蛋白质中含有硫。在微生物作用下，无论有氧或无氧环境，蛋白质中的硫，首先分解为 -2 价硫(H_2S、HS^- 等)。在无游离氧气的环境中 H_2S、HS^- 可稳定存在，有游离氧时 H_2S、HS^- 能迅速被氧化为高价形态。

2. 氧化作用　在有氧气的环境中，硫黄细菌和硫细菌可把还原态的硫(包括硫化物、硫代硫酸盐等)氧化为元素硫或 SO_4^{2-}：

$$2H_2S + O_2 \xrightarrow{\text{硫细菌}} 2S + 2H_2O$$

$$H_2S + O_2 \xrightarrow{\text{细菌}} SO_4^{2-} + 2H^+$$

H_2S 也可发生化学氧化作用，但在水环境中更重要的是生物氧化。

3. 还原作用　在缺氧环境中，各种硫酸盐还原菌可以把 SO_4^{2-} 作为受氢体(电子受体)而还原为硫化物。硫酸盐还原作用的条件：

(1)缺乏溶解氧　调查发现，当溶解氧量超过 0.16 mg/L 时，硫酸盐还原作用便停止。

(2)含有丰富的有机物　硫酸盐还原菌利用 SO_4^{2-} 氧化有机物而获得其生命活动所需能量(SO_4^{2-} 被还原为 H_2S)。在其他条件相同时，有机物越多，被还原产生的 H_2S 的量也就越多。

(3)有微生物参与　水中应没有阻碍微生物增殖的物质存在，这在天然水体中一般是满足的。

(4)硫酸根离子的含量　在其他条件满足时，SO_4^{2-} 含量多，还原作用就活跃，产生 H_2S 的量就多。

在养殖水体中后 3 个条件通常都是存在的，鉴于 H_2S 对养殖生物的强烈毒性，要防止发生 SO_4^{2-} 的还原作用。在养殖水体中，防止养殖水体中 SO_4^{2-} 发生还原作用最有效的是保持水中有丰富的溶解氧。具体做法是促进水体的上下混合流转，防止水体分层。尤其是 SO_4^{2-} 含量丰富的半咸水或海水养殖池塘更应注意，一旦水体呈分层状态，下层水很易缺氧，就会发生硫酸盐还原作用，造成危害。

4. 沉淀与吸附作用　Fe^{2+} 可限制水中 H_2S 含量，降低硫化物的毒性，因为有下列反应

$$Fe^{2+} + H_2S = FeS\downarrow + 2H^+$$

Fe^{3+} 也可以与 H_2S 反应：

$$2Fe^{3+} + 3H_2S = 2FeS\downarrow + S\downarrow + 6H^+$$

当水质恶化，有 H_2S 产生时，泼撒含铁药剂可以起到解毒作用。

SO_4^{2-} 也可以被 $CaCO_3$、黏土矿物等以 $CaSO_4$ 形式吸附共沉淀。

5. 同化作用　硫是合成蛋白质必需的元素，许多植物、藻类、细菌可以吸收利用 SO_4^{2-} 中的硫合成蛋白质。H_2S 不被吸收，只有某些特殊细菌可以利用 H_2S 进行光合作用，将 H_2S 转变成 S 或 SO_4^{2-}，同时合成有机物，类似绿色植物的光合作用，只是前者不释放 O_2。

6. 海洋中的二甲基硫(DMS)　海洋中的二甲基硫是有机硫在海洋食物链中传递的主要携带者，是生物细胞内渗透压的调节剂，是海洋中细菌、浮游植物所需还原态硫的主要来源，也是全球硫循环的重要一环，并对地球气候产生影响。其来源主要是海洋微藻、大型海藻和耐盐植物，其合成受盐度、温度、光照度和营养盐影响。主要去向是向大气释放和生物降解，生物降解受盐度、温度、二甲基硫浓度以及氧气含量、藻类生长期等因素影响。二甲基硫在海洋中的水平分布通常是近海表层水＞大洋表层水；高生产力区＞低生产力区。

二、氯离子

Cl^- 在天然水中有广泛的分布，几乎所有的水中都存在 Cl^-，但含量差别很大。某些河水中的 Cl^- 含量为每升几毫克，海水中 Cl^- 含量甚多，盐度为 35 左右的海水，其 Cl^- 含量约为 19 g/L；有的咸水湖中 Cl^- 含量达到 150 g/L；一般陆地上的淡水中每升只含数毫克到数

百毫克。通常，当天然水含盐量高时，Cl^- 则是阴离子中含量最多的离子。潮湿多雨地区，水中含 Cl^- 较低，干旱和滨海地区水中 Cl^- 含量较高。沉积岩中巨大的食盐矿床是水中 Cl^- 的主要来源，此外还来自火成岩的风化和火山喷发。许多工业废水中含大量氯化物，生活污水中由于人尿的排入而含 Cl^- 较高，每人每日排出的 Cl^- 有 $5\sim9\,g$。因此，当天然水中 Cl^- 突然升高时，常可能是受到生活污水或工业废水的污染。因此 Cl^- 含量常被用作水体受到污染的间接指标。但在盐碱池、沿海滩涂上所建的鱼塘中，其池水 Cl^- 含量本就很高，常为主要离子中的最高者，这与土壤中盐分的渗出、地下水及海水潮汐的影响有关，这时不能用 Cl^- 含量的增加来判断水体是否受到生活污水的污染。用这类水体养淡水鱼时，必须设法淡化水质。如养鱼前池塘土质的充分浸泡，养殖过程中排出咸水，引入淡水，施放绿肥，以及池塘周围适当种植植物等，这些措施可以有效地降低池水的盐碱化程度。

Cl^- 无毒，渔业用水一般不作限定。对养鲤池，$[Cl^-]<4\,g/L$ 的水都可以使用。超过此值，鲤的孵化率降低，含量超过 $7\,g/L$，则不能孵化。日本和美国渔业水质标准所规定的氯化钠含量分别为 $2.5\sim5\,g/L$ 和小于 $1.5\,g/L$。臧维玲建议我国淡水养殖用水盐度指标物氯化钠可定为含量小于 $1.5\,g/L$。有研究表明，河蟹幼蟹的氯化钠安全浓度为 $1.55\,g/L$。

Cl^- 是水体中最保守的成分，含量一般不易变化。它又是工业废水和生活污水中含量普遍比较高的组分，尤其在 Cl^- 的本底值很低的天然水体，水中 Cl^- 的明显增加，指示着水体可能受到污染，应该引起密切注意。

水中 Cl^- 含量增加，由于 Cl^- 的络合作用，可以大大增加一些金属盐类的溶解度。如 HgS 在 Cl^- 含量为 $350\,mg/L$ 的水中，溶解度是纯水中的 4.7 万倍，可见其影响之大。

三、钠离子与钾离子

各种天然水中普遍存在有 Na^+。Na^+ 在天然水中最重要的特点是，不同条件下的含量差别悬殊。大多数河水每升含几毫克到几十毫克，但在卤水中可达 $100\,g/L$ 以上。含盐量高的水中，Na^+ 是含量最多的阳离子，在海水中 Na^+ 的含量为 $10.5\,g/L$ 左右（当海水盐度为 35 左右时），约占全部阳离子质量的 84%。

K^+ 和 Na^+ 在地壳中的丰度相近，分别为 2.60% 和 2.64%。两者具有相近的化学性质，但在天然水中 K^+ 的含量一般远比 Na^+ 低。在 Na^+ 含量低于 $10\,mg/L$ 的淡水中，K^+ 的含量只有 Na^+ 的 $10\%\sim50\%$，随着水含盐量的增加，K^+、Na^+ 的含量也增加，但 Na^+ 比 K^+ 含量增加快，K^+/Na^+ 的含量比下降为 $4\%\sim10\%$。海水中的 K^+/Na^+ 物质的量的比为 $0.029:1$。

形成水中这种 K^+/Na^+ 含量比的原因，一方面是 K^+ 容易被土壤胶粒吸附，移动性不如 Na^+，另一方面是被植物吸收利用。

生物对于 K^+、Na^+ 的需求量有差异，动物需要 Na^+ 较多，植物需要 K^+ 较多。水中 K^+、Na^+ 含量通常不会有限制作用。水中一价金属离子含量过多，对许多淡水动物有毒，K^+ 的毒性强于 Na^+。水中含量过多的 K^+ 会进入动物体内，使动物神经活动失常，引起死亡。当水中 Ca^{2+} 含量为 $11.0\sim15.6\,mg/L$ 时，用添加 KCl 的方法在室内试验得出，鲤的夏花鱼种对 K^+ 的 $24\,h\,LC_{50}$ 为 $237\sim362\,mg/L$。在 K^+ 含量高的水中，鱼种中毒症状是，体色渐渐加深，失去平衡；时而仰浮于水面，时而侧卧于水底；有时狂游，有时又显正常的平静，如此持续较长时间至最后死去。曾有人用 KNO_3、$NaNO_3$ 进行试验，结果发现，K^+、Na^+ 对鲢的安全浓度分别为 $180\,mg/L$ 与 $1\,000\,mg/L$。增加二价金属离子的含量，尤其是

Ca^{2+} 的含量，可以降低一价金属离子的毒性。

在利用井盐水进行海水养殖时要注意水中 K^+ 含量。有些井盐水中 K^+ 含量比较低，对养殖生物尤其是育苗不利。

在陆地水水质调查中，K^+ 与 Na^+ 的含量一般不直接测定，因为测定比较麻烦或者需要比较贵重的设备。此时可以采用主要阴离子总量与 Ca^{2+}、Mg^{2+} 总量的差值计算。计算的具体方法可参考第一章第一节的"离子总量"中式(1-2)，将 $c_{Na^++K^+}$ 换算为以 mg/L 作单位时一般采用平均摩尔质量 25 g/mol，必要时可根据该地区 Na^+/K^+ 含量的大致比例做适当调整。

习题与思考题

1. 说明总硬度、钙硬度、镁硬度、永久硬度、暂时硬度、碳酸盐硬度、负硬度的概念，表示单位以及这些单位之间的关系。

2. 美国环保局编著的《水质评价标准》中一些重金属的评价指标为什么以硬度的函数形式提出? 这说明水的硬度对这些重金属的毒性有什么影响?

3. 简要说明天然水中 K^+ 含量一般小于 Na^+ 的原因。通常以什么方法求得 K^+ 与 Na^+ 在自然水域中的含量? 它们与鱼类养殖的关系如何?

4. 氯离子在天然水中含量情况如何? 为什么在低含盐量的水中可以用 Cl^- 含量的异常升高来指示水体可能受到污染? 对于盐碱地或沿海地区的水体是否也可以以此来判别水体的污染?

5. 什么叫硫酸盐还原作用? 硫酸盐还原作用的条件是什么?

6. 某鱼池水质分析数据如下，计算离子总量，估算矿化度(取 3 位有效数字)，计算钙硬度与镁硬度，并按阿列金分类法对该鱼池水质加以分类:

离子成分	$\frac{1}{2}CO_3^{2-}$	HCO_3^-	Cl^-	SO_4^{2-}	Ca^{2+}	Mg^{2+}	NH_4^+	NO_3^-
	mmol/L				mg/L			
含量	0.13	0.84	1 146	190	59.4	99.2	0.01	0.13

(答: 离子总量 74.5 mmol/L 或 2 203 mg/L; 矿化度约为 2.19 g/L;
钙硬度 2.96 mmol/L; 镁硬度 8.16 mmol/L; Cl_{III}^{Na})

7. 鱼池水中含 $Ca(HCO_3)_2$ 200 mg/L、$Mg(HCO_3)_2$ 120 mg/L。计算水中总硬度及 HCO_3^- 含量，以三种单位表示硬度。(答: 4.1 mmol/L=11.5 °H_G=205.9 mg/L)

8. 什么是天然水的碱度? 写出并解释天然水碱度的定义表达式。

9. 在盐碱低洼地带修建的养鱼池，哪些因素会引起水碱度的变化?

10. 碱度与水产养殖有什么关系? 碱度的毒性与哪些因素有关?

11. 为什么 Fe^{3+}、Fe^{2+}、石灰水、黄泥水均可以降低水中硫化物毒性?

12. 硫元素在水体中如何循环转化? 硫化氢在硫化物中占的比例与哪些因素有关? 为什么 pH 低、硫化物的毒性增强?

13. 在 20 ℃及标准压力时，0.5 mol/L NaCl 溶液中的 H_2S 与气相中 H_2S 达到溶解平衡时，气相与液相中 H_2S 的物质的量浓度比是 0.43。试求：当液相中 H_2S 含量为 10^{-3} mol/L 时，与其平衡的气相中 H_2S 的含量（以体积比表示）。（答：10.3×10^{-3}）

14. 将含硫化物总量为 5.2×10^{-8} mol/L 的污水盛入瓶中并以盐酸酸化，充分震荡。

(1)求气相中 H_2S 的体积分数。设瓶中气相、液相体积相等。平衡时 H_2S 在气相和液相中物质的量的浓度比为 0.43。

(2)人能否嗅出气相中 H_2S 的气味？一般当空气 H_2S 含量超过 0.025×10^{-6}（体积分数）时，人们可嗅出 H_2S 特有的臭味。（答：3.8×10^{-7}；可嗅出）

第四章

天然水中的溶解气体

教学一般要求

掌握：气体的溶解度、溶解速率等有关概念；决定养殖水体中溶解氧含量的主要因素，溶解氧的分布及变化规律；溶解氧在养殖生产中的生态作用。

初步掌握：气体溶解速率的双膜理论；亨利定律的有关计算。

了解：氧、氮气体溶解规律与鱼类气泡病的关系。

第一节 气体在水中的溶解度和溶解速率

一、气体在水中的溶解平衡和溶解度

气体在气-水界面的扩散过程是气体分子在气-水界面达到溶解平衡的过程。气体分子穿过气-水界面的扩散过程通常符合薄层扩散模式，即双膜理论(图 4-1)。双膜理论认为，在气-水界面两侧，分别存在稳定的气膜层和液膜层，这两层膜内流体保持层流状态。当气膜层或液膜层两侧存在气体浓度差或压力差(气体分子的迁移动力)时，则气体分子依浓度梯度产生扩散作用。而气相、液相主体则呈湍流状态(层流是流体质点沿相互平行的轨迹线有规律的流动；湍流是流体质点的运动轨迹线无规律、流向随时改变的一种流动)，分子运动速度快，混合均匀，是气体存在的均

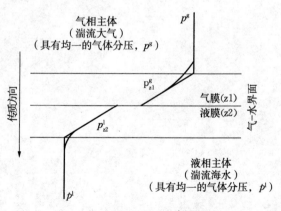

图 4-1 气体向水中溶解示意图

相主体。对气相或液相扰动，都不能将这两层气膜或液膜消除，只能改变膜的厚度。气体分子由气相主体向液相主体扩散时，其中的过程有 4 个步骤：①气相主体中湍流气体分子到达气膜层；②气体分子靠扩散作用穿过气膜层到达气-水界面并溶于液相；③气体分子靠扩散作用穿过液膜层；④气体分子进入液相主体呈湍流状态。

气体分子在单位时间内通过垂直于扩散方向的气-水界面单位面积的量，被称为扩散通

量，用符号 J 表示，单位是 $kg/(m^2 \cdot s)$。扩散通量与界面处的气体浓度梯度成正比，称为菲克(Fick)第一定律，即

$$J = -D \frac{dc}{dz} \qquad (4-1)$$

式中：D 为扩散系数，单位为 m^2/s，是气体性质、温度和盐度的函数；dc/dz 为扩散物质的浓度梯度；c 为扩散物质的体积浓度，单位为 kg/m^3；z 为扩散距离，单位为 m。

气体分子在气相和液相间迁移动力的大小是气体在气相和液相间的浓度差($c^g - c^l$)或压力差($p^g - p^l$)，迁移动力的大小决定着气体扩散速率的大小。

在一定条件下，某气体在水中的溶解达到平衡以后，一定量的水中溶解气体的量，称为该气体在所指定条件下的溶解度。一般用 100 mL 水中溶解气体的克数来表示易溶气体的溶解度，而用 1 L 水中溶解气体的毫克数(或毫升数)来表示难溶气体的溶解度。用毫升表示时是指标准状态下($0\ ℃$、$101.325\ kPa$)的体积。对于难溶气体，由于溶入水中的气体量很少，不会显著改变水的体积，1 L 纯水溶解的气体的毫克数也可以看作就是溶解了气体后的 1 L 水中所含该气体的毫克数。对于易溶气体，水中溶解大量气体后，体积有较大的变化，就不能把溶解度与浓度等同。空气中含量较大的氮气和氧气在水中的溶解度都不大，可以不考虑溶解气体后水的体积的改变。

(一)影响气体在水中的溶解度的因素

气体在水中溶解度，主要取决于气体本身的性质。极性分子气体在水中的溶解度大，非极性气体分子在水中的溶解度小；能与水发生化学反应的气体溶解度大，不能与水发生化学反应的气体溶解度小。如 NH_3、HCl 在水中的溶解度就很大，而 N_2、H_2、O_2 在水中的溶解度就很小。表 4-1 列出了部分气体在 $20\ ℃$、$101.325\ kPa$ 时在水中的溶解度。除气体本身的性质外，影响气体在水中溶解度的因素还有水的温度、含盐量和气体的分压力。

表 4-1 部分气体在纯水中的溶解度($20\ ℃$、$101.325\ kPa$ 时)

气体	溶解度/(mL/L)	溶解度/(mg/L)	气体	溶解度/(mL/L)	溶解度/(mg/L)
N_2	15.5	18.9	H_2S	2.58×10^3	3.85×10^3
H_2	18.2	1.60	SO_2	39.4×10^3	1.13×10^3
O_2	31.0	43.0	NH_3	7.02×10^3	5.31×10^3
CO_2	87.8	1 690	C_2H_2	1.03×10^3	1.17×10^3
空气	18.7	25.8	C_2H_4	1.22×10^2	1.49×10^3
Cl_2	230	7 290	C_2H_6	47.2	62.0
O_3	368	1 375	CH_4	33.1	2.2

1. 温度 一般温度升高气体在水中的溶解度降低。图 4-2 显示了压力为 $101.325\ kPa$ 时，几种气体在水中的溶解度随温度变化情况。从图中可以看出，温度较低时气体溶解度的温度系数比较大，温度较高时气体溶解度的温度系数比较小。说明在较低温度条件下的温度变化对气体的溶解度影响显著，且气体溶解度随温度的升高而降低。

2. 含盐量 当温度、压力一定时，水中含盐量增加，会使气体在水中的溶解度降低。这是因为随着含盐量的增加，离子对水的电缩作用(指离子吸引极性水分子，使水分子在其周围形成紧密排布的水合层的现象)加强，使水可溶解气体的空隙减少。

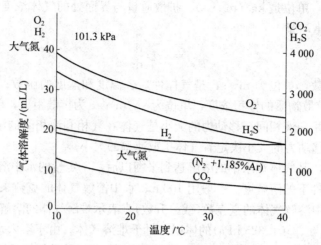

图 4-2 气体溶解度随温度的变化

海水的含盐量很高(大洋海水平均盐度为 35),在相同温度和分压力下,气体在海水中的溶解度比在淡水中小得多。因而氧气在大洋海水中的溶解度只有在淡水中的 80%～82%。对于淡水来说,含盐量变化幅度很小,对气体在水中的溶解度影响不大,一般不考虑含盐量的影响,而近似地采用在纯水中的溶解度。

3. 气体分压力　在温度与含盐量一定时,气体在水中的溶解度随气体的分压增加而增加。对于难溶气体,当气体压力不大时,气体溶解度与其分压力成正比,称为亨利定律。用公式表示为:

$$c = K_H \cdot p \tag{4-2}$$

(海水通常用 $p = K_G \cdot c$ 来表示,这里的 K_G 与 K_H 互为倒数关系)

式中:c 为气体的溶解度;p 为达到溶解平衡时某气体在液面上的压力(更为准确的描述是逸度 fugacity,f);K_H 为亨利定律常数,亦称为气体溶解度系数或吸收系数,其数值随气体的性质、温度、水含盐量的变化而变化,也与压力(p)、溶解度(c)所采用的单位有关。对同一种气体在同一温度下有:

$$\frac{c_1}{c_2} = \frac{p_1}{p_2} \tag{4-3}$$

式中:c_1 为压力为 p_1 时的溶解度;c_2 为压力为 p_2 时的溶解度。

对于混合气体中某组分气体在水中的溶解度,式(4-3)中则是指该组分气体的分压力,与混合气体的总压力无关。由几种气体组成的混合气体中组分 B 的分压力 p_B 等于混合气体的总压力 p_T 乘以气体 B 的分压系数 φ_B,即道尔顿分压定律:

$$p_B = p_T \times \varphi_B \tag{4-4}$$

$$\varphi_B = \frac{V_B}{\sum_{i=1}^{n} V_i} \tag{4-5}$$

式中:V_B 为组分 B 在压力为 p_T 时的分体积;$\sum_{i=1}^{n} V_i$ 为各组分气体的分体积之和,等于混合气体在压力为 p_T 时的体积 V_T。就空气而言,混合空气的总体积是 N_2、O_2、Ar、水蒸气及其他微量气体的体积之和，$V_T = V_{N_2} + V_{O_2} + V_{Ar} + V_{H_2O(g)} + V_{总微量气体}$。

道尔顿分压定律和亨利定律，只有理想气体才能严格相符。对于不与水发生化学反应的真实气体，如 N_2、O_2、CH_4 等，只要压力不是很大都可以用道尔顿分压定律和亨利定律进行有关计算。而 CO_2 溶解在水中后可与水发生化学反应（见第五章），符合亨利定律的是溶解于水的 CO_2 气体的溶解度，不包括其他形态，即水中与大气中具有相同形态的 CO_2 气体。

对于海水而言，道格拉斯（Douglas，1964）、卡朋特（Carpenter，1966）、默里和赖利（Murray and Riley，1969）、韦斯（Weiss，1971）研究了海水温度、盐度与气体溶解度间的关系。提出了 O_2、N_2 在海水中的溶解度（c）与温度（T）、盐度（S）间的关系式：

$$\ln c = A_1 + A_2 \cdot \frac{100}{T} + A_3 \cdot \ln \frac{T}{100} + A_4 \cdot \frac{T}{100} + S\left[B_1 + B_2 \cdot \frac{T}{100} + B_3 \cdot \left(\frac{T}{100}\right)^2 \right]$$

$$(4-6)$$

式中：A、B 为有关常数（表4-2），取决于气体本身的性质和溶解度 c 的单位（溶解度的单位通常为 $\mu mol/kg$ 或 mL/L）。S 为盐度，T 为热力学温度。表4-3 是用式（4-6）对海水中 O_2、N_2 溶解度的计算结果。

表4-2 在相对湿度为100%条件下，计算 O_2、N_2 在海水中的溶解度的有关常数

气体	A_1	A_2	A_3	A_4	B_1	B_2	B_3	研究者
$N_2/(\mu mol/kg)$	-173.222 1	254.607 8	146.361 1	-22.093 3	-0.054 052	0.027 266	-0.003 843 0	Douglas(1964)
$N_2/(mL/L)$	-172.496 5	248.426 2	143.073 8	-21.712 0	-0.049 781	0.025 018	-0.003 486 1	Murray(1969)
$O_2/(\mu mol/kg)$	-173.989 4	255.590 7	146.481 3	-22.204 0	-0.037 362	0.016 504	-0.002 056 4	Carpenter(1966)
$O_2/(mL/L)$	-173.424 9	249.633 9	143.348 3	-22.894 2	-0.033 096	0.014 259	-0.001 700 0	Murray and Riley(1969)

表4-3 根据式4-6和表4-2计算出的 O_2、N_2 在盐度35的海水中的溶解度（$\mu mol/kg$）

$T/℃$	0	5	10	15	20	25	30
N_2	616.4	549.6	495.6	451.3	414.4	383.4	356.8
O_2	349.5	308.1	274.8	247.7	225.2	206.3	190.3

（二）溶解气体在水中的饱和度

水中溶解气体的含量一般用 1 L 水中所含溶解气体的量来表示，单位为 mL/L 或 mg/L（mL 是指标准状态下的体积）。体积与质量的换算系数，对于 O_2，$k_{O_2} = 1.429$ mg/mL，对于 N_2，$k_{N_2} = 1.251$ mg/mL，其他气体可按 $k = \frac{M_r}{22.4}$ mg/mL 计算，式中 M_r 为气体的相对分子质量。

溶解气体在水中的饱和含量是指在一定的溶解条件下（温度、压力、含盐量）气体达到溶解平衡以后，1 L 水中所含该气体的量，也可以用 mL/L 或 mg/L 两种单位表示。对于难溶气体饱和含量就等于溶解度。单纯用气体在水中的含量很难反映气体在水中溶解时所达到的饱和程度。为了能较直观地反映气体在水中的溶解程度，引入饱和度的概念。所谓饱和度是指溶解气体的现存量（c）（或分压力 p^l）占所处条件下饱和含量（c_s）（或分压力 p^s）的百分比。即：

$$气体饱和度\{w\}_\% = \frac{c}{c_s} \times 100\% = \frac{p^l}{p^s} \times 100\% \qquad (4-7)$$

根据气体的饱和度，可方便地判断气体是否达到溶解平衡。当饱和度为100％时，说明气体达到了溶解平衡；当饱和度<100％时，说明气体溶解未达饱和，大气中气体可以继续向水中溶解；饱和度>100％时为过饱和，水中气体向大气逸出。

对溶解氧而言，水中溶解氧气的饱和含量是指在天然水体表面所承受的大气压力下，空气中的氧气在水中的溶解度。水面上的空气可以看作是饱和湿空气。附录8中列出了不同盐度和温度下，大气压为101.325 kPa的饱和湿空气中的氧气在水中的饱和含量(c_s^0)，任意大气压下的饱和含量(c_s)可以用下式换算。

$$c_s = \frac{p - p_w}{p^0 - p_w} c_s^0 \tag{4-8}$$

式中：p^0为溶解度c_s^0时的大气压力，即101.325 kPa；p为天然水体表面的大气压；p_w为该温度下水的饱和蒸气压，不同温度下纯水的饱和蒸气压(p_w^0)见表4-4。

海水的蒸气压比纯水略低，可根据盐度(S)按下式计算

$$p_w' = (1 - 5.37 \times 10^{-4} S) p_w^0 \tag{4-9}$$

表4-4 不同温度下纯水的饱和蒸气压(p_w^0)

$T/℃$	p_w^0/kPa	$T/℃$	p_w^0/kPa	$T/℃$	p_w^0/kPa
0	0.610 7	16	1.817	30	4.241
2	0.705 3	18	2.062	32	4.753
4	0.812 8	20	2.337	34	5.318
6	0.934 5	22	2.642	36	5.940
8	1.072 0	24	2.982	38	6.623
10	1.227 0	25	3.166	40	7.374
12	1.401 4	26	3.360		
14	1.597	28	3.778		

由于盐度对水的蒸气压影响不大，一般可用纯水蒸气压代替。水体表面的大气压力可以从当地气象部门得到。也可以根据水面所处的海拔高度利用大气层平均大气压力随海拔高度的变化(表4-5)进行计算。

表4-5 平均大气压随海拔高度的变化

h/km	0	1	2	3	4	5	20
p/kPa	101.33	89.46	79.06	69.86	61.73	54.00	5.47

二、气体在水中的溶解和逸出速率及其影响因素

(一)气体在水中的溶解和逸出速率

当气体在水中的溶解处于非平衡时，即存在气体的溶解或逸出。气体在气相中的分压力大于其在液相中的分压力时净溶解，直至达到平衡；气体在液相中的分压力大于其在气相中的分压力时净逸出，直至达到平衡。气体分子单位时间穿过气-液界面由气相向液相溶解的

量，称为溶解速率，单位为 mg/s 或 g/h；气体分子穿过液-气界面由液相向气相逸出的量，称为逸出速率，单位为 mg/s 或 g/h。气体在水中的溶解和逸出速率与多种因素有关。

(二)影响气体溶解速率的因素

1. 气体的不饱和程度　水中气体含量与饱和含量相差越远，气体由气相溶于液相的速度就越快。如果用 c 来表示气体在水中的含量，c_s 表示在该温度下对应于气相分压的气体溶解度(饱和含量)，用单位时间内气体含量(气体分压力)的增加来表示气体溶解速率，则有：

$$\frac{dc}{dt} \propto (c_s - c) \tag{4-10}$$

2. 水的单位体积表面积　因为用单位时间内气体含量的增加来表示气体溶解速率，在同样的不饱和程度下，显然是单位体积表面积大的，浓度增加快，即 $\frac{dc}{dt}$ 与单位体积表面积 (A/V) 成正比。

$$\frac{dc}{dt} \propto \frac{A}{V} \tag{4-11}$$

将以上两式合并，则有

$$\frac{dc}{dt} = K_g \frac{A}{V}(c_s - c) \tag{4-12}$$

式中：K_g 为气体迁移系数，与气体的性质、温度及扰动状况有关，单位 cm/min，当这些条件恒定时，K_g 是常数。

3. 扰动状况　增加液相内部的扰动作用，把已溶有较多气体靠近界面的水移向深处，把深处含溶解气体较少的水移向界面，可提高溶解速率。增加气相内部的扰动作用，也可以加快溶解速度。气、液两相内部扰动(不增加单位体积表面积，但减小了气膜厚度 z1 和液膜厚度 z2，图 4-1)在上式中的体现是 K_g 值增大。增加单位体积表面积和 K_g 值，可以加快逼近饱和值。

K_g 可以通过实验测定，但实验时要维持稳定的扰动方式，所得的数值也只能适用于该种扰动方式。里斯(Liss，1973)在离水面 10 cm 高处、风速分别为 4.2 m/s 和 8.2 m/s 时，测得 K_g 值分别为 0.05 cm/min 和 0.02 cm/min。阿德尼(Adeney，1928)利用使空气泡通过盛满淡水或海水的管道，测定氧气的吸收速率。发现 K_g(cm/min)与温度 T(℃)有如下关系：

$$K_g = 0.009\ 6(T + 36) \tag{4-13}$$

这一关系式虽然不能用于养殖池塘，但能说明 K_g 随温度升高而增大。

扰动对加速气体向水中溶解有重要的意义。有人利用氧气的扩散性质做过一个有关的计算，当绝对没有扰动混合作用的静止条件下，单纯靠分子扩散，在 20 ℃、101.325 kPa 大气压时，要将水深 30.05 cm 处的溶解氧从 3 mg/L 上升到 4 mg/L 需要 12 d。说明没有扰动，单纯靠分子扩散，氧气的溶解速度是很慢的。

三、气泡病与水中气体溶解平衡计算

1. 气泡病　气泡病的典型症状是鱼体表皮下有许多气泡、眼球比较突出、解剖可见肠道充气，有的还可以在动脉壁、血液中见到气泡。体表的气泡多发生在鱼的胸鳍、尾鳍和尾柄部位。鱼苗、幼鱼阶段容易发生。发病的原因一般认为是水中溶解气体分压过高造成的，类似人类的潜水病。气泡病是水生动物（如鱼类）较长时间生活在溶解气体分压总和过高，或超过水层的流体静止压强过多的水中，使溶解气体在其体内、皮肤下、血液中等部位以气泡状态游离出来。轻微时引起生物体游泳失去平衡；严重时血液中的气泡会造成血管栓塞，引起昏迷和死亡。气泡病在夏季和冬季都有发现。在生产实践中常可观察到，有的在水中溶解氧为 14 mg/L 甚至更低就发生气泡病，而在越冬池水中，溶解氧长期在 20 mg/L 甚至 30 mg/L 以上却不发生气泡病，这是什么原因？患了气泡病的病鱼，是迅速将其转移到正常含氧水中好还是缓慢转移好？为什么气泡多在胸鳍、尾鳍、尾柄上发生？在大坝溢洪时，为什么河道的下游容易发生气泡病？这些问题都可以从气体的溶解和逸出规律中得到解释。

2. 气泡病发生的条件　据研究，对于鲤科鱼类，当水中气体的总饱和度超过 115%，对于鲑科鱼类，水中气体总饱和度超过 110% 时，鱼类就无法适应，可能引发气泡病。对于鱼苗、鱼卵阶段，水中气体的饱和度应低于 105%。可见水中溶解气体过饱和对鱼苗、鱼卵危害更大。

3. 水中气体的饱和度与分压力　大气中有丰富的氧气和氮气，养殖水体中植物光合作用产生大量的氧气，水中氧气的饱和度有时能达到 200%～300%，但在自然条件下是少见的，而且是短暂的。水中溶解氧过饱和，如果同时伴随着水温的升高，可能对水生生物产生更大危害。水中存在来自空气溶解的氮气及脱氮作用产生的一定量的氮气。一般认为表层水中的氮气处于饱和状态。此外，如水库溢洪时，水越过大坝溢流，它夹带着空气冲入坝下水底深处，静水压力增加，夹带空气溶解，气体过饱和，这种过饱和往往是氮气起决定性作用。北方冬季越冬水体，表层水结冰时，水分子以冰晶析出，其所溶解的气体转移到次表层水中，也导致气体过饱和。内贝克（Nebeker，1976）研究指出保持水中气体总的饱和度不变，增加氮气的浓度鱼类死亡率有显著增加。

水中某溶解气体的分压力，就等于在相应条件下能与该气体在水中的含量达到溶解平衡时气相中该气体的分压力，也就是说，气体在水中的含量达到溶解平衡后，就认为水中气体的分压等于该气体气相的分压。定义了水中气体的分压后，对应于水中气体饱和含量的气相中的分压，就称为该气体在水中的饱和分压。因此饱和度也等于液相气体分压与饱和分压之比。

水中溶解气体以气泡形式逸出的条件是：各种溶解气体的总分压力（气体总压力）至少要超过该处流体静压力，即对于水面大气压力为 101.325 kPa 的水体，表层水逸出气泡的条件是水中各种溶解气体分压力总和至少大于 101.325 kPa。在水深 h 米处，逸出气泡则要求各种溶解气体分压力之总和至少大于 101.325 kPa 与 h 米水柱产生的水静压力之和。

4. 水中气体的溶解平衡与气泡病　拟以水中溶解气体的总饱和度超过 115% 为有气泡析出的条件，即有气泡病发生的环境因素。则可计算出不同水层有气泡析出时溶解气体的总压力以及氧气、氮气的分压力。

表层水：其静压力为 101.325 kPa，有气泡析出时的总压力 $p_T = 101.325 \text{ kPa} \times 115\% = 116.5 \text{ kPa}$。

底层水：如 2 m 深处，其静压力为大气压力加上水的压力为 1.2 倍表层水大气压力。则有气泡析出时的总压力 $p_T = 1.2 \times 101.325 \text{ kPa} \times 115\% = 139.8 \text{ kPa}$。

一般认为水中氮气处于饱和状态，也就是说同一个大气压的湿空气相平衡，则可计算出氮气的分压。

如 25 ℃时氮气的分压为

$$p_N = (101.325 - p_w) \times 79\% = 77.6 \text{ kPa}$$

式中：$p_w = 3.1$ kPa，为 25 ℃时水的饱和蒸气压力；79% 为氮气占干洁空气的体积分数。

进一步可以计算出：表层水在 25 ℃有气泡析出时氧气的分压 p_O 和含量。

由于总压力是氮气、氧气和水蒸气压力的和，即 $p_T = p_N + p_O + p_w$

则：$p_O = 35.8$ kPa。

在此条件下水中氧气达到饱和时氧气的分压力为：$p'_O = (101.325 - p_w) \times 21\% = 20.7$ kPa，

式中：21% 为氧气占干洁空气的体积分数。

此时水中氧气的饱和度为：$\dfrac{p_O}{p'_O} \times 100\% = 173\%$。

25 ℃时溶解氧在水中的饱和含量为 8.4 mg/L。据此可计算出有气泡析出时水中的溶解氧含量为：

$$8.4 \times 173\% = 14.5 \text{ mg/L}。$$

按上述计算方法，我们可以推算出不同温度、不同水层有气泡析出时氧气的饱和度和含量。表 4-6 为不同温度、不同水层（淡水）气泡析出时的溶解氧含量。

表 4-6　不同温度、不同水层（淡水）气泡析出时溶解氧含量（mg/L）

	$T/℃$	2	10	15	20	25	30
	0	23.8	19.5	17.6	15.9	14.9	13.2
水深/m	2	39.0	32.0	29.0	26.0	24.0	21.9
	5	61.8	50.8	46.0	41.7	38.3	35.0

通过上面的计算结果可以看出，水温越高、水体越浅，越容易发生气体的过饱和。夏季较浅的水体，由于光合作用产氧量较高（15～20 mg/L）很容易引起氧气过饱和，超过鱼类的忍受限度（如 25 ℃，14.5 mg/L）而发生气泡病。而对于较深的水体，表层溶解气体过饱和时，鱼类可以进入深水层，从而提高其忍受限度，减少发生气泡病的可能性。

对于北方冬季冰下水体，水温较低，通常只有 2～3 ℃。鱼类对于氧气有较高的忍受限度，如 2 ℃，23.8 mg/L。单纯由氧气过饱和引起气泡病几乎是不可能的。如有气泡病多数是氮气、氧气均过饱和的总结果。氮气过饱和往往是由于升温引起的，如发电厂或其他热源排放热水突然进入养殖水体导致水温迅速升高，原低温、处于饱和状态的水，由于温度升高溶解度降低，造成气体过饱和。春季自然升温过快也会造成这种情况。这也是春季气泡病多发的原因。

第二节　水中氧气的来源与消耗

一、水中氧气的来源

1. 空气的溶解　水面与空气接触，空气中的氧气将溶解于水中，溶解的速率与水中溶解氧的不饱和程度成正比，还与水面扰动状况及单位体积的表面积有关，也就与风力和水深有关。水面风力大和水较浅时，氧气在水中的不饱和程度越大，空气溶解起的作用就越大。

表4-7是在自然条件下通过单位界面由空气溶解增加水中溶解氧数量的研究结果，就说明了上述规律。

表4-7 在自然条件下通过单位界面由空气增氧的数量[g/(m² · d)]

溶解氧饱和度	100%	80%	60%	40%	20%	10%
小池	0	0.3	0.6	0.9	1.2	1.5
大湖	0	1.0	1.9	2.9	3.8	4.8
缓流的河川	0	1.3	2.7	4.0	5.4	6.7
大的河川	0	1.9	3.8	5.8	7.6	9.6
急流的河川	0	3.1	6.2	9.3	12.4	15.5

如果没有风力或人为的搅动，空气溶解增氧速率是很慢的，远不能满足池塘对氧气的消耗。为了增加氧气溶解速率，在水体缺氧时需开动增氧机。在养殖生产中还主张中午前后开动增氧机来改善池塘氧气状况，这并不是从增氧的角度来考虑的，中午池水中一般溶解氧量较高，常过饱和，这时开增氧机是打破水的分层状态，使上层的高溶解氧、低营养盐含量的水与下层低溶解氧、高营养盐含量的水进行交换，从而改善底层水的溶解氧状况和提高下午浮游植物光合作用的产氧效率。

2. 光合作用　水生植物通过光合作用释放氧气，是池塘中氧气的主要来源。一般河流、湖泊表层水夏季光合作用产氧速率为 $0.5 \sim 10$ g/(m² · d)。据雷衍之(1983)对我国淡水养鱼高产地区之一江苏无锡市郊区成鱼养殖高产池塘调查发现，表层光合作用产氧速率为 $13.0 \sim 20.6$ mg/(L · d)，平均(17.82 ± 2.77)mg/(L · d)；中层$(1.0$ m)为 $0.12 \sim 5.54$ mg/(L · d)，平均(1.13 ± 1.6)mg/(L · d)。每平方米水柱产氧速率为 $6.6 \sim 14.3$ g/(m² · d)，平均10.09 g/(m² · d)。哈尔滨地区成鱼养殖池，光合作用产氧速率为 $12.6 \sim 31.5$ mg/(L · d)，平均(20.3 ± 7.43)mg/(L · d)，中层$(0.7 \sim 0.8$ m)为 $0.41 \sim 6.94$ mg/(L · d)，平均(2.82 ± 2.14)mg/(L · d)，平均水柱产氧速率为 10.01 g/(m² · d)。

光合作用产氧速率与光照条件、水温、水生植物种类和数量、营养元素供给状况等因素有关。气温较高的夏季产氧速率较大，冬季温度较低产氧速率要低一些。如哈尔滨地区利用生物增氧的越冬池，冬季表层水光合作用产氧速率为 $0.21 \sim 12.45$ mg/(m² · d)，平均$2.34 \sim 2.11$ mg/(m² · d)，仅为夏季的$11\% \sim 13\%$。

各水层光合作用产氧速率随深度的增加而变化。浮游植物在过强光线照射下会产生光抑制效应，表层光合作用速率反而不如次表层大。图4-3的实例表明，在晴天一般有光抑制现象，溶解氧含量最高在次表层，阴天则表层水溶解氧含量最高。适当数量的浮游植物可

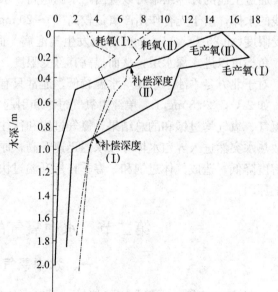

图4-3　池塘不同水层光合作用日产氧量与"水呼吸"耗氧
注：(Ⅰ)1977年6月25~26日，多云；(Ⅱ)1977年6月28日~29日，阴有小雨。

增加水柱产氧速率，但浮游植物生物量过高，使透明度降低，植物自荫作用增强，反而使整个水体产氧速率下降。

藻类进行光合作用的最终结果是合成藻体有机质，浮游植物的平均元素组成可用 $(CH_2O)_{106}(NH_3)_{16}H_3PO_4$ 来表示，光合作用中各元素的计量关系可用下式来表示：

$$106CO_2 + 16NO_3^- + HPO_4^{2-} + 18H^+ + 122H_2O = (CH_2O)_{106}(NH_3)_{16}H_3PO_4 + 138O_2$$

$$(4-14)$$

由此式可计算出浮游植物光合作用对 P、N、C 的需求及释放 O_2 的比例：

$$P:N:C:O_2 = 1:16:106:-138（物质的量比）$$

或

$$P:N:C:O_2 = 1:7:41:-142（质量比）$$

由此式可以得出：浮游植物光合作用释放 $1\ mgO_2$ 产生有机碳的量为 $0.289\ mg$，这对研究水体的初级生产力有重要的意义。

3. 补水　养殖水体在补水的同时，可增加缺氧水体氧气的含量。补水增氧的原理主要是高溶解氧含量的水源水的补充带入，以及补水过程中的扰动促进了空气中氧气的溶解等。在流水养殖和循环水系统养殖水体中，补水增氧是水中氧气的主要来源。在非流水养殖水体中，补水量较小，补水对水体的直接增氧作用不大。这可通过以下例 4-1 来加以说明。

例 4-1　面积 $4\ 000\ m^2$ 水深 2 m 的鱼池，池水溶解氧量为 4 mg/L。用 10.1 cm 水泵（流量 $60\ m^3/h$）补充 20 ℃的氧气饱和的水库水 4 h。问池水平均每升可补充多少氧气？

解：水库水一般为淡水，20 ℃时氧气在水中的溶解度为 9.07 mg/L

池中原有水量 $V_1 = 4\ 000\ m^2 \times 2\ m = 8\ 000\ m^3$

补充水量 $V_2 = 60\ m^3/h \times 4\ h = 240\ m^3$

平均每升水中补充的氧气量为

$(8\ 000\ m^3 \times 4\ mg/L + 240\ m^3 \times 9.07\ mg/L)/(8\ 000\ m^3 + 240\ m^3) - 4\ mg/L = 0.15\ mg/L$。

可见补水增氧作用效果不是十分明显。只有补充水中氧气含量较高且池塘原水中氧气缺乏时，补水增氧才具有明显的效果。冬季，北方越冬池注入井水一般不会起到增氧作用，因为地下水中通常氧气含量低于池塘。

二、水中氧气的消耗

1. 鱼、虾等养殖生物呼吸　鱼、虾呼吸耗氧率随种类、个体大小、发育阶段、水温等因素不同而变化。鱼的呼吸耗氧率为 63.5～665 mg/(kg·h)。在计算流水养鱼的水交换速率时，常将鱼的呼吸耗氧速率按 200～300 mg/(kg·h)计算。鱼、虾的耗氧量(以每尾鱼每小时消耗氧气的毫克数计)随个体的增大而增加。而耗氧率(以单位时间内消耗氧气的毫克数计)随个体的增大而减小。活动性强的鱼耗氧率较大。在适宜的温度范围内，水温升高，鱼、虾耗氧率增加。如 23 ℃时，体重为 3.1 g 的日本对虾，其耗氧率在静止时为 193 mg/(kg·h)，活动时为 626 mg/(kg·h)；体重 16.1 g 的个体，静止时为 110 mg/(kg·h)，活动时为 446 mg/(kg·h)。体长为 7.5 cm 的中国对虾，其耗氧率在 10 ℃时为 93.2 mg/(kg·h)，20 ℃时为 440 mg/(kg·h)，28 ℃时为 560 mg/(kg·h)。可见水温和个体大小对生物的耗氧速率影响很大。

2. 水中微型生物耗氧　水中微型生物耗氧主要包括：浮游动物、浮游植物、细菌呼吸耗氧以及有机物在细菌参与下的分解耗氧。这部分氧气的消耗也与耗氧生物种类、个体大小、水温和水中有机物的数量有关。据日本对养鳗池调查发现，在 $20.5 \sim 25.5 \,℃$ 时浮游动物耗氧的速率为 $721 \sim 932 \, mL/(kg \cdot h)$，原生动物的耗氧速率为 $0.17 \times 10^3 \sim 11 \times 10^3 \, mL/(kg \cdot h)$。浮游植物也呼吸耗氧，只是白天其光合作用产氧量远大于本身的呼吸耗氧量。据研究，处于迅速生长期的浮游植物，每天的呼吸耗氧量占其产氧量的 $10\% \sim 20\%$。有机物耗氧主要取决于有机物的数量和有机物的种类(在常温下是否易于分解)。通常把这一部分氧气的消耗叫作"水呼吸"耗氧。"水呼吸"可用不透光的"黑瓶"直接测定，即将待测水样用虹吸法注入黑瓶及测氧瓶中，测氧瓶立即固定溶解氧并测定，黑瓶放入池塘取样水层，过一段时间后，取出黑瓶测定其水中溶解氧。据前后两次测得溶解氧量之差和在池塘中放置的时间，就可以计算出每升水在 24 h 内所消耗氧气的量，此为"水呼吸"。可见"水呼吸"不仅包括浮游动物、浮游植物、细菌呼吸耗氧、有机物的分解耗氧，还包括水中的其他化学物质氧化对氧气的消耗量。有研究表明，有藻类水华的池塘"水呼吸"耗氧量为 $5.3 \sim 13.5 \, mg/(L \cdot d)$，无藻类水华的池塘"水呼吸"耗氧量为 $2.4 \sim 5.3 \, mg/(L \cdot d)$。我国无锡地区高产池在 $4 \sim 8$ 月表层为 $2.48 \sim 10.8 \, mg/(L \cdot d)$，平均 $(6.68 \pm 0.19) mg/(L \cdot d)$；中层 $1.15 \sim 8.34 \, mg/(L \cdot d)$，平均 $(4.96 \pm 0.66) mg/(L \cdot d)$。冬季"水呼吸"大为减少，如哈尔滨地区越冬池"水呼吸"耗氧速率为 $0.04 \sim 3.76 \, mg/(L \cdot d)$，平均 $(0.62 \pm 0.52) mg/(L \cdot d)$，仅为夏季"水呼吸"平均值的 9% 左右。

苏联学者对 10 个湖泊水库的"水呼吸"组成研究发现：在"水呼吸"中浮游动物占 $5\% \sim 34\%$，平均 23.5%；浮游植物占 $4\% \sim 32\%$，平均 19.1%；细菌占 $44\% \sim 73\%$，平均 57.4%。可见细菌呼吸耗氧是"水呼吸"耗氧的主要组成部分。

3. 底质耗氧 底质耗氧比较复杂，主要包括：①底栖生物呼吸耗氧；②有机物分解耗氧；③呈还原态的无机物化学氧化耗氧。

许多研究者对不同地区、不同类型养殖水体的底质耗氧率测定发现：我国湖泊底质耗氧速率为 $0.3 \sim 1.0 \, g/(m^2 \cdot d)$。辽宁地区夏季养鱼池塘耗氧速率为 $0.67 \sim 2.01 \, g/(m^2 \cdot d)$，平均 $(1.31 \pm 0.35) g/(m^2 \cdot d)$，哈尔滨地区鱼类越冬池平均耗速率为 $0.4 \, g/(m^2 \cdot d)$。内蒙古地区鱼池，生长期为 $1.4 \, g/(m^2 \cdot d)$，越冬期为 $0.47 \, g/(m^2 \cdot d)$。日本养鳗池为 $1.1 \sim 13.2 \, g/(m^2 \cdot d)$，美国养鱼池底质耗氧率中值为 $1.46 \, g/(m^2 \cdot d)$，苏联养鲤池为 $0.4 \sim 1.0 \, g/(m^2 \cdot d)$。

4. 逸出 当表层水中溶解氧过饱和时，即表层液相氧气分压力大于气相分压力时就会发生氧气的逸出。由于气-液界面两侧气膜层和液膜层的存在，静止条件下逸出速率很慢，风对水面的扰动减小了气膜层和液膜层厚度，可加快逸出速率。养殖池塘中午表层水溶解氧经常过饱和，会有氧气逸出，不过占的比例一般不大。

三、池塘溶解氧收支平衡

池塘的溶解氧状况是池塘增氧作用与耗氧作用共同作用的结果，决定了池塘溶解氧收入和支出平衡。在一般养殖池塘中，植物光合作用是氧气的主要来源，其次是设置增氧机和池塘的空气溶解作用。氧气的主要消耗因子是"水呼吸"，其次是养殖生物呼吸作用耗氧，底泥是池塘氧气消耗的较大潜在因素。国内不同研究者对不同类型养殖池塘溶解氧的收支估算所得数据虽然各不相同，但还是比较一致(表 4-8)。

表 4-8　国内不同类型养殖池塘溶解氧的收支状况（%）

养殖对象	草鱼	青鱼、草鱼	鲢、鳙、罗非鱼	鲢、鳙、罗非鱼	罗非鱼、中国对虾	中国对虾	长毛对虾、斑节对虾
光合作用	44.7	86	95.3	60	94.7	52	
空气氧溶解	42.3	14	4.7	40	5.3	48	
"水呼吸"	45.9	72	72.6	71	63.1	75.1	35.6
鱼虾呼吸	45.0	22	13.1	20	16.7	21.8	35.4
底泥呼吸	9.1	2.9	5.5	9	20.2	3.17	30
大气交换	13	3.1	8.8				
实验地	广东	江苏	江苏	江苏	山东	上海	福建
研究者	龚望宝	姚宏禄	姚宏禄	雷衍之	徐宁	臧维玲	林斌
发表时间	2013	1988	1988	1983	1999	1995	1995

乌克兰鲤养殖池"水呼吸"占 50%，美国斑点叉尾养殖池"水呼吸"占 82%。美洲鲇养殖池，深度为 0.5 m 时，池鱼耗氧量占总耗氧的 22%，"水呼吸"占 41%，底质耗氧占 37%；深度为 2 m 时，池鱼耗氧量占总耗氧的 10%，"水呼吸"占 74%，底质耗氧占 16%。一般国外池塘养鱼单产较低，池中鱼载量小，池鱼耗氧一般占总耗氧的 8.5%～18.5%，逸出占 1.5%，其他占 80%～90%。

第三节　水中溶解氧的分布与变化

溶解氧是渔业水体一项十分重要的水质指标，溶解氧状况对水质和养殖生物的生长均有重要的影响。一个水体的溶解氧状况是水体增氧因子和耗氧因子综合作用的结果。对具体的水体而言水中溶解氧虽然不断变化，但仍有一定的规律性，了解溶解氧分布和变化的规律对养殖生产有重要的指导作用。

一、溶解氧的变化

1. 溶解氧的日变化　湖泊、水库表层水的溶解氧有明显的昼夜变化，养殖池塘溶解氧的昼夜变化更加明显。这是由于这些水体中浮游植物生物量高，光合作用是水中氧气的主要来源，而光合作用受光照的日周期性影响，白天有光合作用，晚上光合作用停止。这就造成表层水溶解氧白天逐渐升高，晚上逐渐降低。溶解氧最高值出现在下午日落前的某一时刻，最低值则出现在日出前后的某一时刻。最低值与最高值的具体时间取决于增氧因子和耗氧因子的相对关系。如果耗氧因子占优势，则早晨溶解氧回升时间推迟，且溶解氧最低值偏低。日出后光合作用速率增加，产氧速率超过耗氧速率，溶解氧就回升，直到下午某个时刻达到最大值。以后逐渐降低，如此周而复始的变化。具体条件不同，溶解氧日周期变化情况也不相同，图 4-4 是典型鱼池溶解氧的昼夜变化情况，图 4-5 是自然条件下养殖池塘溶解氧日变化趋势，图 4-6 是溶解氧日变化与浮游植物生物量的关系。

鱼池的中层和底层，溶解氧也有昼夜变化，但变化幅度较小，变化的趋势也有所不同。由于在一般养殖池塘中中层和底层光照较弱，产氧就少，风力的混合作用可将上层的溶解氧送至中下层,影响溶解氧的变化。

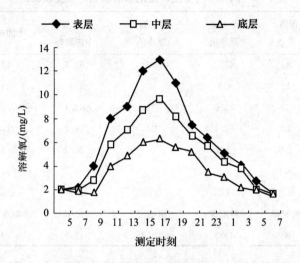

图 4-4　鱼池溶解氧昼夜变化

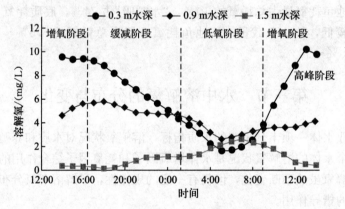

图 4-5　自然条件下养殖池塘溶解氧日变化趋势
(徐皓,2017)

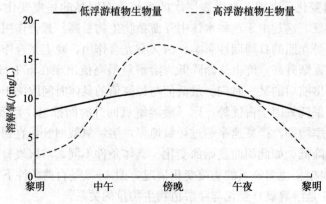

图 4-6　溶解氧日变化与浮游植物生物量的关系
(Boyd,2018)

溶解氧日变化中，最高值与最低值之差称为昼夜变化幅度，简称为"日较差"。日较差的大小可反映水体产氧与耗氧的相对强度。当产氧和耗氧都较多时，日较差才较大。日较差大，说明水中浮游植物生物量较高，浮游动物生物量和有机物质含量适中，也就是饵料生物较为丰富，这对养殖生物生长是有利的。在溶解氧最低值不影响养殖鱼类生长的前提下，养鱼池的日较差大一些较好。南方渔农中流传的"鱼不浮头不长"的说法，是指早晨鱼轻微浮头的鱼池，鱼的生长一般较快。但是这只适用于需要在养殖池塘中培养天然饵料的养殖模式，对于用全价配合饲料进行工厂化养殖、流水养殖或网箱养殖模式不适用。

2. 溶解氧的月变化与季节变化　在一个时期内，随水温变化及水中生物群落的演变，溶解氧的状况也可能发生一种趋向性的变化。只是情况比较复杂，变化的趋向随条件而变。如贫营养型湖泊，水中生物较少，上层溶解氧接近于饱和，溶解氧的季节变化将是冬季含量高、夏季含量低，随溶解度而变。

养殖池塘生物量大，变化比较剧烈，在一段时间内（长则 10～15 d，短则 3～5 d），水中的生物群落就会发生较大的变化，可引起溶解氧状况的急剧变化。如浮游植物生物量大、浮游动物生物量适中、溶解氧正常的水体，在 3～5 d 后就有可能转变为浮游动物生物量增多、浮游植物贫乏、溶解氧过低的危险水质，这一点应加以注意。

图 4-7 是哈尔滨地区越冬池的溶解氧变化情况，从图中曲线的总体趋势可以看出，日照时数的变化对溶解氧的影响。冰封初期，日照时数较长，冰层也薄，光合作用产氧量也较大，大部分越冬池的溶解氧变化呈上升趋势。随着日照时数越来越少，和冰层的不断加厚，光合作用产氧量逐渐减少，大部分越冬池在此期间溶解氧都降低。以后日照时数越来越长（尽管冰层已达最厚），溶解氧又上升。冬季池塘溶解氧的日较差较小。

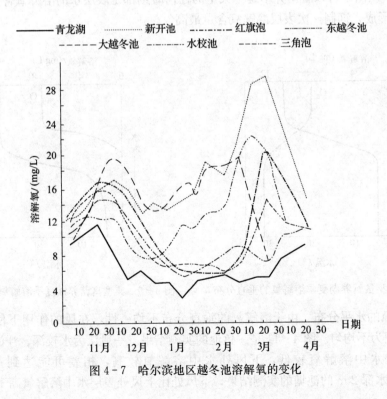

图 4-7　哈尔滨地区越冬池溶解氧的变化

湖泊、水库和海洋溶解氧也发生明显的季节变化，如天津近岸海域表底层溶解氧，冬季>春季>秋季>夏季(表4-9)。这主要是由水中的生物量大小随季节变化所致。

表4-9 天津近海溶解氧季节变化和垂直分布(mg/L)
(李潇等，2017)

水层	冬	春	夏	秋
表层	10.22	8.31	7.42	7.73
底层	8.19	7.93	6.80	7.16

二、溶解氧的垂直分布和水平分布

1. 溶解氧的垂直分布 湖泊、水库、池塘溶解氧的垂直分布情况比较复杂。与水温、水生生物状况、水体的形态等因素密切相关。

图4-8与图4-9是夏季两个典型的湖泊溶解氧垂直分布示意图，前者是贫营养型湖泊，溶解氧主要来自空气的溶解作用，含氧量主要与溶解度有关。夏季湖中形成温跃层，上层水温度高，氧气的溶解度低，含氧量也相应较低。下层水温度低，氧气的溶解度高，含氧量也相应较高。后者是富营养型湖泊，营养盐丰富，有机质较多，水中生物量较大，水的透明度低，上层水光合作用产氧使溶解氧丰富，下层得不到光照，无光合作用产氧，水中原有的溶解氧很快被消耗，处于低氧水平。图4-10是温暖的夏季养鱼池溶解氧的垂直分布在一天中的变化。从图中可以看出并不是一天中的任何时刻都是表层水的溶解氧含量最高，正午12点时表层形成光抑制，次表层溶解氧含量最高。

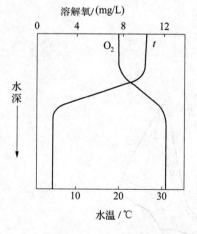 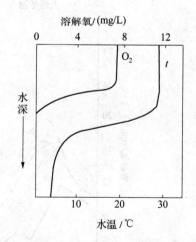

图4-8 典型贫营养湖夏季溶解氧的垂直分布　　图4-9 典型富营养湖夏季溶解氧的垂直分布

2. 溶解氧的水平分布 由于溶解氧的垂直分布不均一性，在风的作用下使溶解氧的水平分布也表现为不均匀。图4-11是一鱼池的实测结果。一般认为水较深、浮游植物较多的鱼池，上风处水中溶解氧较低，下风处水中溶解氧较高，相差可能达到每升数毫克。表4-10是一水深2 m的池塘的实测结果，下风处比上风处表层水中溶解氧高1.92 mg/L。

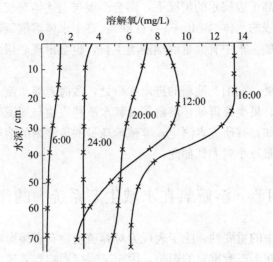

图 4-10　夏季池塘溶解氧垂直分布的日变化

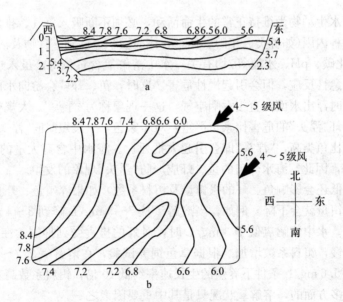

图 4-11　鱼池溶解氧水平分布(mg/L)

a. 纵断面　b. 横断面

(无锡市水产研究所，1977)

表 4-10　养鱼池溶解氧的水平分布(水深 2 m)

测定位置	水层	水温/℃	pH	溶解氧/(mg/L)
上风处	表层	22.8	8.25	8.64
	底层	22.8	8.20	8.32
下风处	表层	22.8	8.50	10.56
	底层	22.8	8.35	9.20

在底层水中溶解氧高于表层水的情况下，则会出现与上述情况相反的结果，溶解氧上风处高于下风处。对于较浅的水体(如40～50 cm深)，整个水体溶解氧都过饱和，表层水溶解氧低于底层水。水清见底，水中有大量底栖藻类生长，也会出现底层水中溶解氧高于表层水的情况。

在河流有支流汇入处，湖泊、池塘的进出水口处，浅海有淡水流入处，有生活污水及工业废水污染处，甚至鱼、贝类集群处，溶解氧及其水质特点也与周围有相当大的差别，水平分布呈不均匀状态。例如，有研究者测定，养殖珍珠贝的贝笼内的溶解氧比笼外低得多。特别是放养密度较大、网眼较小时尤其如此。

第四节　溶解氧在水域生态系统中的作用

溶解氧在养殖生产中的重要性，除了表现为对养殖生物有直接影响外，还对饵料生物的生长、水中化学物质存在形态有重要的影响，因而又间接影响到养殖生产。

一、溶解氧动态对水生生物的影响

水中的各种水生动物为维持正常的生命活动，必须不断吸入氧气、排出二氧化碳。其呼吸耗氧速率与各种内因(如种类、年龄、体重、体表面积、性别、食物及活动强度等)及外因(溶解氧、二氧化碳、pH、水温等)均有关。水中溶解氧含量偏低，虽未达到窒息点，不会引起水生动物的急性反应，但会引起慢性危害。这时，鱼、虾就会游向水面，呼吸表层水中的溶解氧，严重时浮出水面，直接吞咽空气，这一现象称为"浮头"。大规格鱼"浮头"的危害比鱼苗严重，对虾"浮头"的危害比家鱼严重，对于家鱼，早晨短时间"浮头"危害不大。海水养殖的对虾耗氧比鱼类高，"浮头"即会引起大批死亡。海水中含有大量的SO_4^{2-}，低氧条件下容易产生H_2S，因此，海水养殖的鱼、虾应严防"浮头"现象的发生。

溶解氧含量低还会影响鱼、虾的摄饵量及饵料系数，如果养殖鱼、虾长期生活在溶解氧不足的水中，摄饵量就会下降。例如，当溶解氧从7～9 mg/L降到3～4 mg/L时，鲤的摄饵量约减少一半。水中溶解氧低于3 mg/L时，对虾的摄食受到抑制。在低氧条件下，鱼、虾的生长速度减慢，饵料系数增加。根据草鱼饲养试验，在溶解氧2.7～2.8 mg/L条件下养殖比在溶解氧5.6 mg/L条件下养殖的生长速率约低10倍，饵料系数高4倍。当然影响饵料系数的因素是多方面的，溶解氧状况只是其中重要因素之一。

溶解氧含量低也影响养殖鱼、虾的发病率，如鱼、虾长期生活在溶解氧不足的水中，体质将下降，对疾病抵抗力降低，故发病率升高。在低氧环境下寄生虫病也易于蔓延。溶解氧含量低将导致胚胎发育异常：在鱼、虾孵化期，胚胎对溶解氧含量要求高，如溶解氧不足易出现畸形，甚至引起胚胎死亡。溶解氧含量低还会增强毒物的毒性。此外溶解氧过饱和或饱和度太高还会引起气泡病。

二、溶解氧动态对水质化学成分的影响

可生化分解的有机物在水中可被微生物氧化而降解。随着E_h的降低，有机物氧化时接受电子的物质被改变。有氧气存在时电子受体一般是氧气，此时水的E_h一般在400 mV以上。当氧气耗尽后，水中的电子受体还可以是NO_3^-、Fe^{3+}、SO_4^{2-}、MnO_2，甚至是CO_2

等，E_h 降低为负值，电子受体被还原为相应的还原产物。在氧气丰富的水环境中 NO_3^-、Fe^{3+}、SO_4^{2-}、MnO_2 等是稳定的，如水中缺氧，则被还原为 NH_4^+、Fe^{2+}、S^{2-}、Mn^{2+} 等。此外在缺氧条件下，有机物氧化不完全，会有有机酸及胺类等有害物质，以及有机碳的不完全氧化产物 CH_4 产生。在有氧条件下，有机物氧化则较完全，最终产物为 CO_2、H_2O、NO_3^-、SO_4^{2-} 等无毒物质。当水体有温跃层存在时，上、下水层被隔离，底层水中溶解氧可能很快耗尽，出现无氧环境。此时，上、下水层的水质有很大差别，许多物质含量不同，表 4-11 是在某个鱼种池实测得到的数据。池中有稳定的温跃层，连续多日水对流交换达不到底部，使底层水缺氧，呈黑色，有浓重的 H_2S 气味。相应地 NO_3^-、NH_4^+、PO_4^{3-} 含量（以活性磷 $PO_4^{3-}-P$ 表示，详见第六章）均有明显不同。

表 4-11　有温跃层存在时鱼池化学成分的垂直分布

水深	O_2/ (mg/L)	$NO_3^- - N$/ (mg/L)	$NO_2^- - N$/ (mg/L)	$NH_4^+ - N$/ (mg/L)	$PO_4^{3-} - P$/ (mg/L)	H_2S/ (mg/L)	总硬度/ (mmol/L)	总碱度/ (mmol/L)	pH	水温/℃
0.2~0.3 m	15.6	1.28	0.202	0.145	0.007	无	3.16	3.23	8.70	34.1
1.7 m	0	0.093	0.054	5.40	0.202	有	3.90	3.88	6.90	26.5

三、改善养殖水体溶解氧状况的方法

改善养殖水体溶解氧状况包括两个方面，一方面是氧气含量过高，气体过饱和，可能导致养殖动物（如鱼类）患气泡病。可通过促进水体混合流转的方法，减少局部过饱和气体积累的情况发生。另一方面水体溶解氧不足，可能导致养殖生物滞长、发病，甚至窒息死亡。防止缺氧窒息的措施有预防和抢救两种。前者着眼于经常性管理；后者则要求及时处理、收效迅速。两者所用方法可归纳为两类：

1. 降低水体耗氧速率及数量　养殖生产中常用清淤，合理施肥投饵，用明矾、黄泥浆等混凝剂凝聚沉淀水中有机物及细菌等方法，都有这样的效果。改良水质，减少或消除有害物质，如悬浮物（浊度）、CO_2、NH_3、毒物等。通过混养滤食性生物如鲢、鳙、罗非鱼、滤食性贝类等也可以有效降低水中颗粒态耗氧有机物数量。史密斯（Smith，1988）和布鲁恩（Brune，2003）等人通过将滤食性鱼类（罗非鱼）与肉食性鱼类（鲇）进行混养，利用滤食性鱼类控制养殖池内的浮游生物量，从而达到改善水体溶解氧状况的目的（图 4-12）。

2. 加强增氧作用，提高水中溶解氧浓度　一方面是利用生物增氧，保证水中有充分的植物营养元素和光照，增加浮游生物种群数量。另一方面是人工增氧，包括机械增氧和化学增氧剂增氧。

（1）机械增氧　主要是注入溶解氧量较高的水（此属于补水增氧，见本章第二节）和向水中注入氧气。最简单的注入氧气式机械增氧是使用增氧机搅水加快空气中氧气向水中溶解。此外，采用曝气装置向水中注入含氧的空气或纯氧气可以大幅度增加水中的溶解氧。为提高注入氧气式机械增氧效率，可以采用曝气效率更高的曝气装置。

空气经压缩后可提高其压力，而压缩纯氧气不仅可提高压力还将空气中氧气占比由 21% 提高到纯氧的 100%。使用压缩空气或纯氧气增氧可以增加氧气在水中的溶解速率。工厂化循环水养殖生产条件下采用压缩空气或纯氧气增氧是确保养殖成功的关键技术之一，通过增氧可以大幅度提高养殖密度，提高养殖生物生长性能和资源利用效率。研究表明，采用

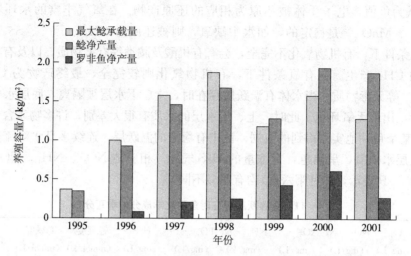

图 4-12　罗非鱼与鲇在分隔式循环池塘养殖系统混养后养殖容量变化

(Brune, 2003)

空气增氧养殖密度不能大于 40 kg/m³；而采用纯氧气增氧，养殖密度可提高到 120 kg/m³。这种增氧系统通常由气源、气体输送管和曝气装置三部分组成。压缩空气增氧通常以罗茨风机提供气源。纯氧气增氧以罐装液态氧为气源，使用时利用转化器将液态氧气转化为气态氧。气体输送管一般为 PVC 材料管。曝气装置可以将气体以较小气泡的形式分散到水中，增大气-水接触面积。根据双膜理论，氧气向水中转移要经历"气相→气膜层→气-液界面→液膜层→液相"等阶段，这个过程通过气体扩散和对流作用来实现。因此曝气装置的结构、释放气泡的大小、均匀度、方向、压力等指标是决定增氧效率的最关键因素。根据曝气装置产生气泡的大小，可将曝气装置分为微气泡型(气泡直径 $\Phi = 1 \sim 5$ mm)、中气泡型(气泡直径 $\Phi = 5 \sim 10$ mm)、大气泡型(气泡直径 $\Phi > 10$ mm)三种类型。汤利华(2006)通过实验证明，某一孔径的曝气装置存在最佳安装水深，曝气装置最佳安装水深随曝气装置孔径的增大而增大。当曝气水深较小时，应选用孔径较小的曝气装置；曝气水深较大时，应选用较大孔径的曝气装置。目前养殖生产中常用的曝气装置主要是曝气石和穿孔管曝气装置，曝气石是一种低效的将空气气流分散成气泡的曝气装置(氧利用率为 3%～7%)，产生的气泡较大。材料可以为砂石、木头、橡胶等。曝气石成本低，适于低密度养殖。穿孔管曝气装置是穿有小孔的钢管或塑料管，小孔直径一般为 3～5 mm。穿孔管曝气器具有阻力小、不易堵塞、制造方便、造价低等特点，氧利用率在 6%～8%。在高密度对虾养殖生产中，表层有水车式增氧机，底层有纳米微孔曝气管均匀布置，连接涡轮鼓风机后产生微气泡缓慢上升，形成立体式增氧，增氧效果明显。在工业污水处理中还使用射流式、锥形、旋混/旋切式、散流式和固定螺旋式等曝气装置，经改良后也有在养殖生产中使用。

(2)化学增氧剂增氧　主要有双氧水和过氧化钙。施用过氧化钙一般每月一次即可，初次施用每 667 m² 用 50～100 kg(或 30～100 mg/L)，以后可以减半。水中有机物负荷过高时，用量可取高限，反之，则取低限。过氧化钙不仅能增氧，还能增加碱度和硬度，提高 pH，保持水体呈微碱性，絮凝有机物，胶粒以及亚硝酸盐、硫化物、亚铁盐等还原性物质，起到改良水质和底质的作用。但需注意 pH 升高使非离子氨占总氨态氮比例升高，氨态氮含量高的水体可能产生非离子氨毒性。

过氧化钙是白色结晶，无臭无味，有潮解性，熔点 200 ℃，相对密度 3.34。微溶于水，不溶于乙醇、乙醚及其他醇类。过氧化钙投入水中缓慢放出氧：

$$2CaO_2 + 2H_2O = 2Ca(OH)_2 + O_2 \uparrow 。$$

双氧水是过氧化氢水溶液。一般用于物体表面消毒，医用双氧水浓度≤3%。过氧化氢在接触二氧化锰(氧化铁、氯化铁、过氧化氢酶等)，加热或用短波射线照射的条件下迅速分解为氧气和水。双氧水在养殖生产中可以作为应急增氧剂使用或作为长途运输鱼苗的增氧剂，经济简便易行，一般使用浓度为 0.5 mg/L。

3. 循环水养殖生产曝气增氧案例分析

(1)工厂化循环水养鱼池使用曝气装置的效果　曝气装置结构为设计成 5 排的 PVC 材质布气管，布气管上方设定位管，每排布气管上有 5 个定位管，安装砂粒棒，不同规格砂粒棒用于调整曝气装置曝气量大小。环网布气管下方设 2 根 PVC 砂管底座。砂管管口封堵，管径可调整，内装黄沙以增加装置稳定性，这样制成无罩曝气装置。在环网布气管上方加设圆弧形 PVC 导流罩，导流罩与砂管底座形成一定的夹角(图 4-13)制成有罩曝气装置。曝气装置安装在直径 4.8 m，壁高 1.2 m 的玻璃钢圆形流水养殖池内距离池壁 0.5 m 处，导流罩高出水面 5 cm(图 4-14)。池底为锅底形，排污口在池底正中，池内维持水深 1.0 m。

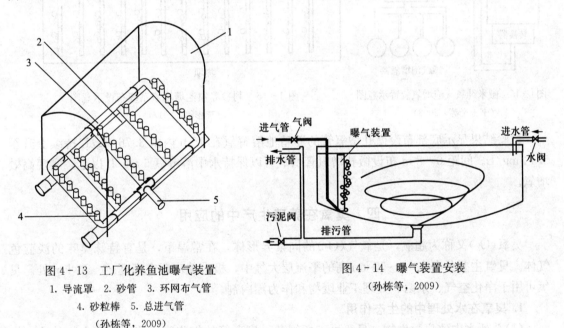

图 4-13　工厂化养鱼池曝气装置
1. 导流罩　2. 砂管　3. 环网布气管
4. 砂粒棒　5. 总进气管
(孙栋等，2009)

图 4-14　曝气装置安装
(孙栋等，2009)

试验的养殖效果显示，布设无罩曝气装置的养殖池水溶解氧含量平均 2.55 mg/L，表层水溶解氧含量略高于中层和底层，差值较小。布设有罩曝气装置的养殖池水溶解氧含量平均 4.90 mg/L，下层溶解氧最高，中层次之，上层最低。经过 60 d 养殖罗非鱼，布设有罩曝气装置养殖池平均收获量比无罩曝气装置养殖池高 183.65 kg，平均重 18.7 g，平均全长多 1.1 cm，提高产量 34.21%。布设有罩曝气装置养殖池平均收获量为 720.5 kg，比布设无罩曝气装置养殖池增产 183.7 kg，增产率 34.21%。

(2)微米纯氧气泡增氧技术养殖大菱鲆效果　微米纯氧气泡增氧是以纯氧气为气源，借助微气泡增氧装置将氧气以微小气泡形式分散入水体的一种增氧方式。气泡直径为 10~100 μm，在水中飘浮快速溶解，并缓慢上浮，溶解速率快，氧气溶解率可达20%~60%。气源为液态纯氧，使用时经转换器转换为气态后通过PVC输送管进入微气泡增氧器曝气，用调节阀控制曝气量(图4-15)。

采用微米纯气泡增氧装置曝气养殖大菱鲆7个月后，大菱鲆体长、体重、肥满度和饵料转化系数分别为21.7 cm、500.2 g、4.90和1.61，机械增氧养殖的大菱鲆则分别为19.2 cm、305.9 g、4.35和0.85。效果非常明显。

(3)池塘底部布设微孔增氧管增氧养殖刺参效果 布设于池塘底部的微孔增氧系统主要由罗茨风机和增氧管构成。长度40 m、直径20 mm，上方间隔2 m布有直径0.8~1.0 mm增氧孔的微孔增氧管与主管道(PVC输送管)垂直相连并排列延伸到池塘边缘(图4-16)。

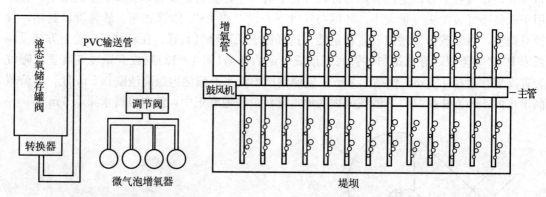

图4-15 微米纯氧气泡增氧装置示意图
(李玉全等，2008)

图4-16 刺参养殖池塘增氧系统布设示意图
(李彬等，2017)

试验结果显示底部布设微孔增氧管的养殖池溶解氧在16 h内由3.76 mg/L持续上升至5.14 mg/L。间距6~8 m布设微孔增氧管增氧可以保持水中溶解氧5 mg/L以上，实现高效增氧。

四、臭氧在养殖生产中的应用

臭氧(O_3)又称为超氧，是氧气(O_2)的同素异形体，在常温下，是有特殊臭味的淡蓝色气体。臭氧主要分布在10~50 km高的平流层大气中，极大值出现在高度20~30 km处。臭氧可用于净化空气、杀菌、处理工业废物和作为漂白剂。

1. 臭氧在水处理中的生态作用

(1)杀死水中致病微生物 臭氧可破坏细菌、病毒等的细胞膜，使细胞内含物外流，细胞失活，还可扩散到细胞内氧化破坏细胞内酶使之失活，破坏细胞质内的遗传物质，从而杀死致病微生物，切断水产养殖动物的病源，降低水中生化耗氧量。

(2)除去有机物质及胶体物质 臭氧在水中分解产生的OH^-，具强氧化性，可分解难以破坏的有机物及胶体物质，从而降低有机物及胶体物质对水产养殖动物的危害，降低有机物的耗氧量，净化养殖、育苗用水。

(3)对氨、硫化氢的解毒作用 臭氧可氧化养殖水体中的氨、硫化物等，降低对养殖生物的毒性。

(4)杀死水中原生动物，如孢子虫等。

2. 臭氧处理养殖用水的案例

(1)处理凡纳滨对虾养殖用水　经臭氧处理 1 h 后，亚硝酸态氮含量由初始 0.031 mg/L 下降到 0.010 mg/L，去除率为 68%；细菌总数从 8 450 个/mL 下降到 3 700 个/mL，灭菌率为 56%。经臭氧处理的养殖用水，虾苗成活率最大可提高 19.2%，单产可提高 39.3%。臭氧剂量为 250 mg/L，对初始浓度为 1.45 mg/L 亚硝酸态氮的去除率近 100%，灭菌率约为 99%。

(2)处理罗氏沼虾育苗用水　每天 6:00～6:20 和 18:00～18:20 投加浓度为 0.1 mg/L 的臭氧处理育苗水体，罗氏沼虾仔虾出苗率可达 69%，比常规养殖每隔 3 d 投放 1 mg/L 抗生素类药物组的出苗率提高 34%，且苗体健壮，抗病、抗逆、抗应激能力强。

(3)处理虹鳟循环水养殖系统用水　投加臭氧剂量为每天每千克饲料中添加 25 g，使水中总悬浮固体从初始的 6.3 mg/L 降到 4.0 mg/L，降低了 36.5%；化学需氧量从初始的 43.6 mg/L 降到 26.1 mg/L，降低了 40.1%；溶解性有机碳从初始的 7.1 mg/L 降到 6.3 mg/L，降低了 11.3%；亚硝酸态氮从初始的 0.265 mg/L 降到 0.05 mg/L，降低了 81.1%。

(4)处理大菱鲆养殖用水　臭氧发生器日运行 3 h，每日添加臭氧量约 500 g，约为每千克饲料中添加 10 g，大菱鲆放养规格为每尾 334 g，每个池平均放养 3 000 尾，放养密度约为 16 kg/m²，养殖池中总悬浮物及氨态氮去除率分别为 59% 和 18%。采用的臭氧发生器产量为 80 g/h，添加量为每千克饲料 10～15 g，接触时间为 2.0～2.5 min，处理水量 150 m³/h。研究结果表明：臭氧对整个养殖系统中细菌的灭除率可达 51.8%，对亚硝酸态氮的去除率为 56.3%。

(5)处理皱纹盘鲍养殖用水　臭氧对化学需氧量的去除率为 31.3%，对亚硝酸态氮的去除率为 34.3%。

习题与思考题

1. "气体在水中的溶解度是指在该温度和压力下，某气体在水中所能溶解的最大量"这样的说法是否正确？为什么？

2. 已知 25 ℃、101.325 kPa 时纯氧平衡的水中溶解氧含量为 28.3 mL/L，饱和水蒸气压为 3.172 7 kPa，试计算当大气压力为 101.325 kPa 时饱和湿空气中氧气在水中的溶解度。(答：5.74 mL/L)

3. 设在往缺氧水中通空气的过程中，水中氮气分压、氧气分压及饱和水蒸气压之和始终保持 101.325 kPa。试计算淡水中溶解氧为 1.84 mg/L 时，水中氮气的含量及饱和度。(已知此温度下溶解氧饱和含量为 9.2 mg/L，溶解氮气饱和含量为 16.8 mg/L)。(答：20.7 mg/L；123%)

4. 某研究报道：当向水中通入总压为 141.855 kPa 的氧、氮混合气体(保持一定氧氮比)，使水中溶解氮气的饱和度为 151.9% 时，受试鱼平均在 1.9 h 内有 50% 死亡。计算此时水中的溶解氧含量和饱和度。(已知空气中氧气和氮气的分压力分别为 21.278 kPa 和 79.033 kPa，在试验温度下 101.325 kPa 纯氧气在水中的溶解度为 50 mg/L，计算时忽略水蒸气压)。(答：11.0 mg/L；102%)

5. 黄河上游的札陵湖海拔 4 155 m，水温 11 ℃，溶解氧为 6.56 mg/L，计算湖水溶解氧饱和度。（答：100.6%）

6. 有人说："因为海水含盐量高，所以海水中溶解氧含量比淡水的低"。你认为这种说法对不对？

7. 无风闷热的晚上比有风凉爽的晚上鱼池更容易发生缺氧，其原因是什么？

8. 生产上经常在晴天中午前后开动增氧机，其目的是为了促进空气中氧气的溶解吗？为什么？

9. 有机物在缺氧条件下被微生物分解时，依次将水中的哪些物质作电子的接受体？还原的产物是什么？

10. 用直径为 8 cm 的圆柱状采泥器采集 5 cm 厚的底泥，封上底部，从上盖孔中用虹吸法去除上覆水，再小心注满经曝气的池水，盖严后放入池中 10 h 后取出，测定上覆水溶解氧为 4.5 mg/L。刚注入时水中溶解氧为 9.2 mg/L。已知这 10 h 内"水呼吸"耗氧为 2.8 mg/L，泥上注入的水量为 756 mL。试计算底泥的耗氧速率。[答：0.69 g/(m² · d)]

11. 采用黑白瓶法测定池水的初级生产力，得到如下数据，试计算各水层光合作用速率、日耗氧速率及 1 m² 水柱的日毛产氧量和日净产氧量(按 1.8 m 深计)。

挂瓶深度/m	0	0.1	0.2	0.3	0.5	1.0	1.8
原初溶解氧/(mg/L)	7.57	7.57	7.57	8.00	8.00	6.40	3.42
24 h 后白瓶溶解氧/(mg/L)	19.49	20.02	19.54	15.06	13.41	4.94	2.58
24 h 后黑瓶溶解氧/(mg/L)	4.47	3.82	1.96	3.79	2.91	3.19	1.32

[答：1 m² 水柱日毛产氧量 11.14 g/m²，日净产氧量 4.71 g/m²]

12. 患气泡病的鱼为什么尾鳍胸鳍上气泡多？为什么大型水库开闸溢洪时河道下游的鱼易发生气泡病？为什么密封充氧运输鱼苗时，溶解氧达到 30 mg/L 以上也不会患气泡病？请从气体的溶解和逸出，溶解气体总压和外压的关系讨论。

天然水的 pH 和酸碱平衡

第一节　天然水的 pH

一、天然水中常见的弱酸、弱碱

(一)酸碱质子理论

酸碱质子理论认为，能给出质子的物质是酸，能结合质子的物质是碱。对于反应：

$$H_2CO_3 \rightleftharpoons H^+ + HCO_3^-$$
$$HCO_3^- \rightleftharpoons H^+ + CO_3^{2-}$$
$$NH_4^+ \rightleftharpoons H^+ + NH_3$$

左边的物质都是酸，因为它们都可以给出质子。右边除 H^+ 外的各物质，如 HCO_3^-、CO_3^{2-}、NH_3 等，都是碱，因为它们能结合质子。其中 HCO_3^- 是两性物质，既可给出质子表现为酸，又可结合质子表现为碱。

在水环境中，是以水为介质，H_3O^+ 为酸，OH^- 为碱，H_2O 为两性物质。

(二)天然水中常见的酸碱物质

天然水中常见的能给出质子的物质有：$CO_2 \cdot H_2O$、H_2SiO_3、H_3BO_3、NH_4^+；能结合质子的有 NH_3、CO_3^{2-}、PO_4^{3-}、$HSiO_3^-$、$H_4BO_4^-$；既能给出又能结合质子的有 HCO_3^-、$H_2PO_4^-$、HPO_4^{2-} 等，这些物质在水中可形成如下酸碱平衡。在水溶液中 H^+ 有很强的电场，不能单独存在，一般都与 H_2O 结合为 H_3O^+，为了简便起见，在方程式中我们仍书写为 H^+。

$$CO_2 \cdot H_2O \rightleftharpoons H^+ + HCO_3^-，pK_{a_1} = 6.35 \qquad (5-1)$$

$$HCO_3^- \Longrightarrow H^+ + CO_3^{2-}, \quad pK_{a_2} = 10.33 \qquad (5-2)$$

$$H_2PO_4^- \Longrightarrow H^+ + HPO_4^{2-}, \quad pK_{a_2} = 7.2 \qquad (5-3)$$

$$HPO_4^{2-} \Longrightarrow H^+ + PO_4^{3-}, \quad pK_{a_3} = 12.36 \qquad (5-4)$$

$$H_2SiO_3 \Longrightarrow H^+ + HSiO_3^-, \quad pK_{a_1} = 9.77 \qquad (5-5)$$

$$H_3BO_3 + H_2O \Longrightarrow H^+ + H_4BO_4^-, \quad pK_a = 9.24 \qquad (5-6)$$

$$NH_4^+ \Longrightarrow H^+ + NH_3, \quad pK_a = 9.24 \qquad (5-7)$$

$$NH_3 + H_2O \Longrightarrow NH_4^+ + OH^-, \quad pK_b = 4.76 \qquad (5-8)$$

$$H_2O \Longrightarrow H^+ + OH^-, \quad pK_a = 15.74 \qquad (5-9)$$

上述平衡均可受水中 H^+ 浓度的影响。H^+ 浓度增加可使上述平衡向左移，H^+ 减少则平衡向右移。反过来说，则是水中酸碱物质的浓度比决定了水的 pH。由于一般天然水中所含酸碱物质主要是碳酸盐的几种存在形态，即 CO_2、HCO_3^-、CO_3^{2-}，水中其他物质的含量很低。因此，在水中存在的平衡式(5-1)与式(5-2)是影响天然水 pH 的主要平衡，其他平衡居次要地位。图 5-1 表示天然水几种常见酸碱的各种形态随 pH 的变化。

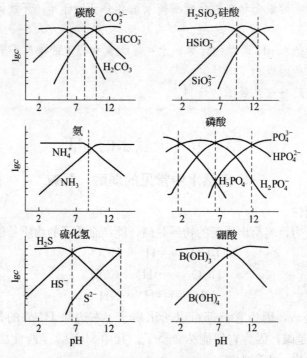

图 5-1　天然水几种常见酸碱的形态分布

水中这些物质的含量随水体的具体条件而变，相差可以很大。表 5-1 列出了天然水中常见酸碱物质的平均含量。

水中 Fe^{3+} 因可水解而产生酸：

$$Fe^{3+} + 3H_2O \Longrightarrow 3H^+ + Fe(OH)_3 \downarrow$$

Fe^{2+} 能被氧化为 Fe^{3+} 再水解而产生酸：

$$4Fe^{2+} + O_2 + 4H^+ \Longrightarrow 4Fe^{3+} + 2H_2O$$

$$Fe^{3+} + 3H_2O \Longrightarrow 3H^+ + Fe(OH)_3 \downarrow$$

总反应式为：

$$4Fe^{2+}+O_2+10H_2O \Longrightarrow 8H^+ + 4Fe(OH)_3\downarrow$$

所以，在其含量较高时，Fe^{2+} 与 Fe^{3+} 也是天然水中对 pH 有重要影响的物质。

表 5-1 天然水中的弱酸、弱碱平均含量(mmol/L)

化合态	淡水平均值	表层海水	深层海水
碳酸	0.97	2.1	2.3~2.5
硅酸	0.22	<0.003	0.03~0.15
氨	0~0.01	<0.0005	<0.0005
磷酸	0.007	<0.0002	0.0017~0.0025
硼酸	0.001	0.4	0.4
硫化氢	0.005~0.15(缺氧湖水)	0.02(海沟)	0.33(深海)

(三)天然水的酸度和碱度

天然水的碱度已在第三章做了详细介绍，这里仅介绍酸度。酸度指水中能与强碱反应(表现为给出质子)的物质的总量，用 1 L 水中能与 OH^- 结合的物质的量来表示。天然水中能与强碱反应的物质除 H_3O^+(简记为 H^+)外，常见的还有 $H_2CO_3^*$、HCO_3^-、Fe^{3+}、Fe^{2+}、Al^{3+} 等，后 3 种在多数天然水中含量都很小，对构成水酸度的贡献少。某些强酸性矿水、富铁地层的地下水可能含有较多的 Fe^{3+}(含氧、强酸)或 Fe^{2+}(酸性、缺氧)，在构成酸度上就不可忽略。

实用上，根据测定时使用的指示剂不同，分为总酸度(用酚酞作指示剂，pH 8.3)和无机酸度(又称强酸酸度，用甲基橙作指示剂，pH 3.7)。如果构成水酸度的成分复杂，各酸度对应于什么物质的含量难以确定，这只是一个总指标。对于比较清洁的天然水，可以认为酸度就是由水中的强酸 H^+ 与游离二氧化碳①($H_2CO_3^*$)构成。那么可以认为无机酸度只包含了水中的强酸物质，$H_2CO_3^*$ 未参与反应；总酸度则包括了强酸物质与 $H_2CO_3^*$ 的含量，但 $H_2CO_3^*$ 约反应了一半(生成 HCO_3^-)。总酸度和无机酸度的概念此时可用下列方程式来表达：

$$总酸度 = [H^+] + [H_2CO_3^*] - [CO_3^{2-}] - [OH^-] \tag{5-10}$$

$$无机酸度 = [H^+] + [HCO_3^-] - 2[CO_3^{2-}] - [OH^-] \tag{5-11}$$

有的文献在给总酸度定义时，把 $H_2CO_3^*$ 的反应终点定为 CO_3^{2-} 而不是 HCO_3^-。这样定义时反应终点 pH 需要达到 10.8 以上，已经进入强碱性环境。

二、天然水的 pH 及海水酸化

(一)天然水的 pH

1. 天然水的 pH 天然水的 pH 是其酸碱性的测量，其数学定义是水中氢离子活度(a_{H^+})的负对数。表示为

$$pH = -\lg a_{H^+} \tag{5-12}$$

氢离子活度等于氢离子浓度乘以活度系数(γ_{H^+})，$a_{H^+} = \gamma_{H^+} \cdot c_{H^+}$。氢离子活度系数受溶液离子强度影响，离子强度越大，氢离子活度系数越小。对于无限稀释的溶液，氢离子活

---

① 游离二氧化碳指溶解的 CO_2 和未电离的 H_2CO_3 的含量之和，用符号 $H_2CO_3^*$ 表示，详见第二节。

度等于氢离子浓度(c_{H^+})。pH 的测定通常采用电位法，以玻璃电极为指示电极，甘汞电极为参比电极。分别测定标准溶液的电动势(E_S)和样品溶液的电动势(E_X)，相应的 pH 为 pH_S 和 pH_X。它们间存在如下关系：

$$pH_X = pH_S + \frac{E_X - E_S}{2.303RT} \cdot F \qquad (5-13)$$

式中：R 为气体常数；T 为温度；F 为法拉第常数。

可见，pH 是一个操作性定义，在实际工作中，往往是相对于某一标准进行样品溶液的 pH 测量。但是由于采用的标准不同，即 pH 标度不同，测量的 pH 可能不同，因此，在报道天然水的 pH 前，需了解所采用的测量标准。下面介绍两种通常用于淡水和海水的 pH 标度。

(1)pH_{NIST}标度　是美国国家标准与技术研究院(National Institute of Standards and Technology，NIST。原美国国家标准局 National Bureau of Standards，NBS，一些文献中也写作 pH_{NBS})提供的用于溶液 pH 测定的一系列 pH 标准缓冲溶液，其中常用的是 pH 4.00 (15 ℃)的 0.05 mol/L 邻苯二甲酸氢钾标准缓冲溶液、pH 6.86(25 ℃)的混合磷酸盐标准缓冲溶液、pH 9.18(25 ℃)的硼酸盐标准缓冲溶液。缓冲液的 pH 与温度(T)有关，如邻苯二甲酸氢钾标准缓冲溶液：

$$pH_S = 4.00 + \frac{1}{2} \times \left(\frac{T-15}{100}\right)^2 \qquad (5-14)$$

这些缓冲溶液的离子强度均很小，一般在 0.1 左右，通常用于测量淡水或离子强度较小的天然水的 pH，而海水的离子强度则高得多，约为 0.7，因此，在采用电位法测量海水 pH 时并不推荐采用 pH_{NIST} 标度的 pH 缓冲溶液作为标准，因为较大的离子强度会导致较大的测量误差。

(2)pH_F 标度　pH_F 标度采用人工海水配制标准溶液，其定义实质是游离氢离子浓度 $[H^+]_F$ 的负对数：

$$pH_F = -\lg([H^+]_F) \qquad (5-15)$$

通常采用该标度测量海水 pH，但必须准确知道平衡 $HSO_4^- \rightleftharpoons H^+ + SO_4^{2-}$ 的电离平衡常数 K_S'。其原因是在含有大量 SO_4^{2-} 的海水中总的氢离子浓度$[H^+]_T$ 为：

$$[H^+]_T = [H^+]_F + [HSO_4^-] \qquad (5-16)$$

由于仅有$[H^+]_T$ 是可以直接测量的，所以，$[H^+]_F$ 必须通过计算获得：

$$[H^+]_F = [H^+]_T - [HSO_4^-] = \frac{[H^+]_T}{1 + \frac{[SO_4^{2-}]}{K_S'}} \qquad (5-17)$$

天然水中由于溶解了 CO_2、HCO_3^- 等酸碱物质，使水具有不同的 pH。

天然水可以依据 pH 将其酸碱性划分为如下 5 类：

强酸性	pH<5.0	弱碱性	pH8.0~10.0
弱酸性	pH5.0~6.5	强碱性	pH>10.0
中性	pH6.5~8.0		

大多数天然水为中性到弱碱性，pH 在 6.0~9.0。淡水的 pH 多在 6.5~8.5，部分苏打型湖泊水的 pH 可达 9.0~9.5，有的可能更高。

海水的 pH 一般在 8.0~8.4。海水中弱酸阴离子含量的一般情况见表 5-2。

表 5 - 2　海水中弱酸阴离子含量(pH＝8.3)

成分	$c/(mol/L)$
HCO_3^-	$18×10^{-4}$
CO_3^{2-}	$3.5×10^{-4}$
$H_2BO_3^-$	$4.5×10^{-4}$(在 10 ℃时仅 20％离子化)
HPO_4^{2-}	$1×10^{-6}$
AsO_3^{3-}	$4×10^{-8}$
S^{2-}	$0～2.0×10^{-5}$(只有在缺氧环境中出现)
有机酸	微量

2. 影响天然水 pH 的因素

(1)无机碳体系对 pH 的影响　天然水中无机碳体系平衡的变化可以影响水的 pH,并且,由于水中无机碳体系的平衡常数受温度、盐度和压力影响,所以,温度、盐度、压力和无机碳各组分含量的变化均可影响天然水的 pH(具体见本章第二节)。

(2)生物活动对 pH 的影响　天然水中的生物通过影响水中无机碳体系的平衡而影响水的 pH。在无机碳体系中,有如下平衡关系:

$$CO_2+CO_3^{2-}+H_2O \Longleftrightarrow 2HCO_3^-$$

由于水中植物可以通过光合作用消耗水中 CO_2,使上述平衡向左移动,而生物的呼吸作用和有机质分解作用可以产生 CO_2 进入水体,使上述平衡向右移动,进而改变水体的 pH。

3. 养殖水中 pH 变化规律　由于水中生物的光合作用和呼吸作用会引起水的 pH 变化。动植物生物量大的水体,表层水中存在受光照度日周期变化影响强烈的植物,光合作用强度有明显的日周期变化,从而导致 pH 产生明显的日周期变化。早晨天刚亮时 pH 较低,下午 pH 较高。图 5 - 2 是无锡市某高产鱼苗池 pH 和溶解氧的日周期变化实例,表层 pH 日变幅可达1～2 pH单位。

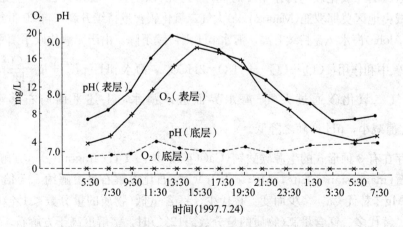

图 5 - 2　无锡市某高产鱼苗池 pH 和溶解氧的日周期变化

当水体内的光合作用与呼吸作用引起 pH 变化时,常常与溶解氧的变化有很好的相关性。因此,曾有人希望找出它们之间的换算关系,以便只测定其中一项值,就可推算另一项值。其实这是很难成功的，因为同样的光合作用产氧量引起的 pH 的变化值，与 CO_2 补充速率、水的缓冲性等因素有关，不同水体或同一水体的不同时间都不一样，没有简单的换算关系。

地下水由于溶有较多的 CO_2，pH 一般较低，呈弱酸性。某些铁矿矿坑积水，由于 FeS_2 的氧化、水解，水的 pH 可能呈强酸性，有的 pH 甚至低至 2～3。

$$4FeS + 9O_2 + 10H_2O = 4Fe(OH)_3 \downarrow + 4SO_4^{2-} + 8H^+$$

$$4FeS_2 + 15O_2 + 14H_2O = 4Fe(OH)_3 \downarrow + 8SO_4^{2-} + 16H^+$$

4. pH 对水质和水生生物的影响 pH 的变化会对水质和水生生物产生影响。pH 可以影响水中元素的水解，并通过水的 E_h 影响变价元素的存在形式，水的 pH 下降，则弱酸电离减小，它们的阴离子不同程度地转化以分子形式存在，含这些阴离子的络合物及沉淀相继分解或溶解，游离态金属离子的浓度增大。相反，水的 pH 升高，则弱碱电离减小，弱酸电离增大，金属离子水解加剧，常形成氢氧化物、碳酸盐沉淀或胶体，游离态金属离子浓度下降。弱酸、弱碱转以 NH_3、CO_2、H_2S 等形式存在，对鱼的毒性增强。pH 变化还影响胶体、悬浮颗粒等的带电状态，引起吸附或聚沉、解吸。pH 变化也会直接危害生物，如酸性水可使鱼类血液 pH 下降，减弱血液载氧能力，造成缺氧症。pH 过高则腐蚀鳃组织。如果 pH 超出生物的生理极限范围，还会造成生物死亡。渔业用水标准要求的 pH，淡水为 6.5～8.5，海水为 7.0～8.5。

(二)海水酸化

海水酸化是指海水由于吸收了大气中人为增加的二氧化碳，导致地球海洋海水 pH 逐渐下降的现象。近年来，随着工业化进程加快，二氧化碳排放增加，使得大气中二氧化碳含量持续增加，二氧化碳在大气-海水间交换，进入海水增多导致海水二氧化碳分压力（p_{CO_2}）增大，海水 pH 下降。研究显示，化石燃料燃烧和水泥生产等人为排放的二氧化碳总量中约 43% 保留在大气中、约 30% 被海洋吸收、其余的约 27% 被陆地植物和土壤吸收。目前，人为排放的二氧化碳还在呈增加趋势，对海水 pH 的影响也将持续不断且强度增大。图 5-3 是北太平洋区域的二氧化碳与海水 pH 时间序列。由该图可以看出，自 20 世纪 60 年代开始，美国夏威夷地区莫那罗亚(Mauna Loa)大气二氧化碳含量持续升高，自 20 世纪 90 年代监测到阿罗哈(Aloha)海水 p_{CO_2} 持续升高，海水 pH 则持续下降。由于二氧化碳平衡系统(见本章第二节)的酸碱中和作用：$CO_2 + CO_3^{2-} + H_2O = 2HCO_3^-$，海水 $pH = pK'_{a_2} + \lg \dfrac{[CO_3^{2-}]_T}{[HCO_3^-]_T}$，当持续增加的大气二氧化碳通过大气-海水界面进入海水，上述平衡向右移动，海水中 $\dfrac{[CO_3^{2-}]_T}{[HCO_3^-]_T}$ 比值减小，pH 亦随之降低。

海水中存在有 3 种形式的生源碳酸钙($CaCO_3$)矿物：文石(aragonite)、方解石(calcite)和含镁方解石(magnesian calcite, Mg-calcite)。文石比方解石易溶解约 1.5 倍，含镁方解石溶解性随 Mg^{2+} 替代 Ca^{2+} 多少而变：替代少、锰含量低(物质的量分数<4%)时，溶解度低于方解石；替代多、锰含量高(物质的量分数>12%)时，溶解度高于方解石。在海水中存在碳酸钙的溶解-沉淀平衡：$CaCO_3 \rightleftharpoons CO_3^{2-} + Ca^{2+}$，该平衡的平衡常数(溶度积常数)为 $K'_{SP} = [Ca^{2+}]_{sat} \cdot [CO_3^{2-}]_{sat}$，其中，$[Ca^{2+}]_{sat}$ 表示海水中钙离子的饱和浓度，$[CO_3^{2-}]_{sat}$ 表示海水中碳酸根离子的饱和浓度。分别以 $[Ca^{2+}]$ 和 $[CO_3^{2-}]$ 表示海水中钙离子和碳酸根离子

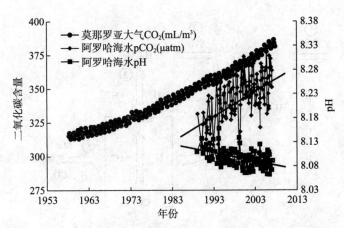

图 5-3　北太平洋区域的二氧化碳与海水 pH 时间序列(1 atm＝101.325 kPa)

的实测浓度，计算比值 $\Omega = \dfrac{[Ca^{2+}][CO_3^{2-}]}{K_{SP}^7}$，当 $\Omega = 1$，表示海水中碳酸钙处于饱和状态，即达到溶解-沉淀平衡；当 $\Omega > 1$，表示海水中的钙离子和碳酸根离子处于过饱和状态；当 $\Omega < 1$，表示海水中的钙离子和碳酸根离子处于不饱和状态。因此，在讨论海水酸化对海洋生物影响时，通常会计算文石 Ω。

　　海水酸化对海洋的化学影响主要表现在海水中呈现出较高的二氧化碳含量、较低的 pH、较低的碳酸盐含量，并对营养盐和痕量金属含量产生影响；对海洋的生物学和生物地球化学影响主要表现在影响生物钙化作用、影响碳酸钙的溶解作用以及固氮作用、生物多样性和食物链；对人类社会的影响则表现在影响渔业、旅游、生态系统服务以及政策制定等。

第二节　二氧化碳平衡系统

一、溶解二氧化碳的电离平衡

(一)二氧化碳平衡系统与混合平衡常数

1. 二氧化碳平衡系统　大气中的二氧化碳在大气-海水界面达成溶解-逸出平衡，溶解于水中的二氧化碳可以被水中植物吸收进行光合作用，还可以和水反应生成水合二氧化碳，即 H_2CO_3，H_2CO_3 可进一步电离出 H^+ 和 CO_3^{2-}、HCO_3^-，而 CO_3^{2-} 与 Ca^{2+} 反应生成 $CaCO_3$ 沉淀。所有这些过程构成水中二氧化碳平衡系统，见图 5-4。其中二氧化碳平衡系统包括以下 5 个平衡反应：

　　① 气态 CO_2 的溶解平衡；

　　② 溶解 CO_2 的水合平衡；

　　③ $H_2CO_3^*$ 游离二氧化碳的电离平衡；

　　④ 中和与水解平衡；

　　⑤ 与碳酸盐沉淀的固液平衡。

　　在二氧化碳平衡系统中，5 个平衡反应间互相联系、相互制约。只有它们的平衡条件同时得到满足，二氧化碳体系的平衡才能真正建立。否则，平衡将向某一方向移动，引起体系

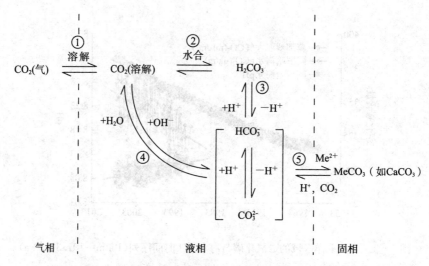

图 5-4　天然水中二氧化碳平衡系统(Me^{2+} 表示二价金属离子)

中各分量的变化。

2. 混合平衡常数　CO_2 溶于水后，大部分以溶解状态存在，少部分与 H_2O 结合形成 H_2CO_3 并电离：

$$CO_2(溶解)+H_2O \Longrightarrow H_2CO_3,\ K_{CO_2(溶解)}=\frac{c_{H_2CO_3}}{c_{CO_2(溶解)}} \tag{5-18}$$

$$H_2CO_3 \Longrightarrow H^+ + HCO_3^-,\ K_{H_2CO_3}=\frac{c_{HCO_3^-}\times a_{H^+}}{c_{H_2CO_3}} \tag{5-19}$$

一般把溶解态 CO_2 与未电离的 H_2CO_3 合称为游离二氧化碳，仍然简称为碳酸，在方程式中记为 $H_2CO_3^*$。通常情况下，化学式外加方括号也表示物质的量浓度，即$[HCO_3^-]$与 $c_{HCO_3^-}$ 有完全相同的含义，两种表述方式均可。水中二氧化碳平衡合并表述为：

$$H_2CO_3^* \Longrightarrow H^+ + HCO_3^-$$

$$K_1'=\frac{[HCO_3^-]a_{H^+}}{[H_2CO_3^*]} \tag{5-20}$$

这里的电离平衡常数是混合常数，HCO_3^- 与 $H_2CO_3^*$ 都用浓度表示，以 mol/L 作单位，H^+ 则采用活度，可以由 pH 换算，这样在计算时很便利。混合常数是条件常数，数值随盐度而变，表 5-3 列出了不同温度与盐度时的 K_{a_1}' 值，表 5-4 是碳酸二级电离平衡的混合平衡常数 K_{a_2}' 值，其表达式为：

$$HCO_3^- \Longrightarrow H^+ + CO_3^{2-}$$

$$K_{a_2}'=\frac{[CO_3^{2-}]a_{H^+}}{[HCO_3^-]} \tag{5-21}$$

(二)分布系数

1. 分布系数　二氧化碳平衡体系在水中有 4 种化合态：CO_2、H_2CO_3、HCO_3^- 及 CO_3^{2-}，一般把前两种化合态合称为游离二氧化碳，以符号 $H_2CO_3^*$ 表示。为了简化，后文中如果不特别指明，方程中的符号 CO_2 和 H_2CO_3 均指游离二氧化碳，与符号 $H_2CO_3^*$ 同一含义。设：

$$c_{T,CO_2}=[H_2CO_3^*]+[HCO_3^-]+[CO_3^{2-}] \tag{5-22}$$

表 5-3　纯水与海水中碳酸的第一表观电离常数($pK'_{a_1}=-\lg K'_{a_1}$)

(赖利 Riley，1975)

Cl	温度/℃						
	0	5	10	15	20	25	30
0	6.58	6.52	6.47	6.42	6.38	6.35	6.33
1	6.47	6.42	6.37	6.33	6.29	6.26	6.24
4	6.36	6.32	6.28	6.24	6.21	6.18	6.16
9	6.27	6.23	6.19	6.15	6.13	6.1	6.08
16	6.18	6.14	6.11	6.07	6.05	6.03	6.01
17	6.17	6.13	6.1	6.06	6.04	6.02	6.00
18	6.16	6.12	6.09	6.06	6.03	6.01	5.99
19	6.15	6.11	6.08	6.05	6.02	6.00	5.98
20	6.14	6.1	6.07	6.04	6.01	5.99	5.97
21	6.13	6.09	6.06	6.03	6.00	5.98	5.96

表 5-4　纯水与海水中碳酸的第二表观电离常数($pK'_{a_2}=-\lg K'_{a_2}$)

(赖利 Riley，1975)

Cl	温度/℃						
	0	5	10	15	20	25	30
0	10.62	10.55	10.49	10.43	10.38	10.33	10.29
1	10.06	9.99	9.93	9.87	9.81	9.76	9.71
4	9.78	9.72	9.67	9.61	9.54	9.49	9.43
9	9.64	9.58	9.52	9.46	9.40	9.34	9.27
16	9.46	9.4	9.35	9.29	9.23	9.17	9.10
17	9.44	9.38	9.27	9.27	9.21	9.15	9.08
18	9.42	9.36	9.25	9.25	9.19	9.12	9.06
19	9.4	9.34	9.28	9.23	9.17	9.1	9.02
20	9.38	9.32	9.26	9.21	9.15	9.08	9.01
21	9.36	9.30	9.25	9.19	9.13	9.06	8.98

体系中 $H_2CO_3^*$、HCO_3^-、CO_3^{2-} 在 c_{T,CO_2} 中所占比例(以 mol/L 为单位)，称为分布系数，分别以 f_0、f_1、f_2 表示。由式(5-20)、式(5-21)、式(5-22)可以推导出：

$$f_0=\frac{[H_2CO_3^*]}{c_{T,CO_2}}=\frac{a_{H^+}^2}{a_{H^+}^2+K'_{a_1}a_{H^+}+K'_{a_1}K'_{a_2}} \tag{5-23}$$

$$f_1 = \frac{[HCO_3^-]}{c_{T,CO_2}} = \frac{K'_{a_1} a_{H^+}}{a_{H^+}^2 + K'_{a_1} a_{H^+} + K'_{a_1} K'_{a_2}} \qquad (5-24)$$

$$f_2 = \frac{[CO_3^{2-}]}{c_{T,CO_2}} = \frac{K'_{a_1} K'_{a_2}}{a_{H^+}^2 + K'_{a_1} a_{H^+} + K'_{a_1} K'_{a_2}} \qquad (5-25)$$

式中：a_{H^+} 为氢离子活度；K'_{a_1}、K'_{a_2} 分别为碳酸电离的一级、二级混合常数。

由式(5-23)~式(5-25)可以看出，在一定温度下，各 f 只是 pH 的函数，与碳酸的含量无关。图 5-5 为不同 pH 时海水与淡水二氧化碳平衡的分布系数变化。f 计算式中的常数是表观常数(混合常数)，其数值与水的盐度有关。海水因盐度大，使分布系数曲线左移，与淡水比，在相同 pH 条件下，海水的 CO_3^{2-} 分量增加，$H_2CO_3^*$ 的分量减少。

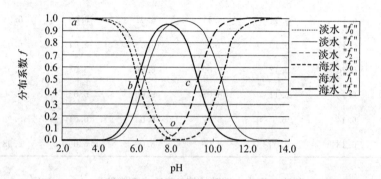

图 5-5　不同 pH 时海水与淡水二氧化碳平衡的分布系数

2. 分布系数的推导　由式(5-20)和式(5-21)得到：

$$[HCO_3^-] = K'_{a_1} \times \frac{[H_2CO_3^*]}{a_{H^+}} \qquad (5-26)$$

$$[CO_3^{2-}] = K'_{a_2} \times \frac{[HCO_3^-]}{a_{H^+}} \qquad (5-27)$$

代入式(5-22)

$$
\begin{aligned}
c_{T,CO_2} &= [H_2CO_3^*] + K'_{a_1} \times \frac{[H_2CO_3^*]}{a_{H^+}} + K'_{a_2} \times \frac{[HCO_3^-]}{a_{H^+}} \\
&= [H_2CO_3^*] + K'_{a_1} \times \frac{[H_2CO_3^*]}{a_{H^+}} + K'_{a_1} \times K'_{a_2} \times \frac{[H_2CO_3^*]}{a_{H^+}^2} \\
&= [H_2CO_3^*] \frac{a_{H^+}^2 + K'_{a_1} a_{H^+} + K'_{a_1} K'_{a_2}}{a_{H^+}^2} \qquad (5-28)
\end{aligned}
$$

$$f_0 = \frac{[H_2CO_3^*]}{c_{T,CO_2}} = \frac{a_{H^+}^2}{a_{H^+}^2 + K'_{a_1} a_{H^+} + K'_{a_1} K'_{a_2}}$$

将式(5-26)与式(5-28)代入 $f_1 = \dfrac{[HCO_3^-]}{c_{T,CO_2}}$ 即可得式(5-24)。同样用式(5-27)及式(5-28)代入 $f_2 = \dfrac{[CO_3^{2-}]}{c_{T,CO_2}}$ 可得式(5-25)。

二、开放体系的二氧化碳平衡

按照物理化学中的定义，体系或系统是指根据需要从周围的物体中划分出来的一部分物体，而与体系密切相关且影响所可及的周围的物体称为环境，体系和环境间不一定要有明显的物理界面（边界）。开放体系又称敞开体系，是指与环境有物质和能量交换的体系；封闭体系又称闭合体系，是指与环境仅有能量交换而无物质交换的体系。前文没有涉及是开放体系还是封闭体系，所得到的平衡关系式在两种情况都适用。封闭体系的特点是体系在变化时，与外界没有物质交换，各形态的二氧化碳的分量发生变化，但总量 c_{T,CO_2} 不变。开放体系不同，它与外界随有物质交换，在讨论二氧化碳平衡系统时开放体系的特点是与空气有二氧化碳的溶解或逸出，此时 c_{T,CO_2} 发生了变化。开放体系发生的各过程，如果达到了平衡状态，就可以认为气相二氧化碳分压不变，这是解决开放体系过程的基本点。对于自然界短时间内发生的过程，因与气相交换的滞后作用，可以使用封闭体系的规律来近似处理。对于长时间内发生的过程则可以近似作为开放体系来讨论。当然，实际过程是介乎两者之间的，需要具体分析。

1. 开放体系的碳酸平衡 讨论开放体系的碳酸平衡，除了分布系数关系式外，还要引入 CO_2 的溶解平衡：

$$CO_2(g) + H_2O \rightleftharpoons H_2CO_3^*$$

$$[H_2CO_3^*] = K_H \cdot p_{CO_2(g)} \tag{5-29}$$

式中：$p_{CO_2(g)}$ 为 CO_2 在气相的分压；$[H_2CO_3^*]$ 为平衡时水中游离二氧化碳含量（包括溶解 CO_2 与游离碳酸）；K_H 为溶解度系数，也称为亨利常数，其值与水的盐度（S）和（绝对）温度（T/K）有关，也和采用的单位有关：

$$\ln K_H = \frac{9\,345.17}{T} - 60.240\,9 + 23.358\,5 \cdot \ln\frac{T}{100} +$$

$$S\left[0.023\,517 - 0.000\,236\,56T + 0.004\,703\,6 \times \left(\frac{T}{100}\right)^2\right] \tag{5-30}$$

附录 9 列举了部分温度和盐度下的 CO_2 在纯水和不同氯度海水中的溶解度系数。

已知碳酸各分量与 c_{T,CO_2} 的关系为：

$$[H_2CO_3^*] = f_0 c_{T,CO_2} \tag{5-31}$$

$$[HCO_3^-] = f_1 c_{T,CO_2} \tag{5-32}$$

$$[CO_3^{2-}] = f_2 c_{T,CO_2} \tag{5-33}$$

将式(5-29)代入式(5-31)、式(5-32)、式(5-33)，并整理，得：

$$c_{T,CO_2} = K_H p_{CO_2(g)} / f_0 \tag{5-34}$$

$$[HCO_3^-] = \frac{K_H p_{CO_2(g)} f_1}{f_0} = \frac{K_H p_{CO_2(g)} K'_{a_1}}{a_{H^+}} \tag{5-35}$$

$$[CO_3^{2-}] = \frac{K_H p_{CO_2(g)} f_2}{f_0} = \frac{K_H p_{CO_2(g)} K'_{a_1} K'_{a_2}}{a_{H^+}^2} \tag{5-36}$$

式(5-29)、式(5-34)、式(5-35)、式(5-36)4 个方程就是开放体系二氧化碳平衡的基本关系式。体系达到平衡后符合这 4 个关系式。由这 4 个关系式，已知亨利常数 K_H 和气相 CO_2 分压之后，即可绘出二氧化碳平衡各形态随 pH 的变化（图 5-6）。

从图中可直观看出开放体系的 $[H_2CO_3^*]$ 是 pH 的单值函数，pH 一定，$[H_2CO_3^*]$ 的值也一定。其他如 $[HCO_3^-]$ 与 $[CO_3^{2-}]$ 也同样。这是因为 $p_{CO_2(g)}$ 已固定下来（可采用大气平均二氧化碳分压力 $0.032\% \times 101.325\,kPa = 0.032\,kPa$），体系 $[H_2CO_3^*]$ 则是一个固定值，不随

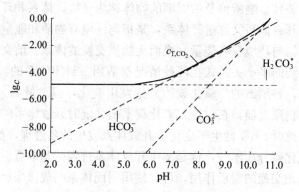

图 5-6　开放体系的二氧化碳平衡

pH 而变。

如果把式(5-29)、式(5-34)、式(5-35)、式(5-36)中的 $p_{CO_2(g)}$（气相 CO_2 分压）改为 $p_{CO_2(l)}$（液相 CO_2 分压），则这些关系式又都能适用于封闭体系了。当然，此时 $p_{CO_2(l)}$ 不是恒定值，随体系中 $[H_2CO_3^*]$ 而变。

往已经达到平衡状态的开放体系二氧化碳平衡系统中少量添加 KOH、Na_2CO_3 或 HCl，都会较大地改变体系的 pH，但此时已偏离开放体系的平衡。体系能自动吸收空气中的二氧化碳或逸出过多的二氧化碳，调整各形态量之间的关系，pH 又会趋向于回到起始状态附近。图 5-7 是用海水实验的结果。pH 不能完全恢复到实验前的值，因添加的药剂改变了体系的 c_{T,CO_2} 值。

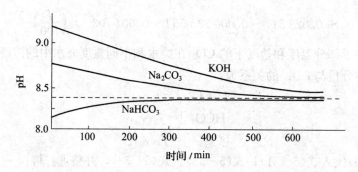

图 5-7　加 KOH、Na_2CO_3、$NaHCO_3$ 后海水 pH 的变化

（吴友义，1989）

2. 开放体系碱度与 pH 的关系　此处仅讨论体系中没有 Ca^{2+} 存在的特殊情况，有 Ca^{2+} 参与平衡的情况在以后的章节讨论。当不考虑硼酸盐碱度时，根据总碱度的定义式，有：

$$A_T=[HCO_3^-]+2[CO_3^{2-}]+[OH^-]-[H^+]=f_1c_{T,CO_2}+2f_2c_{T,CO_2}+[OH^-]-[H^+]$$

则：

$$(A_T-[OH^-]+[H^+])/(f_1+2f_2)=K_H p_{CO_2(g)}/f_0$$

$$A_T=K_H p_{CO_2(g)}\frac{f_1+2f_2}{f_0}+[OH^-]-[H^+]$$

$$=K_H p_{CO_2(g)}\frac{K'_{a_1}a_{H^+}+2K'_{a_1}K'_{a_2}}{a_{H^+}^2}+\frac{K_w}{a_{H^+}\gamma_{OH^-}}-\frac{a_{H^+}}{\gamma_{H^+}} \qquad (5-37)$$

对于淡水，可以将活度系数视为 1，$a_{H^+} = [H^+]$，则有：

$$A_T = K_H p_{CO_2(g)} \left(\frac{K'_{a_1}}{[H^+]} + \frac{2K'_{a_1} K'_{a_2}}{[H^+]^2} \right) + \frac{K_w}{[H^+]} - [H^+] \qquad (5-38)$$

简化式为：

$$A_T = K_H p_{CO_2(g)} \left(\frac{K'_{a_1}}{[H^+]} + \frac{2K'_{a_1} K'_{a_2}}{[H^+]^2} \right) \qquad (5-39)$$

代入各参数，即可绘出开放体系平衡时碱度与 pH 的关系图（图 5-8，此图是在不发生 $CaCO_3$ 沉淀时绘制的）。从图 5-8 中可以看出，开放体系平衡时 pH 的升高，需要碱度相应升高的支持。图 5-8 表明，碱度不足够大的天然水的高 pH 状态是不稳定的，水体会自动从大气中吸收二氧化碳而降低 pH。这就是图 5-7 实验现象的理论解释。

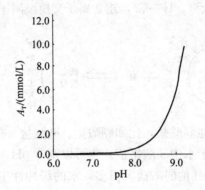

图 5-8　开放体系平衡时碱度与 pH 的关系

三、天然水的缓冲性及 pH 调整

(一)天然水的缓冲性

天然水都有一定的维持本身 pH 相对稳定的能力，即具有一定的缓冲性。其原因是水中存在以下 3 个可以调节 pH 的平衡系统。

1. 碳酸的一级与二级电离平衡　天然水存在碳酸的一级与二级电离平衡为：

$$CO_2 + H_2O \rightleftharpoons H^+ + HCO_3^-，pH = pK'_{a_1} + \lg \frac{c_{HCO_3^-}}{c_{CO_2}}$$

$$HCO_3^- \rightleftharpoons H^+ + CO_3^{2-}，pH = pK'_{a_2} + \lg \frac{c_{CO_3^{2-}}}{c_{HCO_3^-}}$$

这两个平衡在水中一般都同时存在。pH≪8.3 时，可以仅考虑第一个平衡，pH≫8.3 时，则可仅考虑第二个平衡。在 pH 8.3 附近，两个平衡应同时考虑。为此可采用下式表达：

$$2HCO_3^- \rightleftharpoons CO_2 + H_2O + CO_3^{2-}$$

天然水的 pH 稳定性取决于水中 $[CO_2]$、$[HCO_3^-]$ 和 $[CO_3^{2-}]$ 的大小以及 $\dfrac{[HCO_3^-]}{[CO_3^{2-}]}$ 或

$\dfrac{[CO_2]}{[HCO_3^-]}$ 的含量比，各成分的含量越大、且比值越接近，则缓冲容量越大，对 pH 改变的

抵抗力越强。

2. CaCO₃ 的溶解和沉淀平衡　当水体系达到 $CaCO_3$ 的溶度积，且水中有 $CaCO_3(s)$胶粒悬浮时，水中存在以下平衡：

$$Ca^{2+}+CO_3^{2-} \rightleftharpoons CaCO_3(s)$$

这一平衡可调节水中 CO_3^{2-} 浓度。水中 Ca^{2+} 含量足够大时，可以限制 CO_3^{2-} 含量的增加，因而也限制了 pH 的升高。碳酸的电离平衡和 $CaCO_3$ 的溶解和沉淀平衡可以合并用下面一个平衡方程式表达：

$$Ca^{2+}+2HCO_3^- \rightleftharpoons CO_2+H_2O+CaCO_3(s)$$

3. 离子交换缓冲系统　水中的黏土胶粒表面一般都有带电荷的阴离子或阳离子。多数为阴离子(黏土胶粒多数带负电，详见第二章)。这些表面带负电的基团可以吸附水中的阳离子(如 K^+、Na^+、Ca^{2+}、Mg^{2+}、H^+ 等)，建立离子交换吸附平衡：

此外，如果水中还有其他弱酸盐，比如硼酸盐、硅酸盐、有机酸类的盐等，也存在相应的电离平衡，这些平衡类似于水中碳酸平衡，也可以调节 pH。

由于水中 HCO_3^- 含量比其他弱酸盐大得多，水的缓冲性主要靠上述碳酸的一级与二级电离平衡起调节作用。海水由于离子强度很大，水中生成很多离子对，也对 pH 有缓冲作用。

另外，水中的 Mg^{2+} 也可以限制 pH 的上升幅度，对于海水，这种作用明显。比如，池塘养鱼工艺中常采用生石灰清塘，这是用提高水 pH 的办法来达到杀死野杂鱼和消毒的目的。对淡水池塘，这是行之有效的办法，但对于海水池塘，由于大量 Mg^{2+} 的存在，使海水的 pH 很难提高，需要消耗大量的生石灰，因此生石灰清塘对海水池塘不太适用，这也是海水缓冲性大的一种表现。

(二)缓冲容量

天然水缓冲性的大小与水中存在的缓冲系统有关，主要与水的硬度和碱度有关。反映碳酸缓冲系统的缓冲能力可用"缓冲容量"表示，其定义式为：

$$\beta=\frac{\Delta c_B}{\Delta pH}=-\frac{\Delta c_A}{\Delta pH} \qquad (5-40)$$

式中：Δc_B为加入的强碱的量；Δc_A为加入的强酸的量。一般用 OH^- 或 H^+ 的量表示，以 mol/L 作单位。

对于碳酸缓冲系统，加入一元强碱，可使水的碱度增加相应数值；加入一元强酸，可使水的碱度减少相应数值。用 A_T代表水的总碱度(此处不考虑硼酸盐碱度和次要化合物碱度，且将活度系数视为 1)，则有：

$$\Delta c_B=\Delta A_T=\Delta([HCO_3^-]+2[CO_3^{2-}]+[OH^-]-[H^+])$$

$$\beta=\frac{\Delta c_B}{\Delta pH}=-\frac{\Delta c_A}{\Delta pH}=\frac{\Delta[HCO_3^-]}{\Delta pH}+\frac{2\Delta[CO_3^{2-}]}{\Delta pH}+\frac{\Delta[OH^-]}{\Delta pH}-\frac{\Delta[H^+]}{\Delta pH} \qquad (5-41)$$

将 $[HCO_3^-]$ 及 $[CO_3^{2-}]$ 换算为与 c_{T,CO_2} 及分量 f_0、f_1、f_2 的关系，再求导，整理后可得：

$$\beta = 2.30\{c_{T,CO_2} f_1(f_0+f_2)+4c_{T,CO_2} f_0 f_2+[OH^-]+[H^+]\} \quad (5-42)$$

根据式(5-42)，可以绘出碳酸缓冲体系的缓冲容量与 pH 的关系图(图 5-9)。从图中可以看出，β 值在 pH 6.4 附近有一个极大值，在 pH 4.4 及 8.4 附近各有一个极小值。pH 从这两极小值向外变化，β 值都较快增加，这时分别是因为 OH^- 或 H^+ 浓度增加而提高的缓冲能力在起作用。

从图中还可以看出，c_{T,CO_2} 的增加，使体系在 pH 6.4(β 的极大值)附近的缓冲容量有较大增加。在 pH<4.4 的区段，c_{T,CO_2} 的增加基本不提高 β 值。

海水的 β 值曲线发生"酸移"——向较低 pH 移动(图 5-10)。

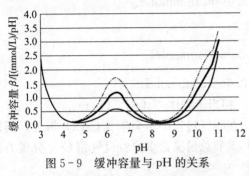

图 5-9　缓冲容量与 pH 的关系

—— 淡水，$c_T=1\,mmol/L$　　—— $c_T=2\,mmol/L$
---- $c_T=3\,mmol/L$

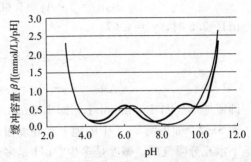

图 5-10　海水与淡水碳酸系统缓冲容量的比较

—— 淡水，$c_T=1\,mmol/L$　　—— 海水，$c_T=1\,mmol/L$

在对酸雨的研究中，需要进行水体对酸雨敏感性的评价，因此提出了酸化容量的概念。它是以水质标准中 pH 的限定下限 6.5 为酸化临界值，用水样由现状 pH 反应到临界 pH 所需投入的总酸量来表示，单位为 mmol/L。酸化容量与缓冲容量有关，但是两者的概念不同，缓冲容量是以差分(微分)定义的，酸化容量是积分容量，可以从理论上计算，也可以用实验测定。

(三)水的 pH 调整

在实践中常常会遇到需将水的 pH 调整到一定范围的情况。如水中氮形态转化中的硝化作用是一个释放 H^+ 的过程(见第六章)，在工厂化循环水养殖过程中，长时间运行硝化作用滤器而不运行反硝化作用滤器，不仅会导致水中硝酸根积累，还会导致 pH 降低，这时，就涉及 pH 调整。另外，酸碱污染物进入水体后，对水的 pH 的影响程度也是一个与水的 pH 调整有关的问题。

对大多数天然水，pH 主要由水中的碳酸平衡系统决定。为简化讨论，不考虑硼酸盐碱度，水的总碱度 A_T 有如下关系式：

$$A_T=[HCO_3^-]+2[CO_3^{2-}]+[OH^-]-[H^+]=f_1 c_{T,CO_2}+2f_2 c_{T,CO_2}+[OH^-]-[H^+]$$

$$c_{T,CO_2}=\frac{A_T-[OH^-]+[H^+]}{f_1+2f_2} \quad (5-43)$$

由于水中的总碱度远高于水碱度($A_T \gg A_W=[OH^-]-[H^+]$)，一般情况下略去水碱度，采用简化式：

$$c_{T,CO_2}=\frac{A_T}{f_1+2f_2}=\frac{a_{H^+}^2+K_{a_1}' a_{H^+}+K_{a_1}' K_{a_2}'}{K_{a_1}' a_{H^+}+2K_{a_1}' K_{a_2}'}A_T=f \cdot A_T \quad (5-44)$$

式中：$f=\dfrac{1}{f_1+2f_2}=\dfrac{a_{H^+}^2+K_{a_1}'a_{H^+}+K_{a_1}'K_{a_2}'}{K_{a_1}'a_{H^+}+2K_{a_1}'K_{a_2}'}$。$f$ 是 pH 的函数。可以预先将 f 值计算列成表（附录 10）。式（5-43）和式（5-44）是作酸碱调整时的基本关系式。下面举例说明它们的应用。

例 5-1 有水温为 20 ℃、碱度 $A_T=3.6$ mmol/L、pH=6.6 的地下淡水，今需加入 NaOH 使其 pH=7.5，问 1 m³ 水需用 NaOH 固体多少克？假定加入 NaOH 后没有沉淀生成。

解题思路：酸碱中和可视为封闭体系。加 NaOH 前后的 c_{T,CO_2} 不变。由 pH 求 f，然后求 c_{T,CO_2}，再求中和后应达到的 A_T，前后 A_T 之差即为酸碱用量。

解：查附录 10，有：

pH=6.6 时，$f=1.60$

$$c_{T,CO_2}=f\cdot A_T=1.60\times3.6=5.76 \text{ mmol/L}$$

pH=7.5 时，$f'=1.07$

$$A_T'=\frac{c_{T,CO_2}}{f'}=\frac{5.76}{1.07}=5.38\approx5.4 \text{ mmol/L}$$

$$\Delta A_T=A_T'-A_T=5.4-3.6=1.8 \text{ mmol/L}$$

即需加 NaOH 1.8 mmol/L，即 1.8 mol/m³，相当于固体 NaOH 72 g/m³。

例 5-2 如果例 5-1 中的地下水硬度很低，在曝气过程中不会生成 $CaCO_3$ 沉淀。问这种地下水充分曝气后，碱度是多少？pH 是多少？碳酸总量又是多少？设气相 CO_2 分压力为 0.032 kPa。

解：（1）这种情况下曝气，有 CO_2 逸出，CO_3^{2-} 含量增加，pH 升高，但是水的总碱度不变。

（2）水与空气达溶解平衡后，应满足式（5-45）及式（5-46）。按式（5-30）计算得到水温 20 ℃的淡水 $K_H=3.87\times10^{-4}$ mol/(m³·Pa)。

$$c_{T,CO_2}=\frac{K_H p_{CO_2(g)}}{f_0} \tag{5-45}$$

$$c_{T,CO_2}=fA_T \tag{5-46}$$

$$f_0 fA_T=K_H p_{CO_2(g)}$$

$$\frac{f_0}{f_1+2f_2}A_T=K_H p_{CO_2(g)}$$

$$\frac{a_{H^+}^2}{K_{a_1}'a_{H^+}+2K_{a_1}'K_{a_2}'}A_T=K_H p_{CO_2(g)}$$

$$A_T a_{H^+}^2=K_H p_{CO_2(g)}(K_{a_1}'a_{H^+}+2K_{a_1}'K_{a_2}')$$

$$\frac{A_T}{K_H p_{CO_2(g)}}a_{H^+}^2-K_{a_1}'a_{H^+}-2K_{a_1}'K_{a_2}'=0$$

$$\frac{\{3.6\}_{mol/m^3}}{\{3.87\times10^{-4}\}_{mol/(m^3\cdot Pa)}\times\{0.032\times10^3\}_{Pa}}a_{H^+}^2-10^{-6.38}a_{H^+}-2\times10^{-6.38}\times10^{-10.38}=0$$

$$308a_{H^+}^2-10^{-6.38}a_{H^+}-2\times10^{-16.76}=0$$

解关于 a_{H^+} 一元二次方程，得

$$a_{H^+}=1.432\times10^{-9}$$

则 pH=8.84，代入式（5-46），得

$$c_{T,CO_2}=0.976\times3.6=3.51(\text{mmol/L})$$

计算结果表明，曝气后水的总碱度不变，pH 为 8.84，碳酸总量为 3.51 mmol/L。

例 5-3　pH 为 9.1 的鱼池水，$A_T'=2.5$ mmol/L，补入 pH$=6.5$，$A_T=4.0$ mmol/L 的井水 20% 体积。问混合水的 pH 是多少？设气相 CO_2 分压力为 0.032 kPa。

解题思路：不能采用 pH 加权平均方式求解，而应采用 c_{T,CO_2} 与 A_T 加权平均后求 f 值，再查表得出 pH。

解：(1)查附录 10 得：pH$=6.5$ 时，$f=1.76$；pH$=9.1$ 时，$f'=0.954$

(2)求混合前 c_{T,CO_2}：

pH 6.5 时：
$$c_{T,CO_2}=f \cdot A_T=1.76\times4.0=7.04 \text{ mmol/L}=7.04\times10^{-3} \text{ mol/L}$$

pH 9.1 时：
$$c_{T,CO_2}=f' \cdot A_T'=0.954\times2.5=2.39 \text{ mmol/L}=2.39\times10^{-3} \text{ mol/L}$$

(3)求混合后 c_{T,CO_2}(混合)及 A_T(混合)

$$c_{T,CO_2}(混合)=\frac{(2.39\times1+7.04\times20\%)\times10^{-3}}{1+20\%}=3.17\times10^{-3} \text{ mol/L}$$

$$A_T(混合)=\frac{(2.5\times1+4.0\times20\%)\times10^{-3}}{1+20\%}=2.75\times10^{-3} \text{ mol/L}$$

$$f(混合)=\frac{c_{T,CO_2}(混合)}{A_T(混合)}=\frac{3.17\times10^{-3}}{2.75\times10^{-3}}=1.15$$

查附录 10，pH$=7.2$。

第三节　水中硫化氢和硼酸的电离平衡

水中硫化氢和硼酸的电离平衡是天然水中比较重要的电离平衡。了解这两个平衡的性质，可以帮助我们了解硫化物的毒性、金属硫化物的环境行为及硼酸盐碱度的性质。

一、硫化氢的电离平衡

(一)硫化氢电离平衡常数及分布系数

硫化氢在水中有较高的溶解度。20 ℃时每升水可溶解 H_2S 约 3.8 g，0 ℃时可溶解约 7.1 g。硫化氢溶于水呈弱酸性，是比碳酸更弱的二元弱酸，分两步电离。其平衡常数、分布系数的表达式都与碳酸类似：

$$H_2S \Longrightarrow H^+ + HS^-, \quad K_{a_1}'=\frac{[HS^-]a_{H^+}}{[H_2S]} \tag{5-47}$$

$$HS^- \Longrightarrow H^+ + S^{2-}, \quad K_{a_2}'=\frac{[S^{2-}]a_{H^+}}{[HS^-]} \tag{5-48}$$

$$H_2S \text{ 的分布系数 } f_0=\frac{[H_2S]}{c_{T,H_2S}}=\frac{a_{H^+}^2}{a_{H^+}^2+K_{a_1}'a_{H^+}+K_{a_1}'K_{a_2}'} \tag{5-49}$$

$$HS^- \text{ 的分布系数 } f_1=\frac{[HS^-]}{c_{T,H_2S}}=\frac{K_{a_1}'a_{H^+}}{a_{H^+}^2+K_{a_1}'a_{H^+}+K_{a_1}'K_{a_2}'} \tag{5-50}$$

$$S^{2-} \text{ 的分布系数 } f_2=\frac{[S^{2-}]}{c_{T,H_2S}}=\frac{K_{a_1}'K_{a_2}'}{a_{H^+}^2+K_{a_1}'a_{H^+}+K_{a_1}'K_{a_2}'} \tag{5-51}$$

已知 $pK_{a_1}'=7.2$、$pK_{a_2}'=14.0$(25 ℃)，同样可以绘出分布系数 f-pH 图，见图 5-11。

从图中可以看出，在天然水的一般 pH 范围内硫化氢的第二级电离几乎没有发生。硫化物在水中的存在形态主要是 H_2S 与 HS^-，pH 7.2 时 H_2S 与 HS^- 含量相等。一般天然水中几乎不存在 S^{2-} 形态，要在 pH 12 以上时，S^{2-} 才占有明显的比例。而 H_2S 在 pH 8.0 时已占有明显比例了。

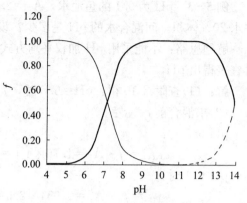

图 5-11　硫化氢电离各形态分布
—— $f_0(H_2S)$　—— $f_1(HS^-)$　--- $f_2(S^{2-})$

(二)硫化氢的毒性

在富含氧气的天然水中一般不含硫化物。在缺氧水中有硫化物的积聚。海水含有很多硫酸盐，缺氧时很容易产生硫化氢。如黑海底层水交换很差，长期处于缺氧状态，水中硫化物积聚很多。在 $1\,500$ m 深处，硫化物含量达到 0.63 mmol/L(H_2S)。在硫化物的 3 种形态(H_2S、HS^-、S^{2-})中，以 H_2S 毒性最大，它对许多水生生物都有毒，测定的水中硫化氢或称硫化物，都是指 3 种形态的总和，但是常以 H_2S 的形式表示。因此，pH 降低，硫化物毒性增大。

硫化氢能与许多金属离子生成硫化物沉淀，因而使水中两者的浓度都降低。

水中硫化物的毒性随水的 pH、水温和溶解氧含量而变。温度升高或溶解氧降低，毒性增大。过去根据急性毒性试验的数据得出，允许鱼类存活的浓度为 $0.3\sim0.4$ mg/L。但后来根据慢性毒性试验得到的 H_2S 毒性大得多。在溶解氧 6.0 mg/L 时，H_2S 对狗鱼 96 h LC_{50} 值为 $17\sim32$ μg/L。H_2S 为 25 μg/L 时，狗鱼鱼卵孵化率大大下降。H_2S 为 47 μg/L 时，鱼卵全部死亡。对 H_2S，幼鱼比鱼卵更敏感。

一般认为，水中 H_2S 含量在 2.0 μg/L 以下，对大多数鱼类和其他生物是无害的。

二、海水中硼酸的电离平衡

(一)硼酸的电离平衡

硼酸在海水中有如下平衡：

$$H_3BO_3 + H_2O \rightleftharpoons H^+ + H_4BO_4^-$$

其表观电离常数 K_B' 定义为：

$$K_B' = \frac{[H_4BO_4^-]a_{H^+}}{[H_3BO_3]} \tag{5-52}$$

布赫(Buch，1951)给出的 K_B' 数据见表 5-5。

表 5-5　硼酸在海水中的第一表观电离常数($\times10^{-9}$)

(莱曼 Lyman，1956)

Cl	温度/℃								
	0	4	8	12	16	20	24	28	30
0	0.40	0.44	0.48	0.52	0.56	0.60	0.65	0.69	0.72
10	1.10	1.20	1.29	1.41	1.51	1.62	1.78	1.91	1.95
15	1.12	1.23	1.35	1.44	1.55	1.70	1.82	1.95	2.00

（续）

Cl	温度/℃								
	0	4	8	12	16	20	24	28	30
17	1.17	1.29	1.38	1.51	1.62	1.74	1.91	2.04	2.09
18	1.20	1.32	1.44	1.55	1.66	1.82	1.95	2.09	2.14
19	1.26	1.35	1.48	1.62	1.74	1.86	2.00	2.14	2.24
20	1.29	1.41	1.55	1.66	1.78	1.95	2.09	2.24	2.29

又因为 H_3BO_3 的第二、第三步电离常数很小，可以只考虑 H_3BO_3 和 $H_4BO_4^-$ 两种形式的含量，所以海水中的总硼量 $c_{T,B}$：

$$c_{T,B} = [H_3BO_3] + [H_4BO_4^-] \tag{5-53}$$

$$f c_{H_4BO_4^-} = \frac{[H_4BO_4^-]}{c_{T,B}} = \frac{K_B'}{a_{H^+} + K_B'} \tag{5-54}$$

(二)硼酸盐碱度的计算

天然海水的硼酸盐碱度可以通过海水的温度、盐和 pH 加以推算。而海水中总硼量与氯度 Cl 的经验关系为：

$$\{c_{T,B}\}_{mmol/L} = 2.2 \times 10^{-2} Cl \tag{5-55}$$

海水的硼酸盐碱度 (A_B) 为：

$$\{A_B\}_{mmol/L} = \{[H_4BO_4^-]\}_{mmol/L} = \frac{2.2 \times 10^{-2} \times Cl \times K_B'}{a_{H^+} + K_B'} \tag{5-56}$$

显然海水的 $\{A_B\}_{mmol/L}$ 或 $\{[H_4BO_4^-]\}_{mmol/L}$ 是海水温度、盐度（氯度）和 pH 的函数。

习题与思考题

1. 天然水中有哪些常见的酸碱物质？它们在水中如何电离？

2. 天然水的 pH 一般是多少？为什么池塘、湖泊的 pH 一般有明显的日周期变化？

3. pH 对水质和水生生物有何影响？

4. 二氧化碳平衡系统由哪些平衡反应组成？

5. 天然水的缓冲性是如何形成的？

6. 碳酸平衡的分布系数如何计算？公式如何推导？什么是混合平衡常数？

7. 开放体系二氧化碳平衡的特点是什么？碳酸总量与 pH 有什么样的关系？

8. pH 调整的基本方程如何推导？

9. 有一养鱼池，面积为 10 000 m²，水深平均为 1.5 m。池水 pH 高达 9.5，$A_T = 2.00$ mmol/L，若拟用浓 HCl 将池水 pH 中和到 9.0。问需用多少浓盐酸？设浓盐酸的浓度为 12 mol/L。（答：需要浓盐酸 175 L）

10. 如何理解天然淡水的缓冲容量在 pH 8.3 附近有一个极小值？为什么在 pH<4 以后与 pH>10 以后缓冲容量很快增大？

11. 硫化氢电离平衡的分布系数与 pH 有什么关系？

12. 硫化物的毒性受哪些因素影响？

13. 请推导海水硼酸盐含量与盐度的经验关系式和海水硼酸盐碱度与盐度的关系式。

14. 盐度 20，pH 8.5，水温 20℃的海水中硼酸盐碱度是多少？（答：8.31×10^{-2} mmol/L）

第六章

天然水中的生物营养元素

第一节 营养盐与藻类的关系

一、必需元素和非必需元素

按照元素在生物生理方面的功能和需要，可将组成生物体的元素划分为必需元素和非必需元素。如果某种元素被证明至少是某种生物所必需的，则该元素称为必需元素。必需元素是直接参与生物生长的营养，其功能不能被别的元素替代、生物生命活动不可缺少的元素。现在已证明的植物必需元素有十几种，其中需要量大的称为常量必需元素，如氮、磷、钾、钙、镁、硫、碳、氢、氧；需要量很少的则称为微量必需元素，如铁、锰、铜、锌、硼、钼等。环境中必需元素与非必需元素的含量（或浓度）同生物生长的关系有着不同的规律。图6-1a表明，因缺乏某种元素导致生物的生长受到影响或使其无法完成生命循环时，补充适量的这种元素非常必要。但当供给量超过需要量时，同一种元素又可能有毒害作用。图6-1b表明生物可以忍受低浓度的非必需元素，当非必需元素的浓度超过一定界限时，将对生物有毒。

本章将着重讨论天然水中对水生植物生长具有重要意义的重要必需元素化学和生物化学行为。

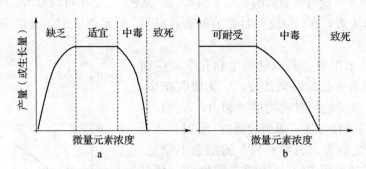

图 6-1　元素的缺乏与过量对生物的影响

a. 必需元素（如铜、锌）　　b. 非必需元素（如铅、镉）

二、藻类对营养盐的吸收

天然水中氮、磷、硅元素的可溶性无机化合物在水生植物的生长繁殖过程中被吸收利用，成为生物体的重要组成元素。例如，在生物体的蛋白质中，氮元素和磷元素的含量分别约为 16％和 0.7％；磷元素在脂肪中的含量达 2％；硅元素是硅质生物（如硅藻等）的重要组成元素。但这些元素在天然水中的含量通常很低，远远不如构成生物体的其他元素（如碳、氢、氧等元素）那样丰富。在浮游植物大量生长繁殖季节，它们有效形态的含量甚至降至吸收临界值之下，限制了浮游植物的生长。因此，通常把天然水中可溶性氮、磷、硅的无机化合物称为水生植物营养盐，把组成这些营养盐的主要元素（氮、磷、硅）称为营养元素或生源要素。

水中大约有 20 种元素是浮游植物生长繁殖的必需元素，这些元素的浓度在水中随时间和地点变化很大，这些元素的量对于浮游植物的快速生长需求而言并不是无限的。浮游植物的生长通常会受到一种或两种相对可利用量最短缺的元素制约，这一种或两种元素被称为限制性元素。例如，在磷是限制性营养元素的情况下，往水体添加其他元素并不能刺激浮游植物的生长，只有添加磷才能使浮游植物快速生长。当往水体中添加一种限制性营养元素并达到某一量时，营养元素间的比例会发生质的变化，该种元素就不再成为限制性营养元素，取而代之的将是另一种元素。这种情况可称为多重营养限制。通常，淡水水体中磷是第一限制性营养元素，海水和半咸水中氮是第一限制性营养元素的情况会更多一些。近岸海水可能受到陆源氮排放影响，磷仍可能为第一限制性营养元素。

为了更好地理解水中营养盐类与水生植物生长的关系，我们来讨论一下藻类吸收营养盐的速率。研究表明，藻类细胞对营养盐的吸收是一个复杂的生物化学酶促反应过程，其反应速度和底物浓度的关系符合一般酶促反应的动力学方程——Michaelis - Menten 方程（以下简称米氏方程）：

$$V = -\frac{d[S]}{dt} = \frac{V_{max}[S]}{K_m + [S]} \qquad (6-1)$$

式中：V 为酶促反应速度，即底物消失速度或产物生成速度；$[S]$ 为限制性底物的浓度；V_{max} 为最大反应速度，即 $[S]$ 足够大时的饱和速度；K_m 为米氏常数，若 $[S] = K_m$ 时，$V = \frac{1}{2}V_{max}$。因此，米氏常数又称为半饱和常数。

米氏方程中各变量与常数间的关系见图 6-2。从图 6-2 中可以看出，酶促反应速度随着[S]的增大而增大，在[S]较低时尤为显著，但当[S]足够大时，反应速度趋于一极限值 V_{max}。

对于藻类从水中吸收营养盐的生物化学反应而言，[S]为水中营养盐的有效浓度，V 为吸收速率。半饱和常数 K_m 值反映酶对底物的亲和力，K_m 值小，表明酶对底物的亲和力强，即当较低的[S]时，V 就可达较高值；K_m 值大，表明底物与酶结合不稳定，要达到较高吸收速率所需的[S]较高。因此，K_m 值可作为藻类细胞能正常生长所需维持的水中有效形式营养盐的临界浓度，也可用于比较不同浮游植物吸收营养盐能力的大小。在光照、水温及其他条件适宜而营养盐含量较低时，K_m 值越小的浮游植物越容易发展成为优势种，K_m 值大的浮游植物则会因缺乏营养盐而生长受到限制。当营养盐过于丰富时，浮游植物群落结构会发生明显变化，可能导致某些有害浮游植物迅速繁殖。

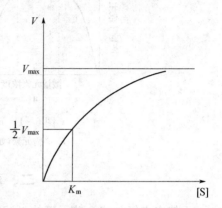

图 6-2 酶促反应速度与浓度的关系

因此，通过实验测得不同种类浮游植物对营养盐吸收反应的半饱和常数 K_m 值有重要意义。K_m 值以及 V_{max} 值都是酶促反应动力学过程的重要参数，一般根据实验数据由图解法求得，常见的方法是把米氏方程换成如下形态：

$$\frac{[S]}{V} = \frac{K_m}{V_{max}} + \frac{[S]}{V_{max}} \tag{6-2}$$

对于具体的吸收过程，如果符合米氏方程的关系，K_m、V_{max} 应为常数，新变量 $\frac{[S]}{V}$ 与[S]之间则具有线性关系(图 6-3)。直线的斜率等于 $\frac{1}{V_{max}}$，在[S]=0 时的截距等于 $\frac{K_m}{V_{max}}$。把直线外推到 $\frac{[S]}{V}=0$，也可求得 K_m 值。米氏方程也可换成其他直线形式进行图解。只有处于正常营养条件下的藻类细胞对营养盐的吸收遵从米氏方程，当细胞长期生活在缺乏有效氮的水体中时，一旦获得较高的[S]，则吸收极快，并可能在体内贮存过量的氮，吸收过程不遵从米氏方程。如处于氮饥饿的细基江蓠对氨态氮的吸收不符合米氏方程，而是依赖于时间和介质中营养盐浓度的变化。此外，当有毒物质存在时，吸收速率与[S]的关系也与米氏方程不相符。

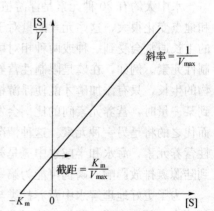

图 6-3 K_m 值的直线图解法

一般认为，为了得到藻类的正常生长速率，水体限制性营养元素的浓度[S]应维持在 $3K_m$(此时吸收速率 $V=0.75V_{max}$)以上。显然，若[S]不足时，浮游植物的生长繁殖将受到限制。不过，在适宜的水温和光照条件下，影响初级生产量与生产速率的限制因素不仅包括平均有效浓度[S]，而且与紧靠藻类细胞表面水体中营养盐的有效浓度$[S]_0$、营养盐的总贮量(包括可能的补给量)$[S]_S$ 以及向藻类细胞表面迁移补给有效营养盐的速率有关。这些因素对初级生产量和生产速率的限制作用可以通过以下几种方式表现出来：

（1）营养元素有效形态的实际浓度$[S]$太低；

（2）水体内营养元素的总储量或补给量不足；

（3）各种营养元素有效形态的浓度比例不适合浮游植物生长的需要；

（4）迁移扩散速率太低以致$[S]_0$不足。

由此可见，营养元素的不足会限制藻类吸收营养元素的速率，从而限制浮游植物的生长、繁殖速率及总产量。

显然，要想消除营养元素对水体初级生产速率和产量的限制作用，就必须使$[S]$、$[S]_S$和水体中营养元素的迁移扩散速率都满足要求。然而天然水体(特别是养殖水体)，往往无法同时长时间地满足要求，尤其是藻类需要量大且来源和迁移受限的营养元素，往往成为限制初级生产的主要因子，因而在养殖生产中必须密切注意营养元素的动态，根据需要合理施肥。

第二节　天然水中的氮

一、天然水中氮的存在形态

天然水域中，氮的存在形态可粗略分为 5 种：溶解游离态氮气、铵(氨)态氮、硝酸态氮、亚硝酸态氮及有机氮化物。有机氮化物包括尿素、氨基酸、蛋白质、腐殖酸等及其分解的含氮中间产物，这类物质的含量相对少，性质比较复杂，至今尚未明确。

1. 溶解游离态氮气　溶解游离态氮气是天然水中氮元素最丰富的存在形态，它主要来自空气的溶解。地表水中游离氮的含量近饱和。脱氮作用和固氮作用可能改变其含量，但影响不大。在天然水域中，游离态氮气的行为基本上是保守的。

2. 硝酸态氮($NO_3^- - N$)　在通气良好的天然水域，NO_3^- 是含氮化合物的稳定形态，在各种无机氮中占优势。因为它是含氮物质氧化的最终产物，但在缺氧水体中可作为电子受体，被反硝化细菌的脱氮作用利用，从而被还原。

3. 亚硝酸态氮($NO_2^- - N$)　天然水中 NO_2^- 通常比其他形态的无机氮含量要低很多，$NO_2^- - N$ 是 $NH_4^+ - N$ 和 $NO_3^- - N$ 间的一种中间氧化状态，它可以作为 $NH_4^+ - N$ 氧化和 $NO_3^- - N$ 还原的一种过渡形态，而且在自然条件下，这两种过程受微生物活动的影响，且 $NO_2^- - N$ 会被快速地氧化为 $NO_3^- - N$，因此，它是一种不稳定的形态。

4. 总氨(铵)态氮(total ammonia nitrogen，$TNH_4 - N$ 或 TAN)　天然水的氨(铵)态氮是指水中以 NH_3 和 NH_4^+ 形态存在的氮含量之和，水化学分析测定的氨(铵)态氮是两者之和，未加以区别。NH_3 和 NH_4^+ 在天然水中存在如下平衡反应，可以互相转化：

$$NH_4^+ + H_2O \Longrightarrow H_3O^+ + NH_3$$

NH_3 和 NH_4^+ 对水生生物的毒性差异很大，NH_4^+ 基本没有毒，NH_3 的毒性很大。在研究毒性时，需要将两者区别。为了避免混淆，将 NH_4^+(铵离子)称为离子氨，或离子氨态氮，用符号 $NH_4^+ - N$ 表示；NH_3(氨)称为非离子氨(un-ionized ammonia)，用符号 UIA 或 $NH_3 - N$ 表示。必须注意，目前科技书刊上对它们的表示符号尚不一致，需要根据上下文来判断。

$NH_3 - N$ 和 $NH_4^+ - N$ 在总氨态氮 $TNH_4 - N$ 中所占的比例随水的 pH 而变。NH_3 不带

电荷,有较强的脂溶性,易透过细胞膜,对水生生物有很强的毒性。在海水水质标准(GB 3097)和渔业水质标准(GB 11607)中都规定非离子氨含量不得超过 0.020 mg/L。非离子氨含量可根据温度、pH 和总氨态氮 TNH_4-N 的含量进行计算。下面是一种计算方法:

设 K_a' 为 NH_4^+ 上述反应的表观平衡常数:

$$K_a' = \frac{a_{H^+} \times c_{NH_3}}{c_{NH_4^+}} \tag{6-3}$$

则 NH_3 在 TNH_4-N 中所占的百分比为:

$$UIA = \frac{c_{NH_3}}{c_{NH_3} + c_{NH_4^+}} \times 100\% = \frac{1}{1 + 10^{(pK_a' - pH + p\gamma_{H^+})}} \times 100\% \tag{6-4}$$

式中:γ_{H^+} 为氢离子活度系数。

需要说明的是,pK_a' 的压力效应不大,一般情况下不必考虑压力效应。在通常大气压力下,K_a' 取决于温度和盐度(离子强度)。据惠特菲尔德(Whitfield,1974)资料,25 ℃时不同离子强度下海水及淡水中的 pK_a' 见表 6-1。其他温度 T(摄氏温度)时的 $pK_{a,T}'$,可由下述经验公式求算:

$$pK_{a,T}' = pK_{a,25}' + 0.0324 \times (25 - T) \tag{6-5}$$

氢离子活度系数 γ_{H^+} 可从表 6-2 中查出。

表 6-1　25 ℃时不同离子强度(I)下海水及淡水中的 pK_a'

I	0	0.4	0.5	0.6	0.7	0.8
pK_a'	9.25	9.29	9.32	9.33	9.35	9.35

表 6-2　不同氯度(Cl)时的 γ_{H^+}

Cl	0	2	4	6	8	10	12~18	20
γ_{H^+}	1.00	0.845	0.782	0.77	0.76	0.755	0.753	0.758

例 6-1:已知某天然淡水 $T=15$ ℃,pH=7.80,总氨态氮为 $1.50\ \mu mol/L$,求水体中 NH_3 在 TNH_4-N 中所占百分比。

解:依式(6-4)NH_3 在 TNH_4-N 中所占的百分比为:

$$UIA = \frac{c_{NH_3}}{c_{NH_3} + c_{NH_4^+}} \times 100\% = \frac{1}{1 + 10^{(pK_a' - pH + p\gamma_{H^+})}} \times 100\%$$

依式(6-5)计算 15 ℃时天然淡水的 $pK_{a,15}'$

$$pK_{a,15}' = pK_{a,25}' + 0.0324(25 - T) = 9.25 + 0.0324 \times (25 - 15) = 9.574$$

查表 6-2 得天然淡水中 $\gamma_{H^+} = 1.0$

则 $UIA = 1.655\%$

得:$c_{NH_3} = 1.50 \times 1.655\% = 0.0248\ \mu mol/L$

此外,在一定的温度和离子强度下,非离子氨占总氨态氮比例随着水体 pH 升高而增大,相同 pH 条件下,非离子氨在淡水中的占比高于海水(表 6-3)。

表 6 - 3　淡水和海水中 NH_3 在 TNH_4 - N 中所占百分比（25 ℃，101.325 kPa）

	pH	6.0	6.5	7.0	7.5	8.0	8.5	9.0	9.5
UIA	淡水	0.057	0.180	0.570	1.77	5.38	15.3	36.0	64.3
	海水（$I=0.7$）	0.035	0.11	0.35	1.1	3.4	10.1	26.2	52.9

二、天然水中氮的来源和转化

1. 天然水中氮的来源　天然水中氮的来源很广，包括大气降水下落过程中从大气中淋溶、地下径流从岩石土壤中溶解、水体中水生生物的代谢、水中生物的固氮作用以及沉积物中氮的释放等。如美国曼多塔湖（Mendota lake），从地下水和地表水进入的氮约占总氮的67％，湖面氮沉降占17％，固氮作用占14％。近几年，随着工农业生产发展和人口增加，工业和生活污水排放以及农业退水对环境的污染日益严重，污染成了天然水中氮的重要来源。据生态环境部《2018 年中国生态环境状况公报》和《2018 年中国海洋生态环境状况公报》报道，2018 年我国 453 个日排污水量大于 100 t 的各类直排海污染源污水中氨态氮排放总量中工业污染源 915 t、生活污染源 921 t、综合污染源 4 381 t，合计 6 217 t；总氮排放总量中工业污染源 5 984 t、生活污染源 6 657 t、综合污染源 38 232 t，合计 50 873 t。这其中也包括工业污染源 124 t、生活污染源 207 t、综合污染源 949 t，合计 1 280 t 的总磷排放总量。对于水产养殖水体，施肥、投饵及养殖生物代谢是水中氮的主要来源，如草鱼投饲养殖池塘，饲料氮的输入量占总氮的 85.54％～93.38％，为池水中氮的主要来源。

固氮作用是水体内自生性氮源。天然水和沉积物中的一些藻类（蓝、绿藻）及细菌，它们具有特殊的酶系统，能把一般生物不能利用的氮气（N_2），转变为生物能够利用的化合物形态，这一过程称为固氮作用。湖泊沉积物中存在大量的固氮细菌，如巴氏固氮梭菌；海洋中的固氮藻类有束毛藻、项圈藻属和念珠蓝藻属等，它们有的营自由生活，也有与其他初级生产者如角毛藻共生、或与动物（如海胆、船蛆）共生。固氮蓝藻既能进行光合作用又能进行固氮作用，在进行固氮作用时，它们可以直接利用二氧化碳和分子氮合成糖类和蛋白质，光是蓝藻进行光合作用和固氮作用的能量来源。在固氮作用进行时，固氮酶系统需要从外界供给铁、镁、钼，有时还需硼、钙、钴等，水中这些微量元素的含量对固氮速率有决定性的影响。

固氮作用可以为水体不断地输送丰富的有机态氮，为水生生物提供饵料基础，但也不断促使水体富营养化。据报道，罗非鱼养殖池塘固氮作用输入的氮占总输入氮的 11％左右；在加勒比海，浮游植物生产所需的氮量有 20％可通过颤藻的固氮作用来提供。随着固氮藻类密度的增大，被转化固定的氮元素的数量也增大。许多研究者认为，氮单独成为限制因子的水域，往往是由于固氮藻类的生态平衡受到干扰造成的结果。

2. 天然水中氮的转化　天然水中各种形态的氮在生物及非生物因素的共同作用下不断地迁移、转化，构成一个复杂的动态循环（图 6 - 4）。藻类的同化作用、微生物的氨化作用、硝化作用、反硝化作用和厌氧氨氧化作用在各种形态氮的相互转化过程中起极其重要的作用。

（1）氨化作用——有机氮转化为氨态氮　含氮有机物在微生物作用下分解释放氨态氮的过程称为氨化作用。氨化作用在好氧及厌氧条件下都可进行，但最终的产物有所不同：

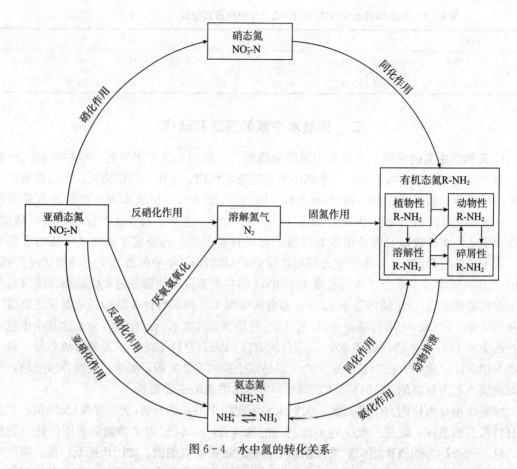

图 6-4　水中氮的转化关系

$$含氮有机物 + O_2 \xrightarrow{需氧生物} NH_4^+ + SO_4^{2-} + CO_2 + H_2O$$

$$含氮有机物 \xrightarrow{厌氧生物} NH_4^+ + 胺类、有机酸类$$

参与这种作用的微生物是腐生性的各种氨化菌。氨化作用形成的氮首先被细菌利用变成生物体物质，其余在水中溶解形成无机氨态氮，因此，各种含氮有机物分解后所能提供氨的数量取决于有机物本身含碳量和含氮量之比 $w(C)/w(N)$。如果被分解的有机物含氮较高 $w(C)/w(N) < 20$，剩下的氮就在水中形成氨态氮；反之如植物性之类含氮很低的有机物 $w(C)/w(N) > 20$，分解后所有的氮都构成菌体，水中氨态氮量就不会增多。在富氧条件下有机质的分解较快、较充分，因而产生较多的氨；在缺氧条件下有机质分解不完全，产氨态氮则较少。氨化作用的速率和规模还取决于水的 pH、温度、磷和钙等元素的含量。在酸性水层和淤泥中虽然含有大量腐殖质类有机物，但氨化菌少，氨化作用很弱，一般中性和弱碱性环境的氨化作用较强。低温条件下氨化菌数量也可能达到极多数量，但氨化过程较弱。

天然水中各类生物的代谢废物及其残骸经过氨化作用把含氮有机物中的氮以氨的形式释放到水中，是重要的有效氮来源之一。沉积于沉积物中的含氮有机物在适当的条件下，会被异养微生物分解矿化，转变为 NH_4^+(NH_3)，积存于沉积物间隙水中，然后通过扩散回到水体中，搅动水-沉积物界面可加速该释放过程。

（2）同化作用——无机氮同化为有机氮　水生植物通过吸收利用天然水中的 NH_4^+（NH_3）和 NO_3^- 等合成自身的物质，这一过程称为同化作用。水中的无机氮大部分被藻类在光合作用中同化利用。此外，许多腐生性微生物除利用有机氮外，也能利用无机氮作为营养中的氮源，包括鱼类在内的水生动物也能通过渗透作用直接吸收少量的无机氮。

天然水中 NH_4^+（NH_3）和 NO_3^- 来源广，含量较高，是水生植物氮营养元素的主要形态。某些特殊藻类甚至可以直接以游离氮作为氮源（固氮作用）。不同种类的水生植物其有效氮的形态可能有所不同，但对一般藻类而言，有效氮主要指的是无机氮化合物。有机氮如果不经脱氨基作用分解，所含氮元素一般不能被植物直接吸收，只能在附着于植物表面的微生物作用下被间接利用。

实验表明，当 NH_4^+（NH_3）和 NO_3^- 共存，其含量又处于同样有效量的范围内，绝大多数浮游植物总是优先吸收利用 NH_4^+（NH_3），仅在 NH_4^+（NH_3）几乎耗尽以后，才开始利用 NO_3^-，介质 pH 较低时处于指数生长期的浮游植物此特点尤为显著。

实验证明，在不同类型的生物体内，糖类、脂肪和蛋白质的比例可以有相当大的差别，但就平均状况而言，生物有机体都具有相对固定的元素组成。构成藻类原生质的碳、氮、磷元素的平均组成，按其原子个数之比为 C∶N∶P＝106∶16∶1，一般认为浮游植物对营养元素的吸收也是按照这样的比例进行的。浮游植物在光合作用下吸收氮、磷而形成细胞原生质，其总的有如下化学计量关系：

$$106CO_2 + 16NO_3^- + HPO_4^{2-} + 18H^+ + 122H_2O \xrightarrow{\text{光}} (CH_2O)_{106}(NH_3)_{16}H_3PO_4 + 138O_2$$

$(CH_2O)_{106}(NH_3)_{16}H_3PO_4$ 表示浮游植物原生质的平均元素组成，式中忽略了其他微量元素，所以与实际情况有所差异。

如前所述，浮游植物吸收无机氮的速率服从米氏方程。图 6-5 是某些硅藻对 NH_4^+ 的吸收速率 V 与 NH_4^+ 浓度 $[S]$ 的关系，这个实例证明了 V 与 $[S]$ 符合米氏方程。当 $[S]/V$ 趋于 0 时，则 $[S]$ 趋于 $-K_m$。若从促进天然水浮游植物的繁殖考虑，水中有效氮需要维持一定含量，通常要求吸收速率 V 达 $0.75V_{max}$，即有效氮浓度 $[S]$ 需达 $3K_m$。若浮游植物天然群体的 K_m 平均以 $8\ \mu mol/L(N)$ 计，有效氮的浓度为：

$$[S] = 3 \times 8\ \mu mol/L = 24\ \mu mol/L$$

（3）硝化作用——氨态氮转化为硝酸态氮
水中氨是不稳定的，在化学和生物化学因素作用下容易转变为其他形式的氮化合物。当水中溶解氧充足时，氨态氮在硝化细菌的作用下转变为 NO_3^-，这一过程称为硝化作用。硝化作用分两个阶段进行，即：

$$2NH_4^+ + 3O_2 \longrightarrow 4H^+ + 2NO_2^- + 2H_2O + 能量$$
$$2NO_2^- + O_2 \longrightarrow 2NO_3^- + 能量$$

第一阶段主要由亚硝化单胞菌属细菌参与完成，第二阶段主要由硝化杆菌属细菌参与完成。这些细菌都是分别从氧化氨至亚硝酸盐和氧化亚硝酸盐至硝酸盐过程中获得能量，均以二氧化碳

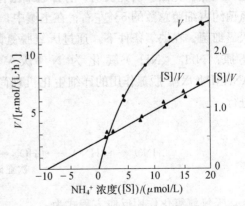

图 6-5　某些硅藻对 NH_4^+ 吸收速率与浓度的关系
（雷衍之，1979）

为碳源的化能自养菌，但在自然环境中适当的有机质则有利于它们的生活。有些溶解有机质，如单宁及其分解产物对土壤中硝化作用有抑制作用，在水中可能也有这样的情况。较高含量的溶解腐殖质也能抑制硝化作用。

硝化作用释放的 H^+ 可与水中的 HCO_3^- 结合。NH_4^+ 氧化时对溶解氧和碱度消耗的计量关系式为：

$$NH_4^+ + 1.83O_2 + 1.99HCO_3^- \longrightarrow 0.021C_5H_7NO_2 + 1.041H_2O + 1.88H_2CO_3 + NO_3^-$$

式中：$C_5H_7NO_2$ 为硝化细菌及亚硝化细菌生物量的平均元素组成。

硝化作用对水中溶解氧和碱度有较大的影响。所以，在使用硝化法处理水产养殖污水时需要考虑补充氧气、碳源和碱度等。

在养殖水体中，硝化作用主要受溶解氧、pH 等因素的影响。图 6-6 是溶解氧对硝化作用速率的影响的研究实例。从图 6-6 中可以看出，当溶解氧浓度低于 5 mg/L 时，硝化作用速率随溶解氧含量的升高而增大。

硝化作用的适宜 pH 范围为弱碱性。在 pH 7.8～8.9 时，硝化作用可以保持最大速率的 90%；当 pH≥9.5 时硝化细菌的活性受到抑制，pH≤6.0 时亚硝化细菌的活性被抑制，硝化作用速率均急剧下降。在水温 5～30 ℃时，温度升高，硝化作用加快；水温低于 5 ℃或高于 40 ℃时，硝

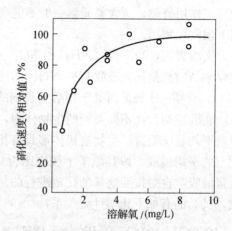

图 6-6　溶解氧对硝化作用速率的影响
(杉木昭典，1974)

化作用受到抑制。另外，硝化作用和水中[Ca^{2+}]有密切关系，[Ca^{2+}]低于 20 mg/L 时硝化作用受严重抑制，[Ca^{2+}]降到 15 mg/L 以下时硝化作用完全停止。

(4)脱氮作用——NO_3^-、NO_2^-、NH_4^+(NH_3)转化为分子氮　脱氮作用指在微生物的作用下，硝酸盐、亚硝酸盐、氨态氮被还原为一氧化二氮(N_2O)或氮气(N_2)的过程。这一过程通常包括反硝化作用和厌氧氨氧化作用。参与这一过程的微生物常称为脱氮菌或反硝化菌和厌氧氨氧化菌。研究表明，有普通细菌存在的地方，一般都有脱氮菌存在，在水体中，脱氮菌约占细菌总数的 5%左右；在土壤中，多时可达 30%左右。脱氮菌绝大部分都是条件性厌氧细菌。在缺氧条件下，通过厌氧脱氮菌的活动，NO_3^- 还原为 N_2(反硝化过程)，NO_2^- 还原、NH_4^+(NH_3)氧化为 N_2(厌氧氨氧化过程，anaerobic ammonium oxidation，ANAMMOX)。脱氮作用的详细生化机理尚不清楚，一般认为反硝化作用可能按下述途径进行：

$$2HNO_3 \longrightarrow 2HNO_2 \longrightarrow [HON=NOH] \diagdown\quad \begin{array}{l} 2NH_2OH \longrightarrow 2NH_3(次要) \\ \longrightarrow N_2(主要) \\ N_2O(主要) \end{array}$$

次亚硝酸

厌氧氨氧化作用反应方程式为：

$$NH_4^+ + 1.32NO_2^- + 0.066HCO_3^- + 0.12H^+ \longrightarrow N_2 + 0.26NO_3^- + 0.066CH_2O_{0.5}N_{0.15} + 2.03H_2O$$

可能按下述途径进行：

$$NO_2^- + 2H^+ + e^- \xrightarrow{\text{亚硝酸还原酶 Nir}} H_2O + NO, \quad E_0^- = +0.38 \text{ V}$$

$$NO + NH_4^+ + 2H^+ + 3e^- \xrightarrow{\text{联氨合成酶 HZS}} H_2O + N_2H_4, \quad E_0^- = +0.06 \text{ V}$$

$$N_2H_4 \xrightarrow{\text{联氨水解酶 HDH}} N_2 + 4H^+ + 4e^-, \quad E_0^- = -0.75 \text{ V}$$

还原产物受还原条件的影响。据调查，在 30 ℃时，反硝化菌还原 NO_3^- 所得的气体产物中，N_2 与 N_2O 大约各占一半。也有报道提出，高温时反硝化作用的产物是 N_2，低温时的产物则是 N_2O，但 N_2O 很快还原为 N_2，在自然界中很难测出。

脱氮作用受许多水质条件的影响，pH 7~8 为最适范围，而 pH<5 或 pH>9.6 时反硝化作用完全停止；脱氮反应速率一般随 NO_3^- 和 NO_2^- 含量的增大而增高；溶解氧含量低于 0.5 mg/L，脱氮作用才顺利进行。此外，脱氮作用还与作为电子接受体的基质（如溶解有机物等）含量有关。

三、天然水体中无机氮与养殖生物的关系

天然水体中无机氮与养殖生物的关系表现在两个方面：一方面，NH_4^+（NH_3）和 NO_3^- 是浮游植物直接吸收利用的氮形态，在适宜浓度范围内，增加其含量，可提高浮游植物的生物量，提高天然饵料基础，促进养殖生产；另一方面，当水体中无机氮含量过高时，易导致水体富营养化，对养殖生物产生有害影响。非离子氨含量过高时，还会对水生生物产生毒害效应。

20 世纪 80 年代中期以来，由于工农业生产活动和生活污水的排放，给水体带来大量的无机氮；养殖业本身常常由于养殖密度过大，导致 NH_4^+（NH_3）积累；养殖水体中死亡或衰老藻类细胞的自溶以及细菌活动都将使原来以颗粒状结合着的大部分有机氮以 NH_4^+（NH_3）的形态释放到水体中。此外，养殖生物排泄的氮以 NH_4^+（NH_3）为主，例如，海湾扇贝（软体湿重为 5 g 左右）在温度 20 ℃时排泄 TNH_4-N 的速率为 6.26 mg/(h·kg)（体重）；中国明对虾稚虾在 25 ℃下排泄 TNH_4-N 的速率为 23.84 mg/(h·kg)（体重）。在集约化养殖背景下，这些因素易使养殖水体中无机氮含量过高，导致水体富营养化，诱发有害水华或赤潮，危害生态平衡，损害养殖生产。

水合氨能通过生物表面渗入体内，渗入量取决于水体与生物体内（如血液和水分）的 pH 差异，如果任何一侧液体的 pH 发生变化，生物表面两侧的未电离的非离子氨（NH_3）浓度就会发生变化。为了取得平衡，NH_3 总是从 pH 高的一边，渗入 pH 低的一边。如果 NH_3 从水中渗入组织液内，生物就会中毒。NH_4^+ 因带电荷，通常不能渗入生物体表，一般对生物无害，但也有文献认为 NH_4^+ 也有毒，毒性是 NH_3 的数十分之一或更小。NH_3 的毒性表现在抑制水生生物生长，降低鱼虾贝等的产卵能力，损害鳃组织以至引起死亡。陈炜等（1997）研究发现，对于海蜇螅状幼体，NH_3 的毒性是 NH_4^+ 的 90~110 倍（以氮含量表示），对于海蜇碟状幼体，毒性为 117~220 倍。臧维玲等（1996）的研究得出，NH_3-N 对罗氏沼虾蚤状幼体 24 h，48 h 和 96 h LC_{50} 分别为 6.86 mg/L、3.85 mg/L 和 2.87 mg/L，安全浓度为 0.64 mg/L；而对中国明对虾幼虾（L=2.61 cm）则分别为 2.80 mg/L、1.67 mg/L 和 0.97 mg/L。马爱军等（2000）的研究发现，当环境中 TNH_4-N 的浓度达到 20.0 mg/L 时，真鲷幼鱼的生长受到抑制，体色变黑；当 TNH_4-N 的浓度为 500 mg/L 时，真鲷幼鱼全部死亡。王琨（2007）通过急性毒性试验得出了 NH_3 对鲤幼鱼 24 h，48 h 和 96 h 的 LC_{50} 分别为 1.674 mg/L、0.967 mg/L 和 0.686 mg/L，安全浓度为 0.068 6 mg/L。贾旭颖等（2013）的研究得出，

在海水($S=30$)的养殖条件下，凡纳滨对虾($L=5.54\pm0.32$ cm)对 NH_3 的 96 h LC_{50} 和安全浓度分别为 1.612 mg/L 和 0.161 mg/L，在淡水中则分别为 0.629 mg/L 和 0.063 mg/L，在海水中的耐受能力高于淡水环境。欧洲内陆渔业咨询委员会(1970)就提出鱼类能长期忍受的 NH_3 - N(UIA - N)的最大限度为 0.025 mg/L。我国渔业水质标准(GB 11607—89)也规定水中非离子氨的最高限值为 0.02 mg/L。

在 pH、溶解氧和硬度等水质条件不同时，TNH_4 - N 的毒性亦不相同。例如，罗杰等(2010)研究发现 pH 分别为 7.6、8.0、8.4、8.8 时，TNH_4 - N 对管角螺稚螺 96 h LC_{50} 依次为 58.3 mg/L、54.5 mg/L、50.6 mg/L 和 20.2 mg/L，氨态氮在水体中的毒性随 pH 升高而增强，随水中溶解氧含量减少而增大。由于 NH_3 - N 在 TNH_4 - N 的比例随 pH、离子强度和温度的不同而变化，在表示非离子氨的毒性大小时必须注意 NH_3 - N 与 TNH_4 - N 的区别。

NO_2^- 在浓度较低时，会造成养殖动物抵抗力下降，易患各种疾病，被视为鱼类的致病根源。受 NO_2^- 的长期作用则表现出抑制生长、死亡率上升、破坏组织器官等，如随着 NO_2^- - N 的浓度上升会出现鳃内污浊物增多，鳃肿胀、粘连、上皮层增厚等现象。臧维玲等(1996)研究了 NO_2^- 对罗氏沼虾蚤状幼体的毒性，发现 V 期和 Ⅶ 期的蚤状幼体经 12 d 的 NO_2^- 亚急性毒性作用后，表现出发育变态减缓，随 NO_2^- 浓度的递增，幼体成活率与出苗率均递减，当 NO_2^- 浓度超过安全浓度时，毒害作用明显增加。吴中华等(1999)根据对中国明对虾的研究推测，环境中 NO_2^- 浓度增加，一方面可能会导致对虾体内酚氧化酶、过氧化物歧化酶和溶菌酶的活性下降，使对虾体内自由基过氧化物增多，抵抗能力下降，导致代谢混乱，生理功能失调；另一方面也可能破坏血浆中的血蓝蛋白，从而失去携氧能力。多数研究认为，NO_2^- 致病的最主要原因在于 NO_2^- 进入血液后，直接与血红蛋白反应生成高铁血红蛋白，减少了血的氧气输送，对鱼类和其他水生动物造成生理缺氧，产生危害。

NO_3^- 对养殖生物的毒性有相关报道，如威斯汀(Westin, 1974)测定了 NO_3^- 对大鳞大麻哈鱼 96 h LC_{50} 和 7 d LC_{50} 值，其结果是在淡水中 NO_3^- - N 的相应 LC_{50} 分别为 1 310 mg/L 和 1 080 mg/L，在盐度 15 的水中则分别为 990 mg/L 和 900 mg/L；

NO_3^- - N 对湖鳟仔鱼 96 h LC_{50} 为 1 121 mg/L，对湖白鲑仔鱼 96 h LC_{50} 为 1 903 mg/L；NO_3^- - N 对湖鳟和湖白鲑从胚胎到仔鱼阶段的慢性(130~150 d)LC_{50} 值分别为 190 mg/L 和 64 mg/L。可见 NO_3^- 对养殖生物的毒性远低于 NH_3 和 NO_2^-。

为了保持养殖业的可持续发展，必须严格控制水体中营养盐的含量，提高水质管理措施及调控技术，科学合理的放养、施肥与投喂。

四、鱼类氨中毒实例及预防解救措施

(一)鱼类氨中毒实例及预防解救措施

黑龙江省牡丹江下游的柴河断面由于受大量生产废水和生活污水排放的影响，断面水质污染严重，而牡丹江某淡水鱼养殖场位于柴河断面约 12 km 处，养殖用水受到很大影响。养殖生产过程中，经常出现池鱼食欲下降，抢食不积极，时而游出水面，时而潜入水底，溜池边慢游，白天出现浮头，零星死鱼，开动增氧机后，鱼群回避不近，向四周散浮，投施增氧剂也不见浮头现象缓解。仔细观察发现：鱼口裂大张，眼球突出，反应呆滞，身体失衡侧卧，呼吸微弱甚至昏迷死亡。经水质监测，王昌金等(2000)发现，鱼场水源和鱼池水体中氨态氮含量偏高，严重时甚至超过我国渔业水质标准中规定含量的 10 倍以上，因此认为氨中毒是导致死鱼的主要原因。

鱼类氨中毒，没有季节和昼夜之分，没有天气好坏之分。多见于成鱼养殖池，特别是高密度养殖池、进排水条件差的池塘及多年养殖没有清淤的池塘。氨中毒的征兆是：水体浑浊过肥，透明度低，水面有蓝褐色油膜覆盖；池底有气泡往上冒，在池边能嗅到腥臭气体；池鱼食欲下降，抢食强度减弱，鳃丝乌紫、血色暗红不鲜，出现零星死鱼，但死亡原因难寻。

(二)池鱼氨态氮中毒的预防与解救(抢救)措施

1. 预防措施　①保持合理的放养密度及科学投饵。②增加水体中的溶解氧。③科学施肥改良水质，肥水时尽量施用硝酸态氮肥，注意氮肥的使用量。④定期清理池底淤泥，定期监测水体的 pH、溶解氧及氨态氮含量，及时调节水质。

2. 解救措施　①及时更换新水，打开增氧机。换水同时，可施用沸石粉、活性炭等吸附氨。②使用盐酸、醋酸等酸性物质，降低水体 pH，当 pH 下降到 7.5 以下时，可有效缓解鱼虾氨中毒的症状。③用水质改良剂，如光合细菌，微生态制剂等降低水中氨态氮含量。

五、天然水中无机氮的分布变化

1. 海水　海水中的无机氮受生物因素和水文状况的影响，随海区深度和季节的不同而有很大的差别。在夏季浮游植物繁殖季节，海水中无机氮被吸收，其含量降为最低值。夏季过后，$TNH_4 - N$ 含量首先回升，随后 NO_2^- 和 NO_3^- 含量也依次上升。当冬季 NO_3^- 含量达到最高峰时 NO_2^- 含量下降。

在空间分布方面，一般近岸无机氮含量较远岸的外海高，NO_2^- 通常只出现在浅海和底层海水中。大洋中 NO_3^- 含量一般随纬度的升高而增大。垂直分布的特点是，温跃层中出现 $TNH_4 - N$ 和 NO_3^- 的最大值，在其他水层则含量很低，NO_3^- 含量一般随深度而增加。图 6-7 是长江口外东海海区某测站有效氮垂直分布的季节变化。南海、黄海及东海北部海域各水层无机氮含量的垂直变化情况可参考第十章表 10-9。

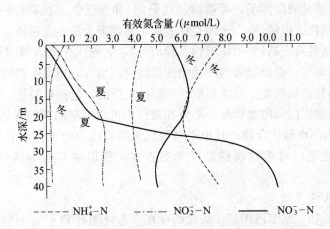

图 6-7　长江口外东海海区某测站有效氮垂直分布的季节变化

2. 江河、湖库和池塘　河水中含氮无机化合物主要来自大气降水、耕地施肥和生活污水。河水中 $NO_3^- - N$ 含量差异很大，每升水含数微克到数十毫克。未被污染的河水，$TNH_4 - N$ 含量比 $NO_3^- - N$ 少。大多数河水中所含的无机氮比海水高得多。夏季由于水生植物的吸收利用,无机氮含量大大降低以至达到检测不出的程度。秋季生物繁茂期过后,含量渐渐增多,到冬季达最大值。春季水温渐增,植物光合作用增强,无机氮又逐渐降低。

湖泊中无机氮的年变化规律与河水相似,但在夏季由于水温的明显分层,水体的垂直稳定性增强,在底层由于有机物的分解,无机氮含量明显高于表层,水库中营养元素的变化与河水和湖泊相似。但水库主要用于灌溉、发电,水体不断更新,尤其是雨季更是如此,这不仅流失溶存的营养物质,也流失了浮游生物,使肥力降低,鱼类的天然饵料大量减少而影响鱼类生长。

池塘水体中无机氮的变化同其他天然水体相似,但不同池塘因地区、水文、底质以及人工施肥的不同而有很大差别。例如,在夏秋季节,精养池塘的含氮无机盐有明显的昼夜和垂直变化。一般随浮游植物生长繁殖作用的消长而相应变化。真光层的中下层以夜间和清晨为低。底层水由于底泥有机物的矿化作用补充,无机物含量高于表层水,特别是 $TNH_4 - N$,在同一测点上、下水层的含量有很大差异。

第三节　天然水中的磷

磷也是藻类生长所必需的营养元素,需要量比氮少,但天然水中缺磷现象往往比缺氮现象更为普遍,因为自然界存在的含磷化合物溶解性和迁移能力比含氮化合物低得多,补给量及补给速率也比较小,因此磷对水体初级生产力的限制作用往往比氮更强。

一、天然水中磷的存在形态

与氮不同,天然水中除有机磷外的无机含磷化合物的价态基本无变化,一般都是+5价。磷在水中一般只是在不同的化合状态、溶解沉积状态及生物的吸收利用间变化。磷在水中的存在形态常常按照磷的这种性质来划分。天然水中的各种形态磷通常称为总磷,包括溶解磷和颗粒磷。溶解磷分为活性无机磷、活性有机磷(部分可分解)、多聚磷酸盐(可水解为活性磷)、酶解磷(酶化磷酸酯类,可被酶催化分解)和非活性有机磷(难以分解,多为磷酸酯);颗粒磷分为活性无机磷(吸附于颗粒物表面,易解吸为活性无机磷)、非活性无机磷(矿物风化产物)和非活性有机磷(生物排泄物、碎屑等)。天然水中的含磷量通常是以酸性钼酸盐形成磷钼蓝进行测定,根据能否与酸性钼酸盐反应,也可以把水中磷的化合物分为活性磷化合物和非活性磷化合物两类。凡能与酸性钼酸盐反应的,包括磷酸盐、部分溶解态的有机磷、吸附在悬浮物表面的磷酸盐以及一部分在酸性中可以溶解的颗粒无机磷[如 $Ca_3(PO_4)_2$、$FePO_4$]等,统称为活性磷化合物;其他不与酸性钼酸盐反应的统称为非活性磷化合物。由于活性磷化合物主要以可溶性磷酸盐的形态存在,所以通常称为活性磷(酸盐),并以 $PO_4^{3-} - P$ 表示。

1. 溶解态无机磷

(1)无机正磷酸盐　水溶液中正磷酸盐的存在形态可能有 PO_4^{3-}、HPO_4^{2-}、$H_2PO_4^-$ 以及 H_3PO_4,各部分的相对比例(分布系数)随 pH 的不同而异(图 6-8)。在 pH 6.5~8.5 的正常天然淡水中以 HPO_4^{2-} 和 $H_2PO_4^-$ 为主,而在海水中,HPO_4^{2-} 为可溶性磷酸盐的主要存在形态,而游离的 H_3PO_4 含量极微。在正常的大洋海水中($T=20\ ℃$,$Cl=19$,$pH=8$)($Cl=19$ 相当于 $S=35$),HPO_4^{2-} 占 87%,PO_4^{3-} 占 12%,$H_2PO_4^-$ 占 1%,其中 99.6%的 PO_4^{3-}

和 44% 的 HPO_4^{2-} 与 Ca^{2+}、Mg^{2+} 形成离子对。由于离子强度的影响和离子对的作用，在纯水、NaCl 溶液和人工海水中各种形态的磷酸根离子的相对比例与 pH 的关系有显著的差异（图 6-8）。

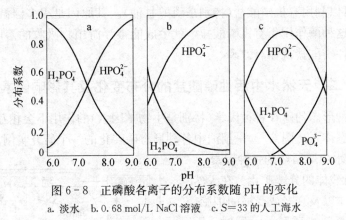

图 6-8　正磷酸各离子的分布系数随 pH 的变化
a. 淡水　b. 0.68 mol/L NaCl 溶液　c. S=33 的人工海水

（2）无机缩聚磷酸盐　受工业废水或生活污水污染的天然水含有无机缩聚磷酸盐，如 $P_2O_7^{4-}$、$P_3O_{10}^{5-}$ 等，它们是某些洗涤剂、去污粉的主要添加成分。分子中含有 3 个以上磷原子的无机缩聚磷酸盐称为多聚磷酸盐，随着多聚磷酸盐分子的增大，溶解度变小。通常认为它们是导致水体富营养化的重要因素之一。为了保护环境，世界各国都已经限制多聚磷酸盐添加在洗涤剂中。

无机多聚磷酸盐很容易水解成正磷酸盐：

$$P_3O_{10}^{5-} + H_2O \longrightarrow P_2O_7^{4-} + PO_4^{3-} + 2H^+$$
$$P_2O_7^{4-} + H_2O \longrightarrow 2HPO_4^{2-}$$

在某些生物及酶的作用下，上述反应速度加快。据实验，在酸性磷钼兰法中有 1%～10% 的多聚磷酸盐水解而被测定。

2. 溶解态有机磷　溶于天然水中的有机结合态磷的性质还不完全清楚。可溶性有机磷如果来自有机体分解，其成分可能包括磷蛋白、核蛋白、磷脂和糖类磷酸盐（酯）。由单胞藻释放出的某些（不是全部）有机磷，能被碱性磷酸酶水解，因此这些分泌物中可能含有单磷酸酯。此外，许多研究者认为天然水中可溶性有机磷包括有生物体中存在的氨基磷酸与磷核苷酸类化合物。

3. 颗粒磷　天然水中悬浮颗粒物一般指可以被 0.45 μm 微孔滤膜截留的物质。这些颗粒物内部或表面常常含有无机磷酸盐和有机磷，这两部分一般很难分离。粒状无机磷主要为 $Ca_{10}(PO_4)_6(OH)_2$、$Ca_3(PO_4)_2$ 和 $FePO_4$ 等溶度积极小的难溶性磷酸盐，某些悬浮黏土矿物和有机体表面上可能吸附无机磷。在河口区，河流径流泥沙等无机悬浮物等可吸附海水中的无机磷酸盐，并一同沉积至海底。悬浮颗粒有机磷包括存在于体组织中的各种磷化合物。

天然水的总磷含量中各部分所占的比例因不同水域而有显著的差异，贫营养水体通常以可溶性无机磷酸盐所占比例较高。例如，根据缅因（Maine）海湾研究结果，在各种形态磷的化合物中，可溶性无机磷含量很高，占总磷量的 70%～90%（随季节变化）。而可溶性有机磷仅占 2%～20%，颗粒态磷占 6% 以下。湖泊中，可溶性无机磷的含量一般变化较大，但占总磷的比例较小,而可溶性的有机磷可能占总磷的 30%~60%。

以上各种形态的磷化合物中,能被水生植物直接吸收利用的部分称为有效磷。溶解无机正磷酸盐是对各种藻类普遍有效的形态。但实验也表明,很多单细胞藻类(如三角褐指藻、美丽星杆藻等)可以利用有机磷酸盐(特别是磷酸甘油)。其原因是很多浮游植物细胞表面能产生磷酸酯酶,这种酶作用于有机磷酸盐,就生成能被浮游植物吸收的溶解无机正磷酸盐。但目前一般把活性磷酸盐视作有效磷。

二、天然水中活性磷酸盐的分布变化及其影响因素

天然水中各种形态的磷在各种因素(特别是生物学因素)的作用下会相互转化、迁移,构成一个复杂的动态体系。图 6-9 是湖泊中各种形态磷转化的一个研究实例。

1. 参与天然水中磷循环的各种因素

(1)生物有机残体的分解矿化 在天然水中水生生物残体以及衰老或受损的细胞,由于自溶作用而释放出磷酸盐。同时,因悬浮于温跃层和深水层暗处受微生物的作用而迅速再生的无机磷酸盐,构成了水体中有效磷的重要来源。

(2)水生生物的分泌与排泄 研究表明,天然水中浮游植物在分泌出有机磷脂等有机态磷并使之重新参与磷循环方面起着重要作用。塞德(Seder,1970)和库兹勒(Kueuzler,1970)皆发现浮游植物以胞外分泌物的形式向水中分泌出大量的有机磷酸盐。

浮游动物排泄磷酸盐常常是有效磷的重要再生途径。巴特勒等(Butler,1970)报道,哲水蚤吞食的食物中的磷,用于生长的约占 17%,以粪便形态排出的占 23%,其余 60% 以溶解形态的磷排出。另

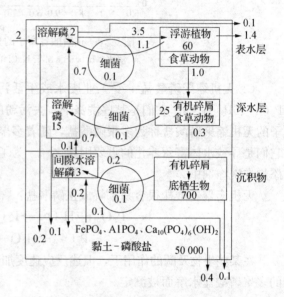

图 6-9 湖泊中磷的分布及迁移模式
(斯塔姆 Stumm 等,1971)
方框及圆圈中的数字为不同形态磷的丰度($\mu g/L$ 湖泊体积);
箭号上的数字为不同形态磷之间的转化速度[$\mu g/(L \cdot d)$]。

据报道,浮游动物排泄的无机磷,在大陆架水域相当于浮游植物需要量的 15%,在湾流区(gulf stream)达 60%,而在浅的海湾仅占 6%。在北太平洋中部,浮游动物释出的磷量相当于浮游植物所需磷量的 55%~183%。虽然细菌由于代谢和需要基质而将有机磷氧化,导致无机磷的释放。但约翰尼斯(Johnnes,1965)指出,在由碎屑物质再生磷酸盐方面,原生动物的重要作用可能不亚于细菌,因为细菌与原生动物的混合种群对无机磷的再生速率要比单独的细菌或单独的原生动物再生速率快一些,这可能由于碎屑有机磷被细菌同化后细菌组织进一步被原生动物所消化,也可能由于原生动物排泄的物质能刺激细菌的生长。另外,原生动物的代谢率很高,有研究人员提出,以单位生物量计算,原生动物排泄的无机磷比甲壳类浮游动物排泄的高 10~100 倍。

此外,鱼类及其他水生生物的代谢产物中也含有磷。姜祖辉等(1999)发现壳长为 29 mm 的菲律宾蛤仔的排磷速率按照干体重为 6.22 $\mu g/(g \cdot d)$。

（3）沉积物中磷的释放　沉积物在磷沉积和释放过程中扮演者重要的角色，不断地接纳和释放磷元素，促进磷循环系统的平衡。在大多数地表水质系，其沉积物为上覆水层有效磷的巨大潜在源。例如，湖泊沉积物中磷的丰度比上覆水层高 600 倍之多；草鱼混养池塘沉积物中的磷占输入系统的 76.5%～80.0%。

（4）水生植物的吸收利用　在地表水真光层中，大量的有效磷在水生植物生长繁殖过程被吸收利用，是构成天然水中磷循环的重要环节之一。如前所述，生物机体残骸在分解矿化再生营养盐时按一定的比例进行，而藻类在吸收利用有效氮和有效磷时一般也按 P∶N＝1∶16（或 1∶15）的比例进行。当然，不同水域、不同季节和不同种的水生植物可能有所不同，但大洋表层水中 P∶N 比值相当恒定。如三大洋表层水的 P∶N 比值一般分布在 1∶15理论线附近（图 6-10）。P∶N 比值是否符合植物生长的需要，这对于养殖水体饵料生物的培养必须特别重视。因为水中有效氮、磷浓度即使超过临界值，但 P∶N 比值不适时，会浪费肥料。表层水可以经由生物固氮作用不断地从溶解氮气中补给氮，若合理多施磷肥，促进固氮生物生长，水体少施或不施氮肥，也可能不至于出现缺氮现象。

浮游植物对有效磷的吸收速率与水中有效磷浓度的关系也符合米氏方程。研究表明，许多淡水浮游植物对有效磷的半饱和吸收常数 K_m 为 0.2～0.8 $\mu mol/L$。但不同种浮游植物吸收利用有效磷的能力差异相当悬殊。如海洋浮游植物角毛藻对磷酸盐吸收利用的 K_m 值为 0.12 $\mu mol/L$，而三角褐指藻能够使介质中的 PO_4^{3-}-P 降低到 7.2×10^{-4} $\mu mol/L$（比通常的分析方法监测最低限还小）。K_m 值越小的植物，对 PO_4^{3-}-P 吸收利用能力越强，在温度、光照适宜的缺磷水体内越易发展成为优势种群。

若从促进天然水浮游植物的繁殖考虑，水中有效磷需要维持一定含量水平。以浮游植物的 K_m 平均值为 0.5 $\mu mol/L$ 计，则有效磷浓度 [P] 应保持不低于如下含量：

$$[S]=3K_m=1.5 \ \mu mol/L$$

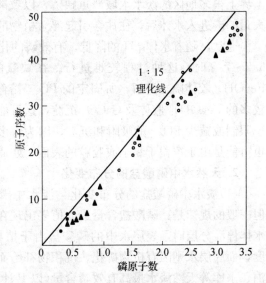

图 6-10　三大洋表层水的 P∶N 值
▲为太平洋　·为大西洋　○为印度洋

许多研究者在不同条件下研究获得的浮游植物生长有效磷的临界含量为 0.6～2.4 $\mu mol/L$。我国渔业水质标准没有对活性磷与总磷做出规定。而我国海水水质标准（GB 3097—1997）则规定活性磷（以 P 计）一类水不超过 0.015 mg/L，二、三类水不超过 0.030 mg/L，四类水不超过 0.045 mg/L。一些国家渔业用水水质标准对总磷含量做了规定。如美国和日本规定湖泊、水库等水产环境水质总磷量不得超过 50 $\mu g/L$，相当于 1.6 $\mu mol/L$。

大多缺磷饥饿的藻类细胞，一旦接触到有效磷含量较高的水质环境，其吸收利用的速度极快，此时多吸收的磷一般以多聚磷酸盐形态贮存于细胞中。在细胞缺磷的情况下，多聚磷酸盐分解释放能量和 PO_4^{3-}-P，用来支持种群的大量增长。如三角褐指藻在磷限制胁迫下和恢复培养后，对磷酸盐利用水平提高，生长情况好于正常培养的三角褐指藻。

（5）若干非生物学过程　天然水中含磷物质的外部来源主要为降水、地表径流冲刷土壤以及生活污水。降水中磷含量通常在 $30\sim100\ \mu g/L$；地表径流从土壤中冲刷走的磷量为每年 $2\sim24\ mg/m^2$，其中以黏土微粒态磷为主，在还原条件下可能转变为溶解态磷；过去含磷洗涤剂、去污粉的大量使用(有的洗衣粉 $Na_5P_3O_{10}$ 含量可达 21%)，也会给水体带来大量的磷。如武汉东湖，1954—1955 年湖水总磷含量在 $0\sim0.026\ mg/L$ 变动，平均含量为 $0.008\ mg/L$。由于城市经济的发展，人口增加，排入东湖的污水剧增，到 1978—1979 年，湖水总磷含量范围为 $0.002\sim0.900\ mg/L$，平均含量为 $0.220\ mg/L$，比 20 世纪 50 年代增加了 20 余倍(刘健康，2000)。

可溶性含磷物质的化学沉淀或吸附沉淀也可以使部分有效磷离开水体。天然水体内的化学沉淀作用，主要是与 Fe^{3+}、Al^{3+}、Ca^{2+} 等形成难溶磷酸盐沉淀。在光合作用强烈的真光层中，随着 $CaCO_3$ 的沉淀，可能部分转化为溶解度更小的羟基磷灰石沉淀：

$$10CaCO_3(s)+6HPO_4^{2-}+4H_2O=Ca_{10}(PO_4)_6(OH)_2(s)+10HCO_3^-+2OH^-$$

此外，悬浮于水中的黏土微粒或胶粒，可能把水中的 HPO_4^{2-} 紧紧吸附在其表面。显然无论是水体中的化学沉淀或者液-固界面上的吸附作用都可能降低水中有效磷的浓度。因此，世界上很多地区的淡水水域严重缺磷，以致磷成为其初级生产力的重要限制因素。但是一旦大量的磷进入水体后，往往会引起浮游植物的迅猛生长而使水体呈现富营养化。

通常，随着水体 pH 的降低，有效磷的化学沉淀或吸附固定的趋势减小。例如，当 pH $6.5\sim7.5$ 时，这种过程较难进行。在缺氧的条件下，Fe(Ⅲ)还原为 Fe(Ⅱ)，$FePO_4$ 及 $Fe(OH)_3$ 胶体随之溶解，所固定的 PO_4^{3-} 溶解；而在氧化条件下，常伴随出现较高的 pH，较多的 $Fe(OH)_3$ 胶体及 $CaCO_3$ 沉淀，这可能使溶解的 PO_4^{3-} 沉淀固定。有机物的存在有利于限制或减少 PO_4^{3-} 的吸附和沉淀，因为许多有机物可络合 Fe^{3+}、Al^{3+}、Ca^{2+} 等金属离子，也可能是由于覆盖于黏土或胶粒的表面，妨碍了沉淀与吸附作用的进行。

2. 天然水中磷酸盐的分布变化

(1)淡水中磷酸盐的分布变化　淡水中磷酸盐的分布因水系的不同而呈现不同的特征，但一般的规律是：磷酸盐含量最大值多出现在冬季或早春，最小值多出现在暖季的后期。在水体停滞分层时，表层水中的磷酸盐由于植物的吸收消耗，有效磷可降低至检测不出的程度，而底层水则因有机物矿化、沉积物补给而积累较高含量的磷酸盐。通常情况下河流、湖泊、水库等天然淡水最高有效磷含量(以 P 计)为 $1.5\sim3.5\ \mu mol/L$。

(2)海水中磷酸盐含量有较大的变化范围　通常情况下海水中磷酸盐最大浓度为 $15\sim30\ \mu g/L$，近岸海区因大陆径流的排入其磷酸盐浓度常比远岸海区高；在缺氧海盆或上升流海区，磷酸盐含量也较高，甚至达到 $0.1\ mg/L$ 以上。较低的浓度出现于热带的表层水中，最大浓度仅为 $3\sim6\ \mu g/L$。

磷酸盐的季节变化与有效氮十分相似，通常都是冬季含量较高，而浮游植物生长旺盛的春、夏季含量降低。我国各海区海水中溶解态磷的季节变化特征可参考第十章中的表 10-12。

第四节　天然水中的硅和铁

一、天然水中的硅

天然水中含硅化合物的存在形态有可溶性硅酸盐、胶体、悬浮物以及作为硅藻组织的硅等。可溶性硅大多以正硅酸及其盐类存在，硅酸是弱酸，可按下式微弱电离：

$$H_2SiO_3 \rightleftharpoons H^+ + HSiO_3^-$$
$$HSiO_3^- \rightleftharpoons H^+ + SiO_3^{2-}$$

据测定，在 25 ℃，0.5 mol/L 的 NaCl 溶液中，H_2SiO_3 的一级和二级表观电离常数分别为 $K_1' = 3.9 \times 10^{-10}$ 和 $K_2' = 1.95 \times 10^{-13}$。在天然水的 pH 条件下，硅酸主要以分子态 H_2SiO_3（水合 SiO_2）和 $HSiO_3^-$ 存在。在 pH<8 时，95％以上以 H_2SiO_3 存在。而随着 pH 升高，$HSiO_3^-$ 所占比例相应增大。在海水中硅酸盐易聚合为聚合硅酸盐，至今未发现有可溶性有机硅化合物存在于天然水中。不溶性硅化合物主要存在岩石风化产物、黏土悬浮物、硅藻和其他生物体内或残骸中。

溶解态的硅酸盐及胶体硅通常可用形成硅钼酸络合物比色法测定。一般把能与钼酸铵试剂反应而被测出的部分硅化合物称活性硅酸盐，以SiO_3 - Si 表示，活性硅酸盐大多能被硅藻所吸收利用，可作为水中有效硅含量的指标。

天然水中的有效硅是许多浮游植物生长必需的一种大量营养元素，尤其是对于硅藻类浮游植物、放射虫和硅质海绵，硅是构成其机体的不可缺少的组分。在硅藻及其他由 SiO_2 构成"骨架"的浮游植物中，SiO_2 含量最高可达体重的 60％～75％；当水中缺硅时，硅藻细胞难以分裂，蛋白质、DNA、RNA、叶绿素、叶黄素、类脂等物质的合成以及光合作用均受到影响。

研究表明，当水中有效硅浓度不太高时，硅藻对它的吸收速率与有效硅浓度的关系符合米氏方程。许多硅藻的 K_m 值大多在 0.19～3.37 $\mu mol/L$，而以 K_m 值为 2 $\mu mol/L$ 较为多见。一般天然淡水 SiO_3 - Si 含量在 1.5～66 $\mu mol/L$，特殊情况下甚至更高，而海洋中溶解态硅的平均浓度为 1.0 mg/L，因此人们通常认为硅不是限制性营养元素。不过，在其他营养物质供给充足、形成硅藻水华时，若补给不及时，硅也会成为限制性营养物质。康利(Conley，1992)研究了切萨皮克湾(Chesapeake)可溶性硅的年变化，发现可溶性硅控制了春季赤潮中硅藻的产量，引起春季赤潮的衰落并导致浮游植物组成的变化。

硅藻及其他生物对硅的吸收利用以及与 Ca^{2+}、Al^{3+} 等离子的沉淀反应可降低水中有效硅的浓度。而含硅悬浮物的溶解，特别是薄壁硅藻残骸沉降过程中的溶解，则可能使有效硅含量增加。厚壁型硅藻死亡后溶解较慢，往往会沉降至底层或进入沉积物而脱离循环。

在天然淡水中的活性硅酸盐含量也类似于有效氮和活性磷酸盐，具有明显的时空分布规律，远海及大洋海水中活性硅酸盐的含量较低，其分布变化受水文地质和生物学过程的影响。

陆地含硅岩石风化后，被溶解成胶状的硅酸、铝硅酸或其盐类，随着陆地水不断被带入海水，成为海洋中硅的重要来源。据统计，每年被搬入海的数量，以 SiO_2 计算，可达 1.93×10^8 t，因此，近岸海区的上层，尤其是近河口海区，硅酸盐的含量比外海高得多，但在海水自然条件下，硅酸容易脱水形成极稳定的硅石：$H_4SiO_4 \longrightarrow SiO_2 + 2H_2O$，导致活性硅酸盐的含量降低。当然这个过程远比脱水过程复杂。许多研究者认为，在河口海滨区，随着海水与河水的混合，发生着硅酸盐的自然迁移过程。如利斯和斯宾塞(Liss and Spencer，1970)报道英国的康威(Conway)河口硅酸盐含量与盐度之间存在着很好的负相关性(图 6 - 11)。

随着季节的变化，海水中硅酸盐的含量可相差 100 倍以上。在春季硅藻等浮游植物繁茂的季节，有时甚至低于 0.3 $\mu mol/L$。而在冬季生物死亡后，可通过溶解作用使硅的含量得到恢复。由于生活在海水上层的浮游植物死亡后的下沉和腐解，生物体内硅的重新溶解过程多在下层海水中进行，所以硅酸盐在海水中的浓度一般随着深度的增大而增大，底层海水可高达 1 000 $\mu mol/L$ 以上。尽管海水中硅的浓度是不饱和的，但由于在悬浮状含硅有机物周围吸

附着阳离子，使溶解过程变得十分缓慢，未
溶解的硅随着生物体一起下沉到海底而成为
硅质沉积。第十章表 10-8 和表 10-9 列出
了我国部分长江口及东海海域不同季节和不
同深度海水中的硅酸盐含量，可供参考。

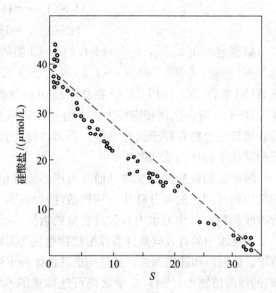

图 6-11　英国康威(Conway)河口硅酸盐与盐度的关系
(Liss and Spencer，1970)

二、天然水中的铁

铁是动、植物都不可缺少的微量营养
元素，是叶绿素和血红素中的组成部分，
也是某些酶的重要成分，在生物氧化还原
过程中起着重要作用。

天然水中的铁有 +2 与 +3 两种价态。
由于天然水中存在 SO_4^{2-} 和 HCO_3^-，在不
同 pH 和氧化还原条件下，铁在水中的存
在与形态将有 Fe^{2+}、Fe^{3+}、$Fe(OH)_2$、
$Fe(OH)_3$、$FeCO_3$、FeS 及 FeS_2 等。在大
多数天然水的 pH 条件下，当水中含有溶
解氧时(此时 E_h 一般都在 400 mV 以上)，Fe^{2+} 不能稳定存在，会被氧化为 $Fe(OH)_3$：

$$4Fe^{2+} + O_2 + 10H_2O = 4Fe(OH)_3 \downarrow + 8H^+$$

$Fe(OH)_3$ 的溶度积很小，以致在天然水通常的 pH 条件下几乎不可能有 Fe^{3+} 存在。根
据计算，在 pH=8 的海水中，真正以离子形态存在的铁浓度不可能高于 4×10^{-7} $\mu g/L$，在
pH=8.5 时不可能高于 3×10^{-8} $\mu g/L$。

不过，在天然地面水中实际测到的铁含量常比上述计算的平均浓度高。产生这种现象的
原因是 $Fe(OH)_3$ 常以胶体形态存在，测定时参与了显色反应。另外，Fe^{3+} 与 Fe^{2+} 还会被一
些天然有机物螯合或络合，如柠檬酸、酒石酸、乳酸、氨基酸及腐殖酸等。

我国部分水系铁含量的结果是：太湖水系 260~910 mg/L、巢湖水系原水 0.01~0.49 mg/L、
黑龙江水系 100~620 mg/L、松花江水系 110~730 mg/L 和白洋淀水系 30~290 mg/L。地
下水的含铁量常较高。许多冲积平原的井水含有丰富的铁。尤其铁矿产区附近的井水，有的
铁含量可达每升数十至数百毫克，这种水用于养鱼有很大的危害。

含大量铁的地下水(主要为 Fe^{2+})大量注入鱼池，会使水质发生一系列变化。首先是
Fe^{2+} 被氧化成 $Fe(OH)_3$，水变混浊，pH 降低。

生成的 $Fe(OH)_3$ 絮凝时会将水中的藻类及悬浮物一并混凝、下沉，使水逐渐变清。过
几天浮游植物又会繁生，水色又渐渐变深，pH 回升。

大量 Fe^{2+} 氧化需要消耗水中的溶解氧，1 mg Fe^{2+} 氧化需 0.14 mg O_2。水中生成的大量
$Fe(OH)_3$ 微粒还会堵塞鱼鳃、聚沉藻类。所以我国北方鱼类越冬池不可直接大量补注含铁
高的水。

地面水与地下水中铁的含量与水流经地区所接触的岩石土壤的铁含量有关。土壤中的铁
含量范围一般为 0.7%~4.2%，仅次于硅和铝。地壳岩石圈铁平均含量为 5.1%。土壤中铁
含量很大程度取决于成土母岩。在岩浆岩中，石英和长石基本不含铁，黑云母含铁可高达

14%~21%。酸性岩浆岩一般含铁较低，基性岩浆岩一般含铁较高。如花岗岩一般含铁0.7%~2%，而玄武岩则高达7%左右。沉积岩含铁量也有较大的差别，一般黏质岩含铁较高(可达4.2%~5.6%)，砂岩次之(0.7%~2.1%)，石灰岩最少(一般<0.7%)。

铁在海水中的分布很不均匀，从大洋到近岸，其含量为0.001~0.5 μg/L，即相当于0.02~10 nmol/kg。在某些大洋区，铁往往是影响海洋初级生产力的另一重要因子。马丁(Martin，1990；1991)报道，赤道附近太平洋和南太平洋中铁是限制性营养元素，如果向这些海区添加一些铁，浮游植物密度可能剧增。近年来已尝试人为地向一些缺铁的海区施放铁屑，结果表明，添加铁可大大提高浮游植物的数量。在北大西洋罗斯海(Ross)，要使铁不成为浮游植物生长的限制因子，其含量必须高于0.5 nmol/kg；而在赤道海区，必须高于0.3 nmol/kg，若低于上述阈值，浮游植物生长就会受到限制。贝伦费尔德(Behrenfeld，1996)和博伊德(Boyd，1996)在开放海域进行了现场实验，皆验证了铁限制了高营养盐低叶绿素(HNLC)海区的初级生产力。刘静雯(2000)研究发现，经过60 d的铁限制培养后，大型海藻细基江蓠繁枝变型的生长率下降，甚至出现负增长，导致出现黄化现象甚至死亡，说明铁限制了其生长。

海水中的铁与某些海洋动物的生长也有直接关系。如在氢氧化铁胶团凝聚形成黏性软泥沉积于浅海海底时，这样的水域环境适合于幼虾的生长繁殖。据实验，分别把对虾溞状幼体(Ⅰ期)培养在含铁量为0.404 mg/L的海水和无铁海水中，在同样条件下饲养，2 d后含铁海水中对虾幼体大部分存活，而无铁海水中的对虾幼体则全部死亡。

习题与思考题

1. 何谓常量必需元素？浮游植物的常量必需元素有哪些？

2. 水生植物吸收营养元素速度方程——米氏方程中半饱和常数 K_m 有何意义？

3. 经实验，在26 ℃，不同的 $NO_3^- - N$ 浓度的海水培养液中，日本星杆藻对 $NO_3^- - N$ 的吸收速率如下：

$NO_3^- - N/(\mu mol/L)$	0.0	1.0	2.0	3.0	4.0
吸收速率/($\mu mol/L \cdot h$)	0.0	4.0	5.7	6.6	7.3

以图解法求出该藻类对 $NO_3^- - N$ 吸收的半饱和常数 K_m 和最大吸收速率 V_{max}，并写出Michaelis - Menten方程。(答：$K_m = 1.5$；$V_{max} = 10$)

4. 天然水中有效氮有几种存在形态？各形态间有何联系？

5. 天然水中氮循环的特征是什么？它在水域生态系统中有何重要意义？

6. 天然水中无机氮与养殖生物的关系如何？

7. 已知某天然淡水温度为15 ℃，pH 7.80，总氨态氮浓度 $c_{NH_4^+ (NH_3)} = 1.50 \mu mol/L$，而另一海水温度为27 ℃，盐度 S 25.0，pH 8.30，总氨态氮浓度 $c_{NH_4^+ (NH_3)} = 0.80 \mu mol/L$，求淡水与海水中非离子氨UIA各为多少？已知海水中 $\gamma_{H^+} = 0.753$。(答：$0.025 \mu mol/L$；$0.062 \mu mol/L$)

8. 水体中非离子氨的含量与哪些因素有关？

9. 天然水中磷的存在形态有哪些？

10. 何谓活性磷酸盐？其分布变化有何特点？

11. 影响天然水中磷循环的生物学因素有哪些？

12. 天然水体中磷为何易成为限制水体初级生产的因子？

13. 什么叫活性硅？简述硅酸盐在水中的分布特点。

14. 铁在水中的分布情况怎样？含铁丰富的地下水大量注入鱼池后，池水发生怎样的变化？

15. 简述鱼类氨中毒的症状及预防解救措施。

第七章 □□□□□□□□□□

天然水中的耗氧有机物

教学一般要求

掌握: 天然水体中耗氧有机物的种类。COD、TOC、BOD、TOD 等水中耗氧有机物含量表示方法。水中耗氧有机物的主要内部来源。

初步掌握: 天然水中耗氧有机物的外部来源和水中耗氧有机物的转化。

了解: 天然水中耗氧有机物对重金属迁移转化的影响。

各类水体中普遍存在化学性质和组成复杂的有机物。如水体中生物死亡残体及其降解的有机产物,以及工业废水和生活污水排放等因人为活动进入水体的有机物等。各类有机物通过地表径流、点源排放等形式进入天然水体。水中有机物通过直接或间接方式影响水体理化及生物学性质。水中有机物的产生、存在和迁移转化过程与水生生物组成和生命活动都存在十分密切的关系;水中有机物参与水中氧化-还原、沉淀-溶解、配合-解离、吸附-解吸等一系列物理化学过程,从而影响许多无机成分,尤其是重金属和过渡金属元素的形态、分布、迁移转化和生物活性,影响水色、透明度、表面活性等水体物理化学性质;水中耗氧有机物分解时会大量消耗水中的溶解氧,从而影响鱼类和其他水生生物的正常活动。水中还可能存在多种有毒有机污染物,它们可被水生生物富集,进而通过食物链危害人类健康(详见第八章第三节)。因此,深入研究水中有机物对于水产养殖、水生生物保护、水质调控均具有重要的理论和实践意义。本章将介绍水体中主要有机物的种类、来源、含量及表示方法、以及耗氧有机物在水中的迁移、转化规律及其与生物生长和水质变化之间的相关关系等。

第一节　水中有机物的种类和含量

天然水体中有机物含量一般较低,按照来源,水体中的有机物分为天然来源和人为来源,天然来源包括两个方面:一是在水循环过程中所溶解和携带的有机成分;二是水生生物生命活动过程中所产生的各种有机物。由于人类活动而导致的各类有机物进入水体,属人为来源。也可以将水体中的有机物分为内部来源和外部来源。水中有机物呈现不同的含量是各种复杂过程相互作用的结果。未受污染的天然水体中,淡水中有机物的含量(以碳计)每升水通常为几毫克,个别水体(如沼泽水)可高达 50 mg 以上;海水中有机物的含量为 0.2~

2.0 mg/L(以碳计)，约为无机成分总含量的百万分之一。

水中有机物种类繁多，按其在水中的分散程度大小可分为颗粒有机物和溶解有机物；按对水环境质量的影响和污染危害方式，可分为耗氧有机物与有毒有机物；按结构复杂程度和产生方式分为腐殖质类和非腐殖质类有机物。

一、天然水中有机物的种类

1. 按分散度分类　按有机物在水中分散度的大小分类：平均颗粒直径大于 $0.45~\mu m$ 的有机物称为颗粒有机物(particle organic matter，POM)，以颗粒有机碳(particle organic carbon，POC)表示其含量；小于 $0.45~\mu m$ 的部分称为溶解有机物(dissolved organic matter，DOM)，以溶解有机碳(dissolved organic carbon，DOC)表示其含量。在其含量的实际测定中，可以被 $0.45~\mu m$ 孔径微孔滤膜截留的有机物被认为是颗粒有机物，不被截留的有机物被认为是溶解有机物，实际测定中一些粒径小于 $0.45~\mu m$ 的颗粒物也可能在过滤时被截留。

(1)颗粒有机物　颗粒有机物可以在普通显微镜下观察到，它包括有生命的有机体(浮游动植物、细菌菌团等)和无生命的有机物颗粒，后者在水中可逐渐沉降、可被降解。以 POC 表示的水中颗粒有机物为：

$$总POC＝碎屑POC＋活体POC$$

总 POC 可由实验测得，活体 POC 可由颗粒有机物的三磷酸腺苷(ATP)的测定量间接计算求得。浮游植物 POC 还可以由叶绿素 a 的测定量推算求得，浮游植物中 POC：叶绿素 a 的比值为 25～250，该比值具季节性变化特点。

天然水体中颗粒有机物的化学组成十分复杂，包括脂肪酸、叶绿素、类胡萝卜素、维生素 B_{12}、单糖(葡萄糖、半乳糖、阿拉伯糖和木糖)、氨基酸(谷氨酸、天门冬氨酸、精氨酸、丝氨酸、脯氨酸、丙氨酸和甘氨酸等)以及多核苷酸和 ATP 等。

水体中的颗粒态有机物一般并不是以纯粹的单一状态存在，而是与无机颗粒物紧密结合成为有机-无机复合体，同时颗粒物能吸附水中大量有机、无机化合物。因此颗粒物对于物质在水中的迁移转化、生态环境效应和水处理工艺流程等有着十分重要的影响。对中国东部包括黑龙江、松花江、黄河、长江等 14 条河流水体悬浮物的测定表明，颗粒物中的 POC 占 0.61%～6.21%，中位数为 2.92%，平均 3.19%。

(2)溶解有机物　溶解有机物包括真溶液和胶体两种，其中大部分呈胶体状态。其成分复杂，比较重要的有碳水化合物、蛋白质及其衍生物、类脂化合物、维生素和腐殖质等。表 7-1 为斯塔姆等(Stumm，1996)简化的生命有机体降解产物的研究结果。在苏黎世(Zurich)湖水中，氨基酸一般含量仅为 1×10^{-10} mol/L，即 $1\times10^{-3}~\mu g(C)/L$(蛋氨酸)和 $(1\sim4)\times10^{-8}$ mol/L，即 $0.5\sim2~\mu g(C)/L$(缬氨酸、丙氨酸、甘氨酸、赖氨酸、丝氨酸)。醋酸根、丙酮酸根的浓度为 $(1\sim4)\times10^{-8}$ mol/L，即 $0.3\sim1.3~\mu g(C)/L$。

① 碳水化合物。包括各种多糖和复杂的多糖类；海水中碳水化合物的总浓度为 200～600 $\mu g/L$。

② 含氮有机化合物。主要为蛋白质腐解产物以及细胞分泌物，如胞外蛋白、球蛋白以及氨基酸。表 7-2 列出了一些海水中溶解有机氮(dissolved organic nitrogen，DON)含量。我国主要淡水湖泊总有机氮(total organic nitrogen，TON)的含量为 0.12～7.38 mg/L，多数在 2.5 mg/L 以下，总有机氮中溶解有机氮占 40%～60%左右。

表 7－1　天然水中存在的有机物

(Stumm 等，1996)

生命物质	分解中间产物	未污染天然水中常见中间物及产物
蛋白质	多肽 → RCH(NH₂)COOH → {RCOOH, RCH₂OHCOOH, RCH₂OH, RCH₃, RCH₂NH₂}	NH_4^+、CO_2、HS^-、CH_4、HPO_4^{2-}、肽、氨基酸、尿素、酚、吲哚，脂肪酸、硫醇
多核苷酸	核苷酸 → 嘌呤和嘧啶碱	
类脂物：脂肪、蜡、油	RCH₂CH₂COOH + CH₂OH-CHOH-CH₂OH → {RCOOH, RCH₂OH, RCH₃, RH}	CO_2、CH_4、脂族酸、醋酸、柠檬酸、乙醇酸、苹果酸、棕榈酸、硬脂酸、油酸、碳水化合物，烃类
碳水化合物：纤维素、淀粉、半纤维素、木质素	$C_x(H_2O)_y$ → {单糖, 低聚糖, 甲壳糖} → {己糖, 戊糖, 葡萄糖}；$(C_2H_2O)_x$ → 不饱和芳香醇 → 多羟基羧酸	$H_2PO_4^-$、CO_2、CH_4、葡萄糖、果糖、半乳糖、阿拉伯糖、核糖、木糖
卟啉和植物色素：叶绿素、氯化血红素、胡萝卜素、叶黄素	二氢卟吩 → 脱镁叶绿素 → 烃类	植烷、降植烷、类胡萝卜素、类异戊二烯、醇酮、酸、卟啉
中间分解生成的复杂物质	酚＋醌＋氨基化合物；氨基化合物＋碳水化合物分解产物	黑素、类黑精、黄素、腐殖酸、富里酸、单宁

表 7－2　海水中溶解有机氮含量(mg／L)

位置	东北太平洋	黑海	地中海西部
氧化方法	紫外线照射	凯氏消解	紫外线照射
深度/m			
0～100	0.084(0.070～0.110)	0.110(0.084～0.110)	0.073(0.049～0.084)
100～300	0.070(0.056～0.084)	0.098(0.091～0.110)	0.046(0.028～0.063)
300～1 000	0.049(0.028～0.070)	0.084(0.077～0.094)	0.046(0.036～0.064)
1 000～2 000	0.049(0.028～0.056)	0.070	0.067(0.020～0.094)
2 000 以上	—	0.060	—
作者	霍尔姆-汉森(Holm-Hansen)等	斯科平采夫(Skopintsev)等	巴努布(Banoub)等

游离氨基酸主要有甘氨酸、谷氨酸、赖氨酸、天门冬氨酸、丝氨酸、亮氨酸和缬氨酸等，这些氨基酸还可缩聚为缩多氨酸(结合氨基酸)；在海水中总的游离氨基酸的含量为

$16\sim124~\mu g/L$，结合氨基酸含量为 $2\sim120~\mu g/L$。此外，海水中还存在一些其他含氮化合物，如尿素[$CO(NH_2)_2$，含量约 $5~\mu g/L$]，腺嘌呤($C_6H_5N_5$，$100\sim1~000~\mu g/L$)和尿嘧啶($C_4H_4N_2O_2$，$300~\mu g/L$)等。

③ 类脂化合物。包括脂肪酸或含有结合磷酸的脂类及其衍生物，如脂肪醇、甘油、胆固醇等。水体中类脂化合物的含量较低，海水中总脂肪酸含量平均约为 $5~\mu g/L$，由于它们在水中较难分解，因此比较容易从水中检出。脂肪酸的种类主要为含 $14\sim20$ 个偶数碳原子的脂肪酸，脂肪链中的双键为 $0\sim3$ 个。

④ 维生素。海水中已检出的维生素主要有 3 种 B 族维生素，即维生素B_{12}、维生素B_1 和维生素 B_7(维生素 H，生物素)。水体中维生素含量甚微，但与生物生长有密切关系，其含量常通过生物法间接测得。海水中维生素B_{12}的含量在 $0.1\sim4~\mu g/L$，维生素B_1的含量可达每升十多微克，维生素 B_7 的含量为每升数微克。

⑤ 简单有机化合物。水体中简单有机物包括羧酸，如乙酸、乳酸、羟基乙酸、苹果酸、柠檬酸等。它们是水中微生物生命活动所分泌的产物或复杂有机物的降解产物。海水中若干简单有机物的浓度列于表 7-3。

表 7-3　海水中某些有机物(平均)浓度

(陈静生等，1987)

有机物	浓度 $c/(mol/L)$	有机物	浓度 $c/(mol/L)$
醋酸	2.00×10^{-4}	羟基脯氨酸	3.05×10^{-7}
α 氨基丙酸	1.12×10^{-6}	乳酸	1.11×10^{-7}
精氨酸	1.15×10^{-7}	白氨酸	7.63×10^{-9}
天冬氨酸	1.20×10^{-6}	赖氨酸	6.85×10^{-7}
柠檬酸	1.04×10^{-5}	苹果酸	1.49×10^{-5}
半胱氨酸	1.65×10^{-7}	脯氨酸	1.74×10^{-7}
谷氨酸	1.09×10^{-6}	丝氨酸	1.90×10^{-6}
甘氨酸	4.00×10^{-6}	苏氨酸	8.40×10^{-7}
乙醇酸	7.89×10^{-6}	色氨酸	9.80×10^{-5}
组氨酸	2.58×10^{-6}	酪氨酸	5.24×10^{-7}
对-羟基苯甲酸	4.35×10^{-7}	缬氨酸	5.13×10^{-7}

⑥ 腐殖质。腐殖质是有机物在微生物作用下，经过分解、转化和再合成形成的性质不同于原有有机物的新的一类有机化合物，在土壤和水体中广泛分布。通常根据其在酸或碱溶液中的溶解特性将其分为溶于稀碱溶液但不溶于酸的胡敏酸(或称为腐殖酸)；既溶于酸又溶于碱的富里酸(或称为富啡酸)；既不溶于酸又不溶于碱的胡敏素(或称为腐黑物)。水体底泥中的腐殖质含量一般为 $1\%\sim3\%$，某些地区可达 $8\%\sim l0\%$。河水中腐殖质含量平均是 $10\sim15~mg/L$，在某些情况下可达到 $200~mg/L$，沼泽水中常含有丰富的腐殖质。湖水中腐殖质含量变化较大，为 $1\sim150~mg/L$，干旱地区由含碳酸盐岩石为湖床的湖泊中腐殖质含量不高；分布在北方针叶林沼泽地带内的湖泊水中腐殖质含量极高。各类天然水体中总的溶解态和颗粒态有机碳含量列于表 7-4。

表 7 - 4　各类水体中有机碳的含量(mg/L)

(陈静生等，1987)

形态	河水	河口水	近岸海水	大洋表层水	大洋深层水	生活污水
DOC	10～20(50)	1～5(20)	1～5(20)	1～1.5	0.5～0.8	100
POC	5～10	0.5～5	0.1～1.0	0.01～1.0	0.003～0.1	200
总量	15～30(60)	1～10(25)	1～6(21)	1～2.5	0.5～0.8	300

注：括号内的数字为极值。

2. 按对水质影响和危害方式分类

(1)耗氧有机物　在自然环境中所有有机物在热力学上都是不稳定的，可被氧化，即可生化性是各种有机物的共同特性，但被氧化的难易程度却有很大差别。有些有机物易于氧化，有些不易氧化或极难氧化，许多有机物需要在强氧化剂作用下才能被氧化。耗氧有机物主要是指水体中能被溶解氧所氧化的各种有机物，包括动、植物残体和生活污水及某些工业废水中的碳水化合物、脂肪、蛋白质等易分解的有机物。这类有机物在微生物作用下氧化分解需要大量消耗水中的溶解氧，使水质恶化，因此统称为耗氧有机物。

$$\{CH_2O\}_n + nO_2 \xrightarrow{\text{微生物}} nCO_2 + nH_2O$$

耗氧有机物本身多数无毒或低毒，在水中氧供给充分的条件下，容易被氧化降解，最终产物是 CO_2、H_2O 等简单无机化合物，对水体水质不会产生危害。但当氧化降解过程中消耗的氧不能及时得到补充时，将导致水中的溶解氧迅速降低，同时这些有机物将进行厌氧分解，产生有机酸、醇、醛类物质及其他还原性产物如 H_2S、CH_4 等，使水体缺氧、变黑发臭，水质恶化，导致鱼类及水生生物缺氧窒息或中毒死亡，水的可利用性大大降低。

(2)有毒有机污染物　有毒有机污染物指本身具有生物毒性的各种有机化合物。有机化合物在工农业生产和日常生活中广泛应用，它们可通过多种途径进入水体，导致水体污染，直接危害水生生物，并通过食物链的传递和积累危害动物和人类健康。有毒有机污染物主要包括农药、多氯联苯(PCBs)、卤代脂肪烃、醚类、单环芳香族化合物、多环芳香烃类(PAHs)、酚类、酞酸酯类、亚硝胺类和其他各种人工合成的具累积性生物毒性的有机化合物，石油污染物亦可属此类。有毒有机污染物在水中可通过光解、水解、生物降解等途径分解。事实上，这些有机化合物在生物降解过程中，同样会消耗水中的溶解氧，但由于其在水中的含量一般较低，分解时消耗氧量与一般所指的耗氧有机物相比甚微，其污染危害主要通过在水生食物链中的传递和积累并产生毒性，因而将其单独作为一类(详见第八章)。

随着社会发展，全球水体有毒有机污染物的污染呈加重趋势，特别是一些难降解的有毒有机污染物(持久性有机污染物)引起的水环境问题日益突出。对水体中有毒有机污染物的环境化学行为(赋存状态、迁移、转化和生物累积等)的研究越来越受到人们的广泛关注，正成为环境化学、水污染控制和水处理工程领域的研究热点，气相色谱、液相色谱、离子色谱、质谱、红外光谱和核磁共振波谱等现代分析技术以及各种分离萃取技术的发展和应用为这方面的研究提供了有力的技术手段。

二、水中有机物含量的表示方法

天然水中有机物的种类繁多，组成复杂，逐一分离和测定相当困难。为此，常用有机物容易被氧化的特性，以某种指标间接地反映其含量。氧化的方式有化学氧化和生物氧化，都是以有机物在氧化过程中所消耗的氧或氧化剂的量来间接表示有机物的含量，如化学需氧量(chemical oxygen demand，COD)、生化需氧量(biochemical oxygen demand，BOD)、总需氧量(total oxygen demand，TOD)等便是这类指标。此外，可以直接分析测定有机物所含各种元素的含量，常用的是以所测定的主要元素的含量间接表示有机物的量，如总有机碳(total organic carbon，TOC)、总有机氮(total organic nitrogen，TON)，以及总有机磷(total organic phosphorus，TOP)、总有机硫(total organic sulfur，TOS)等便是用以间接表示有机物含量的指标。下面介绍四种常用的表示有机物含量的指标。

(1)生化需氧量(BOD)　BOD是指富氧条件下，单位体积水中需氧物质生化分解过程中所消耗的溶解氧的量。当水中耗氧有机物的含量越高时，生物氧化过程中需要的氧含量也越高，因此BOD测定实际上是对可生化降解有机物含量的间接测量。微生物对有机物的耗氧分解是一个缓慢的过程，如在20℃培养时，有机物的完全氧化常需要20~100 d。为进行相互比较，同时缩短分析测定时间，国内外普遍规定在20℃时，水中有机物在微生物作用下氧化分解，5 d内所消耗的溶解氧量，称为5日生化需氧量，记为BOD_5。通过测定样品培养前后的溶解氧量之差即可获得BOD_5值，单位以单位体积水中含氧的毫克数(mg/L)表示。BOD_5虽然不能代表总的生化需氧量，但对于生活废水和大多数工业废水，BOD_5可占总BOD的70%~80%，而且采用5 d培养期，可减少有机物降解释放氨的硝化作用带来的干扰，因此仍广泛用于表示水中有机物污染程度。

BOD测定是一种生物分析法(bioassay)，在水样培养过程中，微生物(主要是细菌)利用有机物中的碳源和氧化释放的能量供生长所需，同时消耗水中的溶解氧。因此，影响微生物生长的各种因素均可能影响分析的结果。这些因素包括温度，微生物生长所需的氮、磷、微量元素等营养物质，溶解氧供给条件，有毒物质以及有机物本身的性质等。在整个分析测定过程中这些因素都必须控制在不影响微生物正常生长的相对一致的水平上。例如，温度应保持20℃±1℃，培养5 d后水中应仍有充足的溶解氧(有机物浓度较高的样品应通过稀释)，不含微生物或微生物含量少的样品需要接种微生物，含对微生物有毒物的样品应接种经过驯化的微生物等。

(2)化学需氧量(COD)　COD是在一定条件下，用强氧化剂氧化水中有机物时所消耗的氧化剂的量，以氧的mg/L为单位。常用的氧化剂主要有重铬酸钾和高锰酸钾。两者测定化学需氧量的原理相似，均采用过量氧化剂氧化水中有机物后，再用标准还原剂回滴剩余的氧化剂，根据还原剂的用量计算氧化剂的消耗量，并换算为以氧的mg/L表示的单位。用高锰酸钾氧化可在酸性或碱性条件下进行，而重铬酸钾只在强酸性条件下使用。不同氧化方法对水中有机物的氧化程度或氧化率不同，因此获得的化学需氧量的数值也不相同。高锰酸钾氧化法分为酸式法与碱式法两种，其在酸性条件下获得的化学需氧量在环境保护领域又称为高锰酸盐指数，以COD_{Mn}表示。酸式法氧化能力强，水中Cl^-含量超过300 mg/L的水不适用，因为此时Cl^-会干扰测定；在碱性介质中，高锰酸钾法的氧化能力减弱，碱式法测得的化学需氧量比酸式法低，约为酸式法的2/3。重铬酸钾法测得的化学需氧量，以COD_{Cr}表示。由于重铬酸钾法对于水中有机物的氧化更为彻底，国际上倾向于用重铬酸钾氧化法测定化学需氧量。高锰酸钾法适用于轻度污染水中有机物含量的测定。我国不同类型水质标准中对化学需氧量指标的表示方法和指标值做了相应规定，使用时应注意区分。

海水中含 Cl^- 很高，不能采用酸式高锰酸钾法，一般也不能采用重铬酸钾法，国家标准规定采用碱式高锰酸钾法测定海水或高 Cl^- 含量水的 COD。

由于氧化剂在氧化有机物的同时，也使水中的其他还原性物质如亚硝酸盐、亚铁盐和硫化物等发生氧化，因此 COD 值中包含了这些还原性物质成分，反映了水中还原性物质的污染程度。有机物是水中的主要还原性物质，COD 测定较 BOD 测定快速简便，干扰因素也较 BOD 测定少，因此是检测水体有机污染物的常用指标。

（3）总需氧量（TOD）　TOD 是指水中有机和无机物质燃烧变成稳定的氧化物所需要的氧量，包括难以分解的有机物含量，同时也包括一些无机硫、磷等元素全部氧化所需的氧量。

总需氧量的测定采用仪器分析方法，其基本原理是以含有微量氧的氮气为载气，连续通过燃烧反应室，当一定量水样注入反应室时，在高温（900 ℃）和铂催化剂的作用下，水中的还原性物质立即被完全氧化，消耗了载气中的氧气，导致载气中氧气浓度降低，其氧浓度的变化由氧化锆氧浓度检测器测定，通过与已知总需氧量的标准物质进行比较，即可求得样品的总需氧量。标准物质有邻苯二甲酸氢钾等，其总需氧量可按其燃烧反应计算：

$$2KHC_6H_4(COO)_2+15O_2 \longrightarrow 16CO_2+K_2O+5H_2O$$

根据上式求得 0.850 g/L 的邻苯二甲酸氢钾水溶液的理论总需氧量为 1 000 mg/L。

（4）总有机碳（TOC）　TOC 是以碳的含量表示水中有机物总量的综合指标。它能较全面地反映出水中有机物的污染程度，在国内外已较普遍地应用于水质监测。

国内外已研制出各种类型的 TOC 分析仪。按工作原理的不同，可分为燃烧氧化-非分散红外吸收法、电导法、气相色谱法、湿法氧化-非分散红外吸收法等。其中燃烧氧化-非分散红外吸收法由于只需一次转化，流程简单、重现性好，灵敏度高而在 TOC 分析仪中广泛应用。这种方法是将水样酸化去除水中的无机碳酸盐后，注入燃烧管中在高温（900 ℃）和铂催化剂的作用下燃烧，通过红外吸收气体分析仪测定燃烧过程中产生的二氧化碳而对水中的有机碳进行定量。用这种方法测定 TOC 快捷方便，进样后仅需几分钟就可得到结果。

以上指标属于一类综合性指标，可表示水中有机物的总量或其中的某些组分，因此可反映水体有机物的含量和污染程度。水和废水有机物分析与评价中可根据需要，测定其中一项或几项指标。TOD、COD、BOD 和 TOC 之间有一定的相关性，如水体中 BOD 常与 COD 呈一致性变化趋势，并与 TOD 成正相关。了解区域水环境（河流、湖泊等）这些指标之间的相关规律，对于了解水质变化动态趋势具有指导意义。然而，这些指标难以反映水中特定有机物的含量状况，特别对于水中的微量有毒有机污染物所能提供的信息甚少，对于这些有机污染物需要采用专门方法进行个别测定。

第二节　水中有机物的来源

天然水体中有机物的来源可分为外部来源和内部来源。外部来源指的是由相邻的环境，经排污、大气沉降和沉积物输入等途径进入天然水域的有机物质，也称为陆源有机物；而内部来源指的是水体自身产生的有机物质。

一、外部来源

不同类型水体中有机物质的外部来源可能完全不同，海洋中有机物主要是由河流和大气输送入的陆源有机物；在河口区与沿岸滨海区，漂积的陆源碎屑有机物（如木纤维、树叶碎片、花粉微粒和陆上生物活动的排泄物等）往往是该区域颗粒有机物的主要部分；河流可以从陆地上冲刷并携带大量的可溶性有机物进入海洋。河流的输入主要影响到河口附近海域，在河水与海水的混合过程中，大部分有机物将沉积海底。

湖泊、水库、河流和池塘的外来有机物常与人类的生活和生产活动有关。如城市的生活污水中有机质可占干物质的 60%，禽畜养殖产生的废物废水包含着大量的有机物质。而人工合成的有机物，如各类农药、洗涤剂、有机化工原料和产品也会随废水进入天然水体。至于对养殖池塘的施肥投饵，带入有机物质的量更多。

据统计，2015 年全国废水排放总量 735.3 亿 t，废水中化学需氧量排放总量为 2 223.5 万 t，其中工业源、农业源和城镇生活污水排放量（以 COD 计）分别为 293.5、1 068.6 和 846.9 万 t，分别占排放总量的 13%、48% 和 38%，在废水总量仍在上升的同时，化学需氧量的排放量得到了一定的控制。

1. 工业废水　工业废水来自工业生产过程，其水质和水量随生产过程而有很大差别。轻工业如造纸、纺织、制革和食品加工等行业，在加工过程中消耗水量特别大。如加工 1 t 纺织品，需消耗 100~200 t 水，其中 80% 成为废水而排放。轻工业几乎均以农副产品为原料进行加工，废水中含有大量的易降解有机物，此外还含有颜料、色素等。重工业以及石油化工等也需要大量用水，排放废水中除含有各种有机污染物外，还含有其他污染物，如悬浮无机颗粒、酸碱物质、热污染、放射性污染物、重金属、油类污染物等。工业废水的排放量大，化学成分复杂，其中有不少有机成分水体自身难以净化，处理困难。

2. 生活污水　生活污水主要来自家庭、餐饮业、学校、旅游服务业、城市公用设施等，包括厨房、厕所、洗衣、淋浴以及其他途径排放的废水。城市人口每人每天生活用水一般为 40~50 L，有的国家每人每天用水高达 400~900 L，因此总排放量非常可观。生活污水常含有大量的耗氧有机物，如纤维素、淀粉、糖类、脂肪、蛋白质等悬浮态或溶解态有机物，还含有氮、磷、硫等营养盐类和各种微生物。一般生活污水 BOD_5 在 200~400 mg/L。

3. 农业退水　农业退水包括在农业生产中农作物栽培、牲畜饲养、食品加工等过程排出的污水和液态废物，以及灌溉排水，是水体有机污染的广大来源，往往是量小分散。农业生产废水常含有很高的有机物，如牛圈排出水中有机质含量高达 4 300 mg/L，猪圈排出水中达 1 300 mg/L。此外，化肥、农药的不合理施用，使农田地表径流中含有大量的氮、磷营养物质和有机农药，可加重水体有机污染。

4. 水产养殖废水　水产养殖过程中常需要通过施肥提高水体肥力培养藻类等饵料生物，同时因养殖鱼、虾、贝类等而投入的饵料，如青草、秸秆和人工配合饲料等也多为有机物。适量的有机物对于养殖水体本身而言并不视为污染，但若养殖水域规划不合理、养殖管理不到位、或养殖方式不科学，有可能导致养殖水体内有机物污染，同时，含有大量有机物，尤其是耗氧有机物的养殖废水直接排放进入湖泊和近岸水域，将会导致周边水域的有机污染，进而影响其生态功能。

二、内部来源

1. 溶解有机物的内部来源　在水体中有机物质的内部来源主要来自水生生物。浮游植物是有机物质最主要的生产者，底栖藻类的生产量在整个水体初级生产量中仅占少数，而自养微生物，如光合菌、硝化菌则更是微不足道。若以固碳量为每年 100 g(C)/m² 估算，世界大洋中初级净生产量以碳计为每年 3.6×10^{16} g。水生植物通过光合作用利用太阳能将大气或溶解于水中的 CO_2 转变为碳水化合物，可简单表示为：

$$CO_2 + H_2O \xrightarrow{\text{光合作用}} \{C(H_2O)\} + O_2$$

若考虑水中氮、磷等其他元素，可将水生植物的光合作用方程式表示为：

$$106CO_2 + 16NO_3^- + HPO_4^{2-} + 18H^+ + 122H_2O + (\text{能量} + \text{微量元素}) \xrightarrow{\text{光合作用}}$$
$$(CH_2O)_{106}(NH_3)_{16}H_3PO_4 + 138O_2$$

式中：$(CH_2O)_{106}(NH_3)_{16}H_3PO_4$ 为藻类原生质的平均元素组成。

浮游植物光合作用产物可经多种途径进入水体成为溶解有机物，如藻类细胞释放的某些光合作用产物，浮游动物摄食时由于藻类细胞受损而进入水体的细胞可溶组分，浮游动物排泄物中的可溶部分，以及浮游生物死亡后的自溶过程和腐解过程中产生的小分子有机物也成为溶解有机物的一部分。

(1)浮游植物分泌物　许多事实表明，藻类细胞在生长期间分泌出大量的溶解有机物。海利路斯特(Hellelust，1965)对海水中 22 种海藻研究发现，在无菌培养的对数生长期间，细胞释放的有机物质占光合作用产物的 3%～6%。其中有几种海藻的分泌物则高达 10%～25%，而浓缩的天然海藻分泌的有机物也占光合作用产物的 4%～16%。

海藻分泌物的化学组成并不固定，即使对于某一种海藻，其分泌物也无恒定的组成。据测定，分泌物中蛋白质类含量为 0.2%～5.9%，烃基乙酸占 5%～10%，分泌物中还存在含量较高的碳水化合物，此外还含有甘露醇、丙三醇和少量维生素(如维生素 B_1、维生素 B_7 和维生素 B_{12} 等)。

(2)生物残骸分解物　曾有资料报道，水体中的动、植物死亡后，其残骸在组织内自溶酶(组织蛋白酶)作用下分解，溶解有机物是腐解过程的中间产物，除包括糖和氨基酸等不稳定物质外，还包括抗分解物质。有研究表明，经过 6～7 个月的腐解过程，浮游生物的70%～80%分解成为溶解有机物，其余不被分解。

(3)其他来源　在研究淡水栅藻的腐解过程中，发现在 200 d 内原细胞有机物质中有5%～10%作为稳定的溶解有机物残留下来。浮游动物在摄食藻类细胞时，被摄食的细胞可能破裂。可溶性细胞组分将进入水体中，但其数量难以估计。浮游动物还可以其他形式产生溶解有机物，浮游动物的生长代谢过程可直接分泌溶解有机物。生物活体的排泄、沉积物的交换和分解过程也是天然水体中溶解有机物的来源。水生动物排出的粪粒中含有残存的消化酶，也可将部分粪粒转化为溶解有机物。

2. 颗粒有机物内部来源　水体内部产生的颗粒有机物，一方面来自光合作用产生的浮游植物以及生物摄食时产生的生物碎片，另一方面来自水体中溶解有机物的转化。

(1)浮游生物和食物碎屑　天然水域中，活体颗粒有机物主要指浮游植物，通常活体颗粒有机物占总颗粒有机物的 10%，但在春季浮游植物大量繁殖期间，活体有机物可占总颗粒有机物的 30%左右，可见浮游植物的繁衍是天然水体中活体颗粒有机物的重要来源。对于天然水域，浮游生物残体和水生动物在索食过程中产生的有机碎片在碎屑有机物中占有相当大的比例。

(2)水中溶解性有机物的转化物　水体中有机物大部分以溶解态存在，溶解有机物通过复杂的转化过程生成颗粒有机物，并与颗粒有机物之间形成平衡，通过$^{13}C:^{12}C$比值的研究可证实此平衡的存在。由于自然界存在着同位素的分馏作用，所以在不同来源的有机物中，$^{13}C:^{12}C$比值有着明显的差异。大洋深层水中有机碳具有数千年的停留时间，在大洋层水中所测得的POC和DOC的$^{13}C:^{12}C$比值十分相近，这表明DOM与POM之间平衡存在的可能性。此外，若以滤器将天然水中的POM除去后，仅存有DOM的滤液中会重新产生POM，这也证明了溶解有机物和颗粒有机物之间存有转化，并可达成平衡。

(3)有机物的气提作用和絮凝作用　有机物的气提作用和絮凝作用发生在水体的界面上。天然水属多相体系，除水与大气、水与沉积物界面外，水与其中的悬浮物质、胶体颗粒和微小气泡之间，也存在着巨大的界面，物质在界面处的行为与均相溶液不同，具有其特有的特点(详见第二章第二节)。表7-5为某水库及其附近河道水面泡沫的观测结果。

表7-5　水库表面泡沫液体中有机物含量(mg/L)

(雷衍之等，1993)

采样地点	时间	色度/度		COD$_{Mn}$		BOD	有机氮
		泡沫液	水	泡沫液	水	泡沫液	泡沫液
河上水道	冬季	1 250	25	760	6.6	—	163.8
水库上水道	冬季	225	15	94.1	3.2	120	
水库	夏季	500	30	170	11.0	175	16.5
水库	秋季	220	30	—			15.6
水库下河流	夏季	2 000	42	3 080	7.0	1 884	317

有机物的絮凝作用包括无机碎屑(如黏土微粒)的吸附凝结和高分子物质的吸附桥连作用(即高分子化合物一个分子同时吸附多个胶粒的现象)。天然水体中无机碎屑对有机物的吸附大多是分子吸附。一般来说，有表面活性的溶质分子容易被吸附，芳香族化合物较脂肪族容易被吸附。实验表明，水体中的悬浮颗粒(尤其是无机矿物碎屑)对溶解有机物(如糖类、氨基酸和蛋白胨等)显示出不同的吸附能力。哈罗夫(Khaylov，1962；1970)在研究天然碎屑颗粒对聚合物质的吸附动力学时发现，蛋白质和多糖类能被天然碎屑表面强烈吸附。计算表明，达到吸附平衡时，大约有5%的聚合物质被吸附于颗粒物质中。此外，当水体中某些微粒(包括有机胶体)失去稳定性时，它们将相互桥连。在自然条件下，微细的黏土粒子的吸附凝结作用和有机高分子物质的吸附桥连作用，对水体中有机絮凝物的形成影响最大。通过絮凝作用所形成的颗粒物也是细菌繁殖的良好场所，因此，絮凝颗粒物同样是水生生物富有营养的饵料。

总之，水体中的溶解有机物和细小有机碎屑，可以通过气提作用和絮凝作用转化为颗粒有机物，使水中耗氧的溶解有机碳转化成可为水生生物吞食的饵料，从而降低水体溶解有机物的负荷。

第三节　水中耗氧有机物的转化与环境效应

一、耗氧有机物的分解转化

1. 耗氧有机物的生物化学降解　耗氧有机物对水体的主要危害是降解时消耗水中的溶

解氧，破坏水体的自净功能。天然水体中溶解氧正常情况下一般为 $5\sim10$ mg/L。当有机物排入水体后，先被好氧微生物分解，使水体的溶解氧迅速降低。在有机物浓度较低时，如果溶解氧能得到及时补给，有机物将被彻底降解为简单无机物。有氧条件下，微生物在降解碳水化合物和脂肪类化合物过程中以氧作为电子的受体，降解的产物为 CO_2 和 H_2O，蛋白质及含氮有机物的降解产物除 CO_2 和 H_2O 外，还会产生 NH_3，NH_3 在有氧情况下，可进一步被亚硝化细菌和硝化细菌氧化成为 NO_2^- 和 NO_3^-：

$$2NH_3+3O_2\longrightarrow 2NO_2^-+2H^++2H_2O \qquad (7-1)$$

$$2NO_2^-+O_2\longrightarrow 2NO_3^- \qquad (7-2)$$

上述转化过程也会消耗水中的溶解氧，根据式(7-1)和式(7-2)计算可知，水中 1 mg/L 的氨态氮(TNH_4-N)氧化为硝酸态氮(NO_3^--N)的理论耗氧量为 3.78 mg/L。同时，上述转化过程使水体中生物有效氮的浓度增加，从而促进藻类滋生，导致水体富营养化。此外，水中的 NO_3^- 含量增加直接影响水质，NO_3^- 在人和动物体内可被还原为 NO_2^-，可使血红蛋白中的 Fe^{2+} 氧化成为 Fe^{3+}，诱发高铁血红蛋白症；在酸性条件下 NO_2^- 还可与含有=N—结构的化合物(如仲胺)反应形成具有致癌作用的亚硝胺类化合物。一些含硫氨基酸如胱氨酸、半胱氨酸和蛋氨酸，在有氧降解过程中，其中的硫可氧化形成硫酸。

当水体中有机负荷较高，耗氧速度超过水体复氧速度时，有机物的有氧降解过程将被厌氧微生物作用下的厌氧降解过程所取代，即发生腐败现象。微生物对有机物的厌氧降解过程中，以糖酵解转化形成的丙酮酸或其他转化过程的中间产物作为质子受体，发生不完全氧化形成低级的有机酸(乳酸和醋酸等)、醇、醛、二氧化碳以及甲烷、硫化氢、氨等恶臭物质，使水变质发臭。累积的氨、硫化氢等也会对鱼类等水生生物产生毒害作用。

2. 耗氧有机物的纯化学降解和光降解 大多数耗氧有机物的降解是在微生物参与下进行的，但水中尚存有纯化学氧化与光化学氧化作用，当然后两者的作用远弱于前者。光化学氧化一般发生在有一定强度光照的表层水中。有时一些有机物的结构非常稳定，可生化性差，难于被微生物降解。在深层水中，当微生物进行异养活动时，微生物所利用的某些基质被耗尽后，其活动也会受到限制，在这些情况下，有机物的纯化学氧化分解便显示出一定的重要性。

一般天然水体中耗氧有机物的纯化学氧化分解速度十分缓慢。在天然环境条件下，蛋白质化学水解的时间尺度为数百年至数千年。相关地质学资料表明，氨基酸在百万年内还可稳定存在。

耗氧有机物还会发生光化学氧化反应，即在可见光或者紫外光照射下，吸收光能而发生的化学反应。实验发现，含有维生素B_{12}、维生素 B_7 的无菌海水在阳光下暴露两周，将失去大部分活性，而维生素B_1的活性只降低 50%，此后活性不再降低。

二、耗氧有机物对重金属迁移转化的影响

1. 有机胶体对重金属离子的吸附作用 水中许多耗氧有机物以胶体形式存在，具有巨大的比表面、表面能，并携带电荷。能够强烈地吸附各种分子和离子，对重金属离子在水环境中的迁移有重要影响。水中有机胶体的吸附作用是使重金属从不饱和的溶液中转入固相的主要途径。在天然水体中，重金属在水相中含量极微，主要富集于固相中，这在很大程度上与胶体的吸附作用有关。

2. 腐殖质对重金属离子的螯合作用　耗氧有机物可以作为有机配位体，与重金属生成稳定性不同的配合物或螯合物，改变重金属的形态。以腐殖质为例，天然水中腐殖质-金属离子螯合物形成后，在不同的 pH 和腐殖质成分条件下，可能增强或减弱重金属的水迁移能力。

不同来源腐殖质与同一种重金属螯合的稳定常数K_f不相同。海洋腐殖质(SH)、河流腐殖质(RH)、湖泊腐殖质(LH)和沉积物腐殖质(BH)K_f的大小顺序为：BH>SH>LH>RH。同一来源腐殖质与不同金属离子配合的稳定常数K_f为：Hg>Cu>Ni>Zn>Co>Mn>Cd>Ca>Mg。

即使同一来源腐殖质，其成分不同表现出的螯合能力也不同。相对分子质量小的成分对金属离子的螯合能力强；反之，螯合能力弱。通常在腐殖质成分中胡敏酸-金属离子螯合物的溶解度较小，富里酸-金属离子螯合物的溶解度较大。且腐殖质-金属离子螯合物的溶解度大小还与溶液 pH 有关。通常情况下，胡敏酸-金属离子螯合物在酸性时条件下的溶解度最小，而富里酸-金属离子螯合物在近中性时的溶解度最小。

水体中的腐殖质除了能明显影响重金属形态、迁移转化、富集等环境行为外，还会对重金属的生物效应产生影响。闻怡等(2001)研究了不同 pH 下鱼鳃微环境中铜的形态分布和胡敏酸对鱼鳃内外环境中铜的形态分布及其生物有效性的影响。实验表明在胡敏酸存在时，胡敏酸-铜螯合物是鱼鳃内外形态分布体系的优势形态，并引起铜的生物有效性降低。科彭科维克和萨科夫斯卡(Pempkowiak 和 Kosakowska，1998)的研究表明，在腐殖质存在时，因 Cd^{2+} 与腐殖质螯合降低了生物有效形态镉的含量，从而使藻类对镉的生物吸收有效性降低。

习题与思考题

1. 衡量水和废水中耗氧有机污染物的含量和污染程度有哪些指标，说明各指标的含义和测定原理。

2. 说明 BOD、COD 和 TOC 的联系和区别。

3. 简要说明主要耗氧有机污染物对水体的污染危害发生过程及机理。

4. 说明水中溶解氧含量对水产养殖的重要性。

5. 腐殖质分为哪些种类，通过哪些途径对水质产生影响？

6. 葡萄糖的氧化反应式为：$C_6H_{12}O_6 + 6O_2 \longrightarrow 6CO_2 + H_2O$

计算 100 mg/L 的葡萄糖完全氧化的理论耗氧量。（答：106.7 mg/L）

第八章

天然水中的常见污染物及其毒性

教学一般要求

掌握：天然水中的常见污染物及污染物的毒性作用及毒性效应的概念，主要受试水生生物的毒性试验方法，急性毒性及 LC_{50} 的计算。

初步掌握：亚急性毒性、蓄积性毒性及慢性毒性及其试验方法。毒物的联合作用，尤其是两种污染物联合作用及其试验方法。

了解：天然水中污染物的生物蓄积、排出的主要形式及模型。

初步了解：水中污染物联合毒性作用类型评定。

第一节　水中污染物的毒性

一、水中污染物的毒性

(一)毒性作用的一些基本概念

1. 毒物与毒性　毒物是指在一定条件下，较小的浓度(或剂量)就能引起生物机体功能性或器质性损伤的化学物质，或剂量虽微但易于在生物体内积累，积累到一定的量就能干扰或破坏生物机体正常生理功能，引起暂时或永久性病理变化的甚至危及生命的化学物质。毒物与非毒物之间并没有绝对的界限，只能以中毒剂量的大小相对地加以区别。

生物体受到毒物作用引起功能或器质性改变后会出现疾病状态，即中毒。根据中毒发生的速度，可分为急性中毒、亚急性中毒和慢性中毒。

一定量的毒物接触或进入生物机体后，对生物能够产生不同程度的损害。毒物对生物产生这种损害的能力称为毒物的毒性。毒物毒性的大小由毒物浓度(剂量)及其对生物体所产生的损害性质、程度来反映，一般用生物试验的方法测定。讨论一种化合物的毒性时，必须考虑到它进入生物体的数量(剂量)、方式和接触时间，其中最基本的是剂量。

2. 毒物浓度(剂量)与毒性效应　毒物作用于生物体引起生物个体发生的生物学变化，称为毒物效应；毒物作用于生物群体后产生某种效应的生物个体数量在生物群体中所占的比率，称为毒物反应。效应、反应都与毒物对生物的作用方式、接触时间及浓度(剂量)有关。在一定的接触时间和作用方式下，一群生物对毒物的效应(反应)与浓度(剂量)的关系可以用浓度(剂量)-效应(反应)曲线表示。图 8-1 是典型的浓度(剂量)-效应曲线。横坐标为毒物的浓度(剂量)，纵坐标为生物的反应(效应)，用引起生物个体某种反应(效应)的百分比表示。图8-1a表示受试生物暴露于毒物后的反应随着毒物浓度呈线性增加的现象(直线关系)，这种关系型曲线较少见，仅在一定浓度范围内的某些试验中存在。图8-1b为抛物线形关系，即随着毒物浓度的增加，反应比例的增加由快变慢，曲线类似抛物线形状。图8-1c为"S"形曲线关系即生物对毒物的反应在毒物浓度较小时随浓度变化不明显，但随着毒物浓度的增加，生物的反应比例迅速增加，以后毒物浓度进一步增加时，生物对毒物反应比例的变化又趋向于缓慢，呈不甚规则的"S"形，这类毒性反应比较普遍。对这类反应，如果用反应比例对浓度的对数作图，曲线的"S"形状则变得比较对称，类似于正态分布关系。如果将反应比例换算为概率单位后与浓度的对数关系则应该呈直线关系(图8-1d)。这就是在后面将要讲到的概率单位法计算半致死浓度的理论基础(详见本章第二节)。

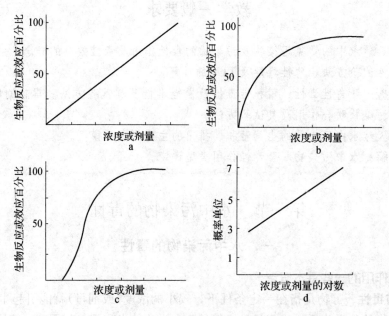

图8-1　典型的浓度(剂量)-效应(反应)关系曲线

(孟紫强，2000)

3. 有效浓度(剂量)**与致死浓度**(剂量)　研究毒物在水体中的环境效应时一般都采用毒物的浓度。剂量是一个比较广泛的概念，它指给予生物机体或生物机体接触、吸收的外来因素(物理因素和化学物质)的数量，也可指外来毒物在关键组织器官或体液中的含量。

(1)致死浓度(lethal concentration，LC)　是指在一定时间内以生物机体死亡为标准而确定的水中外来化合物的浓度。按照可引起生物机体死亡率不同分为：

绝对致死浓度(LC_{100})是指能在一定时间内能引起试验生物个体全部死亡的水中化合物的最低浓度。

半(数)致死浓度(LC_{50})是指在一定时间内能引起试验生物群体中50%生物个体死亡的水中化合物的浓度。

致死浓度需要明确时限，一般在LC前面标明，如24 h LC_{50}就是指在24 h内引起试验生物群体中50%生物个体死亡的水中化合物的浓度。

(2)耐受限度(tolerance limit，TL)　耐受限度与致死浓度相似，但它是以存活比率为观察指标，既可以用于表示毒物的作用，也可以用于表示非毒物的作用，如表示温度、射线等物理因素的作用，适用范围更广。这个指标使用最多的是中间耐受限度（median tolerance limits，TLm），指试验生物群体中50％生物个体存活，50％生物个体死亡的毒物浓度或剂量。用于毒物时，TLm 就相当于LC_{50}，96 h TL_{10} 相当于 96 h LC_{90}。

（3）有效浓度（effective concentration，EC）　当毒性试验不以试验生物的死亡作为反应指标，而是以通过测定或观察生物对毒物的某种特定的效应，如动物失去平衡能力、产生畸形、酶活力变化或者生长受抑制程度等，这时就采用"有效浓度"来反映毒物对试验生物的毒性。根据试验生物在一定时限内产生特定效应的百分数，同样有 24 h EC_{50}、48 h EC_{10}、96 h EC_5 等之分。这里有两种不同的含义，如 24 h 10％有效浓度 24 h EC_{10} 可以理解为引起 10％的试验生物产生某一特定效应的毒物浓度，也可以理解为使试验生物群体的某效应指标的平均值发生 10％差异时的毒物浓度。如果特指能引起 50％试验生物个体某种效应被抑制的毒物浓度，则可采用半数抑制浓度（IC_{50}）表示。

4. 最大允许毒物浓度（maximum acceptable toxicant concentration，MATC）**与安全浓度**（safe concentration，SC）　最大允许毒物浓度是对试验生物没有明显影响的毒物浓度。要得到毒物的最大允许浓度与安全浓度，需要进行一系列的慢性生物毒性试验。但是，在进行具体的试验时，试验液总是有一定浓度间差。能够得到的结果，一个是对试验生物无统计显著性有害效应的毒物最高浓度（最大无作用浓度，no observed effect concentration，NOEC），一个是对试验生物有统计显著性有害效应的毒物最低浓度（最小有作用浓度，lowest observable effect concentration，LOEC），而不能直接得到最大允许毒物浓度。但是可以推断，最大允许毒物浓度就在这两个浓度之间。所以最大允许毒物浓度是用范围来表示的：[NOEC]＜[MATC]＜[LOEC]。

安全浓度是对试验动物全生命周期都无有害影响的毒物浓度，可以通过慢性试验得到，但是需要进行全生命周期试验或持续多个世代的慢性毒性试验。许多生物要进行这种试验非常困难，有的几乎是不可能的。通常安全浓度是根据急性毒性试验结果由经验公式求算：

$$c_S = \frac{[24 \text{ h LC}_{50}] \times 0.3}{([24 \text{ h LC}_{50}]/[48 \text{ h LC}_{50}])^3} \tag{8-1}$$

或

$$c_S = \frac{[48 \text{ h LC}_{50}] \times 0.3}{([24 \text{ h LC}_{50}]/[48 \text{ h LC}_{50}])^2} \tag{8-2}$$

或

$$c_S = [96 \text{ h LC}_{50}] \times f^{-1} \tag{8-3}$$

式中：f 称为安全系数，其倒数 f^{-1} 通常的取值在 0.1～0.001，可以参考应用系数及其他因素综合分析确定。一般说来，对稳定且能造成生物体内高积累的化学物质，如汞、卤代烃类农药等，可选用较低的 f^{-1} 值（即要求较高的安全系数）；而对于那些不稳定且很少残留的化学物质，可选用较高的 f^{-1} 值（即要求较低的安全系数）。

5. 应用系数（application factor，AF）　许多试验数据表明，尽管不同种类的鱼对同一种化学物质的敏感性存在很大差异，但是最大允许毒物浓度与"起始LC_{50}"的比值却非常接近。这个比值被称为应用系数。"起始LC_{50}"是不限时间的半致死浓度，可以由试验得到的不同时限的LC_{50}外推得到。实践中常用 96 h LC_{50} 代替"起始LC_{50}"，这样就有可能用比较容易进行慢性试验的鱼类测定得到的应用系数，对其他鱼类的最大允许毒物浓度作估算。应用系数 f_A 的概念可以用下式表示：

$$f_A = \frac{[\text{MATC}]}{[\text{起始 LC}_{50}]} \approx \frac{[\text{MATC}]}{[96h\text{LC}_{50}]} \qquad (8-4)$$

即$[\text{MATC}] = [96\text{ h LC}_{50}] \cdot f_A$。

应用系数的倒数又被称为急慢性毒性比(acute - to - chronic ratio，ACR)，即$ACR = f_A^{-1}$。

6. 生物富集系数(bioconcentration factor，BCF)　水生生物生活在含有毒物的水环境中时，能够直接从环境或食物中吸收化学物质，吸收的化学物质又能够从体内排除。当吸收速率大于排除速率时，毒物在生物体内积累；当吸收速率小于排除速率时，毒物从生物体内排除；当吸收速率等于排除速率时，毒物积累达到动态平衡。生物从周围环境中吸收积累化学物质的现象，称为生物富集，也称为生物浓缩。生物通过食物链积累化学物质、毒物随着营养级的提高而增大的现象，则称为生物放大。生物从环境中吸收积累毒物的性质可以用生物富集系数f_{BC}来描述：

$$f_{BC} = \frac{c_b}{c_e} \qquad (8-5)$$

式中：f_{BC}为生物富集系数；c_b为平衡时生物体内毒物浓度；c_e为环境中该毒物浓度。

(二)毒性试验

为了测试化学物质对生物机体是否会引起损害作用而进行的一系列试验称为毒性试验。毒性试验一般是用适当的受试生物在被测化学物质的一系列浓度下暴露一定时间，观察产生的生物效应，以确定产生一定生物效应所需该化学物质的浓度或所需的暴露时间。鉴于试验的方法和环境条件对试验结果有很大的影响，规范试验步骤是必需的。在制订标准的规范化的试验步骤时须充分考虑下列几点：

① 试验方法能被科学团体广泛接受。

② 试验方法比较经济且易于做到。试验步骤应该符合严格的统计学要求，可被不同实验室重复，使同一试验在不同实验室间所得结果相似。

③ 试验数据的报告需包括实际暴露期间在毒物浓度范围内所产生的效应。

④ 试验结果可以用于对野外类似生物影响的预测。

⑤ 试验生物及试验条件要有代表性，使所得数据可以用于环境风险评价。

⑥ 观测所选择的生物效应是比较敏感的，且有代表性。

对于毒性试验，可以按照试验持续时间和试验容器内试验溶液的状况以及受试生物的种类进行划分。如可分为急性、亚急性和慢性毒性试验，静水、流水毒性试验，鱼类、蚤类毒性试验等。

进行水生生物毒性试验时，被测化学物质的浓度波动或试验溶液的水质变化，将直接对试验结果产生影响。尤其是那些易挥发、不稳定的化合物，可由于挥发、降解、沉淀、吸附等导致被测化学物质的浓度下降，由于分解产物的影响可增强或降低被测化学物质的毒性，使试验结果产生偏差。因此，可以根据实际情况采用适当的方法尽量减少影响。

(1)静水式试验　静水式试验是指试验生物所在试验容器内的试验溶液处于不流动或静止状态，试验期间不更换试验溶液的毒性试验。静水式试验装置比较简单，但是由于试溶液不能得到更新，被测试毒物和溶解氧在试验过程中可能下降，且试验生物的排泄产物也可能干扰试验。因此静水式试验具有一定的局限性，一般只适用于那些在试验期间稳定且耗氧量不高的化学物质的生物毒性试验。

(2)半流水式试验　半流水式试验是指定期更新试验溶液的毒性试验，有时亦称为换水式毒性试验，或换水式生物测试。试验溶液的更换时间，视被测化学物质的性质和水中溶解氧的情况而定，通常是每隔 24 h 更换一次。半流水式试验适用于测定不易挥发、相对稳定且耗氧量不高的化学物质的生物毒性试验。这种试验方法是一种简便且又可在一定要求下达到满意效果的试验方式，大多数生物毒性试验采用这一试验方式。

(3)流水式试验　流水式试验是指试验溶液连续地或间歇地流经试验容器的毒性试验。流水式试验可以保证试验溶液中有充足的溶解氧以及可以保持水中被测化学物质的浓度恒定，也可将试验生物排出的代谢产物等及时地流出试验容器。但是流水式试验装置相对较复杂，如需要容器盛贮备液，需要计量泵或稀释器控制水和被测试化学物质的流速。因此流水式试验装置仅在测试易挥发、不稳定的化学物质的生物毒性时使用。而流量大小的确定取决于被测化学物质的性质、试验溶液的溶解氧水平和生物排泄物的积累程度。易挥发和性质不稳定的化合物作为被测化学物质、试验溶液中溶解氧消耗较快或生物排泄物积累较快时应选择大流速。

1. 毒性试验的一般程序

(1)试验设计　试验设计在生物毒性试验中是一项重要的内容。周密的试验设计可以节省人力、物力、财力和时间，而且还可以最大限度地获得可靠的试验数据。因此，在进行每一项毒性试验时，都应事先查阅相关文献，然后根据试验目的和要求制订周密的试验方案。

尽管不同的毒性试验有不同的目的和要求，但对水生生物进行的毒性试验的试验设计大致包括下述方面的内容：① 选择受试生物；② 设置毒物浓度；③ 试验持续时间；④ 受试生物的数量及分配；⑤ 确定观测指标及其测定方法。

(2)试验溶液的配制　在生物毒性试验中，试验溶液的配制方法主要有两种：一是根据试验毒物浓度和试验溶液体积按所需量直接将被测化学物质加入水中；二是将被测化学物质先配制成浓度较高的贮备液，然后按设置的试验毒物浓度和溶液体积稀释而成。在实际毒性试验中多采用第二种方法。但加入贮备液的体积应适当。贮备液浓度过高，加入的体积少，易造成取样误差；贮备液浓度也不能过低，否则加入的体积过多，易造成试验溶液体积增大，产生误差。国际标准化组织(ISO)建议 10 L 水中所加贮备液的体积不得超过 100 mL。而贮备液的保存应视化合物的性质而论，或避光或低温贮藏。对于难溶解于水或溶解度小于实际致死浓度的有机化合物如原油等，可采用物理或化学方法进行助溶。如采用超声波或加入有机溶剂、乳化剂等。但选择有机溶剂或乳化剂时，需考虑：① 能有效地溶解或乳化被测化学物质；② 对受试生物无毒或基本无毒；③ 易于与水混合；④ 与被测化学物质不发生化学反应；⑤ 与被测化学物质混合后不产生生物效应；⑥ 在水中能够稳定存在。表 8-1 是在水生毒理试验中常用的有机溶剂和乳化剂及其对青鳉的急性毒性。

表 8-1　常用有机溶剂对青鳉(*Oryzias latipes*)的急性毒性(mg/L)

(周永欣等，1989)

有机溶剂	48 h LC_{50}	有机溶剂	48 h LC_{50}
甲醇	16 200	二甲基亚砜	33 000
乙醇	12 000	1,4-二噁烷	7 200
丙酮	11 700	二甲基乙醚	21 500
二甲基替甲酰胺	9 800	四氢呋喃	3 800

(3)预备试验　预备试验的目的是为正式进行毒性试验确定浓度范围。预备试验通常选择 3~5 个间隔较大的浓度范围和少量(3~5 尾)的受试生物。观察 24~96 h，求得 100% 死亡浓度(LC_{100})和零死亡浓度(LC_0)。然后在 LC_0 和 LC_{100} 之间选择 5~7 个试验浓度进行正式试验。

(4)试验浓度的选择　根据预备试验的结果和确定的试验浓度组数，在急性毒性试验中，一般按照等对数间距确定试验溶液中待测试有毒物质浓度

$$\lg c_{i+1} - \lg c_i = 常数 \qquad (8-6)$$

式中：$i=0, 1, \cdots, n$，n 为试验浓度组数；c_i，c_{i+1} 分别为第 i，$(i+1)$ 组试验毒物浓度。

在慢性毒性试验中，经常按等差数列设置试验浓度

$$c_{i+1} - c_i = 常数 \qquad (8-7)$$

式中：$i=0, 1, \cdots, n$，n 为试验浓度组数；c_i，c_{i+1} 分别为第 i，$(i+1)$ 组试验毒物浓度。

(5)试验负荷　是指单位体积试验溶液中投放受试生物的质量。一般按照下列原则设置试验负荷：

① 受试生物对毒物的吸收、吸附不得引起试验溶液中溶解氧和毒物浓度的明显下降。

② 受试生物代谢产物的积累不超过允许水平。

③ 受试生物有一定的活动空间。

(6)试验期间的施肥和投饵　急性毒性试验期间不投喂饵料。慢性毒性试验时，至少每天定时投喂一次。还要观察生物对饵料的摄食情况，并清除残饵。必要时可确定受试生物的饵料转换效率。对藻类进行毒性实验时，可在不影响试验毒物浓度的前提下施用氮、磷、维生素等营养性物质，以保证藻类生长不受营养性物质的限制。采用流水式试验装置进行毒性试验时，应注意试验期间保持稳定的流量。

2. 受试生物选择的一般原则

(1)受试生物的选择范围　全面评价化学物质对水生生物的影响时，一般至少选择 3 个不同营养级上的生物进行实验，即：①水体中的初级生产者，如大型或微型藻类。②初级消费者，如蚤类。③次级消费者，如鱼类。

(2)受试生物选择的一般条件　选择受试生物时，一般应注意满足以下条件：

① 对试验毒物或因子具有较高的敏感性。因为不同受试生物类群之间对毒物的敏感性存在很大的差别，并且，即使是同一类群的受试生物，不同种之间对毒物的敏感性也存在明显的差别。

② 具有广泛的地理分布和足够的数量，并在全年中容易获得。

③ 是生态系统的重要组成，具有重大的生态学价值。

④ 在实验室内易于培养和繁殖。

⑤ 具有丰富的生物学背景资料，人们已经比较清楚地了解了该受试生物的生活史、生长、发育、生理代谢等。

⑥ 对试验毒物或因子的反应能够被测定，并有一套标准的测定方法和技术。

⑦ 具有重要的经济价值或观赏价值，应考虑与人类食物链的联系。

此外，在选择受试生物时，还应考虑到受试生物的个体大小和生活史长短，受试生物的源产地和试验用水是否受到环境污染物污染等。

3. 几类受试生物的毒性试验

(1)微型(单细胞)藻类毒性试验　微型藻类个体小，世代周期短，可在较短时间内得到化学物质对其许多世代及在其种群水平上的影响评价，所得结果可反映毒物对水体中初级生产者的影响情况。

一般地，最好选择使用推荐的藻类进行纯种培养和试验，以提高试验结果的可比性和重复性。经常用于毒性研究的藻类有蓝藻中的铜绿微囊藻、水华鱼腥藻，绿藻中的斜生栅藻、蛋白核小球藻、羊角月牙藻或称聚镰藻、四尾栅藻及普通小球藻，硅藻中的小环藻、菱形藻和针杆藻等。

当受试藻类被选定后，应选用合适的培养基。在合适的培养温度、光照条件下，连续光照或12∶12或14∶10的光暗比光照时长、机械振荡[(100±10)次/min]或定时人工摇动的条件进行培养。试验开始的3 d内，对照组藻细胞浓度至少应增加16倍。

藻细胞生长可采用细胞计数、测定最大吸收波长下的光密度值(OD)或测定叶绿素含量(荧光法或比色法)等方法进行藻细胞定量。所得试验数据可由式(8-8)计算藻细胞生长曲线面积：

$$A = \frac{N_1 - N_0}{2} \times (T_1 - T_0) + \frac{N_1 + N_2 - 2N_0}{2} \times (T_2 - T_1) + \cdots + \frac{N_{n-1} + N_n - 2N_0}{2} \times (T_n - T_{n-1})$$

$$(8-8)$$

式中：A 为藻细胞生长曲线面积；T_0 为试验开始时进行藻细胞定量的时间；T_1 为试验开始后第1次进行藻细胞定量的时间；T_{n-1} 为试验开始后第($n-1$)次进行藻细胞定量的时间；T_n 为试验开始后第 n 次进行藻细胞定量的时间；N_0 为在时间 T_0 时的藻细胞量；N_{n-1} 为在时间 T_{n-1} 时的藻细胞量；N_n 为在时间 T_n 时的藻细胞量。

然后采用式(8-9)计算藻细胞生长抑制百分率(I_A)

$$I_A = \frac{A_c - A_t}{A_c} \times 100\%$$

$$(8-9)$$

式中：A_c 为对照组生长曲线面积；A_t 为不同试验浓度组生长曲线面积。再以细胞生长抑制百分率(I_A)计算 EC_{50} 值。

或按式(8-10)计算藻细胞平均特定生长率(μ)，即单位时间内($T_n - T_1$)藻细胞增长的量($N_n - N_1$)：

$$\mu = \frac{\ln N_n - \ln N_1}{T_n - T_1}$$

$$(8-10)$$

再用藻细胞平均特定生长率 μ 按急性毒性试验半致死浓度的计算方法求得 EC_{50} 值。

(2)溞类毒性试验可参照国家标准《水质　物质对溞类(大型溞)急性毒性测定方法》(GB/T 13266)或国际标准《水质　大型溞运动抑制的测定》(ISO 6341)进行毒性试验。

溞类即枝角类，在自然界中繁殖能力强，且大部分属世界性分布种，其中大型溞、溞状溞、隆线溞、透明溞、方形网纹溞、老年低额溞、锯顶低额溞、多刺裸腹溞等经常用于毒性试验。

选定受试溞类后，应选择合适的温度、光照、pH、硬度和溶解氧等进行培养。试验观测指标包括存活率、溞类生长和繁殖。有毒物质对溞类繁殖的影响称为生殖损伤，反应指标一般包括3方面的内容：①产幼溞的数量；②从试验开始到产第一胎幼溞所需时间，即产幼时间；③在试验规定时间内所产幼溞的胎数，其中以产幼溞的累计数最常用。

(3)鱼类毒性试验可参照国家标准《水质—物质对淡水鱼(斑马鱼)急性毒性测定方法》(GB/T 13267)或国际标准《水质 物质对淡水鱼(斑马鱼 *Brachydanio rerio*)急性致死毒性的测定 第一部分：静水式试验方法》(ISO 7346-1)，《水质 物质对淡水鱼(斑马鱼 *Brachydanio rerio*)急性致死毒性的测定 第二部分：半流水式试验方法》(ISO 7346-2)，《水质 物质对淡水鱼(斑马鱼 *Brachydanio rerio*)急性致死毒性的测定 第三部分：流水式试验方法》(ISO 7346-3)进行鱼类毒性试验。

鱼类不仅是重要的水生生物毒性受试生物，同时由于鱼类在人类食用水产品中占有的比例最大，所以鱼类毒性试验在评价水环境中化学物质和工业排放废水的毒性时被广泛采用。并且鱼类毒性试验结果也是制定渔业水质标准、海水水质标准、地面水环境标准和工业废水排放标准等标准的重要参考依据。我国经常用于毒性试验的试验鱼的种类包括青鱼、草鱼、鲢、鳙、鲤、鲫、团头鲂、麦穗鱼、青鳉、罗非鱼、马苏大麻哈鱼。国外的鱼类毒性试验中多采用虹鳟，美国有时还将银大麻哈鱼、溪红点鲑、金鱼、黑头软口鲦、斑点叉尾鮰、蓝鳃鱼用于鱼类毒性试验，日本多采用鲤、麦穗鱼、青鳉进行毒性实验。国际标准化组织推荐采用斑马鱼、蓝鳃鱼、青鳉、黑头软口鲦、南美鳉进行毒性试验。

试验时应选择合适的试验温度，范围视受试鱼类的适温范围而定：冷水鱼类 12～18 ℃，温水鱼类 20～28 ℃，且在试验期间的试验温度变化范围不超过±1 ℃，试验水的 pH 为 6.5～8.5，水中溶解氧不低于 4 mg/L。

4. 急性毒性试验 急性毒性试验是指在短时间内(通常为 24～96 h)生物接触高浓度有毒物质时，被测试化学物质引起试验生物群体中一特定百分数的个体出现有害影响的试验。在急性毒性试验中，由于生物的死亡容易观察，并且又是最严重而明显的有害影响，因此，特定时间内试验生物的死亡率经常被用作表示急性毒性试验指标如 LC_{50}。有时采用 IC_{50}(半数抑制浓度)和 EC_{50} 作为试验指标。而试验时间的长短，可因受试生物种类的不同而有所不同。例如，在水生生物的急性毒性试验中，藻类试验<72 h，水蚤类<48 h，鱼类<96 h，最长不超过 8 d。

(1)急性毒性试验的目的 水生生物对水质的变化反应非常敏感，因此在制定污水排放标准时，常进行水生生物的急性毒性试验。进行急性毒性试验的主要目的有：①求出被测试化合物对一种或几种受试生物的 LC_{50} 或某种效应的 EC_{50}，初步估测该化合物的危险性；②阐明被测试化合物急性毒性的浓度(剂量)-反应关系与生物中毒特征；③为进一步进行亚急性毒性和慢性毒性试验以及其他特殊毒性试验提供依据。

(2)半致死浓度的求算 在水生生物急性毒性试验中，由急性毒性试验所得的数据计算 LC_{50}、TLm、IC_{50}、EC_{50} 的原理和方法是相似的，都是建立在有毒物质浓度(剂量)-反应关系基础上的。并且受试生物对有毒物质的敏感性存在着个体差异。

① 浓度(剂量)-反应关系基础。分析浓度(剂量)-反应关系的主要方法是基于个体有效浓度(剂量)(individual effective concentration，IEC)或个体耐受性概念的。个体有效浓度(剂量)(IEC)是指引起一个受试生物个体死亡的毒物浓度(或剂量)。IEC 是一个生物个体特征。根据 IEC 的概念，在急性毒性试验中必然存在一个引起受试生物中最敏感个体死亡的最低毒物浓度。IEC 概念及其在浓度(剂量)-反应数据分析中的应用见图 8-2，图 8-2a 表示随机取自同一种群的受试生物经毒物暴露后死亡的 IEC 值的分布曲线。即 6 个试验浓度范围，每个受试生物个体的反应分属在其中的一个范围内，得到 IEC 的频数分布曲线图(假

定 35 尾受试鱼）。该频数分布曲线是偏态的，曲线右边部分延伸较长。对随机分成 7 组（1 组为对照组，其他 6 组为不同浓度毒物试验组）每组 10 个来自同一种群的受试生物个体进行毒性试验的数据作图，可得到一条不对称的"S"形的浓度（剂量）-反应（受试生物死亡百分率）曲线（图 8-1c）。若将横轴以浓度对数表示，纵轴以试验时间内受试生物的累计死亡百分率表示，则曲线呈对称的"S"形（图 8-2b）。这是因为有些个体对毒物不敏感或耐受力较强，即 IEC 的个体差异引起的。在图 8-2b 中，存活鱼（白色）具有大于暴露浓度的 IEC 值，死亡鱼（黑色）则有小于或等于暴露浓度的 IEC 值。

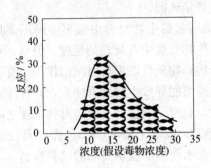

图 8-2a　假设数据的偏态频数分布
（Newman，1998）

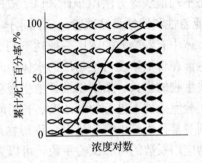

图 8-2b　累计死亡百分率与浓度对数关系
（Newman，1998）

　　若以曲线面积表示反应，即受试生物的累计死亡百分率，则浓度对数-累计死亡百分率之间的关系可表示为倒钟形的正态分布曲线（图 8-2c）。这种对数正态分布曲线是分析浓度（剂量）-反应关系的较普遍的研究结果，是概率单位法求算 LC_{50} 或 EC_{50} 的基础。

　　② 概率单位（probit）法。概率单位法是最常用的计算 LC_{50} 或 EC_{50} 的方法。概率单位转换是源于正态等差（normal equivalent deviate，NED）概念的。正态等差是指以正态分布曲线平均值标准偏差表示的累计死亡分数或受试生物累计死亡百分率。NED 值以 d_{NED} 表示

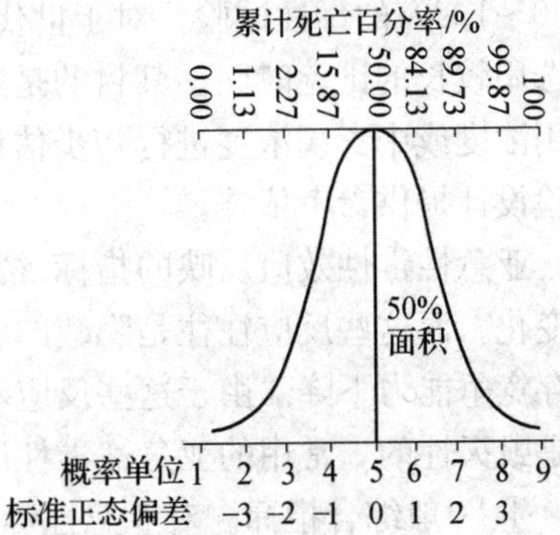

图 8-2c　以面积表示的累计死亡百分率与标准正态偏差及概率单位的关系
（周永欣等，1989）

$$d_{NED} = \frac{x - \mu}{\sigma} \qquad (8-11)$$

式中：x 为被测试化合物浓度对数；μ 为浓度对数平均数；σ 为浓度对数的标准偏差。

　　例如，关于被测试化合物浓度对数平均值（$x=\mu$）的死亡分数（即毒性试验中有 50% 受试生物死亡）的 $d_{NED}=0$；高于对数平均值一个标准偏差（$x=\mu+\sigma$）的死亡分数（即毒性试验中有 84% 的受试生物死亡）的 $d_{NED}=1$；低于对数平均值一个标准偏差（$x=\mu-\sigma$）的死亡分数（即毒性试验中有 16% 的受试生物死亡）的 $d_{NED}=-1$。为避免出现负值，布利斯（Bliss，1935）提出 $d_{NED}+5$ 后的参数称为概率单位 P_M，即

$$P_M = d_{NED} + 5 \qquad (8-12)$$

式中：M 为暴露试验后生物累计死亡百分率；d_{NED} 为毒性试验中生物累计死亡百分率为 M 时的正态等差值；P_M 表示表示毒性试验中生物累计死亡百分率为 M 时概率单位值。

这样，在概率单位P_M与生物死亡率M间就建立了一一对应关系。即通过概率单位将被测试化合物浓度对数x与生物死亡百分率M之间建立了一一对应关系。这种一一对应关系表现为直线关系，即根据对数正态分布模型，利用概率单位法将浓度(剂量)-反应数据转化成了一种线性关系：$P_M=a+bx$，a、b 为常数。利用该线性关系式可得到受试生物死亡百分率$M=50\%$时的毒物浓度对数，即毒物浓度值LC_{50}或EC_{50}及其置信区间。

此外，还有基于其他理论的 Logit 法(即分数对数法)、Weibull 换算法、Trimmed Spearman‐Karber 法(美国国家环境保护局 USEPA 推荐采用的方法，相对复杂)、二项式法、动态平均值法等方法用于计算LC_{50}或EC_{50}及其置信区间。

5. 亚急性和慢性毒性试验 天然水体由于污染引起的生物急性中毒事件尚不多见。绝大多数水体中有毒物质的浓度一般达不到引起水中生物急性中毒死亡的程度。但是，水生生物长期生活在含低浓度污染物质的水体中时，由于污染物质低浓度长时间的作用，有可能影响到这些生物的生长、繁殖以及其他生理功能，最终可能导致生物种群的衰亡。慢性毒性试验是在实验室条件下进行的低浓度、长时间的试验，观察受试生物反应与毒物浓度之间的关系，得到对某种受试生物的最大允许毒物浓度(MATC)或安全浓度(SC)。慢性毒性试验是获得毒物应用系数的可靠试验手段，可以为制订渔业水质标准提供可靠的试验数据。

(1)亚急性毒性试验 亚急性毒性试验是指所用毒物浓度对生物的作用强度低于急性毒性试验，但又高于慢性毒性试验，试验持续时间较长(进行 5～90 d，一般相当于生物寿命$1/30～1/20$)的毒性试验。对于世代周期时间较短的生物，可选用较短的试验时间，反之则需选用较长的试验时间。其目的是进一步确定化学物质的主要毒性作用、靶器官和对最大无作用浓度或中毒阈浓度进行初步估计。通过亚急性毒性试验还可为确定慢性毒性试验指标及试验设计提供参考依据。

亚急性毒性效应反映的指标常常是生物在生态的、生理的、生化的、组织病理或行为上的变化。而这些反应往往是隐蔽的、潜伏的，可使生物在自然界中的存活能力、繁殖能力和生存竞争能力下降。由于这些反应不易被发现，因此对生物群体的影响往往也是严重的，甚至是毁灭性的。常用的亚急性毒性试验的观察指标包括：

① 一般综合指标。对亚急性毒性试验中一般性综合指标的观测可以掌握受试生物对外来化合物毒性作用的综合性整体反映。这些指标主要包括观察受试生物的一般活动、症状和死亡情况，测定生物的体重、摄食量、食物利用率、生长率、脏器系数(脏器质量与生物体质重之比)等指标。

② 生理及生化指标。对受试生物生理生化指标的观测主要包括常规血液指标和组织器官功能指标。

常规血液指标包括红细胞数、白细胞数和分类、血小板数、血红蛋白定量以及血液中酶活力等；组织器官功能指标包括鳃、肝、肾等组织器官的功能检验。如鱼鳃Na^+/K^+ 和 ATP 酶活力等。

③ 病理组织学观察。在亚急性毒性试验中应注意对受试生物病理组织学的检查，尤其是暴露过程中的死亡生物个体，必要时，除进行肉眼和光镜检查外，还可进行组织化学、电镜观察。检查的内容可包括组织病变，组织、器官或细胞等的形态变化，尤其是肝脏、肾脏和生殖腺等器官。

(2)蓄积毒性试验 不论是在生物直接生活的环境中，还是在其食物中提供一种适宜的化学物质，经过一段时间后，化学物质即可以被生物吸收进入生物体内，并在生物体内发生该化学物质含量增加的现象，即生物蓄积现象。生物蓄积现象的发生是生物对化学物质吸收、分布、转化和排泄等生物过程综合的结果。水生生物同样具有从水环境中或从其食物中吸收积累某一化学物质的能力，从而使机体内该化学物质的含量不断增加，以至大大超过该化学物质在周围环境或食物中的浓度。对生物浓缩进行测定的主要依据是水生生物吸收积累化学物质的过程是可逆或不可逆的，并受生物对化学物质代谢的影响。化学物质进入生物机体后，由于生物机体的代谢作用可将化学物质排出体外，即生物的排出过程。在经过一定时间后，生物吸收积累和排出过程达到一个稳定的状态，即平衡状态。在这种平衡状态下生物体内的化学物质浓度与环境中该物质浓度之比被定义为生物浓缩系数，生物浓缩系数可以用来表示生物吸收积累化学物质的程度和能力。

（3）慢性毒性试验　慢性毒性试验是在毒物低浓度、长时间暴露的条件下，观察受试生物对外来化合物的生物学效应所进行的试验。致毒时间接近或超过整个生命周期，甚至几个世代，有时称为完全生活史生物测试。此外，为了减少试验时间和试验费用，有时选择生物生活史中最敏感的阶段进行毒性试验，往往被称为部分生活史生物测试。通过慢性毒性试验可以确定最大无作用浓度，还可为确定毒物的安全浓度，毒物的生态风险和人类摄入的残留风险，评价、制订环境或渔业水质标准提供相对准确的毒理学参考依据。在慢性毒性试验过程中，要保证试验的环境条件如 pH、硬度、温度、溶解氧等和自然界的季节变化相符。并符合生物生长、发育、生殖的自然规律。慢性毒性试验的观测指标，除亚急性毒性试验中常见的个体水平上的观测指标外，还包括其他一些个体水平上的指标，甚至种群、群落、生态系统水平上的指标。如生物的生长、繁殖能力、有性生殖产生的个体的发育、成熟、产卵、孵卵的成功性、幼体的成活、不同生命阶段的生长与存活以及畸形、行为和积累等作为反应指标。

① 个体水平指标。除上述亚急性毒性试验中的个体水平指标外，还包括个体水平上的行为指标，如鱼类对环境污染物的回避行为及其定量化描述，组织病理改变的半定量化评定等等。

② 种群水平指标。从生态学的角度看，污染物对生物分子、细胞、组织器官及个体水平上的任何影响均可能改变生物种群结构和动态。如受外来化合物影响后某一区域内生物种的内禀增长率和生殖潜力的改变将对该物种种群的增长和种群大小产生影响。种群水平的指标可以是生态学文献中的种群特征参数，如种群内禀增长率、生命表参数等。

③ 群落和生态系统水平指标。由于不同物种对污染物影响的敏感性不同，当某一区域受到外来化合物污染时，不同敏感性的生物种群构成的生物群落、生态系统结构和功能也将发生改变。

常见的生态系统结构和功能指标的变化趋势包括能量学指标：群落呼吸增加；P/R 比值不平衡；作为能量分配指标的 P/B 和 R/B 比值增大，显示生物能量分配从生长和生殖转向驯化和补偿；辅助能量的重要性增大；初级生产力输出增大。

营养物质循环指标：营养物质周转增大；通过某一途径的转移增加而内部循环减少；营养物质的损失增加。

群落动态指标：生命跨度减小；营养动力学改变；食物链缩短；功能多样性下降；通过捕食者和分解者食物链的能量流动比例改变。

广义系统水平趋势指标：资源利用效率降低；条件下降；阻尼不良震荡的机制和容量改变。

二、水中污染物的联合毒性

在自然界中，被有毒物质污染的水体，通常不只含有一种有毒物质，而是存在两种或两种以上的有毒物质。有多种废水汇入的水体，污染物的成分更为复杂。水体被污染后，污染物对水中生物产生的危害，实际上也不是单种有毒物质造成的，而往往是几种有毒物质联合作用的结果。

联合作用是指两种或两种以上化学物质同时或相继对生物体所产生的综合生物学效应。联合毒性是指两种或两种以上化学物质同时或相继对生物体发生作用所产生的毒性。根据联合作用产生的生物学效应差异，一般将多种化学污染物的联合作用分为独立作用、相加作用、协同作用和拮抗作用四种类型，常用统计学上的数学模型描述。这种数学模型越符合生物学过程，预测的联合作用越准确。进行联合毒性试验时，经常以等毒性配制混合毒物溶液，而混合物中一种毒物的毒性可用毒性单位(toxic unit，TU)表示。毒性单位是指以某一单位标准表示的毒性实验中的该毒物的量或浓度。该单位标准一般选用某一时限的某一致死率时的致死浓度(剂量)，如 24 h LC$_{50}$、24 h EC$_{50}$ 等表示。毒性单位值 n_{TU} 可用下式计算：

$$n_{TU}=\frac{试验溶液中的毒物浓度}{毒性单位标准} \tag{8-13}$$

因此，毒性单位值实际上表示的是毒性试验溶液中毒物浓度相对于该毒物某一单位标准的一个相对值，例如，试验溶液中毒物的实际浓度为 2 mg/L，而该毒物对生物毒性的单位标准 48 h LC$_{50}$ 为 5 mg/L，则试验溶液中该毒物的量(或浓度)还可表示为相对于该单位标准的毒性单位，即 $n_{TU}=2/5=0.4$。以毒性单位表示的优点是当进行联合毒性试验时，尽管不同毒物的单位标准不同，但是不同毒物可以相同的毒性单位值进行毒性试验。从而保证毒性试验时，无论是单独毒物毒性试验还是毒物联合毒性试验，毒物总的毒性强度是相同的。

(1)联合作用类型

① 独立作用。独立作用是指两种或两种以上有毒化学物质同时或相继作用于生物体后，由于各自的作用方式、途径、受体、部位等的不同，产生的生物学效应相互无影响，仅表现为各自毒性效应的毒物联合作用。毒物独立作用产生的毒性效应往往小于相加作用，但不低于其中生物学效应最强的毒物的毒性效应。

② 相加作用。相加作用是指两种或两种以上有毒化学物质同时或相继作用于生物体后，对生物机体产生的生物学效应强度等于它们分别单独作用于生物体所产生的生物学效应强度之和的毒物联合作用。亦称为加和作用。

在 20 世纪 70 年代，环境学家研究水生毒理学时，曾提出了浓度相加和反应相加的概念。浓度相加是指混合物中各化合物均作用于同一生理系统并产生相同的效应时，所引起的生物学效应表现为相加作用。反应相加是指混合物中各化合物作用于不同生理系统时所产生的生物学效应总和表现为相加作用。

③ 协同作用。协同作用是指两种或两种以上有毒化学物质同时或相继作用于生物体后，对生物机体产生的生物学效应强度大于它们分别单独作用于生物体所产生的生物学效应强度的毒物联合作用。

④ 拮抗作用。拮抗作用是指两种或两种以上有毒化学物质同时或相继作用于生物体后，对生物机体产生的生物学效应强度小于它们分别单独作用于生物体所产生的生物学效应强度的毒物联合作用。毒物间的拮抗作用可分为四种类型：

功能拮抗作用。是指由于毒物间对生理功能引起的逆向效应相同，发生相抵而产生的拮抗作用。

化学拮抗作用。是指由于毒物间发生化学反应而产生的拮抗作用。

处置拮抗作用。是指由于改变了毒物的吸收、分配、排泄导致毒物在作用靶位点的浓度或作用时间减少而产生的拮抗作用。

受体拮抗作用。是指由于毒物间具有相同的生物体内结合受体位点而产生的拮抗作用。

（2）联合作用现象　生态系统或生物体中一个以上有害因素或化学污染物质之间的联合效应现象包括4个方面：作用性质、作用类型、作用方向和反应模式。

① 作用性质。多个有害因素或化学污染物质作用，产生有益、有害、无益或无害的效应，这些效应并有轻微、中度、严重和极其严重等程度上的差异的结果称为联合作用性质。一般来说，外界因素或化学污染物质对生态系统的可能作用是非常广泛的，包括对无机环境、生物个体、种群、群落，以及生态系统的可能作用。

② 作用类型。生态系统或生物体中一个以上有害因素或化学污染物质之间的相互作用类型至少包括以下内容：

多种有害因素或化学污染物在一个部位产生一种效应，如相加、拮抗和协同效应；

多种有害因素或化学污染物在单独作用时均无效应，只有在共同作用时才有效应，即化学协同作用；

多种有害因素或化学污染物在一个部位产生多种效应；

化学污染物质 A 和 B 在同一部位产生相反效应，即遮蔽作用；

只有一种化学污染物质在某一部位产生效应，如抑制作用、增强作用和无效应等。

③ 作用方向。一个以上有害或化学污染物质对生态系统中的无机环境和生物组分的作用是有方向的。总效应上的减少，并不一定意味着化学污染物质 A 降低了化学污染物质 B 的效应，也有可能是化学污染物质 B 降低了化学污染物质 A 的效应。

④ 反应模式。反应模式是指同一化学污染物质可以作用于不同的作用点或靶部位，并产生不同的生物效应或对不同的生物效应有影响。

第二节　天然水中的重金属

对于重金属，目前尚没有严格的统一定义。仅有几种说法：

① 相对密度大于 5 者（也有人认为大于 4 者）为重金属。相对密度大于 5 的金属有 45 种左右，大于 4 的约有 60 种。

② 周期表中原子序数大于 20（钙）者，即从 21（钪）起为重金属。

③ 相对原子质量大于 40 并具有相似外层电子分布特征的金属元素为重金属。

在上述说法中，第③种说法是比较普遍的观点。多数重金属有毒，但是也有一些重金属没有毒。有些轻金属比如锂和铍也有很强的毒性。从环境污染方面来讲，重金属主要是指汞、镉、铅、铬和类金属砷等生物毒性显著的重元素，也指具有一定毒性的一般重金属如锌、铜、钴、镍、锡等，目前最受关注的是汞、铜、锌、铅、镉、铬、砷等。

一、天然水中的重金属

(一)水中主要重金属污染物的来源
一般来说，环境中重金属的污染源主要有 5 类。

(1)地质风化作用　地质风化作用是环境中基线值或背景值的来源。但是，在自然风化作用和矿化带的相互作用中并不能完全排除人类的作用。

(2)各种工业过程　在大多数的工业生产所产生的废水中均含有重金属污染物。采矿、冶炼、金属的表面处理以及电镀、石油精炼、钢铁与化肥、制革工业、油漆和燃料制造等工业生产均可产生含重金属的废物和废水。如采矿场采矿过程以及废矿石堆、尾矿场的淋溶作用。

(3)燃烧引起大气散落　煤炭、石油中的重金属燃烧时会以颗粒物形式进入空气中，随风迁移，再随降尘、降水回到地面随地表径流进入水体。

(4)生活废水和城市地表径流　生活废水包括：① 未处理的或只用机械方法处理过的废水；② 通过生物处理厂过滤器的物质，以溶解态或微颗粒态存在。铜、铅、锌、镉、银的含量受生活废水显著影响。

(5)农业退水　农业生产中可能大量使用含金属的农药，或在农业土壤中本来即含有一些重金属，这些金属均可以因淋溶而进入水中。

(二)重金属元素在水环境中的污染特征
重金属污染物最主要的环境特性是在水体中不能被微生物降解，而只能在环境中发生迁移和形态转化。水中大多数重金属都被富集在黏土矿物和有机物上。在水环境中重金属元素有以下污染特征。

(1)分布广泛　重金属普遍存在于自然环境的岩石、土壤、大气和水中，也能存在一些生物体内。加上工农业生产对重金属的广泛应用，造成重金属在水体中有广泛的分布。

(2)可以在水环境中迁移转化　虽然多数重金属在水中的溶解度都比较小，但是多数重金属都能与环境中的许多物质生成配合物或螯合物，大大增加了其溶解性。已经进入沉积物中的重金属，还能因为配合物或螯合物的生成再进入水体，造成二次污染。

(3)毒性强　在环境中只要有微量重金属即可产生毒性效应，一般重金属产生毒性的浓度范围在天然水中为 $1\sim10$ mg/L。毒性较强的重金属如汞、镉等产生毒性的浓度范围更低，为 $0.001\sim0.01$ mg/L；有一些重金属还可在微生物作用下转化为毒性更强的有机金属化合物，如甲基化作用。

(4)生物积累作用　水生生物可以从水环境中浓缩一些重金属，还可以经过食物链的生物放大作用积累，逐级在较高营养级的生物体内成千成万倍地富集，然后通过食物进入人体，在人体中积蓄，产生危害。汞就是典型的积累性重金属。

二、天然水中重金属的存在形态与毒性

(一)水体中重金属的存在形态及其影响因素
1. 水中金属的存在形态　斯塔姆认为，元素的化学形态是某一元素在环境中以某种离子或分子存在的实际形式。汤鸿霄(1982)则认为，从污染化学的角度考虑，化学形态的定义

可归纳为：①价态；②化合态；③结构态；④结合态。金属的不同形态对金属污染物的污染效应将产生重要的影响。重金属进入天然水体后，一般以其稳定的氧化态存在。但是因为天然水体是一个包括多种溶解无机物、有机物以及颗粒物的复杂的多相电解质系统。其中的无机阴离子 F^-、Cl^-、SO_4^{2-}、OH^-、HCO_3^- 和溶解有机物、腐殖酸、氨基酸等可以作为重金属离子的配位体。黏土矿物、铁锰水合氧化物等无机矿物及有机碎片颗粒还具有一定的吸附能力，可以吸附重金属离子。河水中的溶解有机碳含量为 $2 \sim 100$ mg/L，悬浮颗粒物含量为 $0.08 \sim 38$ mg/L。因此进入天然水体中的重金属离子发生水合、水解作用，并与溶解的无机和有机配位体形成稳定的配合物，与无机矿物、有机颗粒达成吸附-解吸平衡或发生沉淀反应。这样，重金属就会以多种形态存在于天然水体中。曾灿星等(1984)曾论述了研究化学形态对水环境化学的重要性，研究认为，从广义上讲，水环境化学的几乎所有内容都与形态问题有关。因为水环境中每一项物理化学参数的改变都有可能引起水体中原来的金属形态发生变化。例如，氧化还原电位、pH、离子强度、金属元素的浓度、各种无机及有机组分的种类和浓度等一些因素的改变必然会影响到水环境中金属的配合与离解、吸附与解吸、沉淀与溶解、氧化与还原等过程，最终导致金属形态的变化。所以从广义上讲，形态研究包括了整个水环境化学的研究。从狭义上讲，水环境中重金属形态的研究指的是从分析化学角度研究如何区分和测定水环境中重金属的不同形态，并且利用形态分析手段去研究环境问题。

水环境中的金属离子一般是以水合金属阳离子 $Me(H_2O)_x^{n+}$ 的形式存在，通常简化写成 Me^{n+}，只在必要时把配合水分子写出。水环境中的金属离子通过酸-碱、沉淀、配合及氧化-还原等反应不断向最稳定状态移动。水环境中重金属的化学形态取决于金属化合物的来源和进入水体后与水中其他物质发生的可能的相互作用及结果。因此，全面地阐明水环境中重金属的形态是一项十分复杂的工作。

水中可溶性金属离子可以多种形态存在。表8-2列出了水域生态系统中微量金属元素的主要形态。

表8-2 水中金属的形态

(Stumm and Bilinski，1972)

金属形态	直径范围/μm	示例(Me：金属，R：烷基)
游离水合离子		$Cu(H_2O)_6^{2+}$
配合离子		AsO_4^{3-}、UO_2^{2+}、VO_3^-
无机离子对和配合物		$CuOH^+$、$CuCO_3^0$、$Pb(CO_3)_2^{2-}$、$CdCl^+$、$Zn(OH)^-$
有机配合物、螯合物及化合物	0.001	$Me-OOCR^{n+}$、HgR_2
与高分子有机物结合的金属	0.01	Me-腐殖酸或富里酸聚合物
高度分散的胶体		FeOOH、Mn(IV)水合氧化物
吸附在胶体上的金属	0.1	吸附在黏土上、有机物上的金属
沉淀的无机或有机颗粒物		$ZnSiO_3$、$CuCO_3$、CdS、PbS
生物体中的金属		藻类中的金属

（注：直径范围栏右侧纵向标注：真溶液中、可渗析的、可过膜的、可滤过的）

2. 沉积物中金属的存在形态 沉积物中的金属按照其在沉积物中的结合相，按照顺序提取方法可将其存在形态区分为：①因沉积物或其主要成分(金属吸附相，如黏土矿物、铁锰水合氧化物、腐殖酸及二氧化硅胶体等)对微量金属的吸附作用而形成的"可交换态"(或称"被吸附态")；②与沉积物中的碳酸盐联系在一起的部分微量金属被称为"与碳酸盐结合态"；

③与铁锰水合氧化物共沉淀，或被铁锰水合氧化物吸附，或其本身即为氢氧化物沉淀的这部分微量金属被称为"与铁锰氧化物结合态"；④与硫化物及有机质结合的金属被称为"与有机质结合态"；⑤包含于矿物晶格中而不可能释放到溶液中去的那部分金属被称为"残渣态"。

3. 水体中金属存在形态的影响因素 水体中，有很多因素可以影响其中的金属存在形态。

(1)水中金属离子的水解作用 许多重金属离子在水中都能发生水解。金属离子的水解作用可看作是它们和H^+争夺OH^-的作用。离子电位小的金属离子，离子半径大、电价低，对OH^-的吸引力小于H^+。这类离子只有在很高的 pH 下才能发生水解作用。因此，这类金属离子常常以简单的水合离子形式存在于水中，如K^+、Na^+、Cs^+、Ca^{2+}等。而离子电位大的金属离子，离子半径小、电价大，对OH^-的吸引力和H^+相近，在水溶液中的存在形态取决于溶液的 pH。pH 较低时金属呈简单的离子形态存在；pH 较高时，则金属离子形成羟基配离子。所以，金属离子的水解作用实际上是羟基对金属离子的配合作用(详见第二章)。

(2)水中溶解态无机阴离子 天然水体中，能够影响金属离子存在形态的无机阴离子主要包括OH^-、F^-、Cl^-、I^-、CO_3^{2-}(HCO_3^-)、SO_4^{2-}，在某些情况下还包括硫化物(HS^-、S^{2-})、磷酸盐(HPO_4^{2-}、$H_2PO_4^-$、PO_4^{3-})等。这些无机阴离子可以配位体的形式与金属离子发生配位作用，从而影响水中金属离子的存在形态。

(3)水中的溶解有机物 水环境中存在许多有机配位体，包括动、植物组织的天然降解产物、腐殖酸，废水中的洗涤剂、NTA(氨基三乙酸)、EDTA、农药和大分子环状化合物等。它们都能与重金属生成稳定性不同的配合物或螯合物，改变重金属的形态(详见第七章)。

(二)水体中重金属的毒性及其影响因素

1. 水中重金属的毒性 水中重金属的毒性首先取决于金属本身的化学性质，此外许多物理、化学及生物因素都会影响重金属的毒性。费伦斯和巴蒂(Feorence and Battey，1977)研究发现，有毒金属对水生生物的毒性顺序为：Hg>Ag>Cu>Cd>Zn>Pb>Cr>Ni>Co。

(1)对水生植物的毒性 关于单一金属对藻类的影响研究主要集中在生长、发育、细胞形态结构、繁殖等方面。重金属元素镉、铅、镍、汞等对一些淡水藻类的影响主要表现为改变运动器的细微结构、使核酸组成发生变化、影响细胞生长和缩小细胞体积等。一般来讲，几种重金属对水生生物的毒性强弱顺序为：Hg>Cd≈Cu≫Zn>Pb>Co>Cr。但这不是绝对的，不同的藻类对金属离子的毒性反应顺序可能有变化。重金属离子 Cu^{2+}、Cd^{2+}、Zn^{2+}、Pb^{2+}对三角褐指藻生长影响的 96 h EC_{50} 值分别为 0.017 mg/L、0.120 mg/L、0.363 mg/L 及 0.468 mg/L。重金属对藻类生理生化功能影响的研究多见于对藻类光合作用和碳代谢方面的报道。雷伊(Rai，1988)等研究了 Cr 与 Ni、Pb 间相互作用对灰色念珠藻的生长、光合作用、硝酸盐的吸收和固氮酶活性等的影响，表明 Cr+Ni、Cr+Pb 对该藻生长的联合作用均为拮抗作用，但 Cr+Ni 的拮抗作用仅维持到培养 72 h，随后则表现为协同作用。Ni 和 Pb 混合使用的影响与它们单独的影响没有多大差别。许多学者研究了藻类对可溶性金属吸收的动力学机制，发现藻类对金属的吸收分为两步：第一步是被动的吸附过程(即在细胞表面上的物理吸附或离子交换)藻类对金属的这种吸附过程是迅速的，其发生的时间极短，不需要任何代谢过程和能量提供，重金属只是简单地被吸附到藻细胞表面上。这些金属中的一部分可以经蒸馏水的反复清洗而从藻细胞上清除。第二步是金属离子穿过膜孔进入细胞内部，并与胞内蛋白质结合，即吸收过程。这一步往往是金属离子吸收速率的限制性步骤。戴维斯(Davies)的研究表明，三角褐指藻 Phaeodactylum tricornutum 对 Zn^{2+} 的吸收过程包括细胞表面吸附、扩散吸收、Zn^{2+} 被细胞内蛋白质的束缚。斯托克斯(Stokes)提出藻细胞对各种金属的吸收率与金属对藻细胞的毒性大小有密切相关。并指出几种因素，尤其是藻细胞老幼，培养时的通气状况、温度、pH、螯合剂及其他金属的存在等，均明显地影响细胞对金属的吸收，此外还包括光照、磷酸盐等。从受重金属污染的环境中分离得到的几种藻类已证明了藻类对金属具有抗性和耐受性。藻类对金属耐受性的机制可能包括细胞对金属的排出作用及各种细胞的内解毒作用。福斯特(Foster)指出小球藻对金属的耐受机制是排出作用。高世荣等(1997)采用凯恩斯(Cairns，1969)提出的 PFU 方法在群落水平上模拟研究了 As^{3+} 对藻类群落的毒性，研究表明，藻类类群随着 As^{3+} 浓度增大而减少，多样性指数随 As^{3+} 浓度增加而明显下降，藻类群落迁入到空白聚氨酯泡沫塑料块(PFU)上的速度随时间延长而下降，从 PFU 上消失的速度则随时间而上升。As^{3+} 对藻类群落结构的最小有作用浓度 LOEC 为 32 mg/L 和 56 mg/L，最大无作用浓度 NOEC 为 1 mg/L。

(2)对甲壳动物的毒性　一些重金属离子对罗氏沼虾幼虾的毒性作用见于戴习林等(2001)的研究报道(表 8-3)。Hg^{2+}、Cd^{2+}、Zn^{2+}、Mn^{2+} 对日本对虾仔虾的毒性见表 8-4，毒性顺序为 $Hg^{2+} > Cd^{2+} > Zn^{2+} > Mn^{2+}$。

表 8-3　Cu^{2+} 与 Cd^{2+} 对罗氏沼虾幼虾的 LC_{50} [(24±1)℃](mg/L)

毒物	24 h	48 h	72 h	96 h	安全浓度
Cu^{2+}	0.120	0.104	0.098	0.097	9.7×10^{-4}
Cd^{2+}	0.039	0.028	0.021	0.020	2.0×10^{-4}

表 8-4　Hg^{2+}、Cd^{2+}、Zn^{2+}、Mn^{2+} 对日本对虾仔虾的 LC_{50} (mg/L)

(高淑英等，1999)

毒物	24 h LC_{50}	48 h LC_{50}	96 h LC_{50}	试验化合物
Hg^{2+}	0.133	0.046	0.012	$HgCl_2$
Cd^{2+}	4.039	0.750	0.342	$CdCl_2 \cdot 2.5H_2O$
Zn^{2+}	4.600	1.695	0.449	$ZnSO_4 \cdot 7H_2O$
Mn^{2+}	21.140	4.857	0.950	$MnSO_4 \cdot H_2O$

(3)对软体动物的毒性　有关污染物对软体动物的毒性研究，多集中在对贻贝、菲律宾蛤仔、牡蛎、扇贝等的工作。部分金属对双壳类软体动物的毒性顺序为：Hg>Cu>Zn>Pb>Cd>Cr。对菲律宾蛤仔的毒性研究表明，48 h LC_{50}：Zn^{2+} 为 147.91 mg/L、Pb^{2+} 为 31.62 mg/L；96 h LC_{50}：Zn^{2+} 为 16.40 mg/L、Pb^{2+} 为 14.28 mg/L。对扇贝稚贝的 48 h LC_{50}：Zn^{2+} 为 1.44 mg/L，Pb^{2+} 为 2.69 mg/L；对翡翠贻贝 96 h LC_{50}：Zn^{2+} 为 6.09 mg/L，Pb^{2+} 为 8.82 mg/L。重金属离子 Hg^{2+}、Cu^{2+} 和 Zn^{2+} 及其不同混合方式对菲律宾蛤仔的呼吸、排泄和氧/氮(O/N)比的影响实验表明，0.01~0.069 mg/L Cu^{2+} 和 0.1~1.58 mg/L Zn^{2+} 对菲律宾蛤仔的耗氧率、氨态氮排泄率和 O/N 含量比影响相对较小；Cu^{2+} 浓度在 0.158 mg/L 和 Zn^{2+} 浓度在 6.31 mg/L 以上时，对其代谢将产生显著影响；Hg^{2+} 在 0.005~0.05 mg/L

时，对蛤仔耗氧率和氨态氮排泄率有抑制作用，并使 O/N 含量比显著降低。吴坚(1991)实验得到 Cu^{2+} 浓度在 0.1 mg/L 时对紫贻贝摄食率和滤水率影响很小，但 Cu^{2+} 浓度在 0.2～0.4 mg/L 时对摄食率和滤水率产生明显抑制作用。萨利巴等(Saliba，1977)研究证实 0.05～5 $\mu g/L$ 的 Hg^{2+} 浓度即对蚌的呼吸产生抑制，这种情形与菲律宾蛤仔相似。坎明翰 (Cunminghan)发现 Hg^{2+} 浓度在 0.01～0.1 mg/L 时，引起牡蛎幼体耗氧率增加；浓度提高到 1～10 mg/L 时，其耗氧率则降低。

(4)对鱼类的毒性　金属离子对鱼类的毒性分为急性毒性、亚急性毒性和慢性毒性，并且这方面的研究受到广泛重视，多见报道。如一些研究表明，部分金属污染物对鱼类的毒性顺序为：Hg>Cu>Zn、Cd>Pb。周立红等(1994)的研究显示，金属离子 Hg^{2+}、Cu^{2+}、Pb^{2+} 和 Zn^{2+} 对泥鳅胚胎毒性强弱顺序为：Hg>Cu>Zn>Pb，24 h LC_{50} 分别为：Hg^{2+} 1.20 mg/L、Cu^{2+} 1.45 mg/L、Zn^{2+} 1.55 mg/L、Pb^{2+} 5.80 mg/L；对仔鱼的毒性顺序为：Cu>Hg>Zn>Pb，24 h LC_{50} 分别为 Hg^{2+} 0.62 mg/L、Cu^{2+} 0.125 mg/L、Zn^{2+} 1.20 mg/L、Pb^{2+} 4.68 mg/L；48 h LC_{50} 分别为 Hg^{2+} 0.45 mg/L、Cu^{2+} 0.105 mg/L、Zn^{2+} 1.05 mg/L、Pb^{2+} 4.26 mg/L；安全浓度分别为 Hg^{2+} 0.071 mg/L、Cu^{2+} 0.022 mg/L、Zn^{2+} 0.242 mg/L、Pb^{2+} 1.06 mg/L。吴鼎勋等(1999)的研究显示 Hg^{2+}、Cu^{2+}、Zn^{2+} 和 Cr^{6+} 对鮸状黄姑鱼仔鱼的毒性强弱依次为：$Hg^{2+}>Cu^{2+}>Zn^{2+}>Cr^{6+}$。表 8-5 是半致死浓度。

表 8-5　4种重金属对鮸状黄姑鱼仔鱼的 LC_{50} 和安全浓度(mg/L)

(吴鼎勋等，1999)

组别	24 h LC_{50}	48 h LC_{50}	72 h LC_{50}	96 h LC_{50}	安全浓度
Hg^{2+}	0.079	—	—	—	
Cu^{2+}	0.141	0.100	0.079	0.063	0.006
Zn^{2+}	31.62	6.095	3.715	2.570	0.257
Cr^{6+}	44.15	19.95	6.998	5.754	0.575

2. 水中金属毒性的影响因素　自 20 世纪 60 年代开始，环境学家在研究水域中重金属对水生生物的毒性时，发现影响金属毒性的不仅有生物种类、生物大小、摄食水平等生物学因素，还有 pH、硬度、碱度、无机、有机配位体和固体悬浮物等水质因素，即金属的实测浓度对于生物群落的毒性随介质(如水、悬浮物质、可沉积颗粒等)的不同而有所差异。例如，早期的研究工作结果证实，水体中诸如腐殖酸(HA)、富里酸(FA)、EDTA 和 NTA 等有机物的存在，通常能减小重金属的毒性，其原因是这些有机物降低了水中重金属游离离子的含量。

根据对大西洋鲑的暴露结果，LC_{50} 值随溶液中碳酸盐浓度的减少和游离铜离子、羟基配合态铜浓度的增加而降低，表明 Cu^{2+}、$Cu(OH)^+$、$Cu(OH)_2$ 和 $Cu_2(OH)_2^{2+}$ 是有毒形态，3 种碳酸盐铜 $CuHCO_3^+$、$CuCO_3$ 和 $Cu(CO_3)_2^{2-}$ 是相对无毒形态。在实验鱼中毒是由金属毒性形态与鱼鳃表面的相互作用引起的假设条件下，佩金科夫(Pagenkopf，1983)利用竞争平衡模型预测了与鱼鳃表面有关的金属的化学活性，得到了相似的结果，即游离离子和羟基配合态是高毒形态，其他形态则是低毒形态。

由此可见水环境中重金属的形态与其生物有效性有着密切关系。

(1)物理化学因素

① 温度。一般金属污染物质的毒性随温度的升高而增大。通常温度每升高 10 ℃，生物的存活时间可能减半。

② 溶解氧。溶解氧含量减少，金属污染物的生物毒性往往增强。这可能是因为当水中溶解氧含量不足时，生物为了获得足够的氧气，呼吸和循环系统加速运行，流经鳃丝的水量和血量增加，使进入体内的毒物增加。

③ pH。对水中的金属毒物而言，在 pH 升高时，因会生成氢氧化物或碳酸盐等难溶物质沉淀或配合物，使水中游离金属离子浓度降低，毒性减弱。反之，pH 降低时，金属沉淀物的溶解度、配合物的离解度一般增大，水中金属离子的浓度增大，因而毒性增强。

④ 碱度。碱度增大，因水中游离金属离子可形成碳酸盐沉淀，从而降低了水中的游离金属离子浓度，毒性因此减弱。反之，毒性增强。

⑤ 硬度。研究发现，多数重金属离子在软水中的毒性往往比在硬水中大。美国国家环境保护局编著的《水质评价标准》(1986，中译本 1991)对一些重金属的水质评价标准就是以硬度修正方程的形式提出。如铜的水质评价标准为：

$$\ln\{\overline{p_{4d}}\}_{\mu g/L} = 0.854\,5\{H\}_{mg/L} - 1.465$$
$$\ln\{\overline{p_{1h}}\}_{\mu g/L} = 0.94\{H\}_{mg/L} - 1.464 \tag{8-14}$$

式中：$\{\overline{p_{4d}}\}_{\mu g/L}$ 为以 $\mu g/L$ 作单位的金属 Cu^{2+} 3 年中仅允许一次超标的"4d 平均值"的标准值；$\{\overline{p_{1h}}\}_{\mu g/L}$ 为以 $\mu g/L$ 作单位的金属 Cu^{2+} 3 年中仅允许一次超标的"1 h 平均值"的标准值；$\{H\}_{mg/L}$ 为以 $mg/L(CaCO_3)$ 为单位的水的硬度。

对鱼类的研究表明，硬度对金属离子毒性的保护作用主要体现在硬度离子与金属离子对鱼鳃表面配体的竞争配合作用，Na^+ 和 H^+ 对鱼类积累金属离子也产生相似的影响。这一过程可通过常数竞争互作因子(competitive interaction factor，CIF)表达。金属离子对鱼类的生物有效性及其毒性形态之间的关系可表示为：

$$\rho_{ETC} = K_{CIF} \times \left[\sum \rho_{TS}\right] \tag{8-15}$$

式中：ρ_{ETC} 为有效毒性浓度；ρ_{TS} 为金属的有毒无机形态；K_{CIF} 为特定鱼类种类和金属离子是常数。因此，对于给定的重金属和生物种，在暴露时间相同时，ρ_{ETC} 即是固定数值。

⑥ 毒物间相互作用。如前述的协同作用、拮抗作用、加和作用等。

⑦ 其他。影响金属离子形态的因素如人工合成的有机配位体 NTA、EDTA 以及农药、大分子环状化合物等。

(2)生物学因素　影响水中金属离子毒性的生物学因素包括生物大小、质量、生长期、耐受性、竞争和演替能力等。如对对虾的研究发现，对虾的发育越往后期，它对重金属的忍受限越大。但受精卵相对无节幼体和蚤状幼体，具有更强的忍受能力。对虾不同发育生长阶段对重金属的忍受顺序大致为：无节幼体＜蚤状幼体＜糠虾＜仔虾＜幼虾＜成虾。

(三)沉积物中重金属的生物毒性及其影响因素

1. 沉积物中重金属的生物毒性　沉积物中重金属的毒性研究多集中于对底栖生物研究，有急性毒性试验也有慢性毒性试验。如沈洪艳等(2014)的急性毒性试验研究结果显示：5 种金属加标沉积物对淡水单孔蚓和伸展摇蚊的毒性顺序分别是：$Cd(LC_{50}\ 281\ mg/L)>$ $Ni(LC_{50}\ 646\ mg/L)>Cu(LC_{50}\ 830\ mg/L)>Pb(LC_{50}\ 1\ 040\ mg/L)>Zn(LC_{50}\ 1\ 320\ mg/L)$；

$Cd(LC_{50}\ 26.3\ mg/L) > Pb(LC_{50}\ 248\ mg/L) \approx Cu(LC_{50}\ 256\ mg/L) > Ni(LC_{50}\ 343\ mg/L) > Zn(LC_{50}\ 1\ 400\ mg/L)$。韩雨薇等(2015)的毒性试验研究表明：Pb、Cd 对河蚬的致死效应较低，当 Pb、Cd 浓度分别为 400 mg/L、100 mg/L，连续暴露 21 d 时，致死率低于 20%；14 d 的呼吸抑制率EC_{50}分别为 519 mg/L 和 151 mg/L。

2. 沉积物中重金属的生物毒性的影响因素

(1)沉积物中金属存在形态　底栖生物对沉积物重金属的吸收主要是通过间隙水进行的，因此间隙水的组成和状态对重金属的毒性影响很大。一般认为只有间隙水中的自由金属离子能直接产生生物效应，而沉积物中重金属浓度和沉积物水化学控制着间隙水中的自由金属离子的活度，从而影响沉积物中重金属的毒性。按照目前对沉积物中的金属存在形态研究，可将沉积物中的金属区分为 5 种存在形态，但是，并不是金属的所有形态均可对沉积物中的生物产生毒性。沉积物中金属的生物毒性与其在水体沉积物中的形态有关，取决于其在沉积物相和间隙水相间的平衡过程。在沉积物中，不同形态金属含量的分配比关系决定于多方面的因素，既与沉积物的粒度组成有关，也与各种金属离子自身的性质有关，更与水环境的污染程度有关。据哈里森等(Harrison，1981)的研究，沉积物中金属的形态与金属离子的化学活性和对生物的有效性密切相关。可交换态有较高的化学活性，易为底栖生物利用，其次是与碳酸盐结合态，再次是与 Fe、Mn 氧化物结合态。与有机质结合态金属的活性较差，残渣态金属活性最差，不能为生物所利用。迪托罗等(Di Toro，1992)和艾伦等(Allen，1993)研究指出，水体沉积物中重金属的主要结合相是酸挥发硫(acid volatile sulfide，AVS)、颗粒有机碳(POC)和铁与锰的氢氧化物，这些结合相直接控制着沉积物中重金属的毒性。

在厌氧环境中，AVS 是沉积物中重金属的最主要的结合相。在沉积物环境质量研究中，AVS 是一个操作性定义，指水体沉积物中活动性最强的金属硫化物，主要包括无定形 FeS、马基诺矿(mackinawite，FeS)、硫复铁矿(greigite，Fe_3S_4)和锰的单硫化物(MnS)等。20 世纪 90 年代以来的研究表明：AVS 可降低重金属的生物毒性。因为 AVS 可通过表面配合、共沉淀等过程与重金属结合，AVS 中的 FeS 或 MnS 还可被重金属置换生成更难溶的硫化物沉淀。

在好氧沉积物中，铁和锰的氢氧化物也是沉积物中重金属主要结合相。如上述的沉积物金属毒性研究中，通常采用同时提取金属(simultaneously extracted metals，SEM)与酸挥发硫(AVS)比值研究沉积物中金属与生物毒性间关系。由于沉积物中的重金属必须是生物可利用形态(bioavailable species)才能进入生物体，积累并产生生物毒性，而呈固体形态的金属硫化物是不可生物利用形态。沉积物中的重金属，溶于间隙水中时是最具生物可利用性的。沉积物中即使含有相同数量的重金属也可能有很大不同的毒性作用，这取决于可与它们结合的硫化物的数量，并使它们不能生物利用。因此，一般采用 SEM/AVS 比值预测沉积物中重金属的生物毒性。如 SEM/AVS>1 时，除Cd^{2+}外其他 4 种金属对淡水单孔蚓、伸展摇蚊幼虫均表现出较为明显的毒性效应，而且Pb^{2+}、Ni^{2+}、Zn^{2+}对两种生物的毒性效应与 SEM/AVS 比值之间表现出良好的一致性，说明 SEM/AVS 比值可以较好地反映沉积物中重金属的生物有效性。沉积物中Pb^{2+}、Cd^{2+}的 SEM/AVS 比值和生物呼吸抑制率有着明显的线性相关性，当$SEM_{Pb}/AVS>1$，$SEM_{Cd}/AVS>0.6$时，重金属对河蚬有明显的毒性效应。在包括Fe^{2+}在内的金属离子(Me^{2+})与硫化物相互作用时

$$Me^{2+} + S^{2-} \longrightarrow MeS(s), \quad K_{sp} = [Me^{2+}][S^{2-}]$$

则重金属离子(Cu^{2+}、Pb^{2+}、Zn^{2+}、Cd^{2+}、Ni^{2+}、Hg^{2+})，以Cd^{2+}为例，有

$$Cd^{2+}+FeS(s)\longrightarrow CdS(s)+Fe^{2+}$$

FeS(s)与CdS(s)两者之间的溶度积常数差别很大，沉积物中所有的Cd^{2+}将以CdS(s)形式存在。表8-6为几种重金属硫化物的溶度积常数。

表 8-6　6 种重金属硫化物溶度积常数

金属	K_{MeS}	$\lg\left(\dfrac{K_{MeS}}{K_{FeS}}\right)$	金属	K_{MeS}	$\lg\left(\dfrac{K_{MeS}}{K_{FeS}}\right)$
镍	−27.98	−5.59	铅	−33.42	−11.03
锌	−28.39	−6.00	铜	−40.94	−18.55
镉	−32.85	−10.46	汞	−57.25	−34.86

沉积物中的 POC(主要是腐殖酸)对金属具有强烈的吸附作用。在没有 AVS 的好氧沉积物中或是在金属浓度大于 AVS 的厌氧的沉积物中，POC 是重金属的最重要的结合相。在好氧沉积物中，铁和锰的氢氧化物也是沉积物中重金属主要结合相。

(2)间隙水中配位体　间隙水中往往溶解了大量的有机和无机配位体，这些配位体一方面能与重金属配合，促进沉积物中重金属的释放，使间隙水中实际溶解的重金属浓度明显地高于根据颗粒相和水相分配模型所预测的浓度；另一方面因重金属与配位体配合而使自由离子的活度降低，从而降低了金属的生物毒性。

(3)水-沉积物界面的氧化作用　水-沉积物界面是一个对 E_h 极为敏感的化学和生物系统，E_h 很小的提高就可能引起金属硫化物(MeS)和 H_2S 的氧化，使沉积物中金属向间隙水中的释放作用加剧，从而增大金属对生物的毒性作用。

三、天然水中重金属的迁移与分布

重金属在水体中不能被微生物降解，只能发生形态间的相互转化及分散和富集过程。由于重金属元素的化学特点，即重金属元素的外层电子结构特点，使其在天然水域的环境条件下可以进行形态转化，表现出一定的迁移活性。

(一)水体中金属的迁移

元素迁移是指元素在地表自然环境中空间位置的变动、存在形态的转化，以及由此引起的分散和富集的过程。

元素在自然环境中的迁移，按物质运动的基本形态或迁移方式，可分为下述 3 种形式：

1. 机械迁移　是指元素及化合物在环境中被机械搬运。按其迁移的机械营力可进一步分为：①水的机械迁移作用，即元素及化合物在水体中的扩散作用和被水流搬运；②气的机械迁移作用，即元素及化合物在大气中的扩散作用和被气流搬运；③重力的机械迁移作用，即相对密度大于水的元素在水环境中所发生的沉淀作用。

2. 物理化学迁移　是指元素以简单的离子、配位离子或可溶性分子形式，在环境中通过一系列的物理、化学作用而实现的迁移作用，如溶解-沉淀作用、氧化-还原作用、水解作用、配合和螯合作用、吸附-解吸作用等而实现的迁移。可进一步分为水的物理化学迁移作用和气的物理化学迁移作用。物理化学迁移是元素在环境中迁移的重要形式。这种迁移的结果，决定了元素在环境中的存在形式、分散和富集状况。

3. 生物学迁移　是指元素通过生物体的吸收、代谢、生长、死亡等过程所实现的迁移作用。这种迁移过程与生物种属的生理、生化、遗传和变异等作用有关。某些生物对环境中元素有选择吸收和积累作用，某些生物可能对污染物还具有降解能力。生物通过食物链对某些污染物还具有生物放大能力，并且成为生物迁移的一种重要表现形式。

（1）化学元素迁移的特点　化学元素在地球表面环境中的迁移，具有如下特点：

由于迁移受太阳能的影响，元素的迁移过程表现出明显的周期性、地带性和地域性。如化学元素的迁移过程，随不同地区的自然地理条件变化而有所差异；

① 地表自然环境的气、液、固 3 相中，以液相为主，因此，元素的迁移是以淋溶和淀积为主要过程的化学元素的水迁移过程。

② 元素的迁移过程受生物的影响巨大。

③ 元素的迁移过程受地质循环过程的影响。

④ 元素的迁移过程受人类活动的影响。

⑤ 化学元素在自然环境中的迁移受两方面的影响，一是元素的地球化学性质，二是由区域地质地理条件控制的环境地球化学条件。

（2）元素的地球化学性质对重金属迁移的影响　元素的地球化学性质一般由元素的地球化学参数表现出来。元素的地球化学参数是指决定元素的地球化学性质与行为的一些最基本的，与元素原子的电子层结构有关的内在因素。如元素的电离势、亲和能、电负性、离子类型、化学键、原子价、原子和离子半径等。

（3）环境酸碱条件对重金属迁移的影响　大多数化学元素，在酸性环境中，形成易溶性化合物，利于元素迁移。如酸性与弱酸性水（pH$<$6.0），有利于 Zn^{2+}、Ni^{2+}、Ba^{2+}、Fe^{2+}、Ca^{2+}、Si^{2+}、Cr^{3+}、Cu^{2+}、Cd^{2+}、Mn^{2+} 的迁移；在碱性水（pH$>$7.0）中，上述元素的大多数迁移较弱，而 Cr^{6+}、Mo^{2+}、V^{5+}、Se^{2+}、As^{5+} 迁移较强。

（4）环境氧化-还原条件对重金属迁移的影响　在自然环境中，由于氧化还原作用的结果，使一部分物质主要呈氧化态存在，另一部分物质主要呈还原态存在。因此，在自然环境的物质组成中，同时存在着氧化态和还原态的成分，随着环境条件的改变，其氧化、还原形态可以相互转化。

（5）水中重金属离子的配合作用与螯合作用　主要包括与羟基及氯离子等的配合作用和与腐殖质的螯合作用。重金属离子的水解过程实际上是这些重金属离子与羟基的配合过程。除羟基外，在水中还存在着其他重金属离子的无机配位体，如 Cl^-、CO_3^{2-}、SO_4^{2-}，以及 F^-、S^{2-}、PO_4^{3-} 离子。天然水中腐殖质-金属离子螯合物形成后，在不同的 pH 和腐殖质成分条件下，可能增强或减弱重金属的水迁移能力。

（6）水中重金属离子的吸附作用　水体悬浮物和底泥中含有丰富的胶体。胶体由于其具有巨大的比表面、表面能和带电荷，能够强烈地吸附各种分子和离子，对重金属离子在水环境中的迁移有重大影响。胶体的吸附作用是使重金属从不饱和的溶液中转入固相的主要途径。在天然水体中，重金属在水相中含量极微，而主要富集于固相中，在极大程度上与吸附作用有关。

（7）一些重金属和类金属的甲基化作用　典型的金属甲基化作用包括：汞和砷的甲基化作用，汞的甲基化作用是指水中的二价汞离子（Hg^{2+}）能经过微生物的作用转变为有剧毒性的甲基汞的过程。以及甲基汞分解的去甲基化作用。砷的甲基化作用是指自然界中生物将无机砷转化为有机砷的过程。

(二)水体中金属迁移的影响因素

金属由水向沉积物的转移和由沉积物向水的转移是一个可逆过程的两个方面。其主导方面是金属由水中向沉积物中的转移。正是由于这种转移，才使得在水环境的金属污染研究中，研究沉积物成为关键。然而，累积于沉积物中的金属是否能重新释放至水中？释放的机制和条件是什么？这些都是沉积物金属污染研究中的人们十分关注的问题。

引起沉积物中金属的释放主要化学变化可归纳为：

① 在盐类浓度大大提高的水中，碱金属与碱土金属可将被吸附的重金属离子置换出来，这一作用主要发生在河口地区。当携带重金属的河流悬浮物进入河口区，与海水接触时，部分重金属离子便从悬浮物上解吸出来。这是由陆地向海洋输送重金属的重要方式。

② 在强还原性沉积物中，铁、锰氧化物可部分或全部溶解，使被其吸附或与之共沉淀的重金属离子也同时释放出来。这一过程主要发生在沉积物的间隙水中。在湖泊、河口及近岸沉积物中一般均有较多的耗氧物质，使一定深度以下(通常在 15～20 cm)沉积物中的氧化还原电位急剧降低，酸性增强，促使铁、锰氧化物溶解和其中的金属离子释放。但此时如果有硫化物存在，大部分金属的释放速度极其缓慢，甚至不释放。

③ pH 降低(如酸雨或酸性排水)可使碳酸盐和氢氧化物溶解，H^+ 的竞争吸附作用可增加重金属离子的解吸量。

④ 天然或人工合成的配合剂的应用可促进易溶性稳定金属配合物的生成。

⑤ 一些生物化学过程，如汞、铅、砷、硒等的生物甲基化作用，也可引起重金属离子的释放。

第三节　天然水中的有毒有机污染物

一、有毒有机污染物的种类、来源和危害

(一)水环境中有毒有机污染物的种类

水中耗氧有机物及腐殖质类物质本身并无毒性，它们对水质的影响和危害主要通过影响水体中的物理、化学和生物学过程而实现。与此相对应的另一类有机污染物具有生物毒性，即有毒有机污染物。正常情况下，水环境中的有毒有机污染物的浓度较低，一般不会对水生生物产生急性毒性。但有一部分有毒有机污染物在水环境中不易降解，存留时间较长，可以通过大气、水的输送影响到区域甚至全球环境，还可通过生物放大和食物链富集对水生生物和人类健康构成直接威胁。

污染物在环境中的持久性为一相对概念，并无绝对标准。环境中污染物的滞留时间不仅与污染物本身的物理化学性质有关，还与其依存的环境介质、温度、光照、pH、可能存在的降解微生物的数量和种类等因素有关。一般可将半衰期在 3 个月以上的污染物称为持久性污染物。持久性有机污染物(persistent organic pollutants，POPs)是指通过各种环境介质(大气、水、生物体等)能够长距离迁移并长期存在于环境中，具有长期残留性、生物蓄积性、半挥发性和高毒性，对人类健康和环境具有严重危害的天然或人为产生的有机污染物。持久性有机污染物可以在生物脂肪组织中高浓度富集，并可经过食物链向更高一级生物转移，会对接触该物质的生物造成各种急性和慢性毒性，且很多持久性有机污染物还具有致

畸、致癌、致突变的"三致"毒性和内分泌干扰作用。世界八大环境公害事件之一的1968年日本"米糠油事件"就是由持久性有机污染物多氯联苯所造成的典型污染事件，1999年比利时"二噁英污染"事件轰动全球。由于持久性有机污染物对于人类健康和生态环境安全构成巨大的损害和潜在威胁，2001年5月具有强制性减排要求的国际公约《关于持久性有机污染物的斯德哥尔摩公约》在瑞典首都斯德哥尔摩签订，首批提出12种(类)持久性有机污染物控制名单，包括艾氏剂、氯丹、狄氏剂、滴滴涕、异狄氏剂、七氯、灭蚁灵、毒杀芬、六氯苯、多氯联苯、多氯代二苯并二噁英和呋喃。2009年控制名单中增列α-六氯环己烷、β-六氯环己烷、林丹、十氯酮、五氯苯、六溴联苯、四溴二苯醚和五溴二苯醚、六溴二苯醚和七溴二苯醚、全氟辛基磺酸及其盐类和全氟辛基磺酸氟9类持久性有机污染物，2011年又增列硫丹。

环境中有毒污染物来源广泛、种类繁多，难以对所有污染物进行一一监控，需要对毒性大、自然降解能力弱、污染普遍的污染物进行优先研究和控制，这些污染物称为"优先污染物"。美国是最早开展优先污染物监测的国家，早在20世纪70年代中期，就在《清洁水法》中明确规定了129种优先污染物，其中有114种是有毒有机污染物。随后，世界许多国家相继开展了优先污染物的筛选研究，并根据污染情况，提出了各自的优先污染物"黑名单"。我国提出的优先污染物有68种，其中有毒有机污染物58种。

随着集约化、规模化水产养殖业的快速发展，渔药成为促进水产动物健康生长的保障，广泛应用于水产增养殖行业。水产用药大多是群体给药，由于药物的超剂量长时间使用，不仅可能造成水产品中渔药残留，还可能导致水环境中渔药污染日趋严重。渔药可改变环境中微生物种类，破坏生态系统的平衡，并通过食物链等途径进入人体，对人类健康产生危害。

(二)水环境中典型有毒有机污染物来源和危害

水环境中的有毒有机污染物主要来源于人类活动的排放，虽然水环境中持久性有机污染物的浓度一般较低，它们危害主要通过生物富集和生物放大而实现，现将有代表性的有毒有机污染物简述如下：

1. 农药 农药是农业生产中必不可少的生产资料，对粮食的稳产、增产、高产发挥着重要作用。农药按照防治对象可以分为杀虫剂、杀菌剂、植物生长调节剂和除草剂等，其中除草剂是目前使用量最大的农药种类。水环境中农药主要来自农药使用、地表径流、农药厂废水排放及大气沉降等。水中常见的农药主要为有机氯农药、有机磷农药、氨基甲酸酯类农药等。其中，有机氯农药性质稳定，难以降解，疏水性强，易溶于有机质及生物脂肪，因此在环境中的滞留时间长，容易生物积累并沿食物链放大，是水环境中危害较大的有机污染物。使用最早、最广泛的有机氯农药有滴滴涕(DDT)、六六六及其衍生物(HCHs)，此外还有氯丹、艾氏剂、狄氏剂、毒杀芬等。虽然世界上包括中国在内的绝大部分国家早已禁止生产和使用DDT、六六六和HCHs，但在水环境中仍可检测出其母体或降解产物存在。DDT可导致神经系统功能损害，影响体内酶活性和代谢过程，导致生殖机能退化，同时具有致癌、致畸和致突变作用。

2. 多氯联苯(PCBs) 多氯联苯是联苯苯环上的氢原子为氯所取代而形成的一类有机化合物，由于氯原子在联苯上的取代位置及数目不同，可有209种系列物，其化学稳定性随氯原子数的增加而提高。由于它具有良好的热稳定性、低挥发性、高度化学惰性及高介电常数，能耐强酸、强碱及腐蚀，因而被广泛应用于变压器和电容器内的绝缘介质以及热导系统和水力系统的隔热介质，还可作为油墨、农药、润滑油等生产过程中的添加剂和塑料的增塑剂。多氯联苯主要是在生产和使用过程中进入水环境，特别是对废旧电力电容器的拆卸渗漏会造成局部地区的严重污染。多氯联苯极难溶于水，不易分解，但易溶于有机溶剂和脂肪，具有高的辛醇-水分配系数，即使水中浓度很低时，多氯联苯在水生生物体内的浓度仍然很高。虽然世界大多数国家在 20 世纪 80 年代就已经停止生产多氯联苯，但全世界生产的约 200 万 t 的多氯联苯，有 30% 以上已排放到环境中。由于多氯联苯具有长距离迁移性和"全球蒸馏效应"，在北极的海豹、南极的海鸟蛋和西藏南迦巴瓦峰上的雪水中都能检测出多氯联苯。多氯联苯可影响肝、肠胃的发育和功能，危害呼吸系统、神经系统、内分泌系统，具有致癌作用。

3. 多环芳烃（PAHs）　含有两个以上苯环的碳氢化合物统称为多环芳烃，如萘、蒽、苯并(a)芘等。多环芳烃的天然来源包括火山爆发、森林植被燃烧、藻类生物合成等，人类活动特别是各种不完全燃烧过程（如燃煤、尾气排放、垃圾焚烧等）是环境中多环芳烃的主要来源。多环芳烃在水中的溶解度小，脂溶性高，易累积在沉积物、有机质和生物体内。多环芳烃类化合物在环境中含量虽少，但分布极广，具有"三致"毒性，并可在环境和生态系统中长时间存在，人体暴露途径主要通过大气、水、食物、吸烟等，这使得多环芳烃的环境生态风险性更大。

4. 卤代烃类　卤代烃是烃分子中的氢被卤素取代形成的化合物。一般用 R－X 代表分子结构，X 表示卤素（F、Cl、Br、I）原子，按照卤素所连接的烃基不同，可分为饱和卤代烃、不饱和卤代烃与芳香卤代烃。卤代烃类化合物种类繁多、用途广、产量大，是很多石化工业和化工工业的产品和原料。水体中的卤代烃（如二氯甲烷、四氯化碳、氯乙烷、三氯乙烯等）主要由石油、化工废水排入，这类物质挥发性强，生物降解缓慢。

5. 酚类　酚类化合物是指芳香烃中苯环上的氢原子被羟基取代所生成的一类芳香族化合物，根据其分子所含的羟基数目可分为一元酚和多元酚，根据其挥发性可分为挥发性酚和不挥发性酚，最简单的酚为苯酚。自然界中存在的大多数种类的酚类化合物是植物生命活动产生的。此外，在许多工业领域诸如煤气、焦化、炼油、冶金、机械制造、玻璃、石油化工、木材纤维、化学有机合成工业、塑料、医药、农药、油漆等工业排出的废水中均含有酚。含酚废水是当今世界上危害大、污染范围广的工业废水之一，是环境中水污染的重要来源。酚类化合物具有较高的水溶性、低辛醇-水分配系数及离子性质，因此大多数酚并不能在沉积物和生物脂肪中发生富集作用，主要残留在水中。酚是一种中等强度的化学毒物，可经皮肤黏膜、呼吸道及消化道进入人体内，低浓度可引起蓄积性慢性中毒，高浓度可引起急性中毒。

6. 苯胺类和硝基苯类　苯胺类和硝基苯类是指苯或其他芳香烃化合物中芳香环上的氢原子被氨基（—NH$_2$）或硝基（—NO$_2$）取代形成的产物。这类化合物用途很广，是化学工业、国防工业、医药工业等方面不可缺少的原料或化工合成的中间体。这类化合物在常温下多为固态或液态，挥发性低，难溶于水，易溶于脂肪，因此容易生物富集。含有这类化合物的主要污染源包括燃料、炸药、农药、塑料、医药、涂料、橡胶等化学工业废水，在植物及其他有机燃料燃烧过程中也可产生苯胺类物质。

7. 酞酸酯类（PAEs）　酞酸酯类化合物（如邻苯二甲酸二甲酯、邻苯二甲酸二丁酯、邻苯二甲酸二异辛酯等）常用作增大塑料可塑性和强度的增塑剂，在涂料、润滑剂、药品、胶水、化妆品、化肥、农药等工农业产品中也广泛应用。酞酸酯类化合物并没有与产品分子形成化学结合，因此产品中的酞酸酯类化合物在生产、使用、废弃和后处理等过程中都能释放到环境中，这是导致酞酸酯类化合物全球性环境污染的重要原因。酞酸酯类化合物具有"三致"效应，还会导致男性生殖系统损伤和不育。酞酸酯类化合物在水中的溶解度小，主要富集在沉积物有机质和生物脂肪体中。

8. 石油类 石油类是多种烃类(直链烃、环烷烃、芳香烃和多环芳烃)和少量其他有机物(如硫化物、氮化物、环烷酸类等)组成的混合物。石油类中所含的芳烃类虽较烷烃类少，但其毒性要大得多。在石油开采、运输、加工和利用过程中，越来越多的石油类污染物进入环境中。在水环境中石油类污染物将发生一系列物理、化学和生物作用，其中一部分石油类发生降解，一部分通过挥发等途径转移到其他环境介质中，还有一部分会长期存在于水环境中。石油类化合物对水生生物有直接毒害作用。

二、水中持久性有机污染物的生物富集

水中的持久性有机污染物能被水生生物吸收富集。持久性有机污染物还会随着食物链向较高营养级的生物传递，在较高营养级生物体内进一步积累，有很显著的生物放大作用。文献中也常常将反映这种放大作用的比例关系称为生物富集系数，见式(8-5)。

生物富集是水体中持久性有机物产生危害的主要过程。通过生物富集，污染物质可以沿食物链积累几倍到数万倍。以美国长岛河口区生物对滴滴涕的富集为例，该地区大气中滴滴涕的含量为3×10^{-6} mg/L，其中溶于水的量更微乎其微。但水中浮游生物体内滴滴涕的含量为0.04 mg/L，富集系数为1.33×10^4；以浮游生物为食的小鱼体内滴滴涕浓度增加到0.5 mg/L，富集系数1.67×10^5；大鱼体内滴滴涕为2 mg/L，富集系数为6.67×10^5；而以鱼类为食的海鸟，体内滴滴涕高达25 mg/L，富集系数8.33×10^6。可见，尽管水中这些污染物的浓度很低，但通过生物富集可以达到危害人类健康的水平。

影响生物富集的因素很多，主要包括污染物的性质、生物特性和环境条件。

生物特性包括生物种类及由此决定的物质组成和生长特性。对于持久性有机污染物，由于其主要累积于脂肪，因此生物体内脂肪含量与其对有机物的累积能力具有密切关系。汉森(Hansen)等人证实，PCBs在鱼体内与组织中脂肪的分布有一致性，以肝脏中PCBs浓度最大，其次是鳃、鱼体、心脏、脑和肌肉。体内分解污染物的酶的活性也与生物对污染物的富集能力有关，分解酶的活性越强，污染物越容易降解，越不容易累积。

污染物的化学性质在很大程度上决定了它们被生物累积的特性，这些性质主要反映在有机化合物的分解性、脂溶性和水溶性方面。一般降解性小、脂溶性高、水溶性低的物质，生物富集系数高。大多数持久性有机物是非极性分子，因此有较差的水溶性和较强的脂溶性，而且在水环境中难以降解，因此易于被生物累积。

影响污染物生物累积的环境条件主要包括温度、盐度、硬度、pH、溶解氧含量和光照状况等。环境条件影响污染物在水中的分解转化，同时也影响水生生物本身的生命活动过程，从而其影响生物积累。例如，温度从5℃升高至20℃时，食蚊鱼耗氧量增加，对滴滴涕的吸收量增加约3倍；翻车鱼对多氯联苯的富集系数在5℃为6×10^3，而在15℃时为5×10^4。

三、水中持久性有机污染物的环境化学行为

持久性有机污染物具有生物毒性，可随食物链进行生物富集，并能够远距离迁移，其对

环境生态和人体健康造成极大威胁，因此水环境中持久性有机污染物的迁移和转化一直受到人们的广泛关注。虽然有机污染物在环境中的迁移和转化往往同时发生，但这是两种不同的环境化学行为，有机污染物的迁移过程是其存在的空间位置的相对移动，转化是通过物理、化学或生物的作用改变其存在形态或转变为不同物质的过程。例如，持久性有机污染物在水中溶解度较低，易与水中悬浮颗粒物和沉积物发生一系列物理化学作用而进入固相，但在一定的环境条件下，吸附到固相表面的持久性有机污染物可被重新释放到水中。同时，水中的有机污染物可以在水解、光解、氧化还原等作用下，导致有机物分子中原有化学键断裂或新化学键生成，发生化学转化。持久性有机污染物本身的物理化学性质，如溶解度、分子极性、蒸气压、电子效应、空间效应等，同样影响有机污染物在水环境中的环境行为。有机污染物在自然环境中的生态毒理学效应，本质上取决于有机物分子的原子组成和空间排列结构。由于环境中的有机污染物种类繁多，难以一一验证其环境生态毒理效应，采用有机污染物定量结构-活性关系（quantitative structure – activity relationships，QSAR）模型，可以推定部分有机污染物的环境行为和生态毒理学效应，QSAR 在有机污染物的生态风险评价中可以发挥重要作用。下面简述持久性有机污染物在水环境中的主要环境化学行为。

1. 吸附（adsorption）　持久性有机污染物进入水环境中，水体沉积物可以吸附水中的持久性有机污染物，且吸附量与沉积物中的有机质含量有关。在沉积物-水体系中，沉积物对非离子性有机污染物的吸附主要是溶质的分配过程，有机污染物通过分配作用进入沉积物中，并经过一定时间达到分配平衡，此时有机污染物在沉积物有机质中的含量与水中含量的比值称为分配系数。有机污染物在水中的溶解度范围内，沉积物有机质对有机污染物的吸附随着有机污染物浓度增加而加快，吸附等温线是线性的，且吸附是完全可逆的，与沉积物表面吸附位无关。

2. 挥发（volatilization）　水中持久性有机污染物向大气的挥发（逸散）是影响污染物归趋的重要环境过程。由于持久性有机污染物降解困难，当某种持久性有机污染物进入水环境中，该物质在水中的最终平衡浓度以及对环境水体的污染范围，取决于其从水中的逸散速度和水体对该污染物的净化能力和速度。持久性有机污染物在水-气界面间两相的平衡过程，是水相中溶解的有机污染物向大气挥发过程与大气中的有机污染物向水中溶解过程之间的动态平衡，可用亨利定律来表达这一平衡关系，亨利常数也可用于比较水中不同有机污染物的相对挥发性。但是，由于实际水环境中众多因素的干扰（如水中颗粒物对持久性有机污染物的吸附），在计算水-气界面持久性污染物的迁移时，计算数值和实测值之间往往存在一定差异。为了定量描述持久性有机污染物在水-气界面的迁移速度，必须进一步从动力学方面考虑迁移过程。水中持久性有机污染物的挥发速率取决于其本身性质、水中浓度及水体性质。目前计算难溶性有机物从水相向气相的挥发速率的方法以双扩散层模型（双膜理论）最具代表性，该模型假设在水-气界面附近均存在浓度差，因此在界面两侧各有一扩散薄层，在这两个扩散层中存在浓度梯度，而在气相和水相的其余部分保持浓度均一。难溶性有机物从水相向气相挥发必须克服来自近水表层和空气层的阻力，其速率限制步骤是其穿越两个薄层的扩散过程。

3. 水解（hydrolysis）　有机污染物的水解过程是指有机污染物分子与水发生的化学反应，反应过程中有机物分子中的官能团被水分子中的—OH 取代。在环境中可能发生水解的官能团包括卤素、氨基、酯基等。水解作用可以改变有机物的分子结构，有些化合物的水解作用生成低毒产物，但也有生成毒性更强的产物。水解产物可能比原来化合物更易或更难挥发，一般水解产物比原来的化合物更易生物降解。有机污染物的水解反应速率受酸碱催化作用的影响，还受到温度的影响。

4. 光解(photolysis)　光解是物质吸收光子所引发的分解反应。一个分子吸收一个光量子的辐射能之后，如果所吸收的能量等于或高于键的离解能，则发生键的断裂，产生小分子、原子或自由基。有机污染物的光解速率依赖于多种化学和环境因素，包括光的波长和辐射强度、化合物的分子结构、天然水的水质条件等。光解不可逆地改变了反应物分子结构，是影响有机污染物环境归趋的重要因素。天然水中有机污染物的光解包括直接光解和间接光解，直接光解是指有机污染物吸收光子后直接引发的分解反应，间接光解主要是有机污染物的光敏化反应。间接光解是水体中存在天然物质(如腐殖质、硝酸根离子、各种形态的铁等)被光激发后，天然物质将其激发态的能量转移给有机污染物而导致的分解反应。间接光解在水环境中普遍存在，可以使原来不能发生光解的有机污染物发生光化学反应。

5. 氧化(oxidation)　天然水环境中的一些环境介质(如半导体矿物质、大型海藻、微藻等)在光的照射下可生成过氧化氢，或通过链式反应产生羟基自由基、单线态氧、烷基过氧自由基等强氧化性的自由基，这些生成的强氧化性物质可以与水环境中的有机污染物发生氧化反应，促进有机污染物的化学转化。

6. 生物降解(biodegradation)　水环境中的有机污染物的生物降解主要是指通过环境微生物的酶催化作用使有机污染物分解过程。由于环境微生物的普遍存在，生物降解也是一种广泛存在于水环境中的环境修复行为。生物降解依赖于环境微生物代谢作用，存在着生长代谢和共代谢两种代谢模式。生长代谢是微生物利用一些有机污染物作为食物源提供能量和细胞生长所需的碳源；共代谢是某些有机污染物不能作为微生物的唯一碳源，必须有另外的化合物作为碳源时，该有机污染物才能被降解。生物降解过程改变了有机污染物的分子结构，可使有机污染物从环境系统中去除。生物降解在有氧或无氧条件下均可进行，有氧条件下的降解产物包括二氧化碳、水、硝酸盐、硫酸盐、磷酸盐等，无氧条件下的产物是氨、硫化氢和有机酸等。

第四节　水环境中的微塑料及其对生物的影响

微塑料(microplastics)通常是指环境中粒径<5 mm的塑料类污染物，包括碎片、纤维、颗粒、发泡、薄膜等不同形貌类型，被科学家形象地比作为海洋中的"PM2.5"。微塑料的物理化学性质稳定，很难在环境中彻底降解，可在环境中长期存在，被认为是一种新型环境污染物。环境中的微塑料可分为初生微塑料和次生微塑料，初生微塑料是指工业生产过程中起初就被制备成为微米级的小粒径塑料颗粒，如牙膏和化妆品中添加的塑料微珠等；次生微塑料则指大型塑料碎片在环境中分裂或降解而成的塑料微粒。环境中常见微塑料的化学组成主要有热塑性聚酯(PET)、高密度聚乙烯(HDPE)、聚氯乙烯(PVC)、低密度聚乙烯(LDPE)、聚丙烯(PP)、聚苯乙烯(PS)、聚酰胺(PA)等。微塑料广泛存在于海洋、河流、淤泥及污水当中，由于尺寸较小、不易降解等特点，容易被生物体摄取并进一步积累在体内。自从2004年，英国普利茅斯大学汤普森(Thompson)教授在《Science》杂志上首次提出微塑料概念，开启了学术界对海洋微塑料的广泛研究。2011年，联合国环境规划署(UNEP)将

海洋微塑料污染列为全球要面对的一个新的环境问题和挑战。有关环境中微塑料的分析，王昆等(2017)总结了环境样品中微塑料的分析方法研究进展，王菊英等(2018)总结了海洋环境中微塑料的采样、预处理、定量分析和定性鉴别方法，包括目视鉴别、傅里叶变换红外光谱法(FTIR)鉴别、拉曼光谱法鉴别、热分析方法鉴别等。王彤等(2018)则从物理表征、化学表征和新方法总结了微塑料分析方法及其优缺点。李道季(2019)针对海洋微塑料污染研究现状总结了国内外应对措施和建议。

一、水环境中微塑料的迁移与分布

(一)水环境中微塑料的含量与分布

水环境中微塑料的分布常见于水体、沉积物和水生生物体中，但存在较大的时空异质性。如我国太湖表层水体中微塑料的含量 $3.4\sim25.8$ 个/L，沉积物中微塑料含量 $11.0\sim234.6$ 个/kg；乐安河-鄱阳湖段沉积物中微塑料平均含量 1 800 个/kg。海洋微塑料广泛存在于近海、河口和生物体中，近海表层水体漂浮微塑料平均密度为 $0.33\sim545$ 个/m³；近海鱼类消化道内的含量为 $1.1\sim7.2$ 个/条；海洋贝类软组织中微塑料含量为 $0.9\sim4.6$ 个/g，最高含量为 20 个/g；一些食盐中微塑料含量为 $7\sim681$ 个/kg。长江口区水面微塑料丰度平均达到$(4\ 137\pm2\ 462)$个/m³，而远离河口的外海区微塑料平均丰度只有(0.167 ± 0.138)个/m³。

(二)水环境中微塑料的迁移

1. 水环境中微塑料的来源　塑料从 20 世纪 50 年代开始大量生产以来，产量逐年稳步增加，2016 年全世界塑料制品总量已达 3.35×10^9 t，年增约 4%，据初步估算，至 2050 年，塑料制品的年产量将达到 3.30×10^{11} t。2010 年，估计全球向海洋直接输出的塑料垃圾可达 $4.8\times10^6\sim1.27\times10^7$ t，相当于这些国家产生塑料废物的 $1.0\%\sim4.6\%$。其中有将近 $1.15\times10^6\sim2.41\times10^6$ t 的塑料垃圾由河流输入海洋。这些塑料垃圾在环境中经过分裂或降解成为微塑料，是环境中次生微塑料的主要来源；而牙膏和化妆品中添加的塑料微珠等是环境中初生微塑料的主要来源。来源于个人护理产品的微塑料通过市政污水处理设施可去除 $95\%\sim98\%$，但仍有 $2\%\sim5\%$ 进入到自然环境中。

2. 水环境中微塑料的迁移　微塑料通过废弃塑料碎块降解、排水系统、大气沉降、土壤微塑料污染下渗和农田径流等来源进入陆地水体后，大致有 3 个去向：①沉积在江河、湖泊底部，与河湖底部淤泥掺和在一起，或者随着水流迁移并最终进入海洋；②在陆地水环境中降解与转化；③被生物摄取吸收累积，从而进入食物链，在不同食物链环节中累积与传递。微塑料在海洋中的物理迁移过程包括漂流、悬浮、沉降(缓慢沉降和快速沉降)、再悬浮、搁浅、再漂浮和埋藏等，这些过程可以循环往复地发生，也可能自发终止，并且这些物理迁移过程会受到微塑料形状、尺寸、生物作用过程、极端天气过程和水质水动力特征的影响。

二、水环境中微塑料的生态环境效应

进入到水环境中的微塑料，可对水环境质量产生影响。由于微塑料属于疏水性物质，能吸附水中各种有机污染物，如多氯联苯、多环芳烃、有机氯杀虫剂等，从而影响其环境行为。微塑料对水环境中的微生物产生影响，如为微生物提供附着场所，进而为微生物在水体中的传播扩散提供了媒介，甚至微塑料中所含有的物质可以作为微生物生长基质。微塑料对浮游生物、底栖生物、鱼类、鸟类、哺乳动物等水生生物的影响体现在生物摄取、毒性反应和塑料微粒与其他污染物复合毒性等方面。从生物响应水平看，微塑料对生物的影响包括生物个体从分子水平、细胞及亚细胞水平、组织器官水平和个体水平造成物理和生物毒理伤害，影响生物种群、群落结构和生态系统，以及改变局地微生态环境等方面。其中，在分子水平上，如微塑料添加剂中含有的邻苯二甲酸酯、双酚A、烷基酚、多溴联苯醚等有机污染物属于环境激素，具有内分泌干扰作用。微塑料暴露影响贻贝抗氧化酶活性、诱导牡蛎蛋白表达和信号通路变化，诱导生物线粒体损伤。对生物个体的影响，包括摄取后短期可能造成肠道阻塞、消化不良、体重下降，生长速率降低、改变摄食偏好、防御天敌能力降低，免疫力下降甚至引起死亡，如导致欧洲鲈孵化率下降，马乃龙等(2018)和陈斌(2018)分别总结了不同微塑料类型对一些水生生物的半致死浓度。长期微塑料暴露则可能通过食物链逐渐积累和传递毒物，被人类所摄取后与人体细胞和组织结合，从而对人体健康造成伤害。已有研究表明，多种藻类、贝类、鱼类、海鸟及海洋哺乳动物均可通过直接或间接的方式摄取微塑料。由于目前对海洋生物微塑料毒性效应的研究大多以短期暴露实验为主，因此评价微塑料毒性效应的指标主要集中在摄食率、生长速率、氧化损伤、产卵量、生物酶活性和行为异常等亚致死水平上。微塑料可以通过浮游生物网从低营养级向高营养级传递和迁移，同时也在野外观测到微塑料在浮游动物—蛇鼻鱼—胡克海狮/海豹食物网中传递和迁移的证据。

习题与思考题

1. 解释以下概念：

毒物；毒性；毒性作用或毒性效应；致死浓度(剂量)；LC$_{100}$；LC$_{50}$；TLm；有效浓度；最大允许毒物浓度；安全浓度；半衰期；生物放大；生物有效性；生物蓄积或生物积累；生物浓缩；联合作用；毒性单位；独立作用；相加作用；协同作用；拮抗作用

2. 试述天然水中污染物的种类与来源。

3. 进入水环境中的重金属污染物主要来源于哪几方面？

4. 何谓营养性污染物？

5. 毒性试验按照试验持续时间分为哪几类？各指的是什么？

6. 毒性试验按试验容器内试验溶液的状况划分为哪几类？它们之间有何不同？

7. 在微型(单细胞)藻类毒性试验中是如何测定藻细胞数？

8. 毒性试验的一般程序是什么？

9. 如何计算LC$_{50}$或EC$_{50}$及其置信区间，以及95%的置信限？采用的方法有哪些？它们是如何将浓度-效应数据转换成一种线性关系的？

10. 简述生物排出毒物的6种模式。毒物在生物体内积累过程哪几种单室模式最常见？

11. 如何进行联合毒性作用类型评定？

12. 如何采用相加指数法测定混合毒物联合毒性？

13. 简述水体中有机污染物的分类及主要来源。

14. 某芳烃类有机污染物的分子量为192，在水中的溶解度为0.05 mg/L，试估算其辛醇/水分配系数(lgk_{ow})及在鱼体中的生物富集系数(lgf_{BC})。

(答：lgk_{ow}=5.39，lgf_{BC}=3.03)

15. 某种鱼对水中的持久性污染物 X 的吸收速率常数 $k_a = 14.5\ h^{-1}$，鱼体消除 X 的速率常数 $k_e = 2.5 \times 10^{-3}\ h^{-1}$；若 X 在鱼体中的起始浓度为 0，在水中的浓度保持不变，且实验期间鱼体体重保持不变。计算 X 在鱼体内的富集系数及其浓度达到稳态浓度 95% 时所需要的时间。

（答：$f_{BC} = 5\ 800$，$T = 50\ d$）

16. 已知二氯乙烷$(C_2H_4Cl_2)$在 25 ℃时的饱和蒸气压为 10.93 kPa，在水中的溶解度为 8 700 mg/L，计算在该温度下四氯化碳从 6.5 cm 厚水层中挥发的半衰期。

（答：$T_{1/2} = 232\ min$）

17. 什么是微塑料？水环境中微塑料的生态环境效应有哪些？

第九章

沉积物对水质的影响

教学一般要求

掌握：沉积物的组成、来源以及对养殖水体水质指标的影响；沉积物中的营养元素；沉积物的转化、吸附；沉积物中气体产生、沉积物的危害以及沉积物调控之清淤方法。

初步掌握：沉积物中的离子交换；沉积物中的氧化还原电位、沉积物中的厌氧呼吸、沉积物调控中之碱化和氧化方法。

了解：沉积物的电荷量、沉积物-水界面的物质交换、沉积物中的有氧呼吸、生物呼吸等。

初步了解：沉积物的理化性质、沉积物的容重与孔隙度；沉积物调控中的杀菌和氧化方法。

我国是世界第一水产养殖大国，水产养殖历史悠久、经验丰富。2018年我国的水产养殖总产量超过5 000万t，占我国水产品总量的78%以上。除工厂化循环水养殖将养殖生物排出的废物收集、处理、资源化外，大多数的水产养殖排放的废物进入了水体，其中的一部分如粪便，还将沉降至水体底部，与水体底部的无机沉积物质共同形成水体沉积物。在饲料转化率（FCR）介于1∶1到2∶1之间时，养殖生物摄食食物的80%（干重）将以固、液、气态废物的形式被养殖动物排出体外。其产生废物的质和量依养殖类型和养殖生物种类不同而有所差异，总废物负荷与饲料质量、饲料配方、饵料生产技术和投喂方式有关。就水产养殖产生的固体废物而言，根据被消化的食物，生产1 kg鱼约可产生162 g有机物的粪便废物，其中包含50 g蛋白质、31 g脂质和81 g碳水化合物，无机营养盐类废物的产生量为30 g总氮和7 g总磷。此外，还有残饵、死亡的生物和微生物等。它们与水体底部的无机沉积物质共同构成养殖水体沉积物。如池塘经过一段时间的养殖使用，池塘底部都会沉积一层黑色或者灰黑色的混合物，这层混合物被称为池塘沉积物或底泥。巴纳斯（Banas）等指出，池塘沉积物是池塘生态系统的一部分，主要由土壤、残饵、粪便、死亡的生物和微生物等组成。为了可以更好、更方便地对池塘沉积物进行研究，也有学者将池塘沉积物的组成成分大体分为六个种类：泥沙、矿物、有机物、气体、营养物质和生物。池塘沉积物的形成与很多因素有关，养殖活动是形成池塘沉积物最主要的因素。其他养殖水体的沉积物也与此基本类似。

水体是整个水产养殖的核心，水体水质的好坏关系着水产养殖的成功与否。水体沉积物不仅是一些生物赖以生存的栖息场所，还是进入水体各种物质的主要蓄积场所，充当着养殖水体和自然环境之间的媒介。水体中各种物质通过离子交换、吸附作用和沉淀作用被固定到沉积物中，贮存在沉积物中的各种物质也可以通过离子交换、溶解和分散作用释放到水体中。沉积和释放过程在养殖生态系统的物质循环中扮演着重要的角色，促进着水产养殖系统的生态平衡。

大量的研究和养殖实践表明，养殖水体的水质对养殖产量有着非常重要的影响。水体沉积物会通过生物和非生物作用影响水质，进而影响养殖产量。沉积物中的有机质还为碎屑食性养殖生物提供饵料，有机质分解会消耗大量氧气、滋生大量微生物等。其中的有机质含量是沉积物质量的重要参数之一。因此，保持良好的沉积物质量也是养殖是否成功的关键因素之一。

第一节　沉积物及沉积物质量

一、沉积物组成

(一)矿物组成

1. 沉积物中的矿物及离子组成　按照矿物的形成原因，矿物可分为原生矿物、次生矿物和表生矿物三大类。原生矿物是指在内生条件下的造岩作用和成矿作用过程中，同所形成的岩石或矿石同时期形成的矿物，硅酸盐及铝硅酸盐类矿物是土壤中最主要的原生矿物。次生矿物是指在岩石或矿石形成之后，其中的矿物遭受化学变化而改造成的新生矿物，其化学组成和构造都经过改变而不同于原生矿物，碳酸盐，氯化物是常见的次生矿物。表生矿物是在地表和地表附近范围内，由于水、大气和生物的作用而形成的矿物，石盐、硅藻土是常见的表生矿物。按照矿物组成成分划分，矿物分为自然元素矿物、硫化物及其类似化合物矿物、氧化物和氢氧化物矿物、含氧盐矿物和卤化物矿物五大类。按照自身性质划分，矿物分为有机矿物和无机矿物两大类。沉积物中常见的矿物主要为无机矿物，是由常见的钠、钾、磷、钙、镁、铝、硅、硫、氯、铁、锰、铜、锌、硼、钴、镉、银、铅、砷、铊、锑、碲等矿物元素组成的无机化合物。形成矿物的元素中，在生物机体内含量占机体质量 0.01% 以上的矿物元素称为常量矿物元素，如钠、钾、磷、钙、镁等；在机体内含量占机体质量 0.01% 以下的矿物元素称为微量矿物元素，如铁、锰、铜、锌、硼、钴等；而镉、银、铅、砷、铊、锑、碲等矿物元素会在生物体内蓄积产生毒害，属于对生物体有毒害作用的矿物元素。矿物多以化合物的形式存在，如 PO_4^{3-}、NH_4^+、SO_4^{2-}、$CaCO_3$、$Fe(OH)_3$、$Al(OH)_3$、SiO_2、H_4SiO_4、$Na_2B_4O_7 \cdot 10H_2O$、CoC_2O_4 等，极少以单质的形式存在。

矿物并不是一成不变的，由于矿物的自身性质，组成矿物的元素会在一定范围内有所变化。晶质矿物中阳离子以 K^+、Na^+、Ca^{2+}、Mg^{2+}、Al^{3+}、Cu^{2+}、Fe^{3+}、Zn^{2+}、Mn^{2+} 等金属离子居多，所以晶质矿物会出现类质同象代替。对于胶体矿物来说，胶体具有吸附作用，因而胶体矿物会通过出现离子交换现象。含水矿物因含有结晶水，在不同的条件下结晶水数目会发生变化，如 $CuSO_4 \cdot H_2O$ 和 $CuSO_4 \cdot 5H_2O$。非化学计量矿物的化学组成不符合定比定律和倍比定律，所以会出现同种不同价元素组合现象，如磁黄铁矿($Fe_{1 \sim n}S$)。

2. 矿物作用　沉积物中的矿物通过物理、化学和生物作用，可以向水体中释放氮、磷、钾等藻类所必需的矿物元素，促进藻类和浮游动物的生长和繁殖，调控水体中的浮游生物。矿物释放的 Na^+、NO_3^-、K^+、Cl^-、Mg^{2+} 可以降低池塘水体中的蓝藻相对密度，防止蓝藻暴发危害水产养殖。水体中的矿物元素除了可以调控水体中的浮游生物之外，像铁、铝等矿物元素的氢氧化物还会形成絮状物，可以吸附水体中的各种物质，达到净化水体的目的。池塘的沉积物既可以向池塘水体中释放各种矿物元素又可以吸收池塘水体中的矿物元素，使池塘水体中的矿物元素在一个相对平衡的状态，使池塘生态系统达到相对稳定的状态。在水产养殖过程中，对池塘沉积物进行适当的扰动可以促进沉积物和水体的矿物营养交换，提高池塘初级生产力，提高池塘整体产量。

(二)有机物

1. 沉积物中有机物的组成　由于沉积物被水覆盖，沉积物跟空气的气体交换变得困难，好氧细菌消耗氧气分解有机物的速率减慢，尤其是长期开展水产养殖的水体，有机物的大量沉积，使得沉积物中有较高含量的有机物质，常高于一般的农耕土质(表层 $10\sim15$ cm)。而且，随着养殖时间的推移，沉积物中的有机物含量会呈上升的趋势，但沉积物中的有机物含量一般不会超过 20%。沉积物中的有机物包括能够被快速分解的不稳定有机物和分解速度较慢的刚性有机物两类。沉积物中的这两类有机物主要包括饲料残饵、生物粪便、生物尸体、腐殖质、糖类、纤维素、脂肪以及残饵、粪便和尸体降解后产生的蛋白质、氨基酸和脂肪酸等组成。其中，饲料残饵、生物粪便、生物尸体和腐殖质占到了一半以上的比例。

2. 沉积物中有机物的来源　沉积物中的有机物来源广泛，自然因素、生物因素和人为因素都会使有机物在养殖水体底部沉积。就养殖池塘而言，刮风下雨、地表径流、池塘补水等作用会将池塘外界的有机微粒、草木树叶等带入池塘，有机微粒、草木树叶等经过腐烂、分解和沉积最终变成沉积物中的有机物。养殖水体中的生物体通过代谢产生粪便等排泄物，同时生物体还会出现死亡的现象，粪便和生物尸体在细菌等微生物的作用下分解成氨基酸、蛋白质、糖类、脂肪酸等，分解物连同未分解的粪便和生物尸体一起沉积在水体底部形成沉积有机物。养殖活动会向水体输入大量的饲料、药物、肥料等，这些物质和生物尸体、粪便有的很快被分解，有的来不及分解。分解产物和未被分解的一同形成沉积物中的有机物。养殖水体沉积物中的有机物包含各个分解阶段的物质，从新添加的新鲜物质到有机物分解各个阶段的残余物再到高度分解的产物。

养殖水体沉积物中的有机物含量丰富、性质复杂，有机物的沉积和分解会对生态系统的结构和功能产生直接或间接的重要影响。有机物自身的性质各异会直接影响到微生物群落的结构，对有机质的分解速率与效率起到举足轻重的作用。有机物组成的差异则能够影响沉积物中营养物质的释放量，在一定程度上决定了藻类、微生物和浮游动物的群落组成。就池塘养殖而言，在一定范围内，池塘沉积物有机物含量越高，池塘初级生产力越高，池塘产量越高。

(三)气体

1. 沉积物中的气体组成　养殖水体沉积物是一种复杂的混合物，包含了固体、液体和气体。因为沉积物表面覆水，氧气获取量有限，所以沉积物除了会进行有氧呼吸还可能会进行厌氧呼吸。因此，养殖水体沉积物中的气体除了 O_2 和 CO_2 之外，还包含了 H_2S、CH_4、H_2 和 N_2、N_2O、NO 等厌氧呼吸过程产生的气体。一般而言，这些气体中 CO_2 和 CH_4 所占比例相对较高，其他几种气体相对较少。

2. 沉积物中气体的来源 养殖水体沉积物由上覆水体所覆盖，沉积物与空气之间的气体交换隔着水体，这使得沉积物与空气之间的气体交换异常困难，因此沉积物的气体交换往往是跟上覆水体进行的。在沉积物中，气体会通过沉积物间隙运动，所以间隙大的沉积物透气性要比间隙小的沉积物好。由于上覆水体中的氧分压高于沉积物，分压差促使氧气由水体向沉积物扩散。氧气通过沉积物间隙的扩散速率很慢，在扩散过程中就会被生物呼吸作用消耗一部分，因此沉积物内部的溶解氧会低于沉积物表层。

沉积物中的 CO_2 来源主要有两条途径：一条途径是沉积物中微生物有氧呼吸，即微生物在有氧状态下将沉积物中的有机碳最终分解为 CO_2。另一条途径是微生物无氧呼吸，即微生物在厌氧状态下利用糖类等有机物生成乙醇（C_2H_5OH）和 CO_2 或乳酸（$C_3H_6O_3$）和 CO_2。沉积物中的 CO_2 分压（p_{CO_2}）要高于上覆水体，所以 CO_2 气体会从沉积物向水体中扩散。

厌氧呼吸除了产生 CO_2 气体还产生 CH_4、H_2S、H_2、N_2 等其他气体。CH_4 是有机物在厌氧状态下分解的最终产物，沉积物中的大分子含碳有机物会被分解为 H_2、CO_2 和 CH_3COOH 等 CH_4 的前体物质，然后再由甲烷菌转化为 CH_4。整个过程分为两种途径，一种是产酸途径，另一种是不产酸途径。详见式（9-1）～式（9-5）。

产酸途径：

$$C_6H_{12}O_6 + 2H_2O \xrightarrow{\text{细菌}} 2CH_3COOH + 2CO_2 + 4H_2 \qquad (9-1)$$

$$CH_3COOH \xrightarrow{\text{产甲烷菌}} CH_4 + CO_2 \qquad (9-2)$$

$$CO_2 + 4H_2 \xrightarrow{\text{产甲烷菌}} CH_4 + 4H_2O \qquad (9-3)$$

不产酸途径：

$$C_6H_{12}O_6 + 2H_2O + 2O_2 \xrightarrow{\text{细菌}} 6CO_2 + 8H_2 \qquad (9-4)$$

$$CO_2 + 4H_2 \xrightarrow{\text{产甲烷菌}} CH_4 + 2H_2O \qquad (9-5)$$

甲烷从沉积物向水体中扩散时，超过 90% 的 CH_4 会在沉积物表层被甲烷氧化菌所氧化利用。甲烷氧化菌利用甲烷有两条途径，一条是好氧甲烷氧化途径，另一条是厌氧甲烷氧化途径。厌氧甲烷氧化途径的电子受体有硫酸盐、硝酸盐、亚硝酸盐和金属离子，如 Fe^{3+}。

（1）好氧甲烷氧化途径 好氧甲烷氧化途径是甲烷氧化菌在有氧条件下氧化利用甲烷的过程。该过程分为两个阶段：第一阶段由甲烷单加氧酶（MMO）将甲烷活化生成甲醇，再将甲醇氧化为甲醛；第二阶段主要通过丝氨酸或单磷酸核酮糖同化甲醇为微生物或者将其氧化为甲酸，最后将甲酸氧化为 CO_2。

（2）厌氧甲烷氧化途径 厌氧甲烷氧化途径是甲烷氧化菌在厌氧条件下氧化利用甲烷的过程。根据电子受体的不同，又可分为四种途径。第一种为硫酸盐还原偶联途径，主要是以 SO_4^{2-} 为电子受体，将甲烷氧化为 HCO_3^- 并将硫酸盐还原为 HS^-，详见式（9-6）。第二种为反硝化偶联途径，是反硝化细菌与甲烷氧化菌组成共生菌群共同完成甲烷好氧氧化，该过程不需要大气中的氧气参加，而是利用反硝化过程所产生的氧气。第三种为硝酸盐耦合途径，甲烷氧化过程中的 NO_3^- 首先被还原成 NO_2^-，再经亚硝酸盐还原酶生成 NO，继而生成 N_2 和 O_2，O_2 在甲烷单加氧酶的作用下氧化甲烷生成甲醇，并最终氧化成 CO_2，完成甲烷的氧化，该过程中 NO_2^- 被优先利用[式（9-7）、式（9-8）]。第四种为金属离子途径，如 Fe^{3+} 为电子受体的铁还原厌氧甲烷氧化作用。

$$CH_4 + SO_4^{2-} \Longrightarrow HCO_3^- + HS^- + H_2O \tag{9-6}$$

$$CH_4(aq) + 4NO_3^- \Longrightarrow CO_2 + 4NO_2^- + 2H_2O \tag{9-7}$$

$$3CH_4(aq) + 8NO_3^- + 8H^+ \Longrightarrow 3CO_2 + 4N_2 + 10H_2O \tag{9-8}$$

$$CH_4 + 8Fe^{3+} + 2H_2O \Longrightarrow CO_2 + 8Fe^{2+} + 8H^+ \tag{9-9}$$

在厌氧环境下，沉积物中的含硫有机物在硫酸盐还原菌的作用下会生成 H_2S。硫酸盐至硫化氢的还原过程涉及一系列酶促反应，在这个过程中硫会得到 8 个电子由+6 价变为一2 价。在硫酸盐还原前，需在硫酸腺苷转移酶的作用下消耗 ATP 激活硫酸盐生成腺嘌呤磷酰硫酸盐(adenosine phosphorsulphate，APS)[式(9-10)]，然后在 APS 还原酶的作用下 APS 继续转化成亚硫酸盐和磷酸腺苷(AMP)[式(9-11)]。在异化或同化型亚硫酸盐还原酶的作用下，亚硫酸盐转化为硫化氢[式(9-12)]。硫酸盐至硫化氢的还原途径有两条，一条是通过三个连续的双电子传递形成连三硫酸盐和硫代硫酸盐，最后生成硫离子；另一条是直接失去 6 个电子生成硫离子，没有任何中间产物。

$$SO_4^{2-} + ATP + 2H^+ + H_2O \longrightarrow APS + 2Pi \tag{9-10}$$

$$APS + 2e^- \longrightarrow SO_3^{2-} + AMP \tag{9-11}$$

$$SO_3^{2-} + 6e^- + 8H^+ \longrightarrow H_2S + 6H_2O \tag{9-12}$$

在厌氧环境下，硝酸盐会通过异化硝酸盐降解中的反硝化过程生成N_2。在此过程中，硝酸盐作为最终电子受体参与微生物的呼吸产能，最后转化为低价态的N_2等含氮物质。NO_3^- 在硝酸盐还原酶的作用下被还原成NO_2^-，NO_2^- 在亚硝酸盐还原酶的作用下被还原成 NO，NO 在一氧化氮还原酶的作用下被还原成一氧化二氮(N_2O)，最终N_2O 被还原成N_2。硝酸盐在转化为N_2的过程中涉及共到 5 种含氮物质和 4 步转化步骤(图 9-1)。

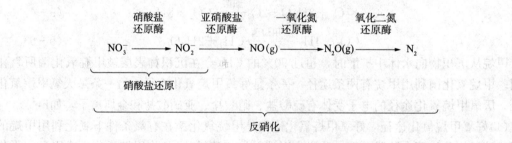

图 9-1　反硝化过程示意图

3. 沉积物中气体的影响　气体在沉积物中所占比例往往很小，但气体在沉积物中的作用却很重要。氧气是生物氧化分解产生能量、维持机体正常生命活动的必要物质，同时作为自然环境中的最终电子受体，也是有机物氧化分解的必要物质。充足的氧气能够彻底氧化沉积物中的有机物，减少有害物质的产生，过少的氧气会使沉积物中厌氧呼吸活跃，产生有害物质，危害水产养殖。

H_2S 是一种有毒物质，水体中 H_2S 含量约 0.5 mg/L 时就会引起鱼类急性中毒，0.8 mg/L 时引起大批量死亡。在虾、蟹育苗时，H_2S 的危害更为严重，0.3 mg/L 的 H_2S 就会引起虾、蟹幼苗的轻度死亡。除了毒害作用，H_2S 还会与泥土中的金属盐结合形成金属硫化物，致使池塘沉积物变黑。通常情况下硫化氢在水中主要以 H_2S 和 HS^- 形式存在，S^{2-} 含量很少。当水体 pH>9 时，绝大多数会以 HS^- 的形式存在；当 pH<6 时，绝大多数

以 H_2S 的形式存在；当 pH＝7 时，H_2S 形式和 HS^- 形式几乎各占一半。

H_2S 电离式：

$$H_2S \Longrightarrow H^+ + HS^-$$
$$HS^- \Longrightarrow H^+ + S^{2-}$$

H_2S 有毒，而 HS^- 则无毒。同样含量的 H_2S，pH 越低，H_2S 形式越多，毒性越强；pH 越高，HS^- 形式越多，毒性越低。正常情况下，海水 pH＞淡水 pH，所以淡水受到 H_2S 危害的概率要比海水高。但是，由于海水中硫酸盐含量远大于淡水，低氧条件下，海水中积累 H_2S 的量可能更高些。在日常养殖生产中，要密切关注池塘中 H_2S 的含量，避免遭受损失。正常情况下 H_2S 浓度要控制在 0.1 mg/L 以下，虾、蟹育苗过程中 H_2S 浓度要控制在 0.05 mg/L 以下。

(四)营养物质

1. 氮　沉积物中的氮元素多以无机物(如 NH_3、NH_4^+、NO_2^-、NO_3^- 等)和有机物(如尿素、氨基酸、蛋白质、脂质等)的形式存在，很少以单质(N_2)的形式存在。饵料、外部投入(施肥等)和生物代谢产生的含氮化合物，在生物和非生物因素的作用下，会逐渐沉降并贮存在沉积物中，形成氮元素"贮存库"。在一定条件下，氮元素"贮存库"又会向水体中释放，形成氮元素供给源。沉积物中氮的释放多以铵态氮为主，硝酸态氮和亚硝酸态氮释放量相对较少。氮元素在沉积物和水体之间不断迁移转化(不同形态氮转化过程见第六章)，构成了动态的循环系统。氮元素在沉积物中的沉积、迁移和转化受到多种生物因素和非生物的影响，如温度、pH、溶解氧浓度、溶解二氧化碳浓度、水深、光照、盐度、硬度、水生植物根茎情况、水生动物活动情况等。

氮元素在沉积物中的分布形态会对上层水体的养殖环境产生一定的影响，NH_4^+、NH_3、NO_3^- 可以直接被大多数藻类直接利用，可以促进藻类生长和增殖，提高养殖系统的初级生产力。过多的 NH_4^+、NH_3 会促进硝化作用的进行，抑制藻类对尿素等氮源利用的同时还会消耗氧气。沉积物中的含氮有机物越多，分解时耗氧越多，极易对周围造成还原环境，促进反硝化作用的进行，生成大量 NH_3，甚至还会产生 H_2S，危害水产养殖。

2. 磷　沉积物中的磷来源和氮来源相类似，存在形式以有机磷(organic phosphorus，OP)和无机磷(inorganic phosphorus，IP)为主。有机磷主要包括含磷氨基酸、含磷蛋白质等，无机磷主要包括可溶性磷(dissolved phosphorus，DP)、吸附态磷、铁结合磷(Fe-P)、铝结合磷(Al-P)和钙结合磷(Ca-P)等。按照沉积物中不同形态磷含量的 5 步顺序提取方法(sedimentary extraction，SEDEX)，沉积物中的磷可分级提取出 5 种形态：吸附(弱结合)态磷(loosely-sorbed P)、铁结合态磷(Fe-P)、钙结合态磷(Ca-P)、矿物晶格中强力结合的残留态磷(detrital-P)和有机态磷(organic-P)。在磷的各种形态中，Fe-P 被认为是沉积物中最不稳定的形态，因为它会随氧化还原环境的变化而改变，从而改变磷在沉积物中各种形态的分配比例。当 E_h 降低时，Fe^{3+} 被还原并溶解，Fe-P 被活化而进入水体中，与其他离子结合；而 E_h 升高时，Fe^{2+} 氧化为 Fe^{3+} 重新沉淀。各种结合态磷所占比例还受含盐量影响，含盐量增加后水体中 Fe^{2+} 含量迅速减少，铁吸附磷的能力就会减弱，而钙含量相对变高，促使 Fe-P 向 Ca-P 转化。此外，当沉积物中钙、铁含量由于人为污染等因素变化时，磷就会在不同形态间发生一系列解吸、释放和重新结合过程，从而实现不同形态磷的转化。沉积物中的有机态磷主要来自生物有机残骸的沉积，它们经微生物活动及体外磷酸酶的作用而逐渐矿化。对海洋沉积物的研究表明，在生物残体骨骼中固体磷酸钙再生为可溶性磷酸盐的过程中，细菌起着重要作用。此外，被沉积物吸附的 $PO_4^{3-}-P$ 在一定的条件下与溶液间发生离子交换解吸作用也有利于磷酸盐的再生。上述诸过程的进行依赖于环境条件。一般而言，降低 pH、出现还原性条件以及增大络合剂的浓度，有利于难溶无机磷酸盐的溶解；而增高 pH、富氧条件则有利于有机态磷的矿化和交换解吸。以上作用过程使沉积物间隙水中有效磷的含量增大。可见沉积物中磷的释放，跟温度、pH、溶解氧等很多生物、非生物因素有关，尤其是溶解氧含量和沉积物的扰动。厌氧会加速磷的释放，而富氧会抑制磷的释放。扰动沉积物会向养殖水体中释放大量的磷。沉积物释放磷的过程一般是首先进入沉积物间隙水中，然后通过扩散作用逐步扩散到沉积物表层，进而扩散到水体中，且释放的磷多以水生植物易利用的溶解性正磷酸盐为主。

一般情况下，适当的磷能够促进水中藻类的生长和繁殖，提高初级生产力，过多的磷会导致水体富营养化，极易引起养殖水体缺氧，干扰养殖水体生态系统平衡，威胁养殖的水生生物。

3. 硅 硅是分层的硅酸黏土的基本成分，是一种重要的矿物元素。硅元素是硅藻和放射虫等生物的必需营养元素。沉积物中的硅源于各种氧化硅矿物，主要以硅酸盐和硅铝酸盐的形式存在，沉积物中的硅元素向养殖水体中扩散时，也多以硅酸盐和硅铝酸盐为主。与其他营养元素不同，硅元素的溶解受温度、光照、盐度、溶解氧等的影响较小，受 pH 的影响较大。当 pH>8 时硅的溶解度随着 pH 的增加迅速增加，当 pH<8 时，pH 对生物硅溶解度的影响略小。主要原因是当 pH>8 时，H_4SiO_4 会发生电离生成 $H_3SiO_4^-$ 和 H^+；当 pH 继续升高时，$H_3SiO_4^-$ 才会电离成 $H_2SiO_4^{2-}$ 和 H^+，溶解度增大；而 pH<8 时，溶解态硅主要以不离解的 H_4SiO_4 形式存在[式(9-13)~式(9-15)]。所以，碱性条件会促进硅酸盐溶解扩散，而酸性条件会促进硅酸盐饱和沉积。

$$SiO_2 + 2H_2O \Longleftrightarrow H_4SiO_4 \qquad (9-13)$$

$$H_4SiO_4 \Longleftrightarrow H_3SiO_4^- + H^+ \qquad (9-14)$$

$$H_3SiO_4^- \Longleftrightarrow H_2SiO_4^{2-} + H^+ \qquad (9-15)$$

(五)生物

1. 沉积物中的生物 沉积物中生物结构复杂，常见的生物主要包括菌类，浮游藻类，固着藻类，水生维管束植物，浮游动物，底栖动物如底栖贝类、底栖甲壳类、底栖鱼类等。除部分埋栖和掘穴生物外，大多数的生物都生活在沉积物之上，通过不同的生活方式进行着各种生命活动，对养殖水体的水质产生着不同的影响。沉积物中常见的菌类有固氮菌、蓝细菌、氨化细菌、厌氧氨化菌、厌氧氨氧化菌、硝化菌、亚硝化菌、甲烷氧化菌、解磷菌、聚磷菌等，对促进养殖生态系统的碳、氮、磷等营养元素的循环有着重要的作用。碳、氮、磷、硅等生源要素在沉积物中的循环是生源要素自然生物地球化学循环的重要组成部分。沉积物中碳循环主要包括碳的固定和再生。生物呼吸和生物降解会产生 CO_2，CO_2 通过蓝细菌和藻类等固定为有机物，并以有机物形式进入生态系统；有机物厌氧发酵会产生 CH_4，CH_4 通过被甲烷氧化菌氧化利用，并以有机物形式进入生态系统。沉积物中的氮循环过程包含了生物固氮、氨化、硝化、反硝化、厌氧氨化、厌氧氨氧化和同化作用等。在沉积物中固氮菌能够将游离态氮(N_2)转化成 NH_3，氨化细菌将含氮有机物分解为 NH_3，NH_3 被亚硝化细菌和硝化细菌氧化为 NO_3^- 最终被生物所利用。而反硝化菌和厌氧氨化菌则会把 NO_3^- 和

NH_3，分别转化成为 NH_3 和 N_2。沉积物中磷循环是在可溶性磷和不溶性磷之间的互相转化和循环，解磷菌和聚磷菌参与了可溶性磷和不溶性磷的互相转化。解磷菌在代谢过程中完成碳酸、硝酸、有机酸等难溶磷酸盐到可溶磷酸盐的转化，而聚磷菌的主要作用是吸收过量可溶性磷酸盐于体内合成多聚磷酸盐并积累起来。

藻类的生命活动都离不开光，所以沉积物中浮游和固着藻类群落远没有水体中浮游藻类群落丰富。沉积物中常见的藻类多为蓝绿藻、硅藻、绿藻等，并且藻类数量与养殖水体的深度呈负相关。作为水产养殖生态系统的生产者，藻类同菌类相类似，也参与了养殖生态系统的碳、氮、磷、硅等营养元素的循环。

水生维管束植物多见于淡水浅水区，以沉水植物和挺水植物为主。通常情况下水生维管束植物茎叶在水体中进行光合作用，而根茎则固定在沉积物中，一方面可以吸收沉积物中的碳、氮、磷等营养元素防止水体发生富营养化，另一方面根茎可以疏松沉积物，促进沉积物中的生物有氧呼吸、防止毒害物质的产生。

沉积物是浮游动物休眠卵主要贮存场所，沉积物中的浮游动物主要由原生动物、轮虫、枝角类和桡足类组成，这些浮游动物在养殖生态系统食物链中扮演着重要的角色。

腹足类、双壳类、节肢动物、环节动物等是沉积物中底栖动物的主要种类，其中腹足类主要集中在水质较清澈的区域，或者水生高等植物较多的区域，而耐污染的环节动物则分布范围很广。

沉积物中常见的甲壳类多为虾、蟹类，它们都能够摄食沉积物中的有机碎屑，对养殖水体的净化具有一定的帮助作用。蟹类具有掘穴习性，能够对沉积物具有一定的扰动作用，能够促进沉积物营养盐的释放。

鲤、鲫、黄鳝、泥鳅、乌鳢、鲇、黄颡鱼等都是常见的底栖鱼类，都具有一定的经济价值。这些底栖鱼类是水产养殖生态系统的重要组成部分，是水产养殖生态系统食物链的重要环节。底栖鱼类对沉积物具有一定的扰动作用，能够加速沉积物中的营养元素向水体中释放和促进浮游动物休眠卵的孵化，加速水底有机碎屑的分解和利用，调节沉积物-水界面的物质交换，促进水体自净作用。

2. 生物对沉积物的影响　水生动物对沉积物的影响主要是因为生物扰动产生的，生物扰动作用是指由于底栖生物的游泳、爬行、摄食、避敌、排泄和掘穴等行为活动造成的沉积物颗粒的混合和物理结构的改变。底栖动物通过身体机械运动和生理代谢活动，直接或间接影响沉积物的理化性质和底栖生物群落的结构。

（1）生物扰动对沉积物理化性质的影响　生物扰动作用可以改变沉积物的物理结构，影响沉积物的稳定性和侵蚀率，改变沉积物的间隙率和表面组成，加速间隙水和上覆水间的物质交换，促进沉积物中的气体和营养盐等物质随着间隙水向上转移扩散到水体中。

生物扰动能够改变沉积物的理化性质，影响沉积物-水界面物质交换，促进沉积物硝化作用和反硝化作用的耦合，改变沉积物中磷形态，促进磷的氧化并抑制活性磷的释放。与此同时，生物扰动还能够改变沉积物的酸碱性和氧化还原电位，加速水底有机物的分解和利用。

（2）生物扰动对底栖生物群落的结构的影响　生物扰动作用可以改变底栖生物群落的结构，影响微生物和小型生物的丰度和种类。底栖动物的挖掘行为对沉积物中微生物群落的影响较大，挖掘行为能够增大沉积物表面积，为底栖生物提供更大的活动空间，提高微生物对沉积物中有机物的利用率。通过挖掘行为产生的扰动，底质深层的浮游动物休眠卵得以释放，加速休眠卵的孵化，提高微生物的种群丰度，促进水产养殖生态系统的能量流转，提高水产养殖经济效益。

二、沉积物理化及矿物学性质

(一)理化性质

1. 沉积物的颜色和粒度分级　沉积物的颜色依所含的无机及有机物质组成不同而不同。如水产养殖池塘沉积物基本都是黑色的，在水质较好的池塘中，沉积物的颜色较浅，而在水质较差的池塘中，沉积物的颜色则比较深。

在农业上，土壤分为砂土、壤土和黏土(表9-1)，具体的土粒分级为石块、石砾、砂粒、粉粒和黏粒(表9-2)。砂土含砂较多，质地较粗糙，透水透气性好，而保水保肥能力差，一般不建议在砂质土层上修建养殖池塘。黏土含砂量较少，质地较细腻，透水透气性差，而保水保肥能力好，一般推荐在黏质土层上修建养殖池塘。壤土含砂量适中，质地介于黏土和砂土之间，还可根据含砂粒和黏粒的比例不同分为砂壤土、轻壤土、中壤土和重壤土(表9-1)，是一种较理想的农业用土，也可以在壤质土层上修建养殖池塘。

表9-1　土壤质地分级简易识别法

质地名称		土粒组成/%		简易识别法		
		砂粒	黏粒	肉眼判别	湿法	干捻法
砂土		90~100	0~10	全是单颗砂粒。	不论加水多少都不能搓成条或片。	松散的砂粒放于手中，砂粒会从手缝中自动流下。
壤土	砂壤土	80~90	10~20	以砂粒为主，有少量细土粒。	湿时可搓成大拇指粗的土条，再细即断；可成片，但片面极不平整。	有松脆的土块，压之即碎，成粉状，也有不少单粒砂粒存在，感觉粗糙。
	轻壤土	70~80	20~30	砂多，细土约占2~3成。	湿时可搓成直径3mm土条，弯曲或提起一端即断裂；可成片，片面较平整。	有土块，稍捻即碎，捻时有砂粒感觉，用手可搓成粉状。
	中壤土	55~70	30~45	砂粒少，黏粒增多，干时形成硬土块。	湿时可搓成直径2mm土条，拿起一端不断，但弯曲成直径3cm圆圈即断裂；可成片，片面平整，但无反光。	土块较硬，难捻碎。土块可用手用力掰开，搓碎后有面粉状细腻感。
	重壤土	40~55	45~60	几乎见不到砂粒，黏粒比例大，干时土块坚硬。	湿时可搓成直径2mm土条，弯曲成直径2~3cm圆圈不断，压扁有裂纹；可成片，片面平整，有弱反光。	土块硬，很难捻碎。土块基本可用手掰不开，土块棱角明显，感到硌手。
黏土		<40	>60	看不到砂粒，全为黏土，干时土块坚硬。因氧化铁胶膜往往成红色	土质滑腻，湿时可搓成直径2mm以下的土条，易弯曲成小环，压扁无裂纹；成片后面平整有反光。	土块非常坚硬。土块用手捻不碎，锤击也不会捻成粉末。

表 9 - 2　我国及国外主要的土粒分级标准

（吴克宁等，2019）

土粒直径 soil diameter/mm	国际标准 International system	美国标准 American system	卡庆斯基标准 Kachinsky system	日本标准 Japanese system	中国标准 China standard 1937年	1959年	1961年	1978年	1985年
>10	石砾	石块	石块	石砾				石块	石块
10~3	石砾	石块	石块	石砾		砾质		粗砾	石块
3~2	石砾	石砾	石砾	石砾		粗砂		细砾	石砾
2~1	粗砂粒	极粗砂粒	石砾	细砾	细砾	粗砂	砂粒	石砾	细砾
1~0.5	粗砂粒	粗砂粒	粗砂粒	粗砂粒	粗砂	中砂	砂粒	粗砂粒	粗砂粒
0.5~0.25	粗砂粒	中砂粒	中砂粒	粗砂粒	中砂	中砂	砂粒	粗砂粒	粗砂粒
0.25~0.2	细砂粒	细砂粒	细砂粒	细砂粒	细砂	细砂	砂粒	中砂粒	细砂粒
0.2~0.1	细砂粒	细砂粒	细砂粒	细砂粒	细砂	细砂	砂粒	细砂粒	细砂粒
0.1~0.05	细砂粒	极细砂粒	细砂粒	细砂粒	极细砂	极细砂	砂粒	细砂粒	细砂粒
0.05~0.02	粉粒	粉粒	粗粉粒	粉粒	粉粒	粉粒	粉粒	粗粉粒	粗粉粒
0.02~0.01	粉粒	粉粒	粉粒	粉粒	粉粒	粉粒	粉粒	粉粒	粗粉粒
0.01~0.005	粉粒	粉粒	中粉粒	粉粒	粉粒	中粉粒	粉粒	中粉粒	中粉粒
0.005~0.002	粉粒	粉粒	细粉粒	黏粒	黏粒	细粉粒	粉粒	粗黏粒	细粉粒
0.002~0.001	粉粒	黏粒	粗黏粒	黏粒	黏粒	黏质黏粒	黏粒	粗黏粒	粗黏粒
0.001~0.0005	黏粒	黏粒	粗黏粒	黏粒	黏粒	黏质黏粒	黏粒	黏粒	粗黏粒
0.0005~0.0001	黏粒	黏粒	细黏粒	黏粒	黏粒	胶质黏粒	胶粒	黏粒	细黏粒
<0.0001	黏粒	黏粒	胶质黏粒	胶体	黏粒	胶质黏粒	胶粒	黏粒	细黏粒

2. 沉积物容重和孔隙度　沉积物的密度可以用容重表示，即单位体积干燥沉积物的质量，用 g/cm³ 表示。沉积物颗粒质量用颗粒密度表示，即压缩体积后（无任何开放空间）单位体积干燥沉积物的质量，同样用 g/cm³ 表示。一般而言，沉积物的颗粒密度会随有机物浓度呈负相关，有机质浓度越高沉积物颗粒密度越低。

沉积物孔隙是指相邻沉积物颗粒之间的间隙（图 9 - 2），孔隙间是相连的，为水和气体提供了运动空间，且孔隙越大水和气体运动更自由。孔隙占沉积物总体积的百分比用孔隙度表示[式(9-13)]，孔隙度百分比是颗粒粒度的函数。孔隙度与颗粒粒径大小成正相关，一般情况下砂土孔隙度＞壤土孔隙度＞黏土孔隙度。由于沉积物含水量高，颗粒间分离度更高，表层的孔隙度甚至能达到90%，但随着深度的增加孔隙度会逐渐降低。

$$孔隙度=\left(1-\frac{容重}{颗粒密度}\right)\times100\% \tag{9-13}$$

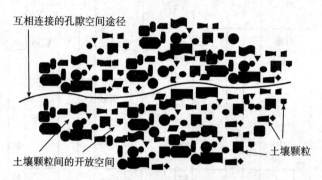

图9-2 土壤孔隙图解

3. 沉积物水势(water potential) 沉积物水势是指相对于纯水自由水面，沉积物水所具有的势能。当水分进入沉积物孔隙中，受到吸附力、毛管力、重力和溶质离子的引力等作用，分别产生基模势(包括吸附势、毛管势)、重力势、溶质势和压力势等，这些能量的总和称为总水势。有多种单位表示沉积物水势，但各个单位间可以互相换算。当选用单位质量的沉积物水时，沉积物水势单位为J/g；选用单位容积的沉积物水时，沉积物水势单位为Pa；选用单位质量的沉积物水时，沉积物水势单位则用cm表示。

沉积物水势反映了沉积物水分的能量状态、运动方向。因为重力的原因，所以水总是从高处流向低处。当知道土壤中的土壤水势时，便可由土壤水势分布情况判断水流方向，而由水势随距离的变化率可以确定驱使土壤水运动的动力，为选址修建池塘提供了参考。同理，也可以判沉积物中水流的方向和驱使沉积物水运动的动力，为池塘补水、干塘提供一定的参考。

4. 沉积物电荷量和离子交换

(1)电荷的来源 沉积物的电荷来源于沉积物中所含有的腐殖质和黏土胶团。已有研究表明，黏土胶团所带电荷跟pH有关，可能带正电荷也可能带负电荷，但大多数情况下黏土胶团所带的电荷为净负电荷。腐殖质中含有丰富的羟基、羧基和苯酚基团，因此带有强烈的负电荷[式(9-15)～式(9-17)]。无论是腐殖质还是黏土胶团，电离的电荷量都与pH呈正相关。

$$黏土胶团-OH+OH^-\rightleftharpoons黏土胶团-O^-+H_2O \tag{9-14}$$
$$黏土胶团-OH+OH^-\rightleftharpoons黏土胶团-OH_2^++H_2O \tag{9-15}$$
$$-OH+OH^-\rightleftharpoons O^-+H_2O \tag{9-16}$$
$$-COOH+OH^-\rightleftharpoons COO^-+H_2O \tag{9-17}$$

(2)沉积物的离子交换 由于多数情况下沉积物中的胶体带有负电荷，因而负电荷会吸附沉积物中的阳离子，所以考虑沉积物中的离子交换时仅考虑阳离子交换即可。沉积物中的阳离子与吸附在胶体上的阳离子之间存在着一定的平衡[式(9-18)]，当沉积物中某一阳离子浓度升高时，这个平衡就会被打破，胶体和沉积物中的阳离子会发生交换重新建立平衡。例如，当Ca^{2+}浓度升高时，胶体上除了Ca^{2+}以外的所有阳离子浓度都会下降，沉积物中所有阳离子浓度都会上升。对胶体吸引能力强的阳离子比吸引力弱的阳离子具有更强的交换能力，但浓度可以克服这种吸附能力。如Ca^{2+}能够代替Na^+，但高浓度的Na^+可以阻碍Ca^{2+}代替Na^+，甚至还会取代其他吸附的阳离子。阳离子通过交换作用既可以保留在沉积物中，又可以释放到水体中，离子在交换过程中还可以被植物和微生物利用。

$$\begin{array}{l} Al^{3+} \quad\quad Mg^{2+} \\ Ca^{2+}\ \boxed{胶体}\ K^+ \Longrightarrow Al^{3+}+Ca^{2+}+Mg^{2+}+K^++Na^++NH_4^+ \quad\quad (9-18) \\ NH_4^+ \quad\quad Na^+ \end{array}$$

5. 沉积物的 pH　沉积物的 pH 范围很广，淡水池塘沉积物 pH 在 3.9～8.0，半咸水池塘沉积物 pH 在 1.2～9.8，咸水池塘沉积物 pH 在 5.9～7.2。沉积物的 pH 跟Ca^{2+}、SO_4^{2-}、Fe^{2+}、CO_3^{2-}、HCO_3^-等离子和有机质的含量有关。含SO_4^{2-}多的沉积物一般为酸性沉积物，含Ca^{2+}多的一般为碱性沉积物；含有机质较多的沉积物一般为酸性沉积物，含有机质较少的沉积物一般为碱性沉积物。

沉积物的 pH 对沉积物中的营养盐释放和沉积有重要的影响。因为酸性环境会抑制沉积物中磷的释放，而碱性环境会促进沉积物中磷的释放，所以 pH 高的沉积物的磷潜在释放能力要高于 pH 低的沉积物的磷潜在释放能力。当沉积物的 pH≤2.5 时，硝化速率会受到明显的抑制，而其余 pH 对消化速率影响不大。与此同时，偏酸环境下反硝化细菌活性也会受到一定的抑制，反硝化速率也会受到相应的影响。

6. 沉积物的氧化还原电位　因为水体沉积物中含有很多具有还原性和氧化性的物质，所以沉积物存在氧化还原电位。氧化还原电位是评价沉积物的一个综合性指标，能够体现出沉积物氧化性或还原性的相对程度。沉积物的氧化状态和还原状态与 pH 有关，E_h会随着 pH 的升高而降低。在碱性环境下，沉积物E_h>0.15 V 即为氧化状态；而在酸性环境下，沉积物E_h>0.4 V 才为氧化状态。

在水产养殖过程中，氧盈和氧债或氧亏与E_h密切相关。氧盈是指水体溶解氧过饱和溢出水体，而氧债是指水体溶解氧不足，生物耗氧、化学需氧和有机质分解需氧受到很大的抑制，缺少了正常状态下的需氧量。沉积物中耗氧有机物少，E_h高，池塘水体底部易产生氧盈；沉积物中耗氧有机物多，E_h低，池塘水体底部易产生氧债。天然湖泊和水库，生态系统比较完善，沉积物好养有机物较少不容易发生氧债。人工池塘养殖密度大，饲料投喂多，产生的耗氧有机物多，池塘水体底部容易发生氧债。氧债的发生还与天气和温度有关，一般的来说，高温水体中生物呼吸代谢旺盛，阴雨天水体光合作用弱溶解氧水平相对较弱，因此高温和阴雨天容易发生氧债。所以日常池塘养殖过程中，在高温的时候(如午后)和阴雨天时应该打开增氧机防止氧债的发生。

第二节　沉积物-水界面物质交换与环境过程

一、沉积物-水界面物质交换

在水体底部，沉积物成为与水体接触面积最大的一类固相介质，在固液两相之间，构成了物理意义上的沉积物-水界面。实际上，沉积物与上覆水之间并非简单的接触，而是两种介质之间的相互作用和交换。沉积物-水界面是水域生态系统三大主要界面(大气-水界面、沉积物-水界面和生物-水界面)之一,是影响水质的重要界面,其物质交换和生物活动等均较为复杂。在无外源因素干扰的情况下,水体沉积物是水体中溶解物质的归宿或来源(汇和源)。在沉积物-水界面中,某种物质在沉积物中的浓度和在水体中的浓度之间存在着动态平衡和物质交换过程。如果水体中的浓度降低,沉积物中该物质就会解离释放到水体,直至平衡重新建立。相反,如果水中的浓度升高,沉积物就会吸附这种物质再次达到平衡。在物质交换过程中涉及物质的输入和输出、水体和沉积物中物质的移动、穿过沉积物-水界面的物质迁移、沉积物对物质的吸附和释放等过程。

(一)物质交换

水体中沉积物-水界面过程主要包括吸附-解吸、离子交换、分配、表面沉淀和氧化还原反应等基本过程。吸附是物质从水体进入沉积物以及水体悬浮颗粒物沉淀的重要途径,而在广义吸附概念的范畴中也包括离子交换、分配、表面沉淀。

1. 吸附-解吸　吸附-解吸是水体中沉积物-水界面化学反应的基础,是吸附质和吸附剂之间的相互作用。吸附过程通常分为三个步骤,水体中溶解的物质首先通过水体的运动作用移动到沉积物表面;其次由于扩散作用移动到沉积物颗粒附近;最后被沉积物表面结合和吸附。沉积物表面与水体之间的物质吸附作用有多种可能的机制,如范德华力、静电作用、氢键、化学键等。

化学吸附-解离主要是沉积物颗粒的固相表面(吸附剂)和溶质(吸附质)间由于电子转移或者电子共享形成较强的化学键而形成,具有选择性,较稳定,不易解吸。但化学力作用有一定范围,溶解物质的分子与吸附剂必须相互接触才能形成化学键。因此总的来说,化学吸附比物理吸附作用要强。

2. 离子交换　沉积物和水体中都存在着大量的阴、阳离子,容易发生离子交换,但离子间的交换多以阳离子交换为主。沉积物吸收一种离子,必须伴随一种或几种带相同电荷的离子的释放,离子交换数量可以不同,但总电荷一定相同。离子交换不改变沉积物和水体的电荷强度,但会改变离子组成。广义上的离子交换指的是固相离子被液相中的离子替换的过程。

3. 氧化还原反应　沉积物中可通过较高表面活性或氧化还原电位的矿物质氧化其他无机离子及有机物,从而影响其在沉积物中的迁移。氧化还原电位对化合物的溶解度、物质的微生物转化及沉积物和水体之间溶解物质的交换有强烈的影响。因此,氧化还原反应支配着许多沉淀-溶解反应进行的方向。

4. 分配　1979 年有研究人员提出了用于阐释疏水化合物在固-液两相中的分配理论。由于疏水化合物在水体中溶解性较差,因此会以"相似相溶"原理进入沉积物成为沉积物中的"有机分配相"。其吸附强弱直接取决于疏水有机物在固-液相中的溶解度分配反应。

(二)扩散作用

水体沉积物和水体之间并没有明显的界限,水通过沉积物中的间隙渗透到沉积物中,沉积物中含有气体和营养盐等物质随着间隙水向上转移,通过扩散转移最终释放到水体中。密度、风、温度以及人为因素(增氧机)引起的水体混合流转,是这一过程的主要作用力。沉积物中的氧、二氧化碳、硫化氢、甲烷、铵盐、硝酸盐、硫酸盐、碳酸盐、碳酸氢盐等是沉积物-水界面物质扩散的主要物质。沉积物-水界面上的扩散作用可采用扩散通量表示,并可采用菲克第一定律描述(详见第四章)。

在间隙水中的物质向上移动的运动中扩散起主要作用。物质向下运动是由扩散和渗漏所造成。对于氧气由水向沉积物中的扩散,豪勒(Howeler)等设计过许多描述氧气扩散到水中沉积物的模型,这些模型被广大研究者们认为是描述氧气消耗的最好模型。在某些情况下,氧气扩散进入沉积物用于氧化其他的还原性物质达 50% 左右。根据豪勒等研究结果,假定从上覆水扩散到沉积物中的氧气与其消耗速率一致,若沉积物耗氧带约 0.1 cm 深,每平方米每天氧气的扩散速度约为 2.76 g。通常情况下,有机质浓度较高的沉积物中,氧气的消耗速度会高于氧气扩散的速度。

(三)营养盐交换通量

沉积物-水界面营养盐的迁移转化是在沉积物和液相界面及其附近发生的物理、化学和生物学过程,十分复杂,是控制和调节水体和沉积物之间物质输送和交换的重要途径。沉积物-水界面对水体中物质的循环转移和贮存都有重要作用。而水体中的各种陆源碎屑及有机物质等,经过一定的循环后都成了沉积物的一部分。然而沉积物中各种物质的分解等反应使得沉积物间隙水中的营养元素(氮、磷、硅等)都要比上覆水中的浓度高,这些高浓度的营养盐通过底栖生物活动扰动、浓度扩散和移流等过程,又不断地迁移到上覆水中。

目前国内外在沉积物-水界面营养盐交换过程的研究主要集中在营养盐交换通量的研究方法、沉积物-水界面营养盐的迁移转化过程、沉积物中营养盐的赋存形态及累积规律和沉积物-水界面营养物质的生态效应等方面。营养盐交换通量能够比较全面的评价水体底泥营养物质释放对水体水质的影响程度,预测底泥营养物质释放的长期变化趋势。目前营养盐交换通量的研究方法主要有扩散法、实验室培养法、现场培养测定法、间隙水浓度梯度扩散法和上覆水质量平衡法。

营养盐在沉积物-水界面的交换速率主要由吸附-解吸、扩散、沉淀(矿化)-溶解及有机质的分解过程所控制。间隙水中的营养盐主要是通过有机物质的分解所产生,并依靠吸附和自身沉淀或者向上覆水转移。而影响营养盐在沉积物-水界面交换的因素有很多,如水深、盐度、溶解氧、pH、温度和生物扰动是影响营养盐交换通量的主要因素,其中生物扰动对营养盐交换通量的影响最为显著。另外上覆水营养盐的浓度、间隙水中营养盐浓度、底栖生物活动和沉积物本身的物理性质也会对通量、交换速率的大小及方向产生影响。

1. 温度 温度可以控制沉积物-水界面营养盐交换速率,温度升高时,固体表面的离子容易解吸进入上覆水中。另外物质的溶解度和扩散速率都会随温度升高而增加。因此温度升高时,沉积物-水界面营养盐的交换速率通常也会增加。

2. 氧化还原环境 营养盐在沉积物中的停留释放取决于界面的氧化还原环境。如 PO_4^{3-} 通常与沉积物铁化合物结合,当沉积物为氧化环境时,PO_4^{3-} 的释放受到限制,而还原反应有利于其释放。同时也有研究表明厌氧条件下沉积物吸附磷的强度优于富氧条件。沉积物的氧化环境和上覆水中溶解氧的浓度对沉积物中硝化和反硝化作用起主要的控制作用。当沉积物界面处于厌氧环境时,氮的一些中间产物(NO_2^-)将作为电子受体转化为(NH_4^+)离子进入沉积物中,并与上覆水维持与环境条件相适应的释放速率,增加沉积物中铵的释放能力。

3. 沉积物有机物 沉积物间隙水中的营养盐通过有机物分解产生,通过吸附、沉淀或者向上覆水体扩散而转移。因此沉积物中有机物的含量影响着间隙水中营养盐的再生,沉积物中有机物的补充对沉积物-水界面营养盐交换速率有着非常重要的影响。

4. 底栖生物　　底栖生物通过代谢作用或扰动对水环境中的物质循环起着十分重要的作用。如底栖动物可以促进硝化作用的进行，从而影响不同形态氮的交换速率和通量，目前已经证实底栖动物能够使沉积物-水界面的无机氮交换通量增加数倍。同时沉水植物对沉积物-水界面氮盐释放通量影响的研究也表明沉水植物能明显降低氨态氮和硝酸态氮的扩散通量。国外学者早有研究发现底栖藻类能够增强沉积物对营养盐的保持能力，吸收水层中的营养盐。

　　底栖生物影响水体营养盐的交换通量主要是通过扰动作用影响沉积物-水界面的营养盐的交换。一方面，生物扰动可以改造沉积物的物理结构，加速沉积物颗粒和间隙水的迁移过程，促进上覆水与间隙水间的物质交换过程；另一方面，生物扰动还可以加速沉积物中有机质的降解，增强沉积物中硝化和反硝化作用速率。如池塘养殖碎屑食性经济动物(如海参和底栖碎屑食性鱼类等)的扰动作用可加速池塘沉积物中可溶性磷向上覆水中释放，这也是混养系统中配养底栖生物的目的之一。

二、沉积物-水界面环境过程

(一)有机物富氧氧化

　　沉积物中的有机物组成复杂、种类繁多，但其来源均主要为绿色植物的光合作用(大洋深渊中可能主要以化能自养过程为主)。有光照情况下，植物光合作用将无机物合成为有机物，并贮存能量于有机物中，该过程植物吸收碳、氮、磷等释放氧气。而呼吸作用则是生物氧化有机物并释放有机物中的能量供生物生命活动利用，该过程生物吸收氧气释放碳、氮、磷等。主要分为生物呼吸和有机物在微生物作用下氧化分解两种途径。

1. 生物呼吸　　生物呼吸途径基本是光合作用的反方向途径，是生物将体内的碳水化合物氧化分解为自身生命活动提供能量，产生二氧化碳和水。生物呼吸作用强度大小与生物种类、生物体大小、氧气含量、温度等条件有关。

2. 微生物作用下氧化分解　　有机物在微生物作用下氧化分解途径过程相对复杂，包括分解代谢和合成代谢两大类型。分解代谢又称"异化作用"，是微生物将大分子物质分解成小分子物质，并在这个过程中产生能量的过程。合成代谢又称"同化作用"，是微生物利用简单的小分子物质合成复杂大分子的过程，在这个过程中要消耗能量。沉积物中的微生物一般包括细菌、放线菌、真菌等，其中细菌数量最多，同时也最活跃。异养微生物从有机物质中获得无机和有机营养素，而分子氧便作为其最终电子受体和氢受体。影响微生物生长和呼吸的因素很多，其中最主要的是温度、氧气含量和pH。

　　温度是控制微生物生长的重要因素，温度太高或太低，都会导致微生物生长受抑制或致死。研究发现沉积物大多数细菌的最适温度在 $30\sim35\,^{\circ}\!C$，在亚最适温度范围内，升高温度都会导致细菌提高分解沉积物中的有机物质。而微生物在富养条件下，呼吸过程中最关键的便是氧浓度的持续供应，当界面表面氧浓度供应不足时，呼吸耗氧速度会降低，并随着氧耗竭之后，呼吸模式转化为厌氧代谢。沉积物-水界面微环境复杂多变，微生物种群丰富，每一种微生物的生长都有自己最适的pH。沉积物不稳定的pH都会导致界面微生物优势种群的变化，不过一般中性或碱性沉积物比酸性沉积物呼吸强度高。沉积物中最有效的分解者——细菌，一般在pH在 $7\sim8$ 时最为活跃，而真菌往往在pH较低时生长最佳。因此碱化沉积物可以增强沉积物中有机物分解，这与养殖水体中性偏弱碱一致。

(二)有机物厌氧氧化

在沉积物中微生物分解有机物质的呼吸作用对氧气的消耗比氧穿透沉积物要快得多，因此沉积物中只有表层富氧。表层之下的沉积物在缺乏氧气的情况下分解有机物质需要依靠厌氧生物，此类生物主要分为专性厌氧生物和兼性厌氧生物。厌氧呼吸不再是以氧分子为电子受体，而是以其他的一些有机或无机化合物为电子受体，如 NO_3^-、SO_4^{2-}、Fe^{3+} 等以无机电子受体驱动的微生物厌氧呼吸，偶氮双键、延胡索酸、腐殖质和有机磺酸盐等以有机电子受体驱动的微生物厌氧呼吸。另外碳氧化的终产物也不再是二氧化碳，而转化为 C_2H_5OH、$HCOOH$、$C_3H_6O_3$、CH_3CH_2COOH、CH_4 或其他化合物的产乳酸途径、产乙醇途径和产甲烷途径。在厌氧条件下微生物将优先利用环境中具有较高氧化还原电位的电子受体进行厌氧呼吸并偶联有机物的降解，而氧化还原电位较低的电子受体的还原过程将受到抑制。

(三)无机物氧化还原

沉积物中除有机物外，还存在大量的无机物主要包括碳酸盐、钙盐、硫酸盐、硝酸盐、氰化物、金属离子等。而氧化还原电位也是影响沉积物中无机物的关键因子。在厌氧条件下，这些无机物可以作为电子受体参与沉积物中的氧化还原反应，影响沉积物中的物质迁移、转化和毒性等。其中，对氧化还原贡献较大的无机物主要是硝酸盐、硫酸盐、金属离子等。沉积物中无机物的氧化还原多在厌氧条件下进行，并伴随一些有毒物质的产生，如 H_2S、NO_2^-、$Cr(Ⅲ)$、$As(Ⅲ)$ 等，对水产养殖产生危害。无机物的氧化还原，受氧化还原电位溶解氧的影响较大，与氧化还原电位和溶解氧呈负相关。所以在养殖过程中要适当增氧或者提高沉积物中的氧化还原电位，防止无机物氧化还原产生有毒有害物质危害水产养殖。如氧化锰对 $As(Ⅴ)$ 的吸附能力强于 $As(Ⅲ)$，在界面氧化反应的作用下可以将 $As(Ⅲ)$ 氧化为生态毒性较小的 $As(Ⅴ)$，进一步降低其生态环境风险。

习题与思考题

1. 简述沉积物的组成、来源与危害。
2. 沉积物中的气体组成与主要气体来源是什么？
3. 沉积物中营养物质包括哪些？这些营养物质的来源、存在形态以及转化方式有哪些？
4. 沉积物中生物组成有哪些？这些生物对沉积物的影响主要表现在哪些方面？
5. 沉积物-水界面直接物质交换有何特点？沉积物中通过扩散的物质主要有哪些？结合前述知识阐述这些物质对水质的影响。
6. 沉积物中营养的交换受哪些因素影响？
7. 何为沉积物的容重和孔隙度？
8. 为何沉积物中有机质的厌氧呼吸？
9. 请详细阐述在水产养殖过程中氧盈和氧债与沉积物中氧化还原电位 E_h 之间的关系。
10. 物理吸附和化学吸附有何区别？
11. 请综合分析溶解氧对沉积物组成、营养物质存在形式、转化的影响，以及由沉积物引起的水质指标差异。

第十章

……………………………

几种主要类型天然水的水质

水在自然界中的分布和循环，构成地球的水圈。水在循环过程中会混入各种物质，呈现不同的水质特点。按天然水形成与形态的特点，可分为大气降水（雨水、雾、雪、霜、雹等）、河水、湖泊水与水库水、地下水及海水等主要类型。此外，还有土壤持水、生物水等类型的水。各种类型的天然水有很大差别，各有其特点，即使同类水体，由于受水的自然循环和社会循环影响，其水质也不尽相同。如水体所处的气候、地理、地质等环境条件，生产与生活用水和排废等人类活动，各种生物的生长、繁殖等均会影响水质。

第一节　大气降水

地球上各种形态的水，在太阳辐射与地心引力的作用下，不断运动循环，交替进行着极为复杂的水交换过程，即水的自然循环过程。大气降水是这种交换的重要组成部分，其是指空气中由海洋和陆地所蒸发的水蒸气冷凝并降落到地面的液态和固态水。降水主要指降雨和降雪，此外还包括雾、霜、雹等。降水是水循环的重要环节，是河流、湖泊等水体及其汇水区的主要水分收入，是人类用水的基本来源。降水的水质组成主要决定于区域环境条件，因而不同区域环境降水的水质组成差异较大。

一、大气降水的化学成分及其影响因素

(一)大气降水的化学成分与特点

天然水中化学成分部分来自大气圈。大气降水的化学成分一般包括 K^+、Na^+、Ca^{2+}、Mg^{2+}、NH_4^+、F^-、Cl^-、SO_4^{2-}、NO_3^- 和部分有机物等。降水中化学物质主要是在雨滴形成与降落过程中淋洗了空气，因此大气圈中常见成分 N_2、O_2、CO_2 等、人类活动所排放的各种气体及由地面升空的尘埃、海盐等物质也均在这种过程中被溶解或携带，这些物质形成

了雨水中的可溶性化学成分和颗粒物。雨水化学成分随降雨地区、季节和雨量等因素而变化。雨水含盐量从每升数毫克到 50 mg/L，滨海地区的降水可混入由风卷送的海水飞沫等形成盐雾飞溅造成含盐量较高，特别是风浪剧烈时的降水中的含盐量可超过 100 mg/L。而内陆的降水可混入较轻的灰尘、细菌。城市有燃煤时，上空的降水可混入煤烟、工业粉尘等。但一般降水是杂质较少而含盐量或矿化度很低的软水。

表 10-1 是我国部分地区雨水化学成分，表 10-2 是各地降水中离子平均含量。

表 10-1 我国部分地区雨水的化学成分含量(mg/L)

地区	pH	K^+	Na^+	Ca^{2+}	Mg^{2+}	NH_4^+	F^-	Cl^-	SO_4^{2-}	NO_3^-
沿海地区	—	—	3.4	0.3	0.4	0.2		5.4	1.8	0.3
内陆地区	—	—	5	10.5	4.2	1.5		7	26	1
北京市[1]	6.07	0.83	0.96	1.46	0.24	2.69	0.09	1.48	4.79	3.9
上海市[2]	4.35	0.23	0.59	1.76	0.17	1.62	0.09	1.27	3.50	2.78
广州市[3]	4.65	0.65	0.77	2.28	0.13	1.21	0.43	1.41	9.02	2.85
乌鲁木齐[4]	6.19	0.57	1.89	17.31	0.67	2.53	0.21	1.56	13.99	2.41
沈阳市[5]	6.89	0.59	0.92	5.82	0.80	3.15	1.10	2.98	1.06	4.58

注：[1]刘进，2016；[2]艾东升，2011；[3]叶书栋等，2008；[4]钟玉婷等，2016；[5]张林静等，2013。其中[1]、[2]、[4]和[5]引者进行了单位换算。

表 10-2 各地雨雪中的离子平均含量(mg/L)

(天津师范大学，1986)

地区		Ca^{2+}	Mg^{2+}	Na^+	NH_4^+	HCO_3^-	Cl^-	SO_4^{2-}	NO_3^-
我国某地雨水		—	—	5	1.5		7	26	1
美国新罕布什尔州降水*		0.13	0.04	0.11	0.19	—	0.40	2.6	1.47
伦敦	初雨	16.8	0.24	5.06	0.54	23.18	7.09	25.9	1.24
	22 h 后雨水	3.2			0.92	6.10	3.55	2.76	—
	雪水	5.6	0.97				12.05	21.12	1.24
	某地雪水	—		0.92	0.18	4.88	0.71		1.36

* 米奇和高斯林克(Mitsch and Gosselink)，2000。

大气降水化学成分与性质特点如下：

1. 气体含量近于饱和 由于雨滴在凝结和降落过程中与空气充分接触，故气体溶解量丰富。在一定温度、压力下，降水中 O_2、N_2 含量均近于饱和。雨水中还常含有雷电作用生成的含氮化合物。

2. pH 呈近中性或弱酸性 清洁雨水呈弱酸性或近中性。pH 6.5～7.5，也有些地区 pH 5.5～7.0，正常降水最低 pH 为 5.6。

3. 含有营养盐等物质 大气降水含有较丰富的硝酸盐和氨。空气中氨主要来源于烟道废气，氮的氧化物还可由闪电形成，这些氧化物溶解于雨水后生成硝酸，硝酸再与碱性尘埃作用转变为硝酸盐。降水磷含量很低，雨雪中还含有Ca^{2+}、Mg^{2+}、HCO_3^-、SO_4^{2-}、Cl^- 以及微生物等。

(二)影响大气降水化学成分的因素

1. 地域 通常潮湿多雨地区雨水中离子成分含量较低，干旱少雨地区及近海地区雨水中离子成分含量较高。沿海地区降水中 Na^+ 与 Cl^- 含量最高，组成与海水相似。内陆地区及大城市比沿海及小城市的降雨含盐量大。我国的降雨量呈由东南向西北方向递减，因此，雨水中离子含量最高的地区是西北，最低通常是东南沿海地区。图 10-1 是各地区降水主要离子组成，其中 Ca^{2+}、Mg^{2+} 和 NH_4^+ 含量较高，西北地区降水中 Ca^{2+}、Mg^{2+} 含量最高，华南地区 K^+、Na^+ 含量略高。各地区降水中阴离子较多是 SO_4^{2-}，西北等局部地区 NO_3^- 较多。从离子组成看，内陆降水组成与河水相似，阳离子常以 Ca^{2+} 含量最高，在阴离子中，最多者则为 HCO_3^-，但有的地方阴离子中可能是 SO_4^{2-} 含量高。

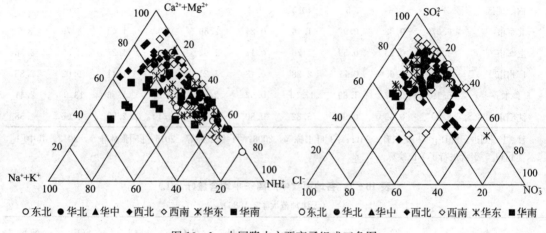

图 10-1 中国降水主要离子组成三角图

(罗璇等，2013)

2. 降水量及持续时间 在一场连续降雨中，初雨中离子成分含量较高，空气经过一段时间淋洗后，其所含有的各种离子含量均会下降。初雨中离子含量一般高于终雨含量。

3. 降雨方式 当发生暴风雨时，飓风可把含较多海水细滴的雨水搬运到远方降落，显然这种降水所含盐分较多。在沿海地区，暴风雨时可能收集到含盐较多雨水，有研究发现，有的雨水中 Cl^- 含量近 300 mg/L。降水含盐量一般从每升数毫克到 50 mg/L，很少超过 100 mg/L。干旱地区久晴初雨中含盐量可达 100~300 mg/L。

4. 季节 多雨季节降水中盐分含量将低于少雨干旱季节。

5. 自身污染源 当大气受到污染时，雨水通过吸收、吸附或冲刷作用将大气中的污染物质沉降至地面，这些污染物的水溶性物质能够溶解在降水中，因此降水的监测分析可以有效地了解降水的水质特征，同时一定程度上能够表征大气污染程度。

二、酸　雨

(一)降水的酸碱性与酸雨

1. 降水的酸碱性 降水一般近中性，pH 6.5~7.5。如天山、阿尔泰山地区降水 pH 6.00~7.90，平均为 6.71。由于大气中二氧化碳百分含量为 0.032%，如雨雪中二氧化碳含量达饱和状态，水合二氧化碳处于电离平衡时，降水 pH 将为 5.65。

2. 酸雨及其形成　酸雨是当今世界环境污染的一大难题。所谓酸雨，是指 pH 小于 5.6 的降水，包括酸性雨、酸性雪、酸性雾和酸性露等。目前学术界对此定义尚有争议，因有人发现降落在某些边远地区的未污染降水，其 pH 也低于此值。通常认为某地区年均降水 pH>5.65，酸雨率是 0～20%，为非酸雨区；pH 为 5.30～5.65，酸雨率是 10%～40%，为轻度酸雨区；pH 为 5.00～5.30，酸雨率是 30%～60%，为中度酸雨区；pH 为 4.70～5.00，酸雨率是 50%～80%，为较重度酸雨区；pH 小于 4.70，酸雨率是 70%～100%，为重度酸雨区。这就是所谓的酸雨地区五级标准。

酸雨形成与以下大气污染物有关：

含硫化合物与基团：SO_2、SO_3、CS_2、H_2SO_4、硫酸盐（$MeSO_4$）、二甲基硫[$(CH_3)_2S$，即 DMS]，通常由海洋中的藻类及耐盐植物合成并释放至大气中、二甲基二硫[$(CH_3)_2S_2$，即 DMDS]、羰基硫（COS，为 CS_2 在大气中光化学反应产物）、甲硫醇（CH_3SH）等。

含氮化合物和基团：NO、N_2O、NO_2、NH_3、硝酸盐、铵盐等。

含氯化合物和基团：HCl、氯化物等。

工厂排放的硫和氮的氧化物等在大气中转化为 SO_4^{2-} 及 NO_3^- 等，然后被雨、雾所吸收而酸化了降水，以至形成酸雨。

我国有关部门根据各地酸雨状况，确定了酸雨控制区。大部分地区的酸雨仅是由少数城市排放的酸性物质经大气长程传送而形成。可见控制城市的污染源，大面积酸雨现象将消失。

我国高硫含量的燃煤燃烧是酸雨产生的主要原因，我国的酸雨区是继欧洲和北美之后的世界三大酸雨区之一。我国政府对酸雨的控制十分重视，燃煤烟气脱硫脱硝技术的实施，使得含硫、含氮氧化物的大气排放量减少，有效控制了酸雨的形成。

（二）酸雨的危害性

酸雨（雾）可长期停留在大气之中，危害性很大，其危害性主要表现为以下几方面：

1. 酸雨对农业的危害　导致土壤酸化，导致钙、镁、磷、钾等营养元素流失；某些有毒金属活化，产生可以被植物吸收的有害物质；导致土壤中微生物种群产生变化，不利于土壤中营养物质的循环，土壤肥力降低。此外，酸雨中的硫化物也会对许多农作物产生较大损害，导致农作物死亡。

2. 酸雨对森林的危害　酸雨直接损害各种植物的叶面蜡质层，使其逐渐枯萎而死；并且对树木根茎等都会产生一定的影响，甚至导致树木死亡，林木面积减少。

3. 酸雨对建筑物与文物的危害　酸雨可腐蚀金属器具、文物、古迹、建筑物等。

4. 酸雨对水体环境的影响　受酸雨影响的各种类型的水体，可危害水生生物，使底泥所含重金属解吸释放，影响供水水质。一些碱度较小的湖泊，接纳酸雨后，湖水中碱性物质受到酸雨中和，致使缓冲能力逐步下降，以至引起湖水 pH 较快的下降，甚至 pH<4.5，致使湖中鱼类等水生生物几乎灭绝。我国太湖总硬度与碱度比值的升高便是太湖水体生态系统对持续性酸性降水的反馈。

5. 酸雨对人类的影响　酸雨对人的毒害性比 SO_2 大 10 倍，当空气中酸雨（雾）含量达到 0.8 mg/L，人就难以忍受，眼睛、呼吸道、皮肤等便会受到不适的刺激。

第二节 河 水

一、河流水质的一般特点

河流是大气降水径流和露出地面的地下水径流在地表线性凹地汇集而成的水体，河流是自然界水分循环的组成环节及水量平衡的组成要素。其具有集水流域面积广、开放、流动等特点。河流水质与土壤、岩石、植被、气候及河水的补给等条件有关，和人类活动与水中生物活动有关。河流是水圈中最活跃部分，化学组成具多样性和易变性的特点，不同地区河流与同一河流的不同季节、不同河段，其河水化学成分都可能有较大差异。通常河流水质有如下共同特点：

(一)溶解气体

因河水处于运动状态，与空气接触充分，故溶解氧和氮气较丰富，接近饱和，含量主要受温度和海拔高度影响。

(二)河水化学组成与含盐量

1. 主要离子 世界各地河水所含主要离子种类相同、组成相似，阳离子为：K^+、Na^+、Ca^{2+}、Mg^{2+}，阴离子为：Cl^-、CO_3^{2-}、HCO_3^-、SO_4^{2-}，即通常所说八大离子。多数河流主要离子中以HCO_3^-和Ca^{2+}含量最高，属碳酸盐类钙组水。在含盐量较高河水中，也存有硫酸盐类或氯化物类钠组河水。东南沿海各河流，全年以重碳酸盐类钙组或钠组水为主，只是主要离子比例关系有所不同。滨海河口段随潮位变化，化学类型常在氯化物类钠组和重碳酸盐类钙组之间波动。西北河流化学类型季节变化显著，汛期属重碳酸盐类或氯化物类钠组或硫酸盐类，枯水季节则属硫酸盐类或氯化物类。河水受污染后，污染物分解、转化将使河流不同区段化学组成、水质状况有所变化。

表 10-3 是世界河水的平均化学组成，我国及世界部分河流主要离子含量分别列于附录 11 表 1、附录 11 表 2。

表 10-3 世界河水的平均化学成分含量(mg/L)
(天津师范大学，1986)

HCO_3^-	SO_4^{2-}	Cl^-	SiO_2	NO_3^-	Ca^{2+}	Mg^{2+}	Na^+	K^+	Fe_2O_3、Al_2O_3
35.2	12.1	5.7	11.7	1.9	20.4	3.4	5.8	2.1	2.7

2. 河水含盐量和 pH 不同河水含盐量可能有较大差异，但多数河流含盐量较低。我国南方与东北河流含盐量多低于 200 mg/L。有的仅 30～50 mg/L，高者超过 1 000 mg/L，极少数河水每升高达数千毫克。世界河水平均含盐量仅 120 mg/L。以地下水补给的河流含盐量较高。

河水的 pH 一般为 6.5～8.5，冬季稍低，夏季稍高。

河水营养盐与有机物通常河水中营养盐含量均不高。一般清洁河水 $NO_3^- - N$ 为 0.1～0.5 mg/L，$NH_4^+ - N$ 含量低于 0.1 mg/L；受污染河水，$NO_3^- - N$ 与 $NH_4^+ - N$ 含量将大幅度增加，$NO_3^- - N$ 高于 5 mg/L，$NH_4^+ - N$ 每升可增至数毫克。清洁河水活性磷一般为 0.05～0.1 mg/L，但若受人类活动影响，河流某一区段磷含量可能显著增加。

河流有机物主要来自集水区与人类活动排放的废物。植被较好的集水区与城市下游河水有机物较多。

二、我国河流水质的区域性分布特点

我国河流水化学状况有明显区域性特点。全国河水离子总量的增减和化学类型的变更，都呈从东南向西北内陆渐变的总趋势，河水含盐量从东南沿海向西北基本呈现递增的趋势，河水总硬度和水化学类型具有地域性特点，并且受季风影响，河水离子总量和化学类型按通常所采用的四大地区介绍我国河流特点。

(一)秦岭一淮河一线以南地区

东南沿海地区雨量丰沛，河水矿化度低于 50 mg/L，多属碳酸盐类钠组水，是全国河水含盐量最少地区。向西部干旱程度逐渐显著，因此矿化度从东南向西和西北呈增加趋势，河水类型变为碳酸盐类钙组水。从东南沿海向北，是长江中下游地区，河水矿化度在 200 mg/L 以下。沿海及河口受海水影响地区，河水化学类型属氯化物类钠组，其余均属碳酸盐类钙组。长江上游云贵高原地区河水矿化度有所降低，为 100～200 mg/L。横断山脉和西藏高原边缘地区河水矿化度增高至 300～500 mg/L。汉江盆地、四川盆地河水矿化度仅 50～100 mg/L。

珠江水系河流有效氮以 $NO_3^- - N$ 为主，占有效氮 52.1%～87.6%，为 0～500 μmol/L，$NH_4^+ - N$ 为 0～150 μmol/L。长江干流 $NH_4^+ - N$ 为 28.6～74.3 μmol/L。珠江水系河流活性磷含量 0～38.7 μmol/L，各河流均值 0.4～12.0 μmol/L。长江干流活性磷含量 0.3～0.6 μmol/L。

(二)华北地区

秦岭一淮河一线以北的黄土高原与华北大平原，干湿季节明显，河水矿化度升高。河水矿化度垂直分带。在太行山、燕山一带，河水矿化度 200～300 mg/L；平原地区由于蒸发作用使矿化度增至 500 mg/L。水的类型也由碳酸盐类钙组变为碳酸盐硫酸盐类钠钙组。受海水影响水域属于氯化物类钠组。

黄土高原河水矿化度也呈从东往西增加趋势，由 200～300 mg/L 增至 300～500 mg/L 再增至 500～1 000 mg/L，甚至有些河水矿化度超过 1 000 mg/L，黄河上游支流祖历河矿化度曾达 7 000 mg/L。

黄河干流活性磷仅为 0.06～1.8 μmol/L，总磷为 0.32～36.5 μmol/L。

(三)西北地区

河流水化学状况呈明显垂直分带性是我国西北地区河流的特点。在阿尔泰山、天山及昆仑山 4 000 m 以上地区，河水矿化度低于 200 mg/L，属碳酸盐类钙组或碳酸盐硫酸盐类钠钙组。随高度下降，土壤及风化壳中易溶盐及石膏含量增加，矿化度逐渐升至 300～500 mg/L 甚至 1 000 mg/L，水化学组成变成硫酸盐类钠组水，至下游进入干旱荒漠地区，矿化度升至每升数千毫克，变为氯化物类钠组水。从祁连山山顶到柴达木盆地也有类似现象。

(四)东北地区

我国东北地区河水矿化度低于西北、华北地区，也有垂直分带性分布。大部分山地河水矿化度 50～100 mg/L，属碳酸盐类钙组或钠组。在松辽平原，河水矿化度增至 300～400 mg/L，有自西向东增加趋势，主要为碳酸盐类钙组水，特别是嫩江以东杜尔伯特草原(属封闭的内陆流域），矿化度由周围向中央递增至 400～500 mg/L，由碳酸盐钙组变为碳酸盐硫酸盐类钠钙组。

东北各水域 NH_4^+-N 在总有效氮中比例增大。主要河流 NH_4^+-N 含量 1～50 μmol/L。NO_3^--N 含量 1～117 μmol/L，鸭绿江、牡丹江、第二松花江及穆林河含量较高。

第三节　湖泊水与水库水

湖泊是陆地表面天然洼陷处流动缓慢而蒸发量大的水体，是由降水和地面、地下径流所形成。湖水流转主要靠风力和密度变化，与河水相比，湖水流动与交换缓慢，具有较强的区域性特征。水库可理解为人工湖，水库的水交换量比湖水大，可视为居于湖泊与河流之间的水体。

一、湖泊的类型

湖泊的分类法很多，与水质有关的分类方法主要有按照含盐量和营养类型分类两种。按湖水的含盐量可分为淡水湖(含盐量小于 1 g/L)、咸水湖(1≤含盐量≤35 g/L)和盐湖(含盐量大于 35 g/L)。

据湖泊与水库营养盐含量及初级生产量，可将湖泊、水库划分为贫、中、富、超等营养类型，不同学者区分的指标不同，表 10-4 是其中一例：

表 10-4　不同营养型湖(库)的主要指标

(金相灿等，1995)

营养型	初级生产量/ (g/d·m²)	浮游植物		浮游动物量/ (mg/L)	COD/ (mg/L)	无机氮/ (mg/L)	总磷/ (×10⁻⁴ μmol/L)	活性磷/ (×10⁻⁴ μmol/L)
		现存量/ (mg/L)	优势种类					
贫	<1	<1	金藻、硅藻	0.386	<1	<0.014	<3.2	<6.4
中	1～4	1～5	硅藻、甲藻	1.64	1～7	0.014～0.046	3.2～9.7	6.4～16
富	4～10	5～10	硅藻、蓝藻	4.3	7～15	0.046～0.11	>9.7	>16
超	>10	>10	绿藻、裸藻		>15			

二、湖泊、水库水质特点

(一)含盐量

湖水含盐量差异较大，潮湿多雨区，湖水含盐量很低，矿化度 50 mg/L 左右。干旱、半干旱地区的湖泊，含盐量高的矿化度超过 35 g/L，甚至达到 100 g/L 以上，称为盐湖。含盐量低的咸水湖仍有渔业价值，一些盐湖具有工业价值。

(二)主要离子

我国与其他国家部分湖水和库水主要离子含量状况见附录 11 表 3、附录 11 表 4。两表表明，湖水和库水中阳离子通常以钙离子含量最高，阴离子以碳酸氢根含量最高。

水库水交换量较大，含盐量较低，离子组成与含盐量主要取决于入库水。干旱、半干旱地区修建的水库，如水交换量过小，盐分将在库中积累，最终导致库水高含盐量和高碱度。如我国陕西河口水库，周围被毛乌素的沙丘包围，河道上基本无常流量，靠洪水与地下渗水补给，库水日益盐碱化，到1981年碱度与含盐量分别达33.0 mmol/L与3 747 mg/L，已不适于鲢、鳙正常生长，鲫成为水库中主要鱼类。

(三)营养元素和有机物

湖泊、水库水体冬季浮游植物量低以及有机物矿化作用使水中氮、磷增加，春夏季营养元素含量相应减少。夏季湖库底层由于沉积物中有机质分解，底层水体中营养元素含量较高。

《2018年中国水资源公报》显示，在调查的121个湖泊中，中营养湖泊占26.5%，富营养湖泊占73.5%。在调查的1 097座水库中，中营养型水库占69.6%，富营养水库占30.4%。

湖泊、水库有机物来自集水区和水体各类生物。湖泊、水库形态特点、集水区岩石、土壤和植被与集水区人口密度等状况，以及水交换量等均影响湖泊营养盐及有机物含量。贫营养型湖泊有机物含量极少，富营养型湖泊水域较小，夏季浮游植物繁殖旺盛，水透明度较小，沿岸高等植物产量较高，湖中沉积物所含有机物较丰富。

(四)水质垂直分布的不均匀性

通常湖泊、水库水质的垂直分布不均匀，溶解氧、pH及营养盐等垂直分布不均匀性主要发生在夏季。若有温跃层存在，上、下水层水质差异将增大，富营养型水体尤其如此。混合不完全的较深湖泊，底层水主要离子含量也可能与表层不同。在春、秋全同温期，上、下层水质分布较均匀，不过上、下水层溶解氧含量可能有差别。夏季富营养型湖泊水质分布不均匀性较突出。尤其是面积小、有一定深度的富营养型湖泊，若夏季上、下水层交换差，上、下水层溶解氧、营养盐、pH、碱度、硬度均有较大差别。深度只有3～5 m的大型浅水湖泊，风浪使湖水混合到底部，水质垂直分布差异不明显。典型贫营养型与富营养型湖泊水温与溶解氧垂直分布较复杂，光抑制作用可能造成垂直分布的某一水层出现极大值。有时在温跃层可聚集较多有机碎屑微粒，这有利于细菌和浮游动物繁殖，但会造成该水层溶解氧低于上、下水层，在垂直分布某水层出现极小值。

图10-2为千岛湖三个不同样点在不同季节溶解氧的垂直分布特征，结果发现千岛湖小金山和三潭岛冬季溶解氧无分层，而大坝前在水深26～32 m处有明显的溶解氧突变层，32 m以下水层溶解氧趋于稳定。春季，小金山、三潭岛及大坝前3个站点开始出现氧跃变层，在水深10 m附近出现极小值，但之后溶解氧呈现缓慢增长的趋势。春季3个站点在垂直分布上的平均溶解氧值比其他季节高。夏季，太阳辐射不断增强，真光层内浮游植物大量繁殖，增氧作用超过耗氧作用，夏季溶解氧的最大值出现在真光层。当水深大于真光层后，溶解氧含量迅速下降。秋季3个站点在水深0～20 m处溶解氧值为7.03～9.14 mg/L，但溶解氧随之出现了突变层，随水深增加降至1 mg/L。秋季湖上层产生的有机物部分会沉降到湖下层，分解的过程中逐渐降低了下层水体溶解氧的含量，而这一过程在深水或的湖下层比较显著。

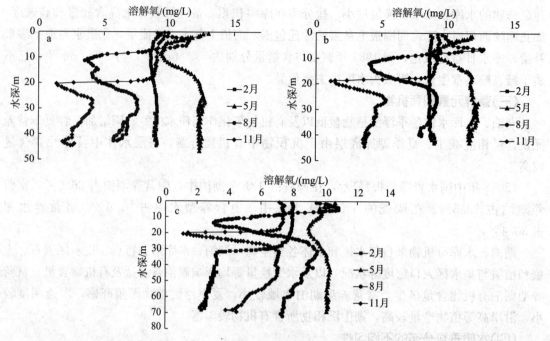

图 10-2 千岛湖小金山(a)、三潭岛(b)及大坝前(c)不同季节溶解氧的垂直分布变化

(殷燕等，2014)

三、我国湖泊的基本特征

我国湖泊分布广泛，类型多样，成因复杂，其中面积大于 10 km² 有 600 多个。我国主要湖泊及其营养盐含量见附录 11 中的表 5。下面简要介绍我国湖泊的基本状况。

(一)分布与类型

中国湖泊分布集中于东部平原、青藏高原、蒙新高原、云贵高原和东北高原(山地)，称五大湖群，其中东部平原和青藏高原是两大稠密湖群。

我国湖泊贮水量与类型，深受季风气候的影响，与降水量、径流量分布趋势一致。我国境内降水特点是：以大兴安岭—阴山—贺兰山—祁连山—昆仑山—唐古拉山—冈底斯山为主要分界线，此线西北(除额尔齐斯河流域外)皆属内流河区，该区降水稀少，径流贫乏，蒸发旺盛，水系和湖泊发育受很大限制，其中多为咸水湖或盐湖，仅青藏高原有少量淡水湖。此线东南为外流河区，降水丰沛，径流量大，地表多起伏，为湖泊发育及庞大水系形成提供了有利条件，该区以淡水湖为主。

(二)水文特征

中国湖泊水量的时间和地区分配极不平衡。湖泊年补给量如下：东部平原、长江淮河流域(500~600)×10⁹ m³，东北、蒙新湖泊(2~3)×10⁹ m³，青藏高原 1×10⁹ m³ 左右。中国湖泊水量年际间与年内各月变化较大。湖泊水位变化与出入湖泊径流量、湖面降水量及蒸发量等相关。外流湖泊水位年内变化，主要受出入湖泊的河流水量控制，同时与湖泊大小、形态有关。最高水位出现时间在多雨的夏秋季，最低水位出现在少雨的冬末春初。

(三)透明度

湖泊透明度随湖水化学成分的不同、水中悬浮物质以及浮游生物的多少而变化，其可反映湖泊污染状况。西藏的玛旁雍错湖透明度最大(14 m)，最小透明度为长江中下游浅水湖泊，低于 20 cm。

(四)矿化度

由于受纬度、海拔高度、季风气候等影响，我国湖泊矿化度差异极大，矿化度从东向西明显增高，以 1 g/L 为界，西部矿化度均大于 1 g/L。而东部平原湖区，湖泊因季风降水丰沛，盐类在湖内积聚较慢，多为低矿化度的淡水湖，尤以长江中下游地区湖泊矿化度最低。湖水矿化度呈从南向北增高的大体趋势，至柴达木盆地，湖泊多成为盐湖，湖水大都很浅，一般为数十厘米，有利于蒸发，盐度极高，平均含盐量 332.4 g/L，最高达 526.5 g/L。云贵高原、青藏高原和蒙新地区湖泊矿化度较高，西藏第二大湖泊纳木错的矿化度为 1.7 g/L。

(五)主要离子组成与类型

受地理位置和自然条件影响，我国湖水离子组成的地区差异较大。淡水湖阴离子以重碳酸根为主，约占阴离子总量的 70.51%，属重碳酸盐型，多属 C_I^{Ca} 和 C_{II}^{Ca} 型，Cl^- 和 SO_4^{2-} 含量分别为阴离子总量的 12.36% 和 11.53%。

咸水湖 Cl^- 含量较高，SO_4^{2-} 次之。阳离子 $K^+ + Na^+$ 占首位，Mg^{2+} 次之。其水化学类型主要有 Cl_I^{Na} 型、Cl_{II}^{Na} 型和 S_I^{Na} 型。盐湖卤水化学成分与咸水湖类似，阴离子以 Cl^- 为主，SO_4^{2-} 次之；阳离子以 K^+、Na^+ 为主，Mg^{2+} 次之。水型主要是 Cl_{III}^{Na}、Cl_{II}^{Na} 型。

(六)pH 与溶解氧

1. pH 我国湖水 pH 为 4.4～9.6，除白洋淀、镜泊湖 pH 均值接近地表水范围(6.5～8.5)上限值外，其余湖水 pH 为 7.6～8.2，呈中性或微碱性。水库 pH 特征与湖泊类似。湖水 pH 地区分布特点是：东北及长江中下游地区湖泊 pH 一般较低(6.5～8.3)，呈中性或微碱性；云贵和黄淮海地区湖泊 pH 一般稍高(8.4～9.0)，呈弱碱性；蒙新、青藏地区除少数湖泊 pH 7.5 左右，呈微碱性外，大多数 pH 都大于 9.0，呈碱性或强碱性。

2. 溶解氧 我国湖水溶解氧一般大于 7 mg/L，鄱阳湖、洞庭湖和太湖等溶解氧均值达 8.2～10.3 mg/L，说明我国湖泊水质的溶解氧状况良好。但由于工业废水和生活污水的注入，一些湖泊局部水域溶解氧状况较差。

(七)营养盐与有机物

1. 营养盐 我国湖泊、水库营养盐含量差别很大，大体有从西南地区往东北地区递增的趋势。多数湖泊、水库水硝酸态氮含量高于氨态氮。东北地区多数湖泊、水库水氨态氮含量高于硝酸态氮。各地淡水湖都有不同程度富营养化趋势。

2. 有机物 珠江水系湖泊 COD 一般较低，如锦江水库 1.1～3.0 mg/L。长江水系各水库、湖泊 COD 高于珠江水系，巢湖为 1.2～2.4 mg/L，均值 1.8 mg/L。北黄冈地区 15 座水库 COD 为 2.0～10.2 mg/L。东北地区各水系湖泊高于珠江与长江水系湖泊。

由于气候变暖及近年来人为影响，西部少数湖泊退缩与咸化，建库蓄水致使一些湖泊干涸或濒于消亡。此外大量未处理的工业废水和生活污水排入湖内，致使部分湖泊富营养化现象比较严重。

第四节 地 下 水

地下水(groundwater),是指赋存于地面以下岩石空隙中的水。在国家标准《水文地质术语》(GB/T 14157)中,地下水是指埋藏在地表以下各种形式的重力水,它是由降水经过土壤地层的渗流而成的,有时也通过地表水渗流得以补给。由于不同地区的地质环境差异,地下水质可能与地表水有较大差别。

一、地下水的分类

据埋藏条件地下水可分为上层滞水、潜水和层间水(承压水)。上层滞水是积存于包气带内局部隔水层之上的地下水(图10-3,a)。积存于地表之下,第一个稳定隔水层之上的水称为潜水(图10-3,b),潜水具有自由表面。积存于上、下两隔水层之间的地下水,承受较大压力,称为承压水(图10-3,c)。如将上面隔水层钻透,承压水水位即会上升,甚至从钻孔喷出。地下水的天然露头称为泉,泉水就是由天然露头涌出的地下水,水温大于20℃的泉水称为温泉。水中如具有特殊化学成分或特殊物理性质,如含硫、氟、硼、碘,或含铀、镭、氡等放射性元素的泉水,又称为矿泉水,矿泉水对人的肌体生理机能有一定益处。

由于地下水埋藏条件不同,造成地下水质的复杂多样性。地下水在汇集过程中所接触的岩石、土壤、气候、生物及其埋藏深度等都将影响其成分。

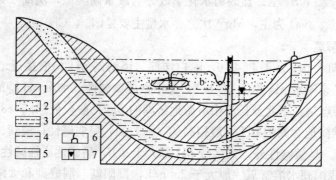

图10-3 地下水结构

1.隔水层 2.透水层 3.饱水部分 4.潜水位 5.承压水测压水位 6.泉 7.水井

a.上层滞水 b.潜水 c.承压水

(陈静生等,1987)

二、地下水的水质特点

地下水依靠大气降水、地表水和蓄水盆地渗漏水,下层承压的层间水以及水蒸气在土壤孔隙中的凝结水补给。其以多种方式与大气相通,所以受外界影响较大,且与地表水可互相渗透。因而地下水可能含有腐殖质和工业废水污染物。

(一)含盐量

地下水含盐量相对较高且差别很大,低者小于500 mg/L,高的达30~50 g/L,甚至高至200~300 g/L,可用来制盐。同一地区不同埋藏深度的地下水,含盐量可能不同。有的地区地下水含盐量自上而下增加,如四川盆地、江汉盆地、柴达木盆地、塔里木盆地等;有的地区自上而下含盐量减少,如鄂尔多斯盆地、准噶尔盆地及松辽盆地的中部、西部一带;黄淮海平原地下水则多呈淡水—咸水—淡水三层分带。

浅层地下水(上层滞水与潜水)的含盐量受气候因素影响较大,与地表水含盐量关系密切。我国浅层地下水含盐量分布呈现与河流分布相似趋势,东南沿海向西向北含盐量增加。在秦岭—淮河一线以南,浅层地下水主要靠溶滤作用形成盐分,这一带地下水含盐量很低。从东南沿海到云贵高原,潜水矿化度从约 $0.2\,g/L$ 增至约 $0.5\,g/L$,属碳酸盐类钙组,碳酸盐类钙镁组或碳酸盐类钠组水。在秦岭—淮河以北的华北地区及西北地区,年降水量少于年蒸发量,潜水矿化度分布复杂,变化很大,水化学类型也有很大变化。在排水良好的山地,潜水矿化度较低($<1\,g/L$)。地下水排泄较差的区域,地下水矿化度则较高,如黄土高原为 $1\sim5\,g/L$,西北地区荒漠地带为 $3\sim10\,g/L$,个别潜水矿化度可达 $50\sim300\,g/L$。东北地区潜水矿化度比华北地区低,分布着矿化度从 $0.2\,g/L$ 左右的碳酸盐类钙组的淡水到矿化度为 $1\sim3\,g/L$ 的碳酸盐类钠组、氯化物类钠组的微咸水。东部滨海的狭长地带,由于受海水影响,分布着矿化度较高的氯化物类钠组咸水。

(二)主要离子

地下水中分布最广的是 K^+、Na^+、Ca^{2+}、Mg^{2+}、Cl^-、HCO_3^- 和 SO_4^{2-} 7 种离子。含盐量低的地下水离子组成多以 HCO_3^- 与 Ca^{2+} 为主,有石膏地层的地下水含有丰富 SO_4^{2-},接近油田的地下中 SO_4^{2-} 含量较少。含盐量高的地下水中,离子以 Cl^- 和 Na^+ 为主,并且常富含钾、硼、溴、锂和碘等元素。

1. 碳酸盐离子　HCO_3^- 在地下水中常和 Ca^{2+}、Mg^{2+} 同时存在,构成分布极广的重碳酸盐水,由于碳酸钙溶解度较小,所以在重碳酸盐水中,重碳酸盐的绝对含量不高。通常地下水不含 CO_3^{2-},即使有的地下水含有 CO_3^{2-},其量也极低,仅在碳酸钠水中才含有一定量 CO_3^{2-}。

2. 硫酸盐离子　在地下水中 SO_4^{2-} 含量变化很大,从每升水含几毫克到几十毫克,SO_4^{2-} 含量随易溶盐总浓度增加而升高。当存有硫酸钠时,SO_4^{2-} 含量每升可达几十毫克。当地下水温度增高时,硫酸盐溶解度增大,水中 SO_4^{2-} 含量也随之增加。

3. 氯离子　Cl^- 可来自岩石中 NaCl 溶解或残留海相咸水。地下水 Cl^- 增加,与易溶盐类总量浓度相对应。当地下水含盐量很低时,Cl^- 浓度小于 SO_4^{2-},属于氯化物硫酸盐水;当地下水含盐量增大、Cl^- 含量开始超过 SO_4^{2-} 时,便成为硫酸盐氯化物水。

4. 钙离子　地下水矿化度形成早期阶段,Ca^{2+} 含量常超过 Mg^{2+} 与 Na^+ 浓度,并随总含盐量增加而显著提高,但多数情况 Ca^{2+} 很快达到地下水的饱和点。

5. 镁离子　地下水含盐量很低或中度阶段时,Mg^{2+} 含量低。影响 Mg^{2+} 进入和积累于地下水中的因素,主要是 Mg^{2+} 存在于地下水底质之中的胶体部分,其可以非交换型的固着作用形成镁的硅酸盐类或形成白云石。

当地下水含盐量很高时,地下水中出现大量 Na^+,它与早先被吸附的 Mg^{2+} 发生交换作用,造成 Mg^{2+} 在地下水中逐增,从而超过 Ca^{2+} 含量。

6. 钠离子　Na^+ 常与 Cl^- 共存,很少与 SO_4^{2-} 或 CO_3^{2-} 共存。但当 CO_3^{2-} 存在时,常有 Na^+ 出现,成为碳酸钠水。

(三)溶解气体

地下水溶有氮、氧、二氧化碳、惰性气体、甲烷等气体。主要溶解气体基本情况如下:

1. 溶解氧　地下水溶解氧主要来自空气,随深度增加而逐减,在较深地下水中缺乏溶解氧。由于地下水与大气隔离程度不同，使各地地下水缺氧环境的起始深度也不同，可从几厘米、几十厘米到数百米。氧分布的下限称氧面，在氧面以上和以下的化学作用不同。氧面以上主要是氧化作用，可使变价元素以高价形式存在，同时使非氧化合物(硫化合物、砷化合物)变为氧化物。氧面以下主要是还原作用，可引起硫化物沉淀。氧面深度变化取决于地下水面位置，地下水面位置又由区域气候条件、岩石透水性和地质构造等因素所决定。

2. 二氧化碳　地下水游离二氧化碳含量较高，一般低于 150 mg/L，通常为 15～40 mg/L，个别可高于 1 000 mg/L。地下水二氧化碳来源于三方面：一是空气的溶解，二是生物对有机质的分解作用，三是深层 $CaCO_3$ 在高温下的分解产物。

3. 甲烷及其他　CH_4 是由于地下含碳有机物的不完全分解产生而积累在地下水中。地下水溶解氮气可通过含氮有机物的不完全分解，硝酸盐的反硝化作用产生，加上空气中氮气溶解且消耗氮气因素较少，造成了地下水溶解氮气的较丰富的含量。根据地下水惰性气体与氮气比值，可判断氮来源是空气还是生物分解。当水中存有 SO_4^{2-} 时，在缺氧地下水中，CH_4 将促使 H_2S 生成，后将使水中重金属转化成硫化物沉淀。

(四)营养元素及有机物质

地下水营养盐含量不高，有些地下水含有较丰富 NH_3、NO_3^- 及 PO_4^{3-}，这些成分多数是有机物分解矿化作用的产物。油田水含氨量很高，可能高于 100 mg/L。地下水含有机质较少。但某些上层滞水可能含较丰富腐殖质，如沼泽地带地下水。

(五)pH

地下水 pH 变化幅度很大，低者可小于 1，高者达 11.5。pH 低于 3 的地下水，多因水中存在游离硫酸，如黄铁矿氧化时就有硫酸生成：

$$2FeS_2 + 7O_2 + 2H_2O \Longrightarrow 2FeSO_4 + 2H_2SO_4$$

如 pH 在 3～6.5 时，则可能是游离 CO_2 与有机酸所造成；水中有 $NaHCO_3$、$Ca(HCO_3)_2$、$Mg(HCO_3)_2$ 时，pH 呈中性及弱碱性；pH 更高时，则多因水中有较多 Na_2CO_3 所致；有的地下热水 pH 在 11 以上，多数地下水是中性和弱碱性。

(六)微量元素与放射性元素

1. 微量元素　地下水中的微量元素主要有铁、锰、氟、溴、碘、铜、钛、硼、锂、钴等。许多地下水含一定量 Fe^{2+}。近铁矿的地下水中，Fe^{2+} 含量高于 40 mg/L。如将含铁量过多的地下水大量注入鱼池，将使水中溶解氧量降低，致使水中藻类等死亡。如地下水中含有一定量溶解氧，则其中低价态元素(如铁、锰、铀等)将被氧化成高价状态，尽管地下水中微量元素含量极低，但其却如同在地表水中一样，对生物生命活动具有重要意义。

2. 放射性元素　地下水中的放射性元素主要有氡、镭与铀等。当地下水与含有放射性元素的沉积岩、岩浆岩以及变质岩相接触，可含一定的氡等放射性元素。在岩石中有铀矿石集中存时，铀矿床中氡含量高，但是沉积起源的铀矿床地下水中氡含量很小。

地下水铀含量取决于铀在岩石中分布状况及地下水化学成分。当地下水与铀矿接触时，地下水铀含量一般为 0.01～0.1 g/L。

(七)地下水的温度与矿泉水

1. 地下水的温度　按地下水温度可将其分为 5 类：冷矿水(<20 ℃)，低温热水(20～40 ℃)，中温热水(40～60 ℃)，高温热水(60～100 ℃)，过热水(>100 ℃)。

在我国许多地区，如松辽平原、江汉平原、江淮平原、四川盆地、柴达木盆地等，都发现了丰富的地下热水。采用地下热水开展水产养殖可节约大量能源，如采用地下热水用于罗氏沼虾亲虾越冬、鱼苗早繁、鱼类养殖等。

2. 泉水与矿水　人们将含有某些特殊微量组分，气体成分或具有较高温度、对人体生理机能有益或有一定医疗作用的天然地下水称为泉水或矿水，我国泉水与矿水有广泛的分布。泉水的化学成分取决于地下水形成过程和条件，我国温泉较集中分布在东南沿海山地，云南、四川西部，青藏高原以及辽东半岛等地。

温泉和地下热水常常含有浓度较高的特殊成分，如硅、硫、氟、铁、硼、碘等元素以及放射性铀、镭、氡等成分，具有一定医疗作用。我国在许多有温泉的地方建立了利用温泉调养的疗养院。

三、含盐地下水在水产养殖中的应用

目前有些地方使用含较多盐分地下水开展海水经济动物养殖，并取得了较好经济效益。如辽宁省盘山县河蟹育苗场，将当地盐度高达 39 的地下水调节为 17～18，并添加氯化钾与碳酸钠，使两者在水中的浓度分别达 400 mg/L 与 500 mg/L，pH 控制为 8.0～9.0，以经如此处理的地下咸水培育河蟹幼体，最终取得了较好育苗结果。又如山东省胶州市利用盐碱地的地下含盐水（盐度 10～12）饲养中国对虾，成活率 45%～69%，产量达 0.124～0.162 kg/m^2。厦门市杏林湾地区成功地利用地下盐水养成了南美白对虾，山东省东营市利用滨海盐碱地的地下咸水成功地进行了罗氏沼虾亲虾及幼体培育。

当然，并不是所有含一定量盐的地下水均可直接用以养殖，地下盐水具有水质类型复杂、氨态氮、硫化物与有机物含量较高的特点，如用以开展海水养殖，尤其是苗种培育，应注意使水质类型与养殖生物的生理需求相匹配，并且应将水的含盐量、其中主要离子含量及其比值进行适当调配，此外尚应注意其他有关水质指标，如不匹配应做相应的处理。

第五节　海　水

一、海水水质的一般特点

(一)盐度

温度和盐度是决定海水密度，从而决定海水运动的重要因素。在海洋学研究中，盐度是研究海流与水团性质的重要指标。高含盐量（密度也相对较高）是海水水质的一大特点，大多数海水盐度都在 30 以上（相对密度在 1.023 以上），全球表层海水盐度大多为 33～37，大洋水盐度平均为 35 左右（相对密度约 1.024），在强烈蒸发的局部海域的表层海水的盐度较高，如地中海表层海水盐度达 39、红海达 41。我国渤海盐度最低，低于 30；黄海北部为 31～32，黄海南部为 32.0～32.5；东海盐度除长江口低于 30 外，大部海区较高为 33.0～34.5；南海表面盐度较高，多为 33.0～34.0，局部海区可达 35。夏季由于大陆径流增大，各海区盐度普遍降低。渤海在黄河淡水影响下，有一可伸展至渤海中央区的低盐水舌。河口区由于径流冲淡，海水盐度低得多而成为半咸水，且由于河流水质和径流量的影响，不同河口区海水盐度差异很大，随季节、取样位置不同也有很大变化。由于不仅受蒸发与降水影响，还受地表径流与地下水输入的影响，沿岸海域海水盐度会有较大的变化。在开阔的大洋、亚热带海域表层海水具有较高的盐度，赤道和极地海域则盐度较低。表层海水盐度与净蒸发量（蒸发与降雨的差值)是基本对应的(图 10-4),表层海水盐度主要受海水净蒸发量影响。不同纬度地区海水盐度的典型分布见图 10-5,1 500 m 深度以下的太平洋、2 000 m 深度以下的大西洋海水盐度基本不变,而上层海水则表现为中低纬度区域高于高纬度区域。

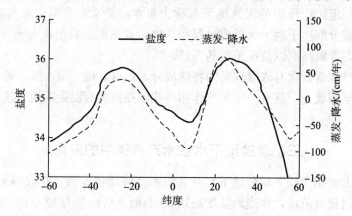

图 10-4　表层海水盐度与净蒸发量比较
(Millero,2013)

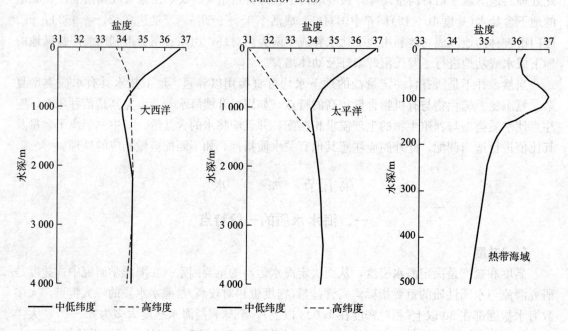

图 10-5　典型大洋海水盐度分布
(Millero,2013)

(二)海水常量成分

海水常量成分又称恒定成分,种类如下:

阳离子:K^+、Na^+、Ca^{2+}、Mg^{2+}、Sr^{2+}

阴离子:Cl^-、HCO_3^-(CO_3^{2-})、SO_4^{2-}、Br^-、H_3BO_3($H_4BO_4^-$)、F^-

海水常量成分除硼酸外,均为离子态,各大洋、河口区水中这些成分含量大小顺序如以上所列。

海水常量成分含量高、性质稳定,特别是具有相对恒定性的特点(详见第一章第一节)。

表10-5是不同海区海水中各常量成分比例关系。正由于海水常量组分恒比，因此海水水质化学类型单一，所有海水，包括河口水都为阿列金分类中的氯化物类钠组Ⅲ型水（$Cl_{Ⅲ}^{Na}$）。

海水许多物理化学性质都与水中溶解盐类及含量有关。恒定性原理为海洋学研究带来了很大方便，如可测定其中一项易测成分（如氯度），再据经验公式求算出其他主要成分的含量、盐度以及各项依数性等。河口水因河水的流入使河口水不具有海水所具有的恒定特性。

表 10-5 不同海区海水中常量成分比例关系（%）
（吴瑜端，1982）

成分	1	2	3	4	5	6
Cl^-	55.3	55.2	55.3	55.5	55.3	55.11
Br^-	0.2	0.2	0.14	0.13	0.2	0.19
SO_4^{2-}	7.7	7.9	7.8	7.8	7.7	7.89
CO_3^{2-}	0.2	0.2	0.1	0.1	0.2	0.20
Na^+	30.6	30.3	30.9	30.9	30.5	30.64
K^+	1.1	1.1	0.9	0.9	1.1	1.09
Ca^{2+}	1.2	1.2	1.2	1.2	1.23	1.23
Mg^{2+}	3.7	3.9	3.9	3.7	3.7	3.65

注：1. 挑战者号（Challenger）调查船环洋 77 个水样分析结果平均值；2. 好望角与英吉利海峡间 22 个水样；3. 北冰洋、白令海、新地岛之间的水样；4. 印度洋两个水样分析结果平均值；5. 北冰洋西部小笠原附近 18 个水样分析结果平均值；6. 地中海水样。

由于海水是中等强度的电解质溶液，离子间静电作用强烈，因此离子在海水中的存在形态除了自由水合离子外，还有由于缔合作用而形成的离子对和极少量的配位离子，在做有关平衡计算时，必须考虑离子对的影响。应用热力学平衡常数时，不能像计算淡水数据时把活度系数视作 1，否则应采用表观平衡常数。

海水常量成分离子对的形成可以用下面的示意图说明（图 10-6）：

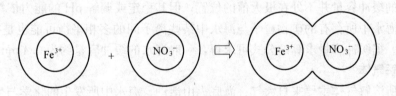

图 10-6 海水中离子对的形成
（Horne，1976）

在一定的外界条件下，离子对与水合离子之间可保持一定平衡。如海水中金属离子 Me^{n+} 与硫酸根缔合形成离子对 $MeSO_4^{(n-2)+}$，可用下式表示：

$$Me^{n+} + SO_4^{2-} = MeSO_4^{(n-2)+}$$

$$K'_{MeSO_4} = \frac{[MeSO_4^{(n-2)+}]}{[Me^{n+}][SO_4^{2-}]} = \frac{\gamma_{Me^{n+}}\,\gamma_{SO_4^{2-}}}{\gamma_{MeSO_4}} K_{MeSO_4}$$

式中：K'_{MeSO_4} 为表观缔合常数；K_{MeSO_4} 为热力学缔合常数；γ 为每种物质的活度系数。浓度采用质量摩尔浓度单位，mmol/kg。

(三)碱度

大洋水的碱度约为 2 mmol/L，虽然河口水含盐量远低于大洋水，但其碱度值却与大洋水相近。如 2001 年 1~12 月杭州湾漕泾沿岸河口水总含盐量均值为 12.24 mmol/L，仅约为大洋水的 35%，但其碱度为 1.50~2.50 mmol/L，均值达 2.12 mmol/L。影响海水碱度的海洋学过程通常包括：①海水盐度，影响海水盐度的降水、蒸发、淡水输入、海冰的形成与融化均可影响海水碱度；②$CaCO_3$ 的溶解与沉淀；③氮的生物吸收和有机物的生物矿化过程。而在近岸及河口区域，这些海洋学过程更为明显、剧烈。

(四)pH 与缓冲性

1. pH 大洋水 pH 为 7.5~8.5，表层海水通常为 8.1±0.2，但少数海区因水生植物繁茂，有时 pH 可高达 8.9。河口水的 pH 一般为 7.99±0.11，与大洋水相接近。近年来，由于人为因素造成的二氧化碳排放增加，导致海水酸化现象也日益加剧。由于弱酸电离度随温度升高而增大，故 pH 随海水温度升高而略有下降；盐度增加，H^+ 含量及其活度均减小，引起 pH 稍有增加。压力增大，pH 将降低。此外海洋表层浮游植物光合作用，引起二氧化碳体系平衡移动，使 pH 升高。如在夏季，沿海表层海水光合作用强度大于生物呼吸作用，使 pH 升高。夜间由于无光合作用，pH 至次日凌晨降到最低值。所以沿海表层海水的昼夜 pH 变化大小取决于水域海水运动状态、光照时间、水温高低、营养盐与有机质的含量及浮游植物的密度等多种因素。在 5~7 月，水温升到浮游植物最适值时，浮游植物大量繁殖，海水的 pH 升至最高值。当水温逐渐下降时，浮游植物的光合作用也随之减弱，pH 相应降低。海水中 pH 的垂直变化状况是表层较高，随水深的增加而逐渐降低。但在有的海区，到极深时，pH 反而升高，此主要因水的静压力对碳酸离解常数的影响，也可能与底质沉积物的组成有关。

2. 缓冲性 海水的 pH 变化幅度不大，主要是因海水中 HCO_3^-、H_3BO_3、$H_4BO_4^-$、H_2SiO_3、$HSiO_3^-$ 等成分的缓冲作用。在海水中，CO_2-HCO_3^--CO_3^{2-} 体系的缓冲组分浓度较高，缓冲能力强，其对海水的 pH 大小及其变化起着重要作用。在海水通常所具有的 pH 范围内，海水的缓冲容量并不处在极大值的位置，但其稳定或调解 pH 的能力依然强，比淡水高。此外，海水中所存有的矿物粒子与海水中某些离子间的多相平衡可能也是控制海水 pH 的因素之一。据缓冲容量求算的公式可求得，一般海水的缓冲容量约为 0.4 mmol/L。

(五)溶解气体

海水中所溶解气体主要来自大气、海底火山活动、海水中所发生的化学与生物化学过程以及其他过程。其中包括生物活动，特别是光合与呼吸作用、有机物质的分解。另外如空气中含有 SO_2、NO_2、CO_2、NH_3 等污染气体也必将溶入海水中。因此海水中溶有空气中所含有的一切气体：N_2、O_2、CO_2、H_2 及惰性气体(Ar、He)等；含有海洋生物代谢产物及其分解的另一些产物 NH_3、H_2S 等；含有火山喷发与人类活动产生的污染气体 SO_2、NO_2、CO_2、NH_3 与 CO 等。以下仅重点介绍海水中溶解氧与二氧化碳。

1. 溶解氧 由于风、浪与其他一些过程作用，表层海水溶解氧含量丰富且混合较均匀，溶解氧含量接近饱和。但往下层的变化有其多样性特点。图 10-7 为大西洋和太平洋溶解氧垂直变化。溶解氧含量变化与温度关系密切，对此赖利(Riley)等已做了较为深入的研究。海水溶解氧量尚与水中生物量有关，大洋水透明度较高，水中生物量较少，因此溶解氧常处于饱和状态，而且在溶解氧垂直分布曲线上，在约 50 m 深处可见到因浮游植物光合作用所产生的溶解氧极大值。再往深处溶解氧很快减小，在数百米深处，即密度跃层出现溶解氧极小值。深层有从两极来的富氧冷水团潜流，溶解氧呈现见图10-7所示的分布。也有一些特殊海域，下层溶解氧随深度增加连续下降，直至无氧气存在，底层是很厚的无氧层。比如有盐跃层的黑海，在200 m以下溶解氧为零，并有硫化氢积累。在一些沿海养殖区，由于有机物污染也会造成夏季底层海水缺氧。在沿岸海域，溶解氧呈现明显的季节变化与昼夜垂直分布特点。

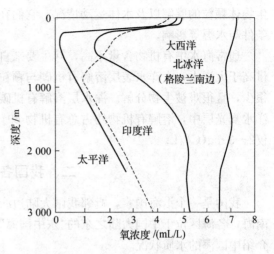

图10-7 大西洋、太平洋和印度洋氧
含量的垂直变化
(Horne, 1976)

2. 二氧化碳 在高纬度寒冷的海域，海水中 CO_2 的分压低于大气中 CO_2 分压，可发生 CO_2 从大气向海水的净迁移。在低纬度海区，随着水温的升高，CO_2 含量渐增，当 CO_2 量达过饱和时，CO_2 便向大气迁移。这种分布在印度洋更为典型。大气环流作用可将含 CO_2 较丰富的气团移向高纬度上空，从而构成了大气与海水的 CO_2 大范围的循环。生物呼吸与有机质分解，均使海水 CO_2 浓度增大，光合作用则反之。当这些生物化学过程引起海水 CO_2 量变化时，相应必将引起 CO_2 系统平衡移动；富含 CO_2 的深层海水上升到表层，也将使表层海水 CO_2 增大。

CO_2 与藻类生长的关系密切，海水中溶存的 CO_2 与 HCO_3^- 是水生植物重要的碳源。如海水中 CO_2 缺乏时，海藻将被迫吸收 HCO_3^-，只是海藻吸收 CO_2 时不需消耗能量，而吸收 HCO_3^- 时则需要消耗能量。在沿岸水域中，藻类通常不会出现碳源的缺乏。

(六)营养盐与有机物

海水含有海洋植物生长所必需的营养盐类，其含量是河口近岸高、外海低。大洋水中营养盐垂直分布特点是表层低，分布较均匀；次表层含量随深度增加，营养盐含量迅速增加；次深层(500～1 500 m)营养盐含量出现最大值；深层虽深度范围很广，但磷酸盐和硝酸盐含量变化很小，硅酸盐随深度增加，略有增加。由于海流搬运和生物活动，加上各海域特点，因此营养盐在各海域分布也不尽相同。同时还有含量更低的微量营养元素：铁、锰、钼与钴等，这些元素对植物的生长也起着重要促进作用。真光层(0～80 m)内浮游植物的吸收作用使营养盐在大洋表层含量较低，近乎为零。硝酸盐含量在高纬度区高于低纬度区，深层水比表层水高。太平洋、印度洋硝酸盐含量比大西洋高。温带表层水中无机氮的典型最大浓度为 0.11～0.21 mg/L。但在东北太平洋的表层水、南冰洋和有上升流存在的近岸区中出现更高的浓度。热带海区表层水中总无机氮通常很低，由真光层向下，特别至200 m以下，营养盐含量逐渐增加，到1 000 m以下，含量趋于稳定。水中活性磷的含量也只有 0.06～0.09 mg/L。深层海水中活性硅含量较高，可达 0.8～5 mg/L。

沿岸海水受陆地径流影响，氮、磷与硅含量较丰富，如我国长江口(上海附近水域) NO_3^- 含量高达 0.91 mg/L。海水中营养盐分布变化，主要取决于海水中浮游植物的吸收、生物体颗粒的腐解以及水体运动情况。它们在沿岸海水中垂直分布与变化受生物活动、地质条件与水温等影响。

通常海水中有机物含量不高，其主要来自河流、大气、生物腐解等。沿岸海水有机物含量高于大洋水，大洋水表层溶解有机碳与颗粒有机碳都高于深层。在深水层中，颗粒有机碳很少，且很难被生物分解。深水层溶解有机碳垂直差异很小，也多是生物难分解物质。在大洋水真光层中，溶解有机物约占总有机物 89%，碎屑和浮游植物等约占 11%，有机物总量仅 $2\sim3$ mg(C)/L。

二、我国各海区的水质

我国是一个沿海国家，毗邻我国大陆边缘的海称为中国海，其包括渤海、黄海、东海和南海，各海区位于中国大陆之东的"东中国海"和位于中国大陆之南的"南中国海"，下面简要介绍中国海的水质状况。

(一)中国海盐度

1. 中国海表面盐度及其变化

(1)中国海表面年平均盐度及其变化　中国海盐度具有近岸低、外海高，河口区域低、黑潮区域高的特点。冬季有一高盐水舌伸向渤海海峡，位置与高温水舌相当。在各海区中，表面盐度平均状况是：渤海盐度低，均低于 30；黄海北部为 $31.0\sim32.0$，黄海南部为 $32.0\sim32.5$；东海除长江口低于 30 外，大部分海区均较高，为 $33.0\sim34.5$。南海表面盐度也较高，多数在 $33.0\sim34.0$，局部海区达 35。夏季由于大陆径流量增大，各海区盐度普遍降低。渤海在黄河淡水影响下，有一个低盐水舌，可伸展至渤海中央区域。黄海盐度降低不多为 $30.0\sim31.5$。东海受长江淡水影响，盐度降至 $32.0\sim34.0$，但深水区域仍在 34.5 左右。南海表面盐度为 $32.0\sim34.0$。各海区表面年均盐度分布趋势是渤海最低(30.28)，巴士海峡最高(34.21)。年平均最低盐度出现在渤海(28.93)，年平均最高盐度出现在巴士海峡(34.62)。

(2)中国海沿岸海水表面盐度变化特点　沿岸浅水区主要受河流冲淡的影响，表层盐度季节变化明显。如南海沿岸海区盐度春季最高，冬季次之，夏季最低。据各海区沿岸状况大致可将中国海沿岸海区分为三种类型：

河口型：受大陆径流影响较大的河口海区，如海河口、黄河口、长江口、珠江口，全年盐度均较低，而且随径流的季节而变化，年较差最大。如珠江口的珠海年较差可达 20 以上，冬季盐度在 33.0 以上，到夏季则降到 10.0 以下。

高盐型：受外海高盐水影响的外海区，终年以高盐为特征，年较差小。如渤海海峡北部、山东半岛南部沿岸，台湾东、南部及西沙等沿岸海区。台湾东、南部海区在高盐期(11月至次年 4月)盐度为 34.5 以上，即使在低盐期(8月)，盐度仍在 $33.4\sim34.0$。

混合型：表层盐度年较差较大，有明显的季节变化。又可分为冬高夏低型和夏高冬低型两种。

2. 中国海底层水平均盐度　我国各海区有代表性月份：2月、5月、8月与11月共 4个月的底层水盐度(200 m 等深线以内)均值分布状况列于表 10-6。在各海区，$2\sim11$ 月底层水盐度变化幅度甚小，均值均在 30 以上，各月份之间最高值差异很小，渤海与黄海极小值差异又远小于其余三海区。

表 10 - 6　中国海代表性月份底层水(200 m 等深线以内)平均盐度

(雷宗友等，1988)

月份	渤 海			黄 海			东 海			南 海			北 部 湾		
	最大	最小	平均	最大	最小	平均	最大	最小	平均	最大	最小	平均	最大	最小	平均
2	31.6	28.8	30.41	34.2	31.2	32.53	34.7	25.2	32.82	34.7	32.8	34.28	34.2	32.5	33.30
5	31.7	29.4	31.04	34.1	30.3	32.49	34.8	20.8	33.26	34.7	32.3	34.30	34.2	33.1	33.45
8	31.5	29.0	30.25	34.1	30.4	31.55	34.8	20.5	33.53	34.6	33.9	34.44	34.4	32.4	33.47
11	31.6	29.3	30.71	34.2	29.9	32.27	34.7	15.7	33.02	34.5	31.7	33.74	34.2	31.7	33.08

(二)中国海海水常量组分

中国海除近岸及河口地区由于受大陆径流和排污的影响外，其常量成分种类、特点与大洋水基本相同，只是中国海较之大洋更靠近大陆，受陆地径流响，在不同季节，常量成分含量以及其他的一些指标(盐度、pH、碱度等)将有一些变化，含量略低于大洋水。

河口水中常量成分的组成、含量大小顺序及水质的类型均与大洋水相同。但常量成分含量较大洋水不仅降低了很多，而且失去了恒定性特点。

(三)中国海的营养盐

中国海营养盐的含量、分布变化规律与气候、径流量、生物活动、海水运动等密切相关。其含量与分布变化具有区域性、季节与昼夜变化特点，具体情况如下：

1. 中国海营养元素的变化特征　综合我国大部分海区营养元素(氮、磷、硅)的调查资料，发现各海区营养元素的区域分布、垂直分布以及季节变化都呈现出相似的规律性。中国海营养盐季节性变化规律综合于表 10 - 7。表 10 - 7 表明，中国海营养盐含量、分布变化的影响因素甚为复杂，这些因素的综合影响结果，导致中国海营养盐含量夏季低、秋季逐增、冬季高、近岸高、远岸低、冬季垂直分布均匀等分布变化特点。

表 10 - 7　中国海营养元素季节变化特征

(雷宗友等，1988)

季节	特征	主要原因
冬季	含量高	生物活动减弱，营养元素消耗减小；冬末大陆来水增加，河口附近及部分沿岸海区营养元素增加
	垂直分布均匀	垂直循环强烈，底层富营养水体上升；降温及风力影响，水体上下对流作用强烈
春季	含量普遍大降，近岸高，远岸低	浮游植物大量繁殖，营养元素消耗大为增加。渤黄海区生物因素起主导作用。东海区情况比较复杂，但主要决定于水温因素
	垂直变化不大	入春后仍有明显的垂直混合，但逐月减弱，出现微小的分层现象
夏季	含量继续下降	浮游植物生长旺盛，夏季成为全年海水营养元素含量最低的季节。长江口外东海区含量不低，主要由于长江水体的补充
	水平梯度较大	由于径流影响，呈现沿岸高、外海低
秋季	含量逐月增加，河口区含量高，外海低	底部有机尸体和有机碎屑矿化分解，引起底层营养元素的累积，产生分层现象，生物活动逐月减弱，大陆径流增加
	浅海区垂直分布逐步消失，深海区消失较迟	垂直混合逐步增强，生物活动秋季逐月减弱，但深海区尚有积累现象

表 10-8 为 2007—2009 年不同季节长江口及东海海域表层水体中无机氮、磷酸盐以及硅酸盐含量的变化状况，表 10-9 为 2013 年 9 月南海、黄海及东海北部海域各水层营养盐含量均值。从表 10-8 和表 10-9 可看出，各海区三种无机氮和磷酸盐含量较低，但变化幅度很大，此种变化特点再次说明，营养盐含量与分布的影响因素是多方面的，其中主要是气候、水生生物生命活动、大陆径流以及水体运动等因素引起，这些因素在各海区存有一定差异，因而使各海区营养盐的变化各具特点。

海洋中磷酸盐含量随海区和季节而变化，一般在河口和封闭海区，沿岸水和上升流区磷酸盐含量较高，在开阔的大洋表层含量较低。近海水域磷酸盐含量一般冬季较高，夏季较低。各海区硅酸盐硅含量远高于其余营养盐，周年性变化率也低，其含量常随着深度增加而递增。

表 10-8 2007—2009 年不同季节长江口及东海海域营养元素含量变化状况 ($\mu mol/L$)

(黄江婵，2011)

季节	无机氮	$PO_4^{3-}-P$	SiO_3-Si^*
春	1～55	0.01～0.8	5～30
夏	1～28	0.01～0.25	5～35
秋	1～40	0.05～1.2	1～45
冬	1～35	0.1～1	1～30

注：进行了单位换算。* SiO_3-Si 的符号尚不统一。

表 10-9 南海、黄海及东海北部海域各水层营养盐含量均值 ($\mu mol/L$)

(于子洋，2014)

深度	NH_4^+-N	NO_2^--N	NO_3^--N	$PO_4^{3-}-P$	SiO_3-Si
表层	1.21	0.27	1.73	0.15	9.25
10 m	1.30	0.24	1.93	0.16	8.93
30 m	1.44	0.21	5.03	0.36	8.60
底层	1.50	0.46	6.97	0.54	9.09

注：进行了单位换算。

2. 各海区近岸区域营养盐 近岸海区水层较浅，当光照充足、水温回升时，浮游植物大量繁殖，大量消耗营养盐，使营养盐含量下降，但是陆地径流、工业废水与生活污水排入的河口及其附近海湾，又将引起营养盐含量的增加。如天津附近沿岸，夏季 $PO_4^{3-}-P$ 最高含量达 130.2 $\mu g/L$。

在底层水中，浮游植物较少，厌氧微生物活跃，使有机物分解，因此底层水中营养盐含量常高于表层。现以 $PO_4^{3-}-P$ 为例说明营养盐在中国海各沿岸浅海区的垂直分布特点：春、夏、秋季基本均是底层高于表层，冬季垂直混合较均匀，分层现象基本消失，即底层与表层的含量基本相等。但也有例外，如春、夏季，东海沿岸的上海江段，由于高含磷江水覆盖表层水，使表层水磷含量高于底层。秋季杭州湾也是同样原因，底层磷含量高于表层。可见在沿岸海水中营养盐分布变化还受径流和沿海工农业与生活排废影响。同时水中有机物的氧化分解及海水运动，对营养盐分布和变化也会产生重要影响。沿岸海水中营养盐的另一分布特点是，其含量基本是近岸高，远岸低，河口区高，向外海逐增。

表 10-10 为渤海、黄海、东海及南海海水中硝酸盐的季节变化，主要表现为河口区、沿岸流区、上升流区、深层海水影响海区以及近岸海域硝酸盐高，渤海湾硝酸盐也比较高，外海表层海水影响的海域以及海洋浮游植物活动强烈的区域硝酸盐低。不同海区主要表现为：渤海、黄海、东海硝酸盐均值均表现出夏季最低，而南海硝酸盐均值则春季最低。

表 10-10　各季节各海区硝酸盐均值及变化范围（μmol/L）

（暨卫东等，2017）

季节	渤海		黄海		东海		南海	
	变化范围	均值	变化范围	均值	变化范围	均值	变化范围	均值
春	0.28~50.14	15.28	0.03~41.57	4.63	0.03~181.43	19.25	0.03~130.00	3.72
夏	0.05~44.93	5.85	0.03~38.34	2.89	0.03~203.57	17.83	0.03~140.00	5.64
秋	0.27~64.57	12.85	0.11~42.00	7.44	0.03~165.71	18.30	0.03~87.86	5.33
冬	6.34~38.00	15.23	0.03~21.07	6.60	1.64~172.14	22.20	0.03~66.43	5.24

各海区铵盐的季节变化特征显示（表 10-11），渤海、黄海以及东海海区铵盐夏季最高，秋冬季节相对较低；而南海的铵盐春季较高，冬季较低。此外，相关调查结果显示，夏季渤海、黄海、东海和南海表层水体中铵盐呈现近岸高近海低的分布趋势。渤海、山东半岛、长江口、闽江口沿岸以及闽粤沿岸及台湾海峡表层铵盐含量相对较高。而冬季时，渤海、黄海、东海表层铵盐呈现近岸高，向海区中部逐步降低的分布趋势。杭州湾和长江口上海海域铵盐含量相对较高；而南海表层铵盐则呈现近岸高近海低的分布趋势，铵盐含量为 10 mmol/L 的高值出现在珠江口海域。

表 10-11　各季节各海区海水氨（铵盐）均值及变化范围（μmol/L）

（暨卫东等，2017）

季节	渤海		黄海		东海		南海	
	变化范围	均值	变化范围	均值	变化范围	均值	变化范围	均值
春	0.40~12.86	3.22	0.02~11.47	0.87	0.02~48.78	1.27	0.02~24.43	1.36
夏	0.64~15.21	3.88	0.02~6.29	1.39	0.02~18.85	1.58	0.02~9.86	1.21
秋	0.17~13.79	2.58	0.02~6.41	0.42	0.02~10.43	0.98	0.02~21.21	1.14
冬	0.19~13.79	2.58	0.02~3.93	0.57	0.02~24.11	1.58	0.02~24.86	1.07

渤海、黄海、东海及渤海海水中溶解态磷的季节变化见表 10-12。渤海和黄海海水中溶解态磷含量呈现夏季最低，冬季最高的现象；东海和南海海水中则表现出春季最低，秋季最高的现象。同时对各海区溶解态磷的空间分布特征的调查发现：夏季，渤海、黄海、东海表层溶解态磷最大值出现在辽东半岛东侧、长江口及杭州湾附近海域；东海中部至台湾海峡海水中含量相对较低。南海表层溶解态磷含量呈现沿岸高外海低的分布趋势。含量相对较高的区域主要出现在陆源冲淡水影响的珠江口和海南岛西北部的北部湾海域，而海南岛东部海域及台湾浅滩附近海域相对较低。

表 10 - 12　各季节各海区溶解态磷均值及变化范围(μmol/L)

(暨卫东等，2017)

季节	渤海		黄海		东海		南海	
	变化范围	均值	变化范围	均值	变化范围	均值	变化范围	均值
春	0.05~1.11	0.48	0.01~8.01	0.29	0.01~1.81	0.40	0.01~2.69	0.26
夏	0.10~1.51	0.33	0.12~1.62	0.35	0.05~6.38	0.96	0.05~5.49	0.65
秋	0.06~1.87	2.58	0.01~1.43	0.33	0.01~2.49	0.64	0.01~3.16	0.35
冬	0.42~1.72	0.75	0.03~1.22	0.44	0.05~2.37	0.64	0.01~4.45	0.3

(四)中国海海水的 pH

中国海各海区海水中 pH 的季节变化不尽相同，它的变化受到陆源冲淡水、沿岸流、上升流、台湾暖流、黑潮支流、南海环流等作用和海洋生物活动的影响，所以，往往表现出河口区、沿岸流区和深层海水影响的区域以及近岸海域 pH 低，外海表层海水影响的海域以及海洋浮游植物活动强烈的区域 pH 高。表 10 - 13 是各季节各海区 pH 均值及变化范围，渤海均值秋季最低，冬季最高；黄海 pH 均值秋季最低，春季最高；东海 pH 均值夏、秋季最低，冬、春季最高；南海 pH 均值夏季最低，秋季最高。

表 10 - 13　各季节各海区海水 pH 均值及变化范围

(暨卫东等，2017)

季节	渤海		黄海		东海		南海	
	变化范围	均值	变化范围	均值	变化范围	均值	变化范围	均值
春	7.87~8.57	8.09	7.89~8.33	8.13	7.68~8.97	8.20	7.17~8.44	8.22
夏	7.76~8.47	8.10	7.78~8.52	8.11	7.61~8.71	8.16	7.14~8.78	8.10
秋	7.73~8.25	8.01	7.71~9.10	8.09	7.67~9.13	8.16	7.57~8.44	8.22
冬	7.97~8.42	8.24	7.83~8.27	8.11	7.68~8.74	8.20	7.78~8.33	8.21

(五)中国海海水的溶解氧

中国各海区溶解氧含量主要与大气氧气的分压、海水理化性质、化学过程、生物活动及水体运动等因素有关。渤海、黄海、东海及南海海水中溶解氧含量的季节变化表明，冬季水温低，氧在海水中溶解度大，海水溶解氧含最高；春季水温升高是浮游植物水华期，浮游植物吸收二氧化碳和营养盐，并放出氧气，海水中溶解氧含量也比较高；夏季水温最高，氧在海水中溶解度小，海水溶解氧含量最低；秋季水温降低海水溶解氧含量回升。表 10 - 14 是各季节各海区溶解氧均值及变化范围，渤海溶解氧均值夏季最低，冬季最高；黄海溶解氧均值略有不同，秋季最低，夏季最高；东海溶解氧均值夏季最低，冬季最高；南海溶解氧均值夏季最低，冬季最高。

表 10 - 14　各季节各海区溶氧均值及变化范围(mg/L)

(暨卫东等，2017)

季节	渤海		黄海		东海		南海	
	变化范围	均值	变化范围	均值	变化范围	均值	变化范围	均值
春	7.71~12.19	10.54	7.33~11.79	9.61	6.00~12.78	8.03	3.39~13.99	7.04

（续）

季节	渤海		黄海		东海		南海	
	变化范围	均值	变化范围	均值	变化范围	均值	变化范围	均值
夏	3.95～10.29	6.90	1.36～10.36	7.53	2.02～13.36	6.10	2.39～11.86	6.06
秋	5.82～10.45	7.86	3.33～10.03	7.21	1.94～12.09	7.11	3.17～8.51	6.74
冬	8.86～13.38	10.62	4.65～11.55	9.31	5.36～11.87	8.35	2.23～9.13	7.27

注：进行了单位换算。

图 10-8 为南海、黄海某站点溶解氧垂直分布与季节变化图。可以看出，4 月份溶解氧有明显的垂直分布特征，即上层高、下层低；5 月份，在中层（20～40 m）开始出现溶解氧最大值层，溶解氧最大值出现在 30 m 处，最大值处溶解氧含量为 9.4 mg/L，此值较 4 月份的值低而比 2 月份的值高；7 月份，溶解氧最大值层出现在 10～40 m，溶解氧最大值仍出现在 30 m 处，最大值处溶解氧含量为 10.1 mg/L；10 月份，溶解氧最大值层出现在 20～40 m，溶解氧的最大值仍出现在 30 m 处，最大值处溶解氧含量亦为 9.4 mg/L，与 5 月份持平；11 月份溶解氧的垂直分布特征与 4 月份相似。

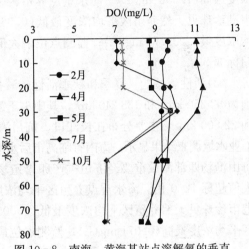

图 10-8　南海、黄海某站点溶解氧的垂直分布与季节变化

（王保栋等，1999）

注：进行了单位换算。

（六）近岸海区污染简况

我国管辖的大部分海域环境质量基本保持良好状态，离岸较远的海域水质良好，基本未受到污染。但随着沿海经济的迅猛发展和城市化进程的加快，近岸海域环境面临的压力越来越大，受到严重污染的区域进一步扩大，赤潮灾害频发，海洋生态环境受到威胁。2017 年《中国海洋生态环境状况公报》显示，我国海洋生态环境状况稳中向好。海水环境质量总体有所改善，夏季符合第一类海水水质标准的海域面积占管辖海域面积的 96%，连续三年有所增加，沉积物质量状况总体良好。近岸局部海域污染依然严重，冬、春、夏、秋四个季节劣于第四类海水水质面积占近岸海域面积的 16%、14%、11% 和 15%，四个季节劣于第四类海水水质的海域累积面积较上年减少 3 460 km²。污染海域主要分布在辽东湾、渤海湾、莱州湾、江苏沿岸、长江口、杭州湾、浙江沿岸、珠江口等近岸区域，超标要素主要为无机氮、活性磷酸盐和石油类。枯水期、丰水期和平水期，多年连续监测的 55 条河流入海断面水质劣于第五类地表水水质标准的比例分别为 44%、42% 和 36%，入海河流水质状况仍不容乐观。2015 年《中国渔业生态环境状况公报》显示，据全国部分省（市、区）不完全统计，2011—2015 年共发生渔业水域污染事故 1 810 次，造成直接经济损失约 9.86 亿元。五年间，全国渔业水域污染事故发生次数呈逐年下降趋势。

我国政府高度重视海洋环境保护工作，2016 年 11 月 7 日《中华人民共和国海洋环境保护法》修订发布，各级海洋行政主管部门进一步加强了海洋环境监督管理，加大了对海洋环境的监测力度，下面根据 2015 年《中国渔业生态环境公告》以及 2018 年《中国海洋生态环境状况公告》简要介绍我国近岸海域污染简况。

1. 近岸水域

(1)无机氮　夏季和秋季无机氮含量未达到第一类海水水质标准的海域面积分别为 95 850 km² 和 149 230 km²，其中劣于第四类海水水质标准的海域面积分别为 30 730 km² 和 44 020 km²，主要分布在辽东海、渤海湾、莱州湾、江苏沿岸、长江口、杭州湾、浙江沿岸、珠江口等近岸区域。海洋天然重要渔业水域调查结果显示：海南省临高市后水湾白蝶贝自然保护区平均浓度最低(0.044 mg/L)；杭州市湾鲳、鳓等多种经济鱼类产卵繁殖场平均浓度最高(1.658 mg/L)。海水重点养殖区平均浓度优于评价标准的占 61.9%，广西省防城市港珍珠贝天然养殖区平均浓度最低(0.069 mg/L)；三门湾紫菜、缢蛏、青蟹等养殖区平均浓度最高(0.771 mg/L)；监测点位最大值出现在乐清湾鲈、鳗、贝类、青蟹等增养殖区，超标 3.8 倍。

(2)活性磷酸盐　夏季和秋季活性磷酸盐含量未达到第一类海水水质标准的海域面积分别为 82 250 km² 和 138 240 km²，其中劣于第四类海水水质标准的海域面积分别为 13 760 km² 和 22 800 km²，主要分布在长江口、杭州湾、浙江沿岸、珠江口等近岸区域。海洋天然重要渔业水域调查结果显示：海南省临高市后水湾白蝶贝自然保护区平均浓度最低(0.000 4 mg/L)；舟山渔场西部海域重要经济鱼类产卵繁殖场平均浓度最高(0.068 mg/L)，其中监测点位最大值超标 12.0 倍。海水重点养殖区平均浓度优于评价标准的占 50%。广西壮族自治区防城港市珍珠贝天然养殖区平均浓度最低(0.005 mg/L)；饶平县柘林湾经济鱼类、贝类增养殖区平均浓度最高(0.071 mg/L)；监测点位最大值出现在胶州湾贝类增养殖区，超标 2.2 倍。

(3)石油类　夏季和秋季石油类含量未达到第一、二类海水水质标准的海域面积分别为 10 630 km² 和 8 280 km²，主要分布在珠江口邻近海域、雷州半岛等近岸区域。海洋天然重要渔业水域调查结果显示：合浦儒艮国家级自然保护区平均浓度最低(0.002 mg/L)；长江口鳗苗、蟹苗等重要苗种产地平均浓度最高(0.046 mg/L)。海水重点养殖区平均浓度优于评价标准的占 91.3%。广西壮族自治区钦州湾近江牡蛎天然增养殖区，广西壮族自治区合浦县廉州湾贝类养殖区，广西壮族自治区防城港市珍珠贝天然养殖区平均浓度最低(0.002 mg/L)；桂山湾经济鱼类养殖区平均浓度最高(0.072 mg/L)，监测点位最大值出现在雷州湾经济鱼类养殖区，超标 3.1 倍。

(4)有机物　所监测的海洋典型渔业水域平均浓度均优于评价标准。昌化镇近岸马鲛、鱿鱼等经济鱼类产卵繁殖场平均浓度最低(0.294 mg/L)；辽东湾对虾、毛虾及海蜇产卵场平均浓度最高(1.916 mg/L)。海水重点养殖区域平均浓度均优于评价标准。海南省文昌市清澜湾重点增养殖区平均浓度最低(0.42 mg/L)；南澳岛重要经济鱼类增养殖区相对较高(1.68 mg/L)。

(5)重金属　所监测的海洋典型渔业水域与重点养殖区的重金属平均浓度均优于评价标准，铜、锌、铅、镉、砷、汞、铬含量均低于渔业水质标准。

(6)赤潮/绿潮　我国近海赤潮发生频率有逐年增加的趋势。2001 年全国发现赤潮 77 次，累计面积 15 000 km²，较 2000 年增加 49 次，面积增加 5 000 km²，其中浙江省发生次数最多(26 次)。我国政府十分重视赤潮的防治工作，2001 年各级海洋主管部门进一步加大了海洋赤潮监测、预测与控制。2015 年，赤潮暴发次数和累计面积是近 5 年来最少的一年，发现 35 次，累计面积减少 2 835 km²。2018 年，我国管辖海域共发现赤潮 36 次，累计面积 1 406 km²。东海发现赤潮次数最多，为 23 次，且累计面积最大，为 1 107 km²；高发期为 8 月份。与 2017 年相比，赤潮发现次数减少 32 次，累计面积 2 273 km²；与近 5 年平均值相比，赤潮发现次数减少 17 次，累计面积减少 3 127 km²。2018 年，黄海浒苔绿潮最大分布面积为 38 046 km²，最大覆盖面积为 193 km²。与近 5 年平均值相比，最大分布面积减少 16%，最大覆盖面积减少 55%。

(7)海洋微塑料 2018 年，对渤海、黄海和南海海域海面漂浮微塑料监测显示，表层水体微塑料平均密度为 0.42 个/m³，最高 1.09 个/m³。渤海、黄海和南海监测断面海面微塑料平均密度分别为 0.70 个/m³、0.40 个/m³ 和 0.18 个/m³。漂浮微塑料主要为碎片、纤维和线，成分主要为聚丙烯、聚乙烯和聚对苯二甲酸乙二醇酯。

2. 沉积物 我国管辖海域沉积物质量"良好"的监测站位比例为 97%，其中，渤海和黄海沉积物质量"良好"的站位比例为 100%，东海和南海依次为 97% 和 94%。2007—2017 年，沉积物质量"良好"的监测站位比例呈上升趋势。2015 年，对 30 个海洋重要渔业水域中沉积物进行了监测，监测项目主要为石油类、重金属（铜、锌、铅、镉、汞、铬）和砷。结果表明，铜、镉、铬的超标比例分别为 3.3%、6.7%、10%，石油类、锌、铅、汞和砷平均浓度均优于评价标准。

习题与思考题

1. 大气降水的化学成分与性质有何特征？

2. 影响大气降水化学成分的因素有哪些？

3. 何谓酸雨？酸雨是如何形成的？酸雨有哪些危害？

4. 河流水质有些什么特点？

5. 我国河流水质的区域性分布有什么特点？

6. 湖泊主要有哪些分类法？

7. 湖泊与水库水质有哪些特点？

8. 湖泊溶解氧垂直分布极大值与极小值如何形成的？

9. 我国湖泊的基本特征有哪些？

10. 我国湖泊环境近期有哪些变化？

11. 地下水有哪些部分组成？

12. 地下水水质有哪些特点？

13. 海水水质有哪些特点？

14. 什么是海水常量成分的恒定性原理？

15. 中国海盐度、营养盐、pH、溶解氧的分布变化各有什么特点？为什么？

16. 通常海水的缓冲能力如何？为什么？

17. 海水中二氧化碳体系的生态学意义是什么？

18. 海水中氮、磷、硅及其他微量元素的分布变化规律有何特征？

水产养殖水质、底质化学管理与调控技术

在我国传统的水产养殖经验中，对"水"的管理是养殖成功与否的关键。水产养殖"八字方针"中的"水、种、饵、密、混、轮、防、管"中"水"排在第一位，可见水质调控与管理的重要性。

目前投饲养殖是我国水产养殖的主体，饲料利用率的高低影响养殖尾水达标排放。已有研究证明，池塘集约化养殖中未被摄食的饲料占比较其他养殖方式高（Alabaster，1982）。周劲风等（2004）研究发现：饲料中54%～77%的氮和72%～89%的磷溶解在水环境中。夏斌等（2013）利用稳定同位素技术得出，草鱼混养池塘投喂饲料中81.7%的碳、65.6%的氮和67.5%的磷排放到水环境中，每生产1 t草鱼会向养殖水环境中排放355～385 kg的碳、30～40 kg的氮和3～4 kg的磷。这充分说明，在池塘集约化养殖过程中，残饵增加了养殖水体的营养负荷（图11-1、图11-2）。

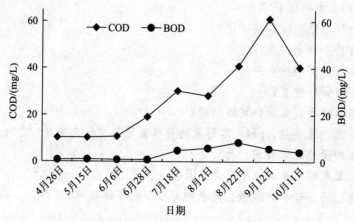

图 11-1 投喂饲料的鲇养殖池塘水体中 COD 和 BOD 含量变化

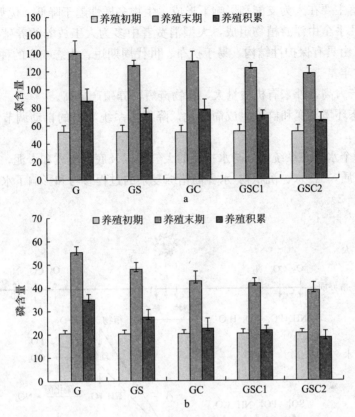

图 11-2 草鱼投饲养殖池塘水体氮(a)和磷(b)含量变化(g/49 m² 围隔)

G：草鱼单养；GS：草鲢鱼混养；GC：草鲤鱼混养；GSC1、GSC2：草鲢鲤鱼混养

(孙云飞，2013)

营养负荷的增加易导致水体富营养化，浮游生物过度繁殖会引起溶解氧的极端不平衡，恶化水质，从而危及养殖生物的生存和生长。因此调节与控制水体中生物及非生物环境，使之处于适合养殖生物生存和生长的最佳状态极其重要。本章重点介绍池塘养殖用水的预处理、养殖过程中水质调控方法和养殖尾水处理规范内容。

第一节 水产养殖生态系统的结构与功能特征

养殖水体水质管理应遵循的原则是，在养殖的全过程既要不断提供量足质优的饵料，又要保持良好的水体环境条件，以加速生态系统的物质循环和能量流动。养殖水体水质管理的一切措施归根结底在于最有效地输入物质与能量并使其最大限度地转化为养殖产量。因此对养殖水体进行水质管理时必须掌握其在结构和功能上的特征。

池塘集约化养殖系统是一种人工生态系统，它具有天然水体生态系统的一切共性，但在人工控制条件下，在结构和功能上又有其自身特点。

① 面积小且水亦不深，易受天气及人类活动的影响，非生物环境变化大。同一体系(如一个池塘)在一个生长期内可经历贫营养型、中营养型、富营养型到腐营养型的不同阶段。我国不少这类小型人工养殖水体冬季常把水排干，从而又具有间隙性水体的特点。

② 生物群落主要在人为支配和影响下形成。生物多样性趋于降低，优势种突出。

③ 生产者几乎全由浮游植物组成，大型消费者中多为人工放养的养殖生物，浮游动物和底栖动物大多由具有保护性结构、易于扩布、世代周期短、生态幅广的种类组成。微型分解者中细菌非常丰富。

④ 初级生产力高，外来有机质量大，食物链短，养殖产量高。

⑤ 由于生态环境易变和群落组成简单化，降低了系统本身的自动调节能力，生态系统的稳定性较差。

在这样的一个水生态系统中，与水接触的大气层以及底层土质和淤泥，还会从多方面直接或间接影响水质，气-水、沉积物-水界面错综复杂的过程参与和影响了水体生态系统的结构和功能(图 11-3)。

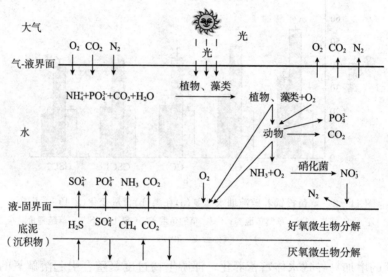

图 11-3 水环境中物质循环模式

第二节 养殖源水处理方法

一、养殖源水的常规处理方法

养殖源水中往往含有较多的悬浮物，为保证后期养殖用水的质量，需要对水源进行前期预处理。处理方法包括：格栅过滤、沉淀、消毒等。

(一)格栅过滤

通常在养殖水源进水口设置格栅，以防止水中个体较大的鱼、虾类等生物，漂浮物和悬浮物进入养殖水体，避免使水泵堵塞或敌害生物进入。

格栅通常是用竹箔、网片组成，也有用金属结构的网格组成。

(二)沉淀

沉淀是在重力场中密度大于水的悬浮固体颗粒在重力作用下发生沉降，使其与水分离的过程。按沉淀物质的性质和浓度主要分为两种类型：

(1)自由沉淀 水中悬浮固体物质浓度不高，颗粒无凝聚性，在沉淀过程中颗粒间不发生互相黏合，固体颗粒形状和尺寸均不变，其沉降速度也不变，这种沉淀称为自由沉淀。

（2）絮凝沉淀　水中悬浮固体颗粒有絮凝功能，在沉淀过程中颗粒能互相黏合，成为较大的絮凝体，且沉降速度在沉淀过程中逐渐增大，称为絮凝沉淀。

（三）消毒

消毒，泛指杀灭外界病原体，使之不能侵入生物体而致病的卫生措施。一般常指杀灭病原微生物。按照所用方法分为两类：物理消毒法和化学消毒法。

物理消毒法包括日晒消毒、煮沸消毒、蒸气消毒、火烧消毒、微波消毒、紫外消毒和机械消毒等。化学消毒法是使用各种化学消毒剂进行消毒，但是需注意化学消毒剂的稳定性和有效期以及两种消毒剂同时使用时是否有相互抵消作用。水产养殖中使用的物理消毒法主要是紫外线消毒法；化学消毒法主要是采用生石灰、含氯消毒剂和臭氧等化学消毒剂进行消毒。

1. 物理消毒法——紫外消毒法　主要作用于微生物细胞核，特别是 DNA，可使微生物死亡。但是紫外线的穿透能力很差，波长 300 nm 以下的紫外线不能穿透普通玻璃。因此紫外消毒法经常不用于养殖源水的消毒，但是经常在循环水养殖过程中使用，尤其是海水工厂化循环水养殖。

2. 化学消毒法　化学消毒法是采用化学消毒剂使病原体蛋白质凝固、变性而失去活性，从而导致病原体死亡。水产养殖中常用的化学消毒剂包括：

（1）含氯消毒剂　是一类溶于水后产生具有杀微生物活性的次氯酸的消毒剂，可杀灭包括细菌繁殖体、病毒、真菌乃至细菌芽孢在内的各种微生物。常用的含氯消毒剂有漂白粉、漂白精、三氯异氰尿酸、二氧化氯等。

① 作用原理。含氯消毒剂水解会产生次氯酸（HClO），次氯酸放出原子态氧，其氧化能力比氯高 10 倍。以漂白粉$[Ca(ClO)_2]$为例：

当水中无氨态氮存在的情况下，水中加入漂白粉后，可产生电离反应：

$$Ca(ClO)_2 \longrightarrow Ca^{2+} + 2ClO^-$$

和水解反应：

$$Ca(ClO)_2 + 2H_2O \Longleftrightarrow Ca(OH)_2 + 2HClO$$
$$HClO \longrightarrow H^+ + Cl^- + [O]$$

养殖用水往往含有一定数量的氨。水中加入漂白粉后，其水解产生的次氯酸即会与氨作用生成氯胺，氯胺也有消毒作用。产生的反应：

$$NH_3 + HClO \longrightarrow H_2O + NH_2Cl \quad （一氯胺）$$
$$NH_3 + 2HClO \longrightarrow 2H_2O + NHCl_2 \quad （二氯胺）$$
$$NH_3 + 3HClO \longrightarrow 3H_2O + NCl_3 \quad （三氯胺）$$

产生的氯胺的结构视水的 pH 和 NH_3 含量而定，当水的 pH 在 5~8.5 时，NH_2Cl 和 $NHCl_2$ 同时存在。但当 pH 较低时，$NHCl_2$ 的杀菌能力比 NH_2Cl 强，因此 pH 稍低些有利于消毒作用。NCl_3 要在 pH 低于 4.4 时才会产生，一般养殖水源中不大可能形成。

水中的 HClO 及 ClO^- 中所含的氯总量称为游离性氯，而氯胺所含氯的总量称为化合性氯。

含氯消毒剂的氧化能力可用有效氯表示，其含义是含氯消毒剂所含有的可起氧化作用的氯的比例。在生产上以Cl_2作为有效氯含量为 100% 进行比较。

② 用法、用量及使用注意事项。漂白粉又称氯石灰，通常含有结晶水，有效氯含量为 $25\%\sim35\%$，作为消毒剂使用时用量通常为 $1\sim3$ mg/L，净化水质使用时用量通常为 $10\sim20$ mg/L。漂白粉稳定性差、易潮解、光解，应密闭阴凉干燥贮存，即开即用。

$$Ca(ClO)_2 + H_2O + CO_2 \longrightarrow CaCO_3 \downarrow + 2HClO$$

$$2HClO \xrightarrow{\text{光}} 2HCl + O_2$$

漂粉精又称次氯酸钙，分子式为 $3Ca(ClO)_2 \cdot 2Ca(OH)_2$，有效氯含量为 $60\%\sim65\%$，作为消毒剂其用量通常为漂白粉的 $1/2$，具有稳定性好、易溶于水，易潮解、光解，应密闭阴凉干燥贮存，即开即用。

三氯异氰尿酸又称强氯精，分子式为 $C_3Cl_3N_3O_3$，有效氯含量 $<85\%$，作为消毒剂其用量通常为漂白粉的 $1/3$，微溶于水，具有性能稳定的特点。应密闭阴凉干燥贮存，室内可保存半年，即开即用。

二氧化氯(ClO_2)是一种常温下呈黄绿色到橙黄色的气体，是国际上公认为安全、无毒的绿色消毒剂。在室温、4 kPa 压力下，水中溶解度为 2.9 g/L，可制成无色、无味、无臭、不挥发的稳定性液体。这种液体在 $-5\sim95$ ℃具有良好的稳定性和强氧化性，是一种广谱杀菌消毒剂和水质净化剂，可杀灭细菌、病毒、芽孢、原生动物和藻类。生产上主要用作池塘水体、鱼体消毒等。二氧化氯是一种常见市售强力杀菌消毒剂，其用量通常为 $5\sim10$ mg/L。池塘水体消毒使用前先将原液 10 份与柠檬酸或白醋 1 份充分混合并加盖在暗处活化 $3\sim5$ min后，再全池泼撒。使用二氧化氯作为消毒剂时应注意：原液应保存在通风、阴凉、避光处；盛装和稀释用容器应为塑料、玻璃或陶瓷材质制品，忌用金属类；原液不得入口；不可与其他消毒剂混用；可光解，不宜在阳光直射下使用；杀菌效果随温度的降低而减弱。

(2)臭氧　臭氧(O_3)在常温下是一种不稳定的淡蓝色气体，有特殊的刺激味，顾名思义为臭氧。臭氧是强氧化剂，氧化能力高于含氯消毒剂，能破坏和分解细菌的细胞壁，并迅速扩散透入细胞内杀死病原体，灭菌速度比含氯消毒剂快 $300\sim600$ 倍。臭氧在水中分解的中间产物——羟基(—OH)具有很强的氧化性，不仅有很强的杀菌消毒能力，而且还可以氧化一般氧化剂难以氧化的有机物，且水中没有臭氧残留。在有杂质的水中臭氧即迅速分解，故经臭氧处理后的水中含有较丰富、甚至过饱和的溶解氧。

在养殖生产中，臭氧消毒常用于工厂化循环水养殖用水处理或水族馆循环用水消毒等。应用时应注意两个关键技术：

① 臭氧制造技术。包括采用物理学和化学原理的臭氧发生器臭氧制造技术。其中电晕放电臭氧发生器采用物理学原理，光化学紫外线臭氧发生器和电化学电解纯水臭氧发生器采用化学原理。

② 臭氧溶解技术。涉及臭氧的最佳使用量和接触时间。不同的水质，其有机物含量不同。不同的用水要求，消毒的标准也不同。为使臭氧在水中充分溶解，常采用曝气装置进行充气(曝气装置详见第四章第四节)。

水产养殖中采用臭氧消毒，水中臭氧含量 0.5 mg/L 就可以达到 97%以上的灭菌率。而饮用采用臭氧消毒的最佳用量为 $1\sim4$ mg/L，接触时间为 $10\sim12$ min 最佳。

工厂化循环水养殖用臭氧处理养殖用水有如下优点(周煊亦等，2012)：

① 可降解水中的有机物、氨态氮、亚硝酸盐等对水产品有害的物质。

② 臭氧具有强烈的杀菌消毒和水质净化作用，而且无毒无害，是水产养殖和育苗生产中最理想的杀菌净化剂。

③ 可大大提高鱼、虾、贝类育苗率和养殖的成活率。

④ 能明显提高饲料的转化率，促进水产品的生长、提高水产品的产量。

⑤ 可减缓因周边养殖池的污染、病毒而造成的交叉感染。

⑥ 可减缓水质污染，如赤潮、工业废水、生活污水等污染。

⑦ 能降低消耗、节约生产成本。

二、地下水的处理方法

近几年，用含盐地下水开展水产养殖活动已成为业界惯例。其原因主要在于：一是地下咸水被深层土壤覆盖，与地表的生物隔绝，不携带病毒、带菌率低、不受工农业污染物质污染，可避免病原生物感染和近海污染物污染，水温适宜；二是不仅沿海有地下咸水分布，在内陆纵深地区也有广泛分布的地下咸水和地面咸水湖和盐湖。这些盐水勾兑或处理后可用于养殖海洋来源的、经济价值较高的广盐性鱼虾类，为内陆渔业产业结构调整提供了保障。目前已有许多地方使用含较多盐分地下水开展水产养殖，并取得了较好经济效益。如青岛市城阳区上马海洋水产资源增殖站利用地下井水养殖凡纳滨对虾，经过三个月的养殖，对虾成活率达到 50%，投入产出比为 1：2.53，经济效益十分可观。当然并不是凡含一定盐量的地下水均可直接用以养殖，因地下盐水水质类型复杂（水质特点前面已介绍），铁、锰等重金属的含量及碳酸盐碱度一般过高，在养殖生产过程中，尤其是育苗水体中过量的铁、锰及碳酸钙的高度过饱和会对养殖生物（尤其对幼体）产生较大危害。因此地下水从井中提取出来后一般不宜直接用于水产养殖，需要经过一段时间的晒水曝气，养殖用水特别是育苗用水中的重金属离子应预先处理。

(一)铁的去除

用氯气或高锰酸钾将铁氧化以去除，具体反应如下：

用 Cl_2 时：

$$Cl_2 + H_2O \longrightarrow HCl + HClO$$
$$2Fe(OH)_2 + HClO + H_2O \longrightarrow HCl + 2Fe(OH)_3$$

用 $NaClO$ 时：

$$2Fe(OH)_2 + NaClO + H_2O \longrightarrow NaCl + 2Fe(OH)_3$$

用 $KMnO_4$ 时：

$$3Fe(OH)_2 + KMnO_4 + 2H_2O \longrightarrow KOH + MnO_2 + 3Fe(OH)_3$$

$Fe(OH)_3$ 在水中的溶解度为 0.01 mg/L 以下，生成的沉淀过滤即可分离。此外水中 Fe^{2+} 也可用锰砂接触氧化过滤法以及铁细菌法处理。

1. 接触氧化过滤法　可用锰砂或锰沸石作为过滤材料，即在砂或沸石的表面覆上一层二氧化锰。二氧化锰作为铁氧化的触媒以去除铁，使用时于原水加氧、氯气或高锰酸钾等氧化剂，然后通过充填有触媒的过滤器，铁氧化成为 $Fe(OH)_3$ 沉淀出来。pH 在偏碱性时氧化速度快。以氧化能力相对较弱的氧作氧化剂时受 pH 的影响较大。一般常用空气作为氧的供给源，但氯气或高锰酸钾的氧化能力较强，pH 在 7 以下反应也相当迅速，用这个方法可同时将含有的锰去除。但空气的去除率相当低，一旦过滤层内有 $Fe(OH)_3$ 蓄积会阻碍过滤，

可用逆洗法将 $Fe(OH)_3$ 排出后再作为过滤用。铁浓度太高时，堵塞严重，因此本法适用于水中含铁量少时的去除。

2. 氧化凝集处理法 通过曝气使铁形成 $Fe(OH)_3$ 而沉淀的分离法。$Fe(OH)_3$ 以胶状体形式在水中悬浮，可添加明矾等凝集剂，将胶状体的铁凝集并与 $Al(OH)_3$ 凝集沉淀一同分离。

在曝气的同时产生如下氧化反应：

$$4Fe^{2+}+O_2+10H_2O\longrightarrow 8H^++MnO_2+4Fe(OH)_3$$

体系 pH 降低，不利于进一步的氧化和凝集作用，此时可用碱调整 pH 至 8 左右，然后再行曝气。

3. 臭氧氧化法 用臭氧氧化后，凝集沉淀，过滤以去除铁和锰，一般臭氧 1 min 即有 90% 的去除效果。

$$2Fe^{2+}+O_3+2H^+\longrightarrow 2Fe^{3+}+H_2O+O_2$$
$$Fe^{3+}+3H_2O\longrightarrow 3H^++Fe(OH)_3$$
$$Mn^{2+}+O_3+H_2O\longrightarrow 2H^++O_2+MnO_2$$

4. 铁细菌 铁细菌能将二价的铁化合物氧化成三价的铁化合物并从中获得能量，$Fe(OH)_3$ 则沉积在菌体表面或其分泌物中。铁细菌广泛存在于自然界尤其是地下水中，只要水中含 0.02 mg/L 以上的铁即会繁殖，井水中往往有铁锈状的物质或红褐色的黏质片状物出现，乃是水中铁细菌繁殖之缘故。有机铁也可被铁细菌所氧化利用。铁细菌将 Fe^{2+} 或 Mn^{2+} 氧化的同时会吸附氧化物，氧化反应速度很快，可以迅速地去除水中的锰或铁。实际作业时，可先于过滤层的表面接种铁细菌使之繁殖，以此过滤层过滤原水可持续地去除铁及锰。过滤层的最下层为 25 cm 厚的玉石，其次为 10 cm 厚的细砂粒，5 cm 厚的粗砂，最上层为 60 cm 厚的细砂(有效直径 0.5 mm)；要考虑过滤速度及充分供给氧，但如果氧供给过剩时，则 Fe^{2+} 会被氧气氧化成为 Fe^{3+}，而无法供铁细菌利用，铁的去除率也会变低。过滤的速度和操作频度随原水铁含量的多少而异。

(二)锰的去除

关于锰的去除，可采用将锰氧化成较不易溶解的化合物而分离的方法以及离子交换树脂法。另外也有用铁细菌去除的方法。一般溶解在水中的锰以重碳酸锰的形式存在者较多。

1. 曝气氧化处理 曝气会产生二氧化碳同时形成氢氧化锰：

$$Mn(HCO_3)_2\longrightarrow MnCO_3+CO_2+H_2O$$
$$MnCO_3+H_2O\longrightarrow Mn(OH)_2+CO_2$$

氢氧化锰于水中的溶解度只有约 1 mg/L，会快速与溶解氧反应：

$$Mn(OH)_2+\frac{1}{2}O_2\longrightarrow MnO(OH)_2\downarrow$$

碱式氧化锰在水中几乎不溶，因此可以分离，此反应 pH 要在 9 以上时才会进行，直接过滤去除或加铅盐来凝集沉淀。

2. 氧化剂处理 可用氯气，次氯酸或高锰酸钾氧化二价锰：

$$Mn(OH)_2+HClO\longrightarrow MnO_2+H_2O+HCl$$
$$3Mn(OH)_2+2KMnO_4\longrightarrow 5MnO_2+2KOH+2H_2O$$

3. 接触氧化过滤处理 与铁的处理方法相类似，将砂的表面覆盖以二氧化锰，形成锰砂：

$$3MnCl_2 + 2KMnO_4 + 7H_2O \longrightarrow 5MnO_2 \cdot H_2O + 2KCl + 4HCl$$

用锰砂去除锰的反应如下：

$$Mn^{2+} + MnO_2 \cdot H_2O + H_2O \longrightarrow H^+ + MnO_2 \cdot MnO \cdot H_2O$$

除此之外，用臭氧氧化法也很有效。

在实际养殖过程中，为了降低养殖成本，人们一般采用曝气法处理水中的铁、锰离子。

(三)碳酸钙高度过饱和水的处理

地下水由于二氧化碳分压一般都比较高，又长期与岩石土壤接触，水中一般都溶解了较多的碳酸钙和碳酸镁(多以碳酸氢盐的形式存在)。这种地下水出露地面后，就会形成碳酸钙的高度过饱和状态，从而发生碳酸钙的快速沉积，对养殖生物尤其对虾蟹类幼体产生危害。对于这种碳酸钙高度饱和的地下水，可直接曝气处理，或者加酸或碱处理，但加酸或加碱处理通常会较大幅度地改变水的 pH。一般地，加入纯碱(Na_2CO_3)或石灰(CaO)后再进行搅拌、沉淀，可以降低水硬度。需注意 pH 变化。

(四)实例：长三角、珠三角地区地下水的水质处理方法

长三角、珠三角地区地下水含有一定的盐度，氨态氮、亚硝酸盐、亚铁离子偏高，藻类缺乏。用此类型水养殖凡纳滨对虾时，一般采取以下处理方法。

1. 曝气法处理重金属

① 先把地下水抽到蓄水池，沉淀 5~7 d，水锈会逐渐沉底，水质变清；

② 没有蓄水池的可把地下水抽入养殖池，经过 10 d 左右的沉淀后再使用。

目前，络合重金属的广谱特效化合物是 EDTA。因此，在重金属超标的池塘，养殖户在放苗前要用 EDTA 络合重金属，经解毒药物处理后再放苗。在重金属偏高的地方在养殖过程中也要注意每隔 15~20 d 解毒一次。

2. 氨态氮和亚硝酸盐超标的处理方法

① 开增氧机搅动水体，一方面使水体接受阳光曝晒，另一方面增加水体溶解氧，同时使氨态氮、亚硝酸态氮得以氧化。

$$2NH_4^+ + 3O_2 \longrightarrow 4H^+ + 2NO_2^- + 2H_2O + 能量$$
$$2NO_2^- + O_2 \longrightarrow 2NO_3^- + 能量$$

② 用解毒药物处理后，施加生物有机肥以培养藻类，丰富的藻类可以增加水体溶解氧，而亚硝酸盐经氧化后被藻类吸收，毒性亦逐渐降低。

3. 藻类缺乏的处理方法 地下水由于缺乏阳光照射，各种绿藻、硅藻缺乏，在珠三角使用地下水比较多的地方，养殖户经常遇到早期水难肥的情况。早期水肥不好，刚下塘的虾苗饵料不足，影响对虾的成活率和生长率，最终影响到产量。一般建议：

① 地下咸水不要抽得太多，特别是地下水质比较差的地方，调水时池水的盐度控制在 5 左右，育苗场也大多数把虾苗驯养在盐度 5 左右的水中；

② 假如附近有较肥的(含藻类丰富的)养殖池水，可以添加部分(如 5 cm 左右)的池水，藻类生长效果显著。还可以加入 5~10 cm 新鲜河水，或到药店购买藻种泼撒，以促进藻类生长。

目前含盐地下水在养殖生产中的应用非常普遍，但由于地下水水质复杂，在生产中应先

检测水质，根据情况进行适当处理，以保障水产动物的健康生长。

三、盐碱水的处理方法

盐碱地是指土壤含盐量较高并影响作物正常生长的土地。世界上所有干旱和半干旱地区都有盐碱地分布，其面积约占干旱和半干旱地区面积的 39％，共约 955 万 km^2，主要分布于亚欧大陆、北非和北美西部。曾经盐碱地面积最大的国家是苏联，约 80 万 km^2。现今印度有约 69.2 万 km^2，巴基斯坦约 60 万 km^2。据联合国估算，每年约有 0.12 万 km^2 灌溉土地因盐碱化而丧失生产力。

我国盐碱土地约 34.67 万 km^2，遍及 17 个省、市、自治区。目前邻近水系可以进行渔业开发的低洼盐碱荒地有 3 万 km^2，主要分布在东北、西北、华北地区以及黄河中下游两岸和沿海一带。研究开发这部分国土资源，逐步使其成为提供粮食和水产品的基地，是解决未来近 16 亿人口食物问题的重要途径之一。

低洼盐碱地形成的主要原因是，地势较低，地下潜水位相对较高，雨水长期疏排不畅，导致地下潜水含盐量较高，而且各种易溶性盐类在地面作水平方向与垂直方向的重新分配，从而使盐分在集盐地区的土壤表层逐渐积聚起来，并多以碳酸盐型水为多。

目前我国盐碱地开发比较好的办法就是建立基塘系统，俗称"上粮下渔"法。该系统能排、能灌，既能使盐碱地的盐分逐渐排除，又能以渔为主，在开发渔业的同时带动种植业发展，经济效益良好。挖池台田构建塘基系统是我国实现低洼盐碱地渔农综合利用的有效方式。近些年盐碱地池塘养殖凡纳滨对虾的模式推广很快，但问题也不少。这里重点介绍低洼盐碱地池塘水质特点和水质调控方法。

(一)低洼盐碱地的基塘系统

低洼盐碱地渔业利用的基础工程措施是挖池台田，构建基塘系统(图 11-4)，即在低洼盐碱地上开挖池塘，按 4∶4∶2 比例构建池塘、台田和河渠路林，台田面积可以达到 50％～70％。

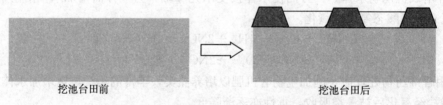

挖池台田前　　　　　　　　挖池台田后

图 11-4　低洼盐碱地挖池台田前、后剖面图

挖池深度与台田高度有关，台田高度应高于地下潜水临界深度 1 m 以上，一般设计养鱼池塘深度为 2.4～4 m。黏质土地区，养鱼池塘从原地面下挖 1.5～2 m，同时筑台田高出原地面 1.5～2 m 为好。砂质土壤地区，养鱼池塘从原地面下挖 2～2.5 m，同时筑台田高出原地面 2～2.5 m 为宜。

沿养鱼池塘四周修筑宽 30 cm、高 20 cm 土埝，用作漫灌、淋洗盐碱和保护池坡。台田四周及边坡应种植耐盐碱草护坡，统一向鱼池设置排水簸箕。

由于开挖池塘的土垫在台田上，抬高了地面，相对降低了地下潜水位，抑制了地下潜水的蒸发作用。假以时日土壤的盐碱程度就会因降雨淋洗而逐渐降低。例如，山东省禹城八支北池塘相邻的高台田和低台田高度相差 1.35 m，高台田距地下潜水位 2.63 m，低台田距地下潜水位 1.40 m。经过基塘系统改造 3 年后，台田土壤的含盐量明显降低（表 11 - 1）。尽管低台田也有一定的降盐效果，但相比之下，高台田降盐效果更好些。

表 11 - 1 不同高度台田的土壤含盐量（%）

地点	1997 年			1998 年			1999 年		
	5 月	7 月	10 月	5 月	7 月	10 月	5 月	7 月	10 月
对照	2.74	2.45	1.00	1.52	1.63	1.90	2.95	1.11	1.00
低台田	1.35	0.69	0.32	0.56	0.30	0.75	0.99	0.86	0.59
高台田	0.39	0.56	0.17	0.23	0.087	0.27	0.26	0.63	0.077

与此同时，经改造 3 年后，台田土壤有机物含量从 0.582% 增加至 0.989%，池塘的 pH 也从 8.35 降至 7.91。台田上种植的小麦和玉米产量随改造时间的延长产量逐渐增高。

山东省沿黄低洼盐碱地基塘系统养鱼池塘水质主要受地下潜水水质和引入的淡水（如黄河水）水质及养殖活动等因素影响。

(二)低洼盐碱地池塘的水质特点

2002 年 7 月和 9 月通过对山东省沿黄河的东营、滨州、淄博、德州、聊城等 5 个区域 29 口低洼盐碱池塘或地下水的水质分析表明，这些池塘水多属氯化物或碳酸盐水型，沿黄河从低洼滨海重盐碱地池塘向上游推进到低洼盐碱地池塘，氯离子所占比例逐渐变小，而碳酸盐类所占的比例逐渐增大。

在山东省高青县，低洼盐碱地潜水含盐量并不高，一般不超过 5 g/L，但却具有高碱度和高 pH 特征。池塘水的 pH 一般在 8.0 以上，有些甚至超过 9.0；尽管 7 月份因降雨碱度稍低，但一般也都在 2.0 mmol/L 以上，并且有随着离河口距离增加碱度也增加的趋势。

盐碱地池塘水质存在十分明显的季节变化特征。例如，对山东省高青县低洼盐碱地池塘的研究发现，水体多种理化指标存在明显的季节变化。pH 全年在 7.08～9.64，平均 8.29，其最低值出现在 10～11 月份；电导率为 $1.46 \times 10^3 \sim 9.75 \times 10^3\ \mu s/cm$，最低值出现在刚灌入黄河水的池塘中，最高值出现在多年未换水的池塘；总碱度全年平均值为 5.98 mmol/L，范围为 1.73～11.66 mmol/L，主要由重碳酸盐碱度组成，7～8 月份较低，冬季较高。

调查发现，一些氯化物水型的盐碱地池塘中氮是经常性的限制性营养元素，有少数池塘表现为氮和磷双限制。这可能是含盐量较高的水体，盐效应的作用使得难溶磷酸化合物的溶解度增大所致。此外盐碱地池塘中 Ca^{2+} 常缺乏，致使水体对酸碱的缓冲能力较差，水体浮游植物光合作用持续较强时，会导致 pH 大幅攀升，危及养殖动物的安全。

(三)低洼盐碱地养殖池塘水质调控

有些国家和我国南方一些地区在对滨海半咸水池塘进行渔业利用时也遇到水质改良问题。对于常见的含大量硫铁矿（FeS_2）水的 pH 较低的池塘，施用石灰即可解决问题。而盐碱地池塘的水质调控则比较复杂。

对于盐碱池塘水质改良常用的化学调控技术主要是施加化学试剂调控水质。常用的化学试剂有环境改良剂、消毒剂和肥料等。

1. 施加 KCl 改良盐碱池塘水质 该方法主要用于缺钾的盐碱地池塘水质改良。调查发现，我国有些地区的盐碱地养殖池塘水体缺钾(如山东的东营)，缺 K^+ 的盐碱地池塘水体进行对虾养殖造成对虾伤害，另外高碱度、高 pH 也可能对养殖动物造成伤害。施 KCl 可有效改善池塘水质状况，提高养殖动物的成活率和产量。

中国海洋大学水产养殖生态学课题组在山东省东营市的对虾养殖场开展了相关研究。实验所用池塘面积约 1 000 m^2，平均水深 1.5 m，内设 5 m×6 m 的围隔 15 个。投放的凡纳滨对虾苗种体重为 0.01±0.01 g。实验共设 5 个处理，即水体 $[Na^+]/[K^+]$ 分别为 10、20、40、80 和 154(原池塘渗水作为对照)，每个处理 3 个重复。养殖实验持续 3 个多月。

实验期间各组水温、含盐量、透明度、pH、溶解氧都没有显著差异。

没有添加 KCl 的水体(对照组)从放养的第二天起对虾就开始陆续死亡，实验结束时没有发现活虾，而添加 KCl 的四个组在对虾产量、个体增重、存活率间存在显著差异(表 11-2)。

表 11-2 不同 $[Na^+]/[K^+]$ 下凡纳滨对虾的产量、体重和成活率

$[Na^+]/[K^+]$	产量/g	个体重/g	成活率/%
10	2 840.5±24.6[a]	12.17±1.48[a]	23.55±2.53[a]
20	6 969.3±539.9[b]	11.53±3.13[a]	63.23±15.55[b]
40	8 323.1±343.6[c]	11.92±2.53[a]	71.86±14.52[b]
80	7 966.3±45.9[c]	11.78±1.95[a]	68.87±11.11[b]
154(对照)	0	0	0

当水中 $[Na^+]/[K^+]$ 为 40 时，对虾的生长率和食物转化率都最高，表明 $[Na^+]/[K^+]$ 对凡纳滨对虾成活率和生长的影响要大于单独 K^+ 浓度的影响。

2. 施加 CaCl₂ 改良盐碱池塘水质 山东省黄河沿岸的低洼盐碱地氯化物水型池塘中常缺乏 Ca^{2+}，水体缓冲能力较差，当水体浮游植物光合作用较强时，会导致 pH 大幅升高，危及养殖动物的安全。申屠青春等(2000)研究了向水中施用 $CaCl_2$ 降低碱度和 pH 的作用，结果表明，施 2 mmol/L $CaCl_2$ 2 d 后，池水的 pH 急剧下降 1.0 个单位，尽管之后缓慢上升，但 16 d 后仍然维持在稍低的水平。总碱度在前两天急剧下降，之后的 14 d 里也一直在缓慢下降(图 11-5)。由此可见，施用一定量的 $CaCl_2$ 不仅可以提高水体对酸碱的缓冲能力，还可有效地降低水体的 pH 和总碱度。另外施用 $CaCl_2$ 可显著提高浮游植物多样性，但对浮游植物生物量无显著影响。

博伊德等(Boyd, 1998)曾建议通过通入二氧化碳、施用强酸或施用除草剂等方法降低池塘水的 pH。波特等(Pote, 1990)研究了向池塘水中施用铝明矾 $[Al_2(SO_4)_3 \cdot 18H_2O]$ 调节水的缓冲系统。铝明矾可水解释放 H^+，但由于铝可形成 $Al(OH)_3$、$AlPO_4$ 等沉淀，因而会引起水中总磷和有效磷大幅度下降。

用硫酸铝、硫酸钙调控高碱度低硬度池塘水质的试验发现，只有硫酸钙有明显的降低 pH 效果。

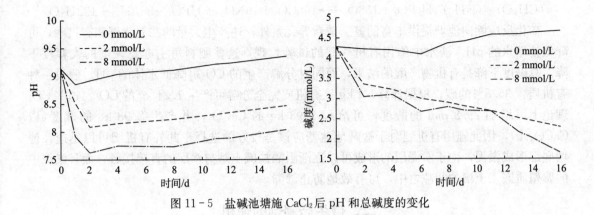

图 11-5　盐碱池塘施 CaCl₂ 后 pH 和总碱度的变化

第三节　池塘养殖过程中的水质调控

一、施肥调控养殖池塘水质

施肥是通过向养殖池塘中投放含有氮、磷等营养元素的无机与有机肥料，调控水中的浮游生物结构和数量，以达到改良养殖池塘水质的目的。这种方法主要针对氮、磷营养缺乏的养殖池塘。盐碱地池塘水体常常呈现碱度高、pH 高的水质特点，施用酸性肥料不仅可为池塘提供所需的养分，还可以中和部分碱度，减少高碱度、高 pH 对养殖鱼虾类的威胁。

理论上，在黑暗条件下盐碱地池塘中施用尿素、铵态氮肥等肥料，可经一系列反应，包括硝化作用后降低 pH：

$$(NH_2)_2CO + H_2O \xrightarrow{\text{脲酶}} 2NH_3 + CO_2$$

$$2NH_3 + 2H_2O \longrightarrow 2NH_4^+ + 2OH^-$$

$$2NH_4^+ + 4O_2 \xrightarrow{\text{硝化细菌}} 2NO_3^- + 2H_2O + 4H^+$$

1 mmol 尿素或铵态氮经硝化作用可产生 2 mmol 酸，降低 2 mmol 碱度，但这种情况只有在黑暗条件下藻类不利用 NH_4^+ 时发生。在有光条件下，由于浮游植物优先吸收铵态氮，同时池塘的硝化作用较弱，施入的尿素或铵态氮来不及进行硝化作用便被浮游植物吸收，由此，反而造成碱度升高。已有的研究表明，施用铵态氮肥并没有降低 pH，相反，碱度和 pH 会升高。

同样，施用硝酸盐肥料也会由于光合作用而使碱度增加，pH 升高，由下式可知：

$$106CO_2 + 16NO_3^- + HPO_4^{2-} + 18H^+ + 122H_2O \xrightarrow{\text{光}} (CH_2O)_{106}(NH_3)_{16}H_3PO_4 + 138O_2$$

由此看来，在无机氮贫乏的盐碱地池塘水中施用尿素和无机肥一般都会增加碱度和 pH。

申屠青春（1999）的试验表明，施用 17.19 g/m² 的 NH_4Cl、12.86 g/m² 的 NH_4NO_3 和 21.21 g/m² 的 $(NH_4)_2SO_4$ 可分别使碱度降低 32.2%、26.4% 和 31.3%，但 pH 都有不同程度的升高，因此施用这些化合物降碱度时要注意防止 pH 升得过高而危害养殖鱼虾。

有机肥除含有氮、磷等营养元素外，还含有铁、锰、锌、铜等微量元素。同时有机肥中的有机物在细菌作用下发生矿化反应：

$$(CH_2O)_{106}(NH_3)_{16}H_3PO_4 + 138O_2 \longrightarrow 106CO_2 + 16NO_3^- + HPO_4^{2-} + 18H^+ + 122H_2O$$

矿化反应除向池塘提供丰富的氮、磷营养元素外,还产生大量的二氧化碳和有机酸,可降低池塘水的 pH。淡水中施用有机粪肥的试验发现,这些肥料可引起总碱度的大幅度下降。总碱度下降是有机物产酸的结果,而同时分解产生的 CO_2 可降低水体的 pH。假设一种有机质含 35.8% 的碳,根据计算,1 kg 该有机质完全分解可产生 1.31 kg 的 CO_2。这些 CO_2 理论上可增加 29.8 mol 的酸度,可溶解 2.98 kg 的 $CaCO_3$,并产生 2.98 kg 的碱度(以 $CaCO_3$ 计),因此施用有机肥对于盐碱地池塘应该是较好的选择。此外有机肥可以迅速在池塘底部形成淤泥,由于淤泥层的形成可以逐渐阻隔盐碱土基与水层的直接接触,而且淤泥中的腐殖质嵌入土壤的间隙之中,可有效地防止渗漏。

二、微生态制剂的使用

在水产养殖过程中,残饵、养殖生物代谢物以及一些不溶或难溶的颗粒物易沉积于养殖系统的底部,据报道,每年养虾池塘的底质可增厚 10 cm 左右。这些沉积物一部分可以被底栖生物同化,但很大一部分需要微生物的参与才能分解。如果未能及时分解,沉积物的积累容易造成水体富营养化,使得水体溶解氧偏低,同时导致一些厌氧微生物大量滋生,产生有害代谢产物,造成养殖生物大量死亡。

微生物是养殖水域生态系统的重要组成部分,在水产养殖环境中占有重要地位,在营养物质转化及水质净化等方面起举足轻重的作用。为加速堆积于池塘底部的沉积物中有机物的生物矿化作用,促进营养物质循环,有针对性地施用功能强化的微生态制剂已成为池塘集约化养殖的重要水质调控手段。目前常用的微生态制剂有光合细菌、芽孢杆菌、硝化细菌、枯草杆菌和 EM 菌等,将它们单独或共同施用到养殖水体中,可以达到改良水质或改良底质的目的。

光合细菌是一类以光为能源能够在好氧或厌氧条件下,利用有机物、硫化物、氨等作为供氢体和碳源进行光合作用的无形成芽孢能力的革兰阴性菌,能吸收水体中一些有害物质,抑制病原微生物生长,达到净化水质的目的。

芽孢杆菌具有耐高温、快速复活和较强分泌酶等特点,在有氧和无氧条件下都能存活。

硝化细菌是一类好氧菌,能够将氨态氮转化为硝酸态氮,促进养殖水体氮元素循环。

乳酸菌是一类无芽孢的革兰阳性菌,属异养厌氧型菌群,代谢产物为乳酸。乳酸菌能够抑制腐败菌繁殖,加速木质素、纤维素等有机物分解。

EM 菌是一类混合菌的总称,一般由光和细菌、酵母菌、乳酸菌、芽孢杆菌等有益菌混合而成,对改良水质有着很好的效果。

(一)光合细菌

1. 作用原理 光合细菌包括红色非硫黄细菌、红色硫黄细菌和绿色硫黄细菌,都能进行光合异养生长。红色非硫黄细菌以低级脂肪酸、醇类、碳水化合物和氨基酸等有机物作为光合反应的氢供体和碳源进行光合异养生长,常生长在有大量有机物的厌氧水层中,利用发酵细菌所产生的低分子有机化合物来合成高分子有机物;红色硫黄细菌和绿色硫黄细菌都能利用 CO_2 作为碳源,利用 H_2S 作为光合反应的供氢体,以此进行光合自养生长,常生长在含有 CO_2 和 H_2S 的厌氧水层中。这些光合细菌常同非光合细菌如硫黄细菌、碳酸细菌、发酵细菌等及藻类、浮游动物等一起参与生态系统的物质循环。它们能够防止厌氧下层产生的

有毒还原性如 H_2S 等物质大量向好氧层扩散，从而保证在好氧层中生活的水生动物健康生长。

目前国内生产的光合细菌添加剂为能进行光合作用的微生物产品，并已在水产养殖上广泛应用，呈现出增产防病作用。

2. 应用实例　王梦亮等(2001)一次性泼撒活菌数(N)为 1.6×10^9 个/mL 的光合细菌(沼泽红假单胞菌和类球红细菌纯培养物 1:1 的混合物，pH 7.5)3 g/m² 于面积为 40 000 m²、平均水深 2.5 m 的鲤养殖池中，通过检测池水中光合细菌、异养细菌和浮游动物数量，及待光合细菌大量增殖至稳定数量后采集的水样发现：对照组(未施用)鲤养殖池光合细菌的数量变化不大，而处理组(施用)光合细菌的数量在 15 d 内大量增殖，尤以底层明显，并在水中呈上低下高的垂直分布(表 11-3)；施入光合细菌 20 d 后表层水异养细菌数量下降，而底层增加，但变化幅度不大(表 11-4)；随着光合细菌的增殖，水中轮虫和枝角类的数量大幅度增加；光合细菌大量增殖后，与对照组相比，水体溶解氧增加 68%，COD 下降 21%，氨态氮下降 58.7%，硝酸态氮下降 29.4%，硫化物下降 77.4%(表 11-5)，水质净化效果明显。

表 11-3　光合细菌数量变化($n=6$，$\bar{x} \pm s$)(lgN/L)

处理	项目	7月10日	7月24日	8月1日	8月10日	8月20日
对照组	表层	1.16±0.21	1.47±0.26	1.21±0.31	1.19±0.18	1.00±0.20
	底层	1.43±0.23	1.47±0.31	1.32±0.33	1.43±0.27	1.66±0.34
实验组	表层	3.63±0.83	3.83±0.76	4.63±0.81	4.37±0.92	4.27±0.87
	底层	3.62±0.79	9.14±1.47	9.07±1.51	9.11±1.46	9.28±1.79

表 11-4　异养细菌数量的变化($n=6$，$\bar{x} \pm s$)(lgN/L)

处理	项目	7月10日	7月17日	7月24日	8月1日	8月10日	8月20日
对照组	表层	3.24±0.79	3.29±0.68	3.84±0.56	3.88±0.77	3.84±0.67	3.79±0.74
	底层	6.37±1.17	6.76±1.23	7.27±1.31	7.37±1.41	7.64±1.51	7.76±1.21
实验组	表层	3.28±0.61	3.30±0.57	3.89±0.65	2.43±0.41	2.07±0.39	2.84±0.44
	底层	6.37±1.11	6.77±1.23	6.23±1.14	7.73±1.27	8.27±1.31	8.29±1.41

表 11-5　光合细菌对鱼塘水质的影响($n=6$，$\bar{x} \pm s$)(mg/L)

处理	pH	溶解氧	化学需氧量	氨态氮	硝态氮	硫化物
对照组	7.3	3.10±0.28	13.70±1.27	2.01±0.19	0.14±0.03	0.67±0.07
实验组	7.4	5.21±0.31	10.82±1.03	0.83±0.09	0.09±0.01	0.15±0.03

3. 使用方法与注意事项　常用光合细菌浓度标准为 $3 \times 10^9 \sim 4 \times 10^9$ 个/mL 的成品。有两种施用法：一是拌砂沉底法，每 667 m² 用 500 g 标准菌液拌 30 倍干砂搅拌均匀，然后撒入池底，使其在池塘底部繁殖，改善池底环境；二是全池泼撒法，取标准菌液每次现场稀释

300～500 倍后全池均匀泼撒，每隔 10～15 d 泼撒 1 次，能降低水中有害物质，改善水质环境，增殖天然饵料，减少鱼虾疾病。

注意勿与抗生素和磺胺类药合并使用，池塘清塘消毒 1 周后方能使用。使用前，水体最好能够增氧，一般在苗种入池前 8 h 施入。

(二)水产专用微生态活菌制剂

由芽孢杆菌、枯草杆菌、沼泽红假单胞菌、硫化细菌及硝化菌等多种复合有益活菌组成的"益水素"，活菌总数高于 8×10^9 个/g，能有效分解水中和池底的有机物，降低氨态氮、亚硝酸态氮和硫化氢等，改善池底厌氧环境，抑制养殖池中有害藻类过量繁殖，维持系统生态平衡。

1. 应用实例 海南省琼山市灵山镇东营管区东和村池塘养殖斑节对虾。池塘面积 2 700 m^2，水深 1.4 m，共放养斑节对虾 50 万尾，平均 187.5 尾/m^2，放养约 80 d。2002 年 10 月 28 日，池塘水质状况如下：氨态氮 0.6～0.9 mg/L，亚硝酸盐 0.1～0.15 mg/L，pH 8.2～8.4，盐度 20 左右，水温 26 ℃。15 d 前用过二溴海因，藻类大量死亡，水色为暗红色，水质浑浊，悬浮颗粒多，透明度小于 20 cm。10 月 28 日下午使用"益水素"10 kg 后：10 月 29 日下午水色开始变为绿色，11 月 1 日氨态氮降为 0.3～0.5 mg/L，亚硝酸盐降为 0.05～0.1 mg/L，pH 8.0～8.2，透明度 30～40 cm，水色深绿，水质清爽，水面有光泽，施用效果明显。

2. 使用方法与注意事项

① 选择晴天无风，水温 15 ℃以上。使用前用养殖塘水浸泡 6 d 以上，最好浸泡时能曝气，气温低浸泡时间适当延长。

② 使用消毒药 7 d 后才能使用。

③ 全池泼撒要均匀。高密度养殖池一定要持续开增氧机，既能增氧，又能促使活菌浓度更均匀，并能将死亡藻类等悬浮物漂浮到塘边以便捞出。

④ 根据养殖池水深与水质状况决定使用量：正常使用时，每 1 000 m^3 水，首次施加 1 kg 后隔 2 周补施 0.5 kg；特殊使用时每 1 000 m^3 水施加 1.5～3.0 kg。

⑤ 如果连续阴天，无雨或小雨，水质败坏严重，使用后也能降解 NH_4^+（NH_3）、NO_2^-，虽效果较差，水色转变较慢，但能解毒。

⑥ 使用两天后水质透明度过大，可用 KH_2PO_4 或 $Ca(H_2PO_4)_2$ 肥水。

有关微生物制剂在水产养殖产业上的应用，目前失败的例子也不少，这与所使用的制剂中活菌数量、使用方法及水质条件等皆有关，尚需进一步规范产业市场，制定科学使用方法。

三、滤食性动物的水质调控功能

目前，我国池塘集约化养殖多采用混养模式，所依据的生态学基本原理包括养殖废物资源化利用，空间、时间和饵料等资源的充分利用等。养殖废物资源化利用就是将投饵养殖动物以一定的比例与非投饵养殖动物或植物混养，使一种养殖生物的副产出成为另一生物的输入物(肥料、食物、能量)，非投饵养殖动物或植物起着调控水质的作用。

滤食性动物通过滤食水中的浮游植物而对水域初级生产力产生重要影响，它们在水域生态系统的结构和功能中发挥着重要作用。近些年，国内外都十分关注滤食性动物对水质影响的研究，并开始在水产养殖实践中放养适量的滤食性动物以调控水质。

1. 养殖鲢调控养殖水体水质 李琪和李德尚(1993)利用 30 个 14.3 m^3 的围隔研究了不同放养密度的鲢与鲤混养水体中水质的变化，表 11-6 是部分结果。由表可知，放养鲢后，浮游动物和浮游植物生物量平均分别下降了 58.7% 和 63.6%，透明度提高了 18.2%，水体总磷含量显著降低，氨态氮含量虽然有所提高，但整体表现出鲢有明显的水质净化作用。

表 11-6　不同放养密度的鲢与鲤混养对水库围隔中浮游动物、浮游植物、透明度、总磷和氨态氮的影响

围隔	鲢/ (g/m²)	鲤/ (g/m²)	浮游动物/ (mg/L)	浮游植物/ (mg/L)	透明度/ m	总磷/ (μg/L)	氨态氮/ (μg/L)
A1	0	0	2.05±1.20	2.75±0.54	1.98±0.24	19±10	28±25
A2	28	0	1.11±0.62	1.42±0.04	2.02±0.18	19±7	33±52
A3	45	0	0.84±0.41	1.26±0.49	2.17±0.27	22±8	16±21
B1	0	150	4.12±3.75	2.40±1.37	1.59±0.22	107±34	109±7
B2	52	150	1.33±1.06	1.24±0.93	1.83±0.24	88±20	172±8
B3	75	150	1.03±0.76	0.97±0.71	1.99±0.18	87±40	123±6
C1	0	253	3.20±3.19	2.86±0.91	1.85±0.39	192±95	176±159
C2	87	253	1.81±1.88	2.02±0.89	1.77±0.32	167±76	198±123
C3	129	253	1.36±0.92	0.18±0.96	1.92±0.39	117±48	185±136

夏斌(2013)等采用稳定同位素技术研究了草鱼-鲢综合养殖系统中鲢净化水质的效果。结果表明：单养草鱼时，投喂饲料中大部分的营养要素(81.7%碳、65.6%氮和67.5%磷)排放到养殖水环境中，每生产1 t草鱼就会向水环境中排放 355～385 kg碳、30～40 kg氮和3～4 kg磷。鲢主要摄食水体中的颗粒有机物，其次是残饵，最后是鱼粪(表 11-7)，草鱼和鲢生物量比例为8：2和7：3时，鲢对养殖废物的摄食率最高(表 11-8)。通过计算每生产1 t鲢，对残饵和鱼粪的直接滤食达到185.01 kg，从水体中去除的碳、氮和磷3种营养要素的总量分别为73.65 kg、18.84 kg和1.57 kg，水质净化效果显著。

表 11-7　鲢食物源的碳、氮、磷含量

营养源	食物源			总量
	颗粒有机物/g	残饵/g	鱼粪便/g	
碳源	289.46	106.83	33.26	429.55
氮源	41.32	15.24	4.7	61.26
磷源	3.87	1.43	0.44	5.74

表 11-8　不同综合养殖结构中鲢对浮游植物及残饵和鱼粪等养殖废物的摄食比例

草鱼：鲢生物量比	浮游植物	残饵	草鱼粪便	鲢粪便	残饵+粪便
8：2	0.620±0.008	0.244±0.013	0.107±0.004	0.029±0.013	0.380±0.008
7：3	0.615±0.008	0.269±0.010	0.090±0.001	0.026±0.014	0.385±0.008
6：4	0.653±0.012	0.243±0.008	0.062±0.005	0.042±0.007	0.347±0.012
5：5	0.709±0.013	0.206±0.007	0.048±0.004	0.037±0.005	0.291±0.009
4：6	0.721±0.009	0.206±0.006	0.035±0.005	0.039±0.003	0.280±0.009
0：10(对照)	0.837±0.033	—		0.163±0.033	

2. 养殖海湾扇贝调控养殖池塘水质 董双林等(1999)在海水池塘中利用 5 m×5 m×1.1 m 的围隔研究了海湾扇贝放养对池塘水质的影响。海湾扇贝的规格为(49.6±4.5)mm×(46.8±5.1)mm，在围隔中吊养，放养密度为 0 个/m²(A0)、0.2 个/m²(A1)、1 个/m² (A2)、2 个/m²(A3)、3 个/m²(A4)、4 个/m²(A5)，实验持续 21 d。

结果表明，与实验开始时相比，实验结束时 A0 和 A1 组叶绿素 a 含量分别增加了108%和30%，而 A2、A3、A4 组叶绿素 a 含量则平均下降了 17%，密度最高的 A5 组叶绿素 a 含量下降了 67%。除 A2 围隔颗粒有机物(POM)实验结束时比开始时稍有增加外，其余围隔的 POM 都不同程度下降，其中 A0 减少 20%，A5 减少 64%。实验期间 A0 的 COD 平均为 9.50 mg/L，放养扇贝的 5 个围隔 COD 平均为 9.47 mg/L。实验结束时各围隔的COD 与实验开始时相比略有下降，A4 和 A5 下降最多，分别为 7.8%和 6.4%。

实验期间各围隔总磷浓度都呈现下降趋势，其中 A0 下降 4.5%，其他围隔下降 25%～45%，A5 下降最多。各围隔总溶解磷均有所下降，下降幅度为 11%～29%。除 A0 总颗粒磷增加 8.8%外，其余围隔均下降 34%～65%。A0 围隔中总氨态氮浓度平均为 0.028 mg/L，下降 88%，其余围隔平均下降 80%，A5 下降 65%。A0 的 $NO_3^- - N$ 浓度平均为 0.214 mg/L，放养扇贝的围隔中平均为 0.187 mg/L。除 A0 围隔$NO_3^- - N$ 浓度增加 12%外，其余围隔中浓度皆有所下降，其中 A5 下降 90%。

由此可见，放养海湾扇贝可使水体初级生产力下降，水体总磷、氨态氮、硝酸盐含量下降，净化了水质。

四、浮动草床的水质调控功能

鱼菜共生养殖模式是我国现代养殖模式之一，该模式是在养殖池塘水面种植蔬菜或水生植物，利用蔬菜或水生植物根系发达、生长需要大量氮、磷的特性，吸收养殖生物的粪便、残饵等废弃物所产生的氮、磷，缓解池塘水体富营养化；同时蔬菜或水生植物的光合作用又可增氧，菜筏还可为养殖生物遮阳，实现养鱼不换水、种菜不施肥、资源可循环利用的综合种养模式。

浮动草床(vegetated floating - bed)也可称为生态浮床(ecological floating - bed)在国内外水产养殖应用方面研究受到越来越多的关注。王超等(2014)总结的生态浮床净化水质的主要途径和机制包括：①物理作用及化学沉淀，物理作用主要是指植物根系对颗粒态氮磷和部分有机质的截留、吸附和沉降等作用；化学沉淀主要是磷酸盐与水体中的阳离子如Ca^{2+}、Mg^{2+} 等发生协同沉淀，从而将其从水中去除。②植物的吸收作用。③氧气的传输作用：植物通过根系传输并释放氧气到水中。④藻类的抑制作用：包括竞争性抑制、生化性克制和周边生物的捕食抑制。⑤微生物降解作用。⑥植物与微生物的协同作用(图 11-6)。

目前已发现并用于淡水养殖的浮动草床植物菖蒲、鸢尾、美人蕉、风车草、富贵竹、水葫芦、生菜、空心菜、水芹、甜心菜、水蕹菜、竹叶草、大薸、鱼腥草、千屈菜、虎杖、豆瓣菜、大蒜、薄荷等。很多研究关注生态浮动草床对养殖水质的改善情况。如董济军等(2016)发现：人工生态浮动草床种植水葫芦、美人蕉、生菜、空心菜、水芹、甜心菜等均可降低池塘水体中的总氮、总磷、COD、氨态氮、硝酸态氮、亚硝酸态氮含量。低浓度污水中水蕹菜对氮、磷的去除效果优于美人蕉；中浓度污水中水蕹菜对氨态氮去除效果高于美人蕉，对$NO_3^- - N$和总磷的去除效果低于美人蕉；高浓度水样中，美人蕉对所有指标的净化效

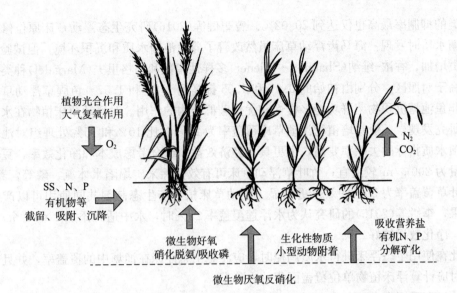

植物光合作用
大气复氧作用
O_2

SS、N、P
有机物等
截留、吸附、沉降

微生物好氧
硝化脱氮/吸收磷

生化性物质
小型动物附着

吸收营养盐
有机N、P
分解矿化

N_2
CO_2

微生物厌氧反硝化

图 11-6　浮动草床净化机理

（王超等，2014）

果均优于水蕹菜。水蕹菜在总氮质量浓度大于 30 mg/L，总磷浓度大于 10 mg/L 的污水中生长受到抑制，美人蕉则生长良好，并取得较好净化效果。因此水蕹菜对低浓度污水的净化效果较好，美人蕉适合于净化高浓度污水。李昌等（2017）研究了低温（3.3～17.2 ℃）下豆瓣菜作为浮动草床植物对池塘水体的净化效果，发现豆瓣菜可作为低温条件下净化池塘养殖废水的浮床植物。张劲等（2011）对比了 12 种浮动草床植物的水质净化能力，发现红叶甜菜对总氮的去除率最高，达 85.7%；空心菜对总磷的去除率最高，达 95.6%；美人蕉和空心菜对氨态氮的去除率接近 100%。郑尧等（2018）研究中草药虎杖作为浮动草床植物去除池塘养殖水体中的氮、磷营养盐时发现 3.5%（虎杖重/水体重）虎杖种植 20 d 对养殖水体中总氮、总磷、硝酸态氮、氨态氮去除率分别达到 69.4%、71.3%、90.3% 和 74.1%，在污水各污染指标中，虎杖对硝酸态氮的吸收能力最强，其次是总氮、总磷、氨态氮和亚硝酸态氮。

在海水养殖中，已有将碱蓬、海马齿、海蓬子、碱菀等植物作为浮动草床植物的研究。王趁义等（2018）对碱蓬浮床处理海水养殖废水效果的研究发现：碱蓬对海水养殖尾水中的总氮、总磷去除贡献率分别为 16.1% 和 78.1%。吴英杰等（2018）对北美海蓬子生态浮动草床净化南美白对虾养殖池塘水质的效果时发现 15 d 后，50% 覆盖面积生态浮动草床对水体总氮、NH_4^+-N、NO_3^--N 和 COD_{Mn} 的去除效果最好，去除率分别为 44.9%、34.4%、44.4% 和 35.6%，且对虾的增产效果最好；75% 覆盖面积生态浮床对水体总磷的去除效果最好，去除率为 30.3%。

但是生态浮动草床的遮盖作用可导致水体的入射光照量减少，从而使水中浮游植物缺乏光照造成水中溶解氧含量下降，尤其在水流缓慢的池塘中，溶解氧含量下降直接影响微生物的生长繁殖，从而影响生态浮床的净化效果。当生态浮床面积增大时，其负面效应更为明显，甚至导致生态系统结构和功能产生较大变化。如邴旭文等（2001）的研究发现植物在夜晚的呼吸作用随覆盖率增加而加大，导致植物和鱼类竞争水中的溶解氧，甚至会造成鱼类死亡。李今等（2014）发现空心菜对鱼塘养殖废水中的 NH_4^+-N、总氮和总磷有去除作用，但对浮游藻类的抑制率最高也仅达到 20.02％。曾碧健等(2016)研究生态浮动草床原位修复海水养殖池塘水质时发现：海马齿浮动草床虽然改善了养殖池塘水质和沉积环境，但试验区浮游动物种类增加，香浓-维纳(Shannon-Wiener)多样性指数和马格里夫(Margalef)种类丰富度指数均高于对照区，分别由初始的 0.94 和 1.05 提高到 1.01 和 1.57。鱼腥草浮动草床具有增加罗非鱼池塘沉积物菌群功能多样性和优化菌群结构的作用。对浮动草床植物在水面的覆盖率的研究发现，一般栽培植物浮动草床覆盖率为 20％时比 10％和 15％处理组对池塘水体中的各项水质指标的去除率要高，也更具有经济效益；综合考虑成本和净化效率，豆瓣菜种植生物量为 200 g/m² 较适宜；竹叶草浮动草床可有效去除采矿塌陷水体氮、磷等营养物质，并且竹叶草覆盖率为 30％的效果更明显。浮动草床植物与生态制剂共同使用可以产生协同净化效果，李敏等(2015)的研究认为水浮莲覆盖率 20％时，水中适宜添加 3×10^7 个/L 的生态制剂，净化效果较好。

因此在使用生态浮床进行水质调控时，应注意生态浮床在池塘中的覆盖率，并且在计算去除率时应计算浮床植物单位覆盖面积的去除率。

此外尚有采用生态塘、人工湿地、生态沟渠等水质调控措施与养殖池塘共同组成生态工程化循环水池塘养殖系统的案例。

第四节　养殖尾水处理

我国是水产养殖大国，水产养殖在解决百姓温饱、改善膳食结构、提升生活质量等方面发挥了巨大作用。同时大规模、低水平养殖造成污染物大量排放，据统计我国养殖污染物年排放量超过 1 000 万 t，排放尾水 3 亿 t，养殖排污问题随养殖规模的增大日趋严重。新修订的《水污染防治法》对水产养殖尾水排放提出了新要求。因此，在划定的养殖区、限养区建设尾水处理系统，实现尾水达标排放或者区域内循环使用，以尾水治理推动渔业转型升级势在必行。这里主要介绍农业农村部 2019 农业主推技术"淡水池塘养殖尾水生态化综合治理技术"。对于海水池塘养殖尾水，可以采用相似的方法处理。

一、选址布局

1. 尾水处理建设地点　尾水处理建设地点应符合当地"养殖水域滩涂规划"布局要求。

2. 规模治理场养殖区域面积　规模治理场养殖区域面积原则上不低于 $1.33 \times 10^5 m^2$，集中治理点养殖区域面积原则上不低于 $2 \times 10^5 m^2$，养殖区域应集中连片。

3. 养殖尾水处理面积　养殖尾水处理面积可根据不同养殖品种确定：①大宗淡水鱼、淡水虾类养殖池塘尾水治理设施总面积不小于养殖总面积的 6％；②乌鳢、加州鲈、黄颡鱼、翘嘴红鲌以及龟鳖类养殖池塘尾水治理设施总面积不小于养殖总面积的 10％；③其他品种尾水治理设施总面积约养殖总面积的 8％。

4. 尾水治理工艺流程　①尾水设施总面积占养殖总面积较大的，应建立"四池三坝"，处理工艺流程主要包括生态沟渠—沉淀池—过滤坝—曝气池—过滤坝—生物净化池—过滤坝—洁水池；②养殖污染较少的品种，可采用"四池两坝"的治理模式，处理工艺流程主要包括生态沟渠—沉淀池—过滤坝—曝气池—生物净化池—过滤坝—洁水池。

5. 处理设施面积比例　为满足蓄水功能，沉淀池与洁水池面积应尽可能大，沉淀池、曝气池、生物净化池、洁水池的比例约为 45：5：10：40。

二、设施设备

1. 生态沟渠建设　生态沟渠利用养殖区域内原有的排水渠道或周边河沟进行改造而成，并进行加宽和挖深(图 11-7)，宽度不小于 3 m，深度不小于 1.5 m，沟渠坡岸原则上不硬化，种植绿化植物，在沟渠内设置浮床，种植水生植物，利用生态沟渠对养殖尾水进行初步处理，最终汇集至沉淀池(已硬化的沟渠只需设置浮床，种植水生植物；无可利用沟渠时，用排水管道将养殖尾水汇集至沉淀池)。

2. 沉淀池建设　沉淀池面积不小于尾水处理设施总面积的 45%，尽量挖深，在沉淀池内设置"之"字形挡水设施，增加水流流程，延长养殖尾水在沉淀池中停留时间，并在池中种植水生植物，以吸收利用水体中营养盐。沉淀池四周坡岸不硬化，坡上以草皮绿化或种植低矮树木。

3. 曝气池建设　曝气池面积为尾水处理设施总面积的 5% 左右，曝气头设置密度不小于 3 m²/个，曝气头安装时应距离池底 30 cm 以上，罗茨鼓风机功率配备不小于每 100 个曝气头 3 kW，罗茨鼓风机须用不锈钢罩保护或安装在生产管理用房内。

图 11-7　生态沟渠

曝气池底部与四周坡岸应硬化或水泥板护坡或土工膜铺设，以防止水体中悬浮物堵塞曝气头。应在曝气池中定期添加芽孢杆菌、光合细菌等微生物制剂，用以加速分解水体中有机物。

4. 生物净化池建设　生物净化池面积占尾水处理设施总面积的 10% 左右，池内悬挂毛刷，密度不小于 9 根/m²，毛刷设置方向应与水流方向垂直，毛刷底部也须用聚乙烯绳或不锈钢丝固定，确保毛刷挺直，不随水流飘动。定期添加芽孢杆菌、光合细菌等微生物制剂，用以加速分解水体中有机物。池塘四周坡岸不硬化，坡上以草皮绿化或种植低矮树木(图 11-8)。

5. 洁水池建设　洁水池面积应占尾水处理设施总面积的 40% 以上，池内种植伊乐藻、苦草、空心菜、莲藕、荷花等水生植物，四周岸边种植

图 11-8　生物净化池

美人蕉、菖蒲等植物，合理选择植物种类，分类搭配，保证四季均有植物生长。水生植物种植面积应占洁水池水面的 30% 左右，同时应在池内放养鲢、鳙、河蚌、螺蛳等滤食性水生动物，进一步改善水质。

6. 过滤坝建设　用空心砖或钢架结构搭建过滤坝外部墙体，在坝体中填充大小不一的滤料，滤料可选择陶粒、细砂、碎石和活性炭等，坝宽不小于 2 m；坝长不小于 6 m，并以 1.33×10^5 m² 养殖面积为起点，原则上每增加 6.67×10^4 m² 养殖面积，坝长加 1 m；坝高应基

本与塘埂持平，坝面中间应铺设板块或碎石，两端种植低矮景观植物。坝前应设置一道细网材质的挡网，高度与过滤坝持平，用以拦截落叶等漂浮物(图11-9)。过滤坝建设还应注重汛期泄洪设施配套。

7. 排水设施建设　所有排水设施应为渠道或硬管，不得使用软管，应尽可能做到水体自流，因地势原因无法自流的，应建设提升泵站。通过泵站合理控制各处理池水位，确保各设施正常运行，处理效果良好。

8. 监控建设　在尾水处理设施的中央和排水口各安装一套可360°旋转监控摄像头，进行远程监控。

图11-9　过滤坝

9. 物联网技术应用　在曝气设备上安装智能曝气控制装置，做到定时开关曝气设备。

三、注意事项

1. 养殖池塘应具有一定规模且成连片布局，且养殖场具有一定的水、电、通信条件。
2. 养殖区域内具有较好的组织管理结构，具有一定数量的技术人员。
3. 定期监测水质，加强对尾水治理设施的运行与维护。

第五节　水产养殖池塘底质调控技术

一、清　淤

池塘经过一段时间的使用，粪便、残饵、生物尸体等会在池塘底部不断地积累形成淤泥。过量的淤泥会成为养殖水体的内源性污染源，淤泥中含有大量的有机物、细菌、寄生虫、病毒等病原体还会给水产养殖带来潜在威胁。因此定时清淤是现代池塘水产养殖生产的重要环节，也是开展健康绿色水产养殖的一项基础工作。

(一)清淤的作用

① 清淤能够明显改善水质，减少亚硝酸盐、硫化氢、有毒金属等有害物质，促进沉积物-水界面物质交换，增加营养盐交换通量，提高初级生产力，增加池塘产量。

② 清淤可以有效清除池塘中的病原微生物，降低鱼类发病概率。

③ 通过彻底清淤消毒，还能减缓池塘老化，增加池塘深度，提高载鱼量，提高池塘生产力，增加养殖产量。

④ 清出的淤泥可用于修整填补垮塌的鱼塘塘坝和加固、加高塘埂。

⑤ 淤泥中含有大量的腐殖质和氮、磷、钾等植物生长所需的营养元素，清出来的淤泥能够当肥料使用。

(二)常用的清淤方法

目前常用的清淤方法有四种：干塘**清淤**、带水清淤、水下清淤和稻鱼轮作清淤。干塘清淤是指将塘水放干将淤泥进行晾晒然后通过机械或者人力将淤泥清除。干塘清淤又分为机械清淤、人工清淤和冻层清淤。面积较大的养殖池塘，一般使用清淤机、推土机、挖掘机等现代化机械设备进行机械清淤，清淤前将淤泥进行晾晒，待淤泥能够承受机械的重量时将机械开进池塘，直接将淤泥清除。对于不便用机械清淤且面积较小的池塘，可采用人工清淤，清淤前干塘晾晒一段时间，待到淤泥干至能承受人的重量时，人工进行挖出。如果池塘淤泥较深，且机械或人工清淤作业困难的鱼塘可以采用冻层清淤，清淤前干塘晾池，经冬季结冻后，直接下池逐层清除淤泥，清到池底为止。冻层清淤有很大的局限性，一般只适用于寒冷的北方，其他地区无法使用。带水清淤是指将池塘水留下一小部分，使淤泥和水形成具有一定流动性的泥水混合物，然后利用清淤泵或者泥浆泵将泥水混合物抽离池底。带水清淤的清淤效率没有机械清淤高，一般适用于池塘水无法排干的低洼池塘。水下清淤是指在鱼塘不放水或者放掉一部分水的情况下利用清淤船进行清淤。与常规清淤不同的是，水下清淤可以不用排水，养鱼的同时同步进行清淤，但是要注意多次分区域进行，不可全池同时清淤。稻鱼轮作清淤是指鱼收获之后将池塘水排干，经过晾晒后在淤泥上种植一些对养分需求比较大的作物，利用作物吸收淤泥中过量的营养物质，待作物收获之后继续添水养鱼，如此往复循环。轮作清淤是一种比较环保的清淤方式，利用鱼塘空档期种植作物增加利润的同时达到清淤的目的。一般情况下，池塘每 3～4 年清淤一次。为了保持鱼塘的肥度和水质相对稳定，可保留 15～20 cm 深的淤泥。

四川眉山地区水产苗种培育技术成熟，池塘精养化程度高，在此地区冬季通常会排水干塘，清掉表层 20 cm 的淤泥，能够明显减少第二年苗种培育期间的发病率，显著提高育苗效果。广东珠三角地区养殖水面广、日照长，鱼类有效生长期长，池塘养殖技术先进，为了有效提高池塘养殖产量，通常养殖 3 年左右排低池水后利用吸污泵采用带水清污的方式将底泥泵至岸上或花卉林地，干燥后用作花土。

养殖池塘清出的淤泥经过处理后可作为肥料使用，如我国传统的桑基鱼塘，干燥、杀菌后用作花土等，养殖池塘淤泥再循环使用实现了养殖废物的资源化利用和水产养殖业可持续发展。

二、碱　　化

(一)交换酸度

池塘水体的总碱度和总硬度都与池塘的沉积物密切相关，沉积物的交换酸度是影响池塘水体总碱度和总硬度的重要因素。一般情况下池塘的总碱度和总硬度都在 20 mg/L 以上时(虾、蟹养殖池塘 50 mg/L 以上)，养殖水体才有足够的缓冲能力，才能将 pH 维持在正常的范围内。沉积物酸度的量取决于 pH 和交换酸度，沉积物的交换酸度是由沉积物胶体中的可交换的 H^+、Fe^{3+} 和 Al^{3+} 等酸性阳离子引起(式 11-1、式 11-2)，所以将酸性阳离子浓度用毫克当量[1]除以 100 克(mEq/100 g)表示为交换酸度。大多数沉积物胶体中 H^+ 和 Fe^{3+} 的含量远小于 Al^{3+}，再加上 Fe^{3+} 和 Al^{3+} 的水解方式相同[式(11-1)、式(11-2)]，一般情况下计算交换酸度仅考虑 Al^{3+} 即可。

$$胶体\text{-}Al^{3+}+3H_2O \Longleftrightarrow Al(OH)_3+3H^+ \tag{11-1}$$

$$胶体\text{-}Fe^{3+}+3H_2O \Longleftrightarrow Fe(OH)_3+3H^+ \tag{11-2}$$

---

[1]　毫克当量(mEq)是某物质和 1 mg 氢的化学活性或化合力相当的量。1 mEq/L＝1 mmol/L×原子价。旧单位，现已弃用。

Al^{3+}的平衡浓度与胶体的阳离子交换量(CEC)有关，CEC 是当 pH＝7 时每千克土壤中所含有的全部交换性阳离子的摩尔数，以 mmol/kg 表示，可用NH$_4^+$一次平衡法测得。CEC中酸性阳离子所占比例被称为碱不饱和度(式 11-3)，而碱饱和度＝1－碱不饱和度。沉积物碱饱和度越接近 1，沉积物 pH 越接近 7。一般情况下，pH 相同的沉积物碱不饱和度相同，如果 CEC 发生变化，交换酸度也会发生相应变化。根据减饱和度、交换酸度和 CEC 之间的关系，通过计算就可以得到池塘沉积物碱化需要量。

$$碱不饱和度＝\frac{交换酸度}{CEC} \tag{11-3}$$

(二)常用的碱化方法

新建池塘，底部 10 cm 深的土壤 pH 低于 7 时，养殖池塘总碱度和总硬度都低于 20 mg/L时(虾、蟹养殖池塘 50 mg/L)，池塘沉积物就需要进行碱化处理。碱化剂量必须以池塘沉积物的简化需要量为依据，一般采用生石灰为碱化剂。常用的碱化方法有两种，一种是干塘碱化，另一种是带水碱化。对于易排干的池塘，一般使用耕土机等现代化机械工具将生石灰混合到 10～15 cm 深的沉积物中，进行干塘碱化。对于排水不便的池塘，可以采用人工铁锹泼撒或高压水枪喷射等方式将生石灰混入沉积物中，进行带水碱化。无论采用哪种碱化方式，深水区的石灰泼撒用量都为浅水区石灰泼撒用量的 2～3 倍。

三、氧　　化

(一)增氧

为了增加养殖水体的氧气容纳量，提高养殖产量，在水产养殖过程中都必须增氧。水产养殖增氧主要采用增氧机增氧、化学增氧和生物增氧三种增氧方式。详见第四章。

(二)消层与水循环

在水产养殖过程中，早晚温差大、连续阴雨天、气压变换频繁、水体老化等原因都会造成水体分层情况。水体分层会阻碍水体的自由交换，光合作用产生的溶解氧不能及时输送到底部，池塘底部热量不能散发，进而加速水体老化，沉积物中有害菌滋生、有毒物质增多。

消除水体分层增强水体循环，可以采用机械消层和底部搅动消层两种方式。底部扰动消层有两种途径，一种是投放底栖鱼类进行生物扰动消层，另一种是以水下翻耕的方式进行底质扰动消层。目前多采用机械消层器、水循环机、垂直泵增氧机、推进式增氧机、微孔增氧机、提气泵等机械进行机械消层。

(三)细菌改良剂

在水产养殖中常用的细菌改良剂主要有光合细菌、芽孢杆菌、硝化细菌、乳酸菌和 EM菌等(详见本章第三节)。

细菌改良剂应该按使用说明在晴朗的天气条件下使用，阴雨天尽量不要使用细菌改良剂。细菌改良剂不能与抗生素或消毒剂混用，防止改良剂有效成分失去活性进而影响使用效果。在使用细菌改良剂期间，尽量不要换水或少量换水。

(四)化学氧化剂

在养殖生产过程中不仅会出现一些难分解的有机物，还会出现 H_2S、NO_2^-、低价态重金属等有毒有害物质，此时需要使用化学氧化剂将这些难分解的有机物和有毒有害物质氧化，以降低其对水体的影响。常见的化学氧化剂有过氧化钙(CaO_2)、过氧化钠(Na_2O_2)、高锰酸钾($KMnO_4$)、过氧化氢(H_2O_2)、次氯酸钠($NaClO$)等。氧化剂在氧化分解过程中，还能够起到一定的消毒作用。

四、杀　菌

(一)常见消毒剂

为了防止沉积物和水中的有害细菌危害养殖的水生动物，池塘要定期消毒杀菌。生石灰、消石灰[主要成分 $Ca(OH)_2$]、氯化物和溴化物为四种常见消毒剂，其价格低廉杀菌效果好。生石灰和消石灰通过提高 pH，扰乱病原微生物正常代谢杀灭病原微生物，而氯化物和溴化物通过强氧化作用杀灭病原微生物。值得注意的是，过量使用氯化物和溴化物消毒剂易形成卤化消毒副产物，会对水生动物和人产生毒害效应。

(二)常用的杀菌方法

在水产养殖中，常用石灰处理法和氯化处理法对池塘进行消毒杀菌。石灰处理法多用于沉积物消毒杀菌，具体是使用生石灰或 1.3 倍生石灰量的消石灰，对整个池塘底部进行消毒。使用此方法时，要尽可能地将石灰均匀泼撒，覆盖池塘沉积物表面，并要使石灰中渗透适量的水，如果有条件将覆盖石灰的沉积物翻耕 $10\sim15$ cm 会达到更好的杀菌效果。氯化处理法既可以用于池塘水体消毒杀菌，又可以用于池塘沉积物杀菌消毒。氯化处理法(原理见第十一章第二节)，一般使用单质氯(Cl_2)、漂白粉(有效成分 $NaClO$)或高效次氯酸盐[有效成分 $Ca(ClO)_2$、$NaClO$]对池塘沉积物或池塘水体进行处理，Cl_2、ClO^-、$HClO$ 具有强大的消毒杀菌效果，可杀灭病原微生物。Cl_2、ClO^- 和 $HClO$ 在水中的存在形式与 pH 有很大的关系，当 pH 低于 2 时几乎没有 Cl_2 形式存在，在 pH 为 7.8 时 ClO^- 和 $HClO$ 比例相等，当 pH 大于 7.8 时 ClO^- 比例高于 $HClO$。$HClO$ 的杀菌消毒效率是 ClO^- 的 100 倍，所以当 pH 高于 7.8 时，推荐使用石灰进行消毒杀菌。单质氯是一种有毒、易爆气体，具有一定的危险性，一般不推荐使用。

习题与思考题

1. 简述人工养殖生态系统结构和功能特征。
2. 内陆低洼盐碱地池水的水质特点如何？如何进行水质调节？
3. 简述养殖用水的一般处理方法。
4. 地下水铁、锰处理方法有哪些？
5. 举例说明微生态制剂净化水质的原理、使用方法和注意事项。
6. 举例说明滤食性鱼类(贝类)调控水质的原理。
7. 何为浮动草床？举例说明浮动草床在池塘养殖中的水质净化作用。
8. 简述淡水养殖尾水处理技术要点。
9. 常见的去除沉积物的调控方法有哪些？
10. 详细阐述清淤的作用以及清淤的方式。
11. 常见的沉积物消毒杀菌药物有哪些？
12. 请举例广东地区和东北地方清淤方式有何不同？

第十二章

□□□□□□□□□□□□

水质标准与水质评价

教学一般要求

掌握: 水质、水质标准;水质标准的作用与分类;渔业水质标准。

初步掌握: 水质标准的构成;水质评价的目的、意义和评价依据;水质评价的一般过程。

了解: 地表水环境质量标准、海水水质标准、海水虾类育苗水质要求、无公害食品——淡水养殖用水水质与海水养殖用水水质、海水养殖水排放要求。

初步了解: 水质评价方法。

第一节 水质标准

一、水质和水质指标

水作为最重要的自然资源,同时具有质和量两方面的基本特征。水质是由水与其中所含物质共同呈现的水体特征,其实质是水体中物理、化学、生物诸多复杂过程共同作用的综合结果。水质和水量作为水的资源属性,两者不可分割,没有量的质和没有质的量均不具有任何资源和环境意义。水域功能的不同,水质的涵义亦不相同。例如,渔业用水要求的水质显然与饮用水所要求的水质具有很大差别,饮用水要求水体尽可能洁净无害,而养殖用水要求水体营养物质浓度尽可能满足养殖需求,养殖尾水排放要符合养殖尾水排放要求或标准。从利用角度出发,水可分为工业用水、农业用水、饮用水、娱乐用水和城市生活用水等。显然,不同用水目的对水质有着不同的要求。

水质状态需要用一系列的参数加以表征,反映水体质量特征的参数,称为水质指标。水的质量状态可用水体的物理性质、化学性质和生物学性质等多方面的特征加以反映。反映水质物理状态、化学状态和生物学状态的特征参数分别称为水质的物理指标、化学指标和生物学指标。

(1)物理指标 主要包括温度、味、含盐量(盐度)、色度、浊度、悬浮物(SS)、电导率、总固体(TS)和放射性等。

(2)化学指标 主要有 pH、硬度、BOD、COD、溶解氧、无机氮($NH_4^+ - N$、$NO_3^- - N$、$NO_2^- - N$)、磷(总磷、活性磷)、氯化物、硫化物、氟化物、酚、氰化物、有机氯、有机磷、石油类、表面活性剂、苯并(a)芘、重金属(Cd、Hg、Pb、Cr、Cu、Zn、Fe、Mn)、类金属(As、Se)等，以及其他有害化学物质。

(3)生物学指标　主要有细菌总数、总大肠菌群、粪大肠杆菌群、病毒等。

天然水资源和水环境的数量特征是客观存在和不易改变的，它能否满足人类各种利用需求，主要由水质决定。因此就天然水资源和水体环境的利用价值而言，水质成为决定因素。天然的水循环过程，具有自身特定的循环模式和相对稳定的水质特征。然而由于人类活动的影响和对水资源的不合理利用，特别是人类活动所产生的各种废水和其他废物，以各种方式进入水环境，使水体污染，已经成为水资源破坏和水环境恶化的主要原因。受到污染的水水质下降，直接影响水的资源价值、可利用性和人类可利用的淡水资源，成为水质型缺水。进入水中的各种污染物质，还可能由于水中生物的吸收蓄积而影响水产品质量，失去利用价值，甚至影响人类健康。

水环境的质量必须要有一定的标准作为比较和评价的依据。为了保护水资源，维护水域生态功能，满足人类各种用水需求，必须使各种水质指标维持在适宜水平。为此许多国家根据自身的自然环境特征、科学技术水平和社会经济状况，制订了各种水质标准。

二、水质标准及其作用与分类

(一)环境标准及其作用

按照《中国大百科全书》(第二版)定义，环境标准是指为保护环境质量，维持生态平衡，保障人群健康和社会物质财富，由公认的权威机关批准并以特定形式发布的各种技术规范和技术要求的总称。其基本性质具有规范性、权威性和技术性。环境标准是构成环境管理的技术基础。按照适用的地域范围，可分为国际环境标准、国家环境标准和地方环境标准；按适用的行业范围，可分为综合环境标准和行业国家标准；按内容可分为环境质量标准、污染物排放(控制)标准、环境基础类标准、环境监测类标准(包括环境监测技术规范、环境监测分析方法标准、环境监测仪器技术要求及环境标准样品)和环境管理规范类标准。其中与水产养殖业关系最为密切的环境标准是环境质量标准和污染物排放标准。环境质量标准是为维持生态平衡，保障人群健康和社会财富，促进社会经济的可持续发展，对环境中各种有害物质或因素在一段时间和空间范围内的容许水平所作的规定，通常依环境介质分别制定。如《海水水质标准》(GB 3097)、《渔业水质标准》(GB 11607)等。污染物排放标准是以实现环境质量标准为导向，同时考虑到技术上的可行性和经济上的合理性，由国家或地方对污染源排放的污染物的浓度或数量做出的限量规定。有按环境介质进行区分的大气、水、土壤等的环境排放标准；有按行业范围区分的综合性排放标准和行业排放标准。目前多采用污染物排放总量控制的"总量标准"。

我国《环境标准管理办法》(1999 年发布，现行有效)规定了制定环境标准的目的：①为保护自然环境、人体健康和社会物质财富，限制环境中的有害物质和因素，制定环境质量标准；②为实现环境质量标准，结合技术经济条件和环境特点，限制排入环境中的污染物或对环境造成危害的其他因素，制定污染物排放标准(或控制标准)；③为监测环境质量和污染物排放，规范采样、分析测试、数据处理等技术，制定国家环境监测方法标准；④为保证环境监测数据的准确、可靠，对用于量值传递或质量控制的材料、实物样品，制定国家环境标准样品；⑤对环境保护工作中，需要统一的技术术语、符号、代号(代码)、图形、指南、导则及信息编码等,制定国家环境基础标准。并规定了制定环境标准应遵循的原则:①以国家环境保护方针、政策、法律、法规及有关规章为依据,以保护人体健康和改善环境质量为目标,促进环境效益、经济效益、社会效益的统一;②环境标准应与国家的技术水平、社会经济承受能力相适应;③各类环境标准之间应协调配套;④标准应便于实施与监督;⑤借鉴适合我国国情的国际标准和其他国家的标准。

环境标准的构成一般包括制订标准的目的,标准的适用对象和范围,标准中引用的其他标准,标准所规定的环境质量参数及标准值,环境质量参数的分析监测方法,标准的实施与监督等内容。

环境标准并不是始终不变的,随着对环境认识的深入和科学技术的进步,以及社会经济的发展,对环境保护的要求和新的污染情况将会发生变化,已有标准在实施中也可能会发现问题,标准实施一定时间后需要进行修订或更新。在应用标准时,应采用最新颁布实施且现行有效的标准。

水环境标准是为了保护水资源,防止水质污染、功能破坏的各种标准。其具体作用如下:

① 制订水环境规划和计划的定量化依据和体现。为了实现环境保护的目标,即保护人民群众的身体健康,保证社会财富不受损害,促进生态的良性循环,需要使水环境质量维持在一定的水平,这种水平是由水环境质量标准规定的。制订水环境规划和计划,需要有一个明确的水环境目标,水环境目标是以水环境质量标准为依据而提出的。

② 进行水质评价的准绳。无论是对水质质量现状还是对工程项目的水环境影响评价,均需要以水质标准作为依据。将调查监测所获得的水质参数、水环境容量、项目建成后的污染物排放量等数据与水质标准进行比较和分析,正确判断水质状况和对环境影响大小,为水环境质量的控制和管理提供科学依据。

③ 进行水环境管理的技术基础和依法行政的依据。环境管理包括环境立法、环境政策、环境规划、环境评价和环境监测等。环境政策、法规中,就包含了环境标准的要求。水环境标准用具体的数值规定了水环境质量和水体污染物排放应控制的界限和尺度。超过规定的界限和尺度,即违背法规。水环境管理既是执法过程,又是实施水质标准的过程,没有水质标准,环境法规将难以在水质保护中具体实施。

④ 推动环境保护科技进步的动力和提高水环境质量的重要手段。环境标准具有科学性和先进性。水环境标准的实施可以促进企业不断进行技术改造和技术革新,提高资源和能源的利用率,减少水体污染物的排放,努力达到水质标准的要求,实现经济效益、环境效益和社会效益的协调同步增长。

⑤ 具有投资导向作用。环境标准中指标值的高低是确定污染源治理、污染资金投入的技术依据,在基本建设和技术改造项目中也是根据标准值确定治理程度,安排污染防治资金。

(二)水环境标准分类

现阶段我国的水环境标准大致可以分为三大类:国家标准、行业标准和地方标准。

国家水环境标准,是指国务院环境保护行政主管部门制定,由国务院环境保护行政主管部门和国务院标准化行政主管部门共同发布,在全国范围内统一适用的环境标准。现行的国家水环境质量相关标准主要包括《地表水环境质量标准》(GB 3838)、《地下水质量标准》

（GB/T 14848）、《海水水质标准》（GB 3097）、《渔业水质标准》（GB 11607）、《农田灌溉水质标准》（GB 5084）、《生活饮用水卫生标准》（GB 5749）、《海水虾类育苗水质要求》（GB/T 21673）、《海洋沉积物质量》（GB 18668）等。控制水体污染物排放的现行国家标准主要包括《污水综合排放标准》（GB 8978）、《污水排入城镇下水道水质标准》（GB/T 31962）、《船舶水污染物排放控制标准》（GB 3552）等。水环境监测的现行国家标准，如《环境调查规范　第2部分：海洋水文观测》（GB/T 12763.2）、《环境调查规范　第4部分：海洋化学要素调查》（GB/T 12763.4）、《海洋监测规范　第3部分：样品采集、贮存与运输》（GB 17378.3）、《海洋监测规范　第4部分：海水分析》（GB 17378.4）、《海洋监测规范　第5部分：沉积物分析》（GB 17378.5）、《海底沉积物化学分析方法》（GB/T 20260）等。

行业水环境标准，则是针对没有国家标准而又需要在行业内做出统一的技术要求和规范，而制定的标准，作为对国家标准的补充。如农业行业养殖水体水质标准《无公害食品淡水养殖用水水质》（NY 5051）、《无公害食品　海水养殖用水水质》（NY 5052）、《盐碱地水产养殖用水水质》（SC/T 9406）、《水族馆水生哺乳动物饲养水质》（SC/T 9411），水产行业养殖水排放标准《淡水池塘养殖水排放要求》（SC/T 9101）、《海水养殖水排放要求》（SC/T 9103）等，辽宁省地方标准《工厂化海水鱼类养殖用水处理技术规程》（DB 21/T 2350—2015）。

地方水环境标准，是由省（市）、自治区环保局根据当地条件和环境特征，对国家水环境质量标准、污染物排放标准中未作规定的项目进行补充，或对国家水环境质量标准、污染物排放标准中已作规定的项目进一步严格要求而组织制定，并由省（市）、自治区政府批准，仅在本地区适用的水环境质量标准和污染物排放标准。如山东省地方标准《海水鱼工厂化养殖用药技术规程》（DB 37/T 1582）、《海水贝类养殖区污染物筛选技术规范》（DB 37/T 2297）、《海水增养殖区环境综合评价方法》（DB 37/T 2298），安徽省地方标准《池塘养殖水质综合调控技术操作规程》（DB 34/T 1002），河北省地方标准《盐碱水渔业养殖用水水质》（DB 13/T 1132），辽宁省地方标准《工厂化海水鱼类养殖用水处理技术规程》（DB 21/T 2350—2015）。

在制定标准时，地方水环境标准严于国家标准；在执行标准时，地方水环境标准优先于国家标准。

三、地表水环境质量标准（GB 3838—2002）

为贯彻《中华人民共和国环境保护法》和《中华人民共和国水污染防治法》，防治水污染，保护地表水质，保障人体健康，维护良好的生态系统，原国家环境保护总局于2002年4月26日颁布《地表水环境质量标准》（GB 3838—2002）（见附录12），自2002年6月1日起实施。该标准按照地表水环境功能分类和保护目标，规定了水质项目及限值，水质评价、水质项目的分析方法和标准的实施与监督，它适用于中华人民共和国领域内江河、湖泊、运河、渠道、水库等具有使用功能的地表水水域。对于具有特定功能的水域，则执行相应的专业用水水质标准。与近海水域相连的地表水河口水域根据水环境功能按本标准相应类别标准值进行管理，近海水功能区水域根据使用功能按《海水水质标准》相应类别标准值进行管理。批准划定的单一渔业水域按《渔业水质标准》进行管理；处理后的城市污水及与城市污水水质相近的工业废水用于农田灌溉用水的水质按《农田灌溉水质标准》进行管理。

依据水域环境功能和保护目标，该标准将地表水按功能高低依次划分为以下五类：

Ⅰ类主要适用于源头水、国家自然保护区；

Ⅱ类主要适用于集中式生活饮用水地表水源地一级保护区、珍稀水生生物栖息地、鱼虾产卵场、仔稚幼鱼的索饵场等；

Ⅲ类主要适用于集中式生活饮用水地表水源地二级保护区、鱼虾类越冬场、洄游通道、水产养殖区等渔业水域及游泳区；

Ⅳ类主要适用于一般工业用水区及人体非直接接触的娱乐用水区；

Ⅴ类主要适用于农业用水区及一般景观要求水域。

同一水域兼有多重功能类别的，依最高类别功能划分。

四、海水水质标准(GB 3097—1997)

为贯彻《中华人民共和国环境保护法》和《中华人民共和国海洋环境保护法》，防止和控制海水污染，保护海洋生物资源和其他海洋资源，有利于海洋资源的可持续利用，维护海洋生态平衡，保障人体健康，原国家环境保护总局于 1997 年 12 月 3 日颁布《海水水质标准》(GB 3097—1997)(见附录 12)，自 1998 年 7 月 1 日起实施。标准适用于中华人民共和国管辖的海域。标准按照海域的不同使用功能和保护目标，将海水水质分为以下四类：

第一类适用于海洋渔业水域，海上自然保护区和珍稀濒危海洋生物保护区。

第二类适用于水产养殖区，海水浴场，人体直接接触海水的海上运动或娱乐区，以及与人类食用直接有关的工业用水区。

第三类适用于一般工业用水区，滨海风景旅游区。

第四类适用于海洋港口水域，海洋开发作业区。

标准规定了海水水质的监测分析方法。进行海水水质监测分析时，必须采用标准所规定的方法。本标准与《地表水环境质量标准》均为水环境质量标准。与近海水域相连的地表水河口水域，按功能执行《地表水环境质量标准》的相应类别，近海功能区执行《海水水质标准》。

五、渔业水质标准(GB 11607—89)

为贯彻《中华人民共和国环境保护法》、《中华人民共和国水污染防治法》和《渔业法》，防止和控制渔业水域水质污染，保证鱼、虾、贝、藻类正常生长、繁殖和水产品质量，原国家环境保护总局于 1989 年 8 月 12 日颁布《渔业水质标准》(GB 11607—89)(见附录 12)，自 1990 年 3 月 1 日起实施。标准适用于批准划定的单一渔业保护区、鱼虾类的产卵场、索饵场、越冬场、洄游通道和水产增养殖区等海、淡水的渔业水域。

为保护渔业水域的水质，标准规定：任何企、事业单位和个体经营者排放的工业废水、生活污水和有害污染物，必须采取有效措施，保证最近渔业水域的水质符合标准要求；未经处理的工业废水、生活污水和有害废弃物严禁直接排入鱼、虾类的产卵场、索饵场、越冬场和鱼、虾、贝、藻类的养殖场及珍贵水生动物保护区；严禁向渔业水域排放含病原体的污水；如需排放此类污水，必须经过处理和严格消毒。

标准的监督实施由各级渔政监督管理部门负责，并定期报告同级人民政府环境保护部门。在执行国家有关污染物排放标准中，如不能满足地方渔业水质要求时，省、自治区、直辖市人民政府可制订严于国家有关污染排放标准的地方污染物排放标准，以保证渔业水质要求，并报国家环境保护部门和渔业行政主管部门备案。对于标准以外对渔业构成明显危害的项目，省级渔政监督管理部门应组织有关单位制订地方补充渔业水质标准，报省级人民政府批准，并报国家环境保护部门和渔业行政主管部门备案。排污口所在水域形成的混合区不得影响鱼类洄游通道。

六、无公害食品　淡水养殖用水水质（NY 5051—2001）

《无公害食品　淡水养殖用水水质》（NY 5051—2001）（见附录12）由农业部于2001年9月3日批准，自2001年10月1日起实施。标准以确保淡水养殖产品安全性为原则，特别突出了对重金属、农药和有机物等为重点的公害物质的控制。本标准作为检测、评价养殖水体是否符合无公害水产品养殖环境条件要求的依据，适用于淡水养殖用水。淡水养殖用水水质除应符合《渔业水质标准》（GB 11607）的规定外，还应符合本标准的要求。

七、无公害食品　海水养殖用水水质（NY 5052—2001）

《无公害食品　海水养殖用水水质》（NY 5052—2001）（见附录12）由农业部于2001年9月3日批准，自2001年10月1日起实施。标准以确保海水养殖产品安全性为原则，特别突出了对重金属、农药、有机物等为重点的公害物质的控制。本标准作为检测、评价养殖水体是否符合无公害水产品养殖环境条件要求的依据，适用于海水养殖用水。

第二节　水环境质量评价

一、水环境质量评价及其种类

环境质量是指环境的品质，包括自然环境质量和社会环境质量。但环境质量带有主观性。水环境质量通常是指水体的质量状况。水环境质量评价又称水质评价，是通过对水体的调查以及若干物理、化学、生物学指标的监测，根据不同的目的和要求，按一定方法对水体环境质量进行的定性和定量评价。其目的是定量评价水环境质量水平，了解和掌握污染物质在运动过程中对水质影响的程度及变化发展的趋势，准确地反映水体污染的状况和程度，定量描述水质对特定使用目的或特定环境功能的适应性，为水资源利用、保护和环境规划管理提供科学依据。

水环境质量评价以评价时间为标准可分为回顾性评价、现状评价和影响评价。回顾性评价是根据历史资料对过去历史时期的水质状况进行评价，以揭示区域水质发展变化过程。这种评价需要有较系统全面的历史资料。水质现状评价是根据对水体的调查和监测资料，对当前水体的环境质量状况做出评价。影响评价是根据一个区域的社会经济发展规划，或具体的大型建设项目，预测评价区域水环境质量的可能变化。

另外还可以按环境要素、区域类型、用水目的、评价参数等的不同划分为不同的类型。

水环境质量评价的类型不同，目的不同，选择的参数和标准也就不同，结论亦不同。应根据当地存在的主要水环境问题和经济发展需要解决的问题，以及所具备的条件，选择适当的评价内容和方法。与水产养殖用水相关的水环境质量评价将更注重现状评价，以确定水质状况用于水产养殖是否可行。但目前尚缺乏针对水产养殖用水的水质状况评价技术规范。与此相关的标准、规范有《生态环境状况评价技术规范》(HJ 192)、生态环境部印发的《近岸海域生态环境质量评价技术导则》(征求意见稿)(环办函[2015]1770号)、生态环境部印发的《地表水环境质量评价办法(试行)》(环办[2011]22号)、原国家海洋局印发的《海水质量状况评价技术规程》(试行)(海环字[2015]25号)、原国家海洋局印发的《海洋沉积物质量综合评价技术规程》(试行)(海环字[2015]26号),以及山东省地方标准《海水增养殖区环境综合评价方法》(DB37/T 2298)。

二、水质评价的一般程序

(一)水质评价的依据

国家颁布的各类水质标准是水质和水污染评价的重要依据。此外,在进行水污染评价时,还应考虑当地水环境背景情况。我国已公布的水质标准包括饮用水、地面水、海水、渔业用水、灌溉用水、城市排水、工业排水等标准。

(二)水质评价的步骤和工作程序

1. 水质评价的工作程序

① 确定评价目的、评价类型和要求。

② 根据评价目的、类型,制订评价的技术方案,确定评价对象和范围、评价要素和评价参数及其获取方法。

③ 根据评价技术方案,组织实施评价工作。主要包括调查资料收集和水质监测。

④ 对调查、监测资料进行整理分析,以水质标准作为评价依据,建立评价的数学模式,计算环境质量系数或指数。

⑤ 利用评价方法、环境质量系数或指数对水环境质量进行类型或等级划分,绘制水环境质量分布图。

⑥ 撰写评价报告,提出评价结论,并回答评价目的所要求的问题,提出建议和对策(图12-1)。

2. 评价目的、类型和要求的确定 通常在水质评价工作开始进行时,对于评价的目的、评价类型已经有明确的要求。整个评价工作均需要围绕评价要求,以准确、及时、"费省效宏"地完成评价工作任务为原则。水质评价的主要目的包括了解水质现状及其对利用目的或环境功能的适应性,提出利用对策和建议;或预测规划建设项目对特定区域水体水质的可能影响,为项目的环境管理提供科学依据。因此评价类型主要有现状评价和预测评价(影响评价)。

3. 确定水质评价的技术方案(评价大纲) 评价方案的确定是评价工作的关键环节,评价方案是否科学、合理关系到评价工作的成败。科学合理的评价方案是整个评价工作的技术依据。而评价方案的制订是围绕评价的目的要求,以环境科学、水文科学以及统计学的原理和方法为依据所拟定的技术执行文件。评价方案的主要内容包括:

① 引言包括评价任务的来源、评价对象和范围、评价目的要求、采用的评价标准、评价项目及工作等级和重点等。

② 评价区域环境简况包括自然环境、水文条件、社会经济状况、主要污染源等。

③ 代表性评价参数选择围绕评价目的选择确能反映水环境质量状况的参数。不同地区的代表性污染物是不一样的,这取决于该地区自然环境的形成和发展史以及社会环境的职能

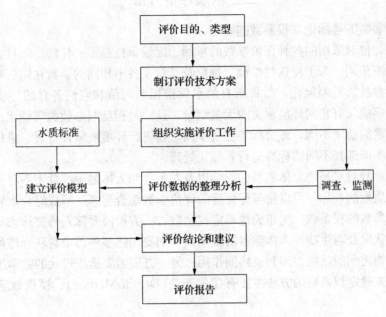

图 12-1　水质评价流程图

和水平；环境要素的功能不同，质量评价的目的不同，选择的评价参数也不同。一般来说，若进行水质综合评价则选择的参数应尽可能包括水质标准中的各项参数，而为了某项特殊目的进行评价时，对评价参数应做专门设计。如对某水体做渔业评价就应该选择重金属、溶解氧、有机氯等一系列对渔业生产及鱼体残留毒性有关的污染参数作为评价参数；又如做某城市环境水质量与癌症的相关评价，则需要选择 3，4-苯并芘、亚硝胺、联苯胺、氯乙烯等致癌物作为标志污染参数。

④ 参数获取方法主要包括调查研究，取样监测。需要说明调查范围及调查方法、调查时期、地点、次数等。取样监测内容包括取样布点方法、取样时间、次数，样品数量及样品处理、分析方法等。

⑤ 评价数据的整理、分析方法包括调查监测数据的初步整理，参数平均值的计算，异常值的剔除，参数的等标化，评价参数的权系数确定，环境质量评价数学模式的建立或水质指数的计算等。

⑥ 评价工作组织、计划安排以及经费概算等。

4. 评价工作的组织实施　评价工作大体可分为三个阶段。第一阶段为准备阶段：主要工作是研究有关文件，进行初步的水环境调查，确定评价范围和评价重点，编写评价技术方案，并做好评价所需的人、财、物安排。第二阶段为正式实施阶段：这一阶段为评价工作的主要阶段，必须按评价技术方案的要求做好每个环节的工作，并在评价过程中及时发现和解决评价方案中可能存在的不足，对评价过程中所获得的各种原始数据应做好详细记载，以便核查。第三阶段为评价报告编制阶段：主要工作是汇总、分析第二阶段所获得的各种资料、数据，提出评价结论，并回答评价任务中要求的各种问题，对水资源利用或规划建设项目提出建议和对策。

三、水质评价方法

(一)评价参数的等标化与权系数的确定

进行水质评价时采用的各种评价参数的量纲、度量单位是不一样的,而且它们的数值大小及其意义也不相同。为了使这些单位、数值及其意义各不相同的参数在同一基准上相互比较,就需要对参数进行等标化,即将所有的水质指标监测值和它们各自的环境标准进行比较,使它们转换成具有相同环境意义的无量纲量,这一过程就叫参数的等标化。评价目的不同,或环境要素的功能不同,评价标准也就不同。在进行环境质量评价时,应根据环境功能和评价目的的不同选择不同的标准进行等标化处理。

不同水质参数对水环境总体质量的影响以及对生物和人体健康的危害不尽相同,为了说明水环境总体质量的好坏,可以将等标化后的评价参数综合起来,形成综合水质指数。为此就要确定评价参数的权系数。要正确地确定权系数,一方面需要深入研究标志污染物在区域环境中的污染状况及对生物和人体健康的影响,特别要加强多种污染物联合作用的毒理学实验,确定污染物之间的拮抗、加和及协同作用;另一方面需要运用现代的数学工具进行数学分析。目前用来确定权系数的方法主要有德尔菲法(Delphi Method)、模糊数学法和序列综合法等。

(二)水质现状评价

水质现状评价是通过调查监测,准确地反映当前水质状况,说明水质的污染蓄积情况,为水资源利用和保护提供依据。同时为水质预测和评价提供基础。水质现状评价的程序和内容一般包括水环境背景调查、污染源调查、水质监测、调查监测结果的计算分析、给出结论和建议等。

(三)水质影响评价

水质影响评价是指对规划和建设项目实施后可能造成的水环境影响进行分析、预测和评估,针对拟建项目的生产工艺、水污染防治与废水排放方案等提出避免、消除和减少水体影响的措施、对策建议,最后做出评价结论。通俗地说,就是分析项目建成投产后可能对水环境产生的影响,并提出污染防治对策和措施。

水质影响评价工作内容包括评价工作分级、环境现状调查、环境影响预测、提出环境影响结论。水质影响评价时,应在对拟建项目的水污染特征进行准确分析的基础上,通过周密调查及监测等手段,掌握评价水体的基本情况和环境特征,采用合理的评价方法,对水环境质量现状和影响预测,进行全面客观的评价。

习题与思考题

1. 简述你对水质涵义的认识,说明衡量水质状况有哪些指标。
2. 什么叫水质标准?为什么要制订水质标准?
3. 什么叫排放标准?为什么要制订污染物排放标准?
4. 水质标准可粗分为几大类?它们之间有什么联系和区别?
5. 我国地表水水域划分为几类?按什么划分的?每类适用于什么水域?
6. 简述我国海域水质分类的依据和一般过程。

7. 论述水质评价的目的、依据和一般过程。

8. 水质现状评价包括哪些内容？具体说明水体污染源评价和水质评价的基本数学方法。

9. 某工厂附近有一小型水库，经多次监测，其主要水质指标为：pH 6.5~7.5，BOD_5 为 3~5 mg/L，汞 0.001~0.002 mg/L，镉 0.005~0.012 mg/L，铅 0.02~0.04 mg/L，铬 0.08~0.11 mg/L，铜 0.02~0.04 mg/L，锌 0.05~0.06 mg/L，镍 0.08~0.11 mg/L，其他有毒有机物符合渔业水质标准。试对其作为渔业用水的水质进行评价，说明可能产生的主要危害。

附　录

附录 1　某些元素在水中的溶存形式

元素	主要溶存形式	固相形式	元素	主要溶存形式	固相形式
H	H_2O		Al	Al^{3+}、$Al(OH)^{2+}$、$Al(OH)_2^+$、$Al(OH)_4^-$	$Al_2Si_2O_5(OH)_4$
B	$B(OH)_3$、$B(OH)_4^-$		Si	$Si(OH)_4$、$SiO(OH)_3^-$	SiO_2
C	HCO_3^-、CO_3^{2-}、CO_2、有机碳	$CaCO_3$、$MgCO_3$、$CaMg(CO_3)_2$	P	HPO_4^{2-}、PO_4^{3-}、$H_2PO_4^-$、H_3PO_4	$Ca_3(PO_4)_2$
N	N_2、NO_3^-、NO_2^-、NH_4^+、有机氮		S	SO_4^{2-}、HSO_4^-	
O	H_2O、O_2 SO_4^{2-}、CO_3^{2-}等含氧阴离子		Cl	Cl^-	
F	F^-、MgF^+、AlF^{2+}		K	K^+	硅酸盐
Na	Na^+	硅酸盐	Ca	Ca^{2+}、$CaSO_4$	$CaCO_3$、硅酸盐
Ba	Ba^{2+}	$BaSO_4$、$BaCO_3$	Br	Br^-	
Cr	Cr^{3+}、$Cr(OH)_3^*$、CrO_4^{2-}		I	I^-、IO_2^-	
Mn	Mn^{2+}、$MnCl^+$、$MnSO_4$ $Mn(OH)_3$、$Mn(HCO_3)_2$	MnO_2、$MnOOH$	As	$HAsO_4^{2-}$、$H_2AsO_4^-$、H_3AsO_4 $As(OH)_2^*$、H_3AsO_3、$H_2AsO_2^-$	
Fe	$Fe(OH)^{2+}$、$Fe(OH)_2^+$ $Fe(OH)_3^*$、$Fe(OH)_4^-$	$FeOOH$、$Fe(OH)_3$	Hg	$HgCl_4^{2-}$、$HgCl_2$、$HgCl_3^-$、$HgCl^+$	HgO
Co	Co^{2+}、$CoCO_3^*$、$CoSO_4$	$CoOOH$	Pb	$PbCO_3^*$、$PbCl^+$、$PbCl_2$、Pb^{2+}	PbO_2、$PbCO_3$
Ni	Ni^{2+}、$NiCO_3^*$、$NiSO_4$		Ag	$AgCl_2^-$、$AgCl_3^{2-}$、Ag^+	
Cu	$Cu(OH)^+$、$Cu(OH)_2^*$ $CuCO_3^*$、Cu^{2+}	$Cu(OH)_2$、$Cu(OH)Cl$	Cd	$CdCl^+$、Cd^{2+}、$CdCl_2$、$CdCl_3^-$	

（续）

元素	主要溶存形式	固相形式	元素	主要溶存形式	固相形式
Zn	$Zn(OH)_2^*$、$Zn(OH)^+$、Zn^{2+} $ZnCl^+$、$ZnCO_3^*$	$Zn_2(OH)_2CO_3$	U	$UO_2(OH)_3^-$、 $UO_2(CO_3)_3^{2-}$	铀的水解产物
Mg	Mg^{2+}、$MgSO_4$	硅酸盐	Ra	Ra^+、$RaSO_4$	

* 为溶胶形式。

附录 2　纯水的密度

$T/℃$	$\rho/(g/cm^3)$	$T/℃$	$\rho/(g/cm^3)$	$T/℃$	$\rho/(g/cm^3)$
0	0.999 868	11	0.999 633	21	0.998 019
1	0.999 927	12	0.999 525	22	0.997 797
2	0.999 968	13	0.999 404	23	0.997 565
3	0.999 992	14	0.999 271	24	0.997 323
4	1.000 000	15	0.999 126	25	0.997 071
5	0.999 992	16	0.998 970	26	0.996 810
6	0.999 968	17	0.998 801	27	0.996 539
7	0.999 929	17.5	0.998 713	28	0.996 259
8	0.999 876	18	0.998 622	29	0.995 971
9	0.999 809	19	0.998 432	30	0.995 673
10	0.999 728	20	0.998 230		

附录 3　海水的密度（g/cm^3）

$T/℃$	盐度/S					
	5	10	20	30	35	40
0	1.003 970	1.008 014	1.016 065	1.024 101	1.028 126	1.032 163
5	1.004 006	1.007 967	1.015 858	1.023 744	1.027 697	1.031 663
10	1.003 670	1.007 562	1.015 321	1.023 080	1.026 971	1.030 878
15	1.003 012	1.006 347	1.014 496	1.022 150	1.025 990	1.029 846
20	1.002 068	1.005 857	1.013 416	1.020 983	1.024 781	1.028 595
25	1.000 867	1.004 617	1.012 102	1.019 598	1.023 362	1.027 144
30	0.999 433	1.003 147	1.010 568	1.018 003	1.021 746	1.025 504

附录 4　海水密度

S \ a_t $t/℃$	0.0	1.0	2.0	3.0	4.0	5.0	6.0	7.0	8.0	9.0	10.0	11.0	12.0	13.0
0				2.7	4.0	5.2	6.4	7.7	8.8	10.2	11.3	12.7	13.8	15.0
1				2.6	3.9	5.1	6.3	7.6	8.8	10.1	11.3	12.6	13.8	15.0
2				2.4	3.7	5.1	6.2	7.5	8.8	10.0	11.3	12.5	13.8	15.0
3				2.4	3.7	5.1	6.2	7.5	8.8	10.0	11.2	12.5	13.8	15.0
4				2.4	3.7	5.1	6.2	7.5	8.8	10.0	11.2	12.5	13.8	15.0
5				2.4	3.7	5.1	6.2	7.5	8.8	10.0	11.2	12.6	13.8	15.0
6				2.4	3.7	5.1	6.2	7.5	8.8	10.0	11.3	12.7	13.8	15.1
7				2.5	3.8	5.1	6.3	7.6	8.9	10.1	11.4	12.7	13.9	15.2
8				2.6	3.9	5.1	6.4	7.7	9.0	10.2	11.5	12.8	14.0	15.3
9				2.6	3.9	5.2	6.5	7.7	9.0	10.3	11.6	12.8	14.1	15.4
10				2.7	4.0	5.3	6.6	7.8	9.1	10.4	11.7	12.9	14.2	15.5
11				2.9	4.2	5.4	6.7	8.0	9.3	10.6	11.9	13.1	14.4	15.7
12				3.0	4.3	5.5	6.8	8.1	9.4	10.7	12.0	13.2	14.5	15.8
13				3.1	4.4	5.7	7.0	8.3	9.6	10.9	12.2	13.4	14.7	16.0
14				3.3	4.6	5.9	7.2	8.5	9.8	11.1	12.4	13.6	14.9	16.2
15			2.0	3.4	4.7	6.0	7.3	8.6	9.9	11.2	12.5	13.8	15.1	16.4
16			2.3	3.6	4.9	6.2	7.5	8.8	10.1	11.4	12.7	14.0	15.3	16.6
17			2.5	3.7	5.1	6.4	7.7	9.0	10.3	11.6	12.9	14.2	15.5	16.9
18			2.8	4.0	5.4	6.7	8.0	9.3	10.6	11.9	13.2	14.4	15.7	17.1
19			3.0	4.3	5.6	6.9	8.2	9.5	10.8	12.1	13.4	14.7	16.0	17.3
20		1.8	3.2	4.5	5.9	7.2	8.5	9.8	11.1	12.4	13.7	15.0	16.3	17.6
21		2.1	3.4	4.7	6.1	7.4	8.7	10.0	11.3	12.7	14.0	15.3	16.6	17.9
22		2.4	3.7	5.0	6.4	7.7	9.0	10.3	11.6	13.0	14.3	15.6	17.0	18.3
23		2.7	4.0	5.3	6.6	7.9	9.2	10.6	11.9	13.3	14.6	15.9	17.3	18.6
24		2.9	4.3	5.6	7.0	8.3	9.6	10.9	12.2	13.6	15.0	16.3	17.6	18.9
25	1.9	3.2	4.5	5.8	7.3	8.6	9.9	11.2	12.5	13.8	15.3	16.6	17.9	19.2
26	2.3	3.6	4.9	6.2	7.6	8.9	10.3	11.6	12.9	14.2	15.6	17.0	18.3	19.6
27	2.6	3.9	5.2	6.6	7.9	9.2	10.6	11.9	13.3	14.6	15.9	17.3	18.6	20.0
28	2.9	4.3	5.6	7.0	8.3	9.6	11.0	12.3	13.7	15.0	16.3	17.7	19.0	20.4
29	3.2	4.7	6.0	7.3	8.6	10.0	11.3	12.6	14.0	15.4	16.7	18.0	19.4	20.7

注：a_t 表示海水密度计读数；表值(a_t)＝(读数－1)×1 000

盐度查对表

14.0	15.0	16.0	17.0	18.0	19.0	20.0	21.0	22.0	23.0	24.0	25.0	26.0	27.0	28.0	29.0	30.0
16.3	17.5	18.8	20.0	21.3	22.5	23.8	25.0	26.3	27.5	28.8	30.0	31.3	32.5	33.8	35.0	36.1
16.3	17.5	18.8	20.1	21.3	22.5	23.8	25.0	26.3	27.5	28.8	30.0	31.3	32.6	33.8	35.1	36.2
16.3	17.5	18.8	20.1	21.3	22.5	23.8	25.0	26.3	27.5	28.8	30.1	31.3	32.6	33.8	35.1	36.3
16.3	17.5	18.8	20.1	21.3	22.6	23.9	25.1	26.4	27.6	28.9	30.2	31.4	32.7	33.9	35.2	36.4
16.3	17.5	18.8	20.1	21.3	22.6	24.0	25.1	26.5	27.6	28.9	30.3	31.4	32.7	34.0	35.2	36.5
16.4	17.6	18.9	20.2	21.4	22.7	24.1	25.2	26.5	27.8	29.0	30.3	31.6	32.9	34.1	35.4	36.7
16.5	17.7	19.0	20.3	21.5	22.8	24.1	25.3	26.6	27.9	29.1	30.4	31.7	33.0	34.2	35.5	36.8
16.5	17.8	19.0	20.3	21.6	22.9	24.1	25.4	26.7	28.1	29.2	30.5	31.8	33.2	34.3	35.6	36.9
16.6	17.9	19.1	20.4	21.7	23.0	24.2	25.5	26.8	28.2	29.3	30.6	31.9	33.3	34.4	35.7	37.0
16.8	18.1	19.3	20.6	21.9	23.2	24.4	25.7	27.0	28.3	29.5	30.8	32.1	33.4	34.6	35.9	37.2
16.9	18.2	19.4	20.7	22.0	23.3	24.6	25.8	27.1	28.4	29.7	31.0	32.3	33.6	34.8	36.1	37.4
17.0	18.3	19.6	20.9	22.2	23.5	24.8	26.0	27.3	28.6	29.9	31.2	32.5	33.8	35.0	36.3	37.6
17.1	18.4	19.7	21.1	22.4	23.7	24.9	26.2	27.5	28.8	30.1	31.4	32.7	34.0	35.2	36.5	37.8
17.3	18.6	19.9	21.3	22.6	23.9	25.1	26.4	27.7	29.0	30.3	31.6	32.9	34.2	35.5	36.8	38.1
17.5	18.8	20.1	21.5	22.8	24.1	25.3	26.6	27.9	29.2	30.5	31.8	33.1	34.4	25.7	37.0	38.4
17.7	19.0	20.3	21.7	23.0	24.3	25.5	26.8	28.1	29.4	30.7	32.0	33.4	34.7	36.0	37.3	38.7
17.9	19.2	20.5	21.9	23.2	24.5	25.8	27.1	28.4	29.7	31.0	32.3	33.7	35.0	36.3	37.6	38.9
18.2	19.5	20.8	22.1	23.4	24.7	26.1	27.4	28.7	30.0	31.3	32.6	33.9	35.2	36.5	37.8	39.2
18.4	19.7	21.0	22.3	23.6	24.9	26.3	27.6	28.9	30.2	31.5	32.8	34.1	35.4	36.8	38.2	39.5
18.6	19.9	21.3	22.6	23.9	25.2	26.6	27.9	29.2	30.5	31.8	33.1	34.4	35.7	37.1	38.5	39.8
18.9	20.2	21.6	22.9	24.2	25.5	26.9	28.2	29.5	30.8	32.1	33.4	34.7	36.0	37.4	38.8	40.1
19.2	20.5	21.9	23.3	24.6	25.9	27.2	28.6	29.9	31.2	32.4	33.8	35.1	36.4	37.7	39.1	40.4
19.6	20.9	22.3	23.6	25.0	26.3	27.6	28.9	30.2	31.5	32.8	34.1	35.4	36.8	38.1	39.5	40.8
19.9	21.2	22.6	23.8	25.3	26.6	27.9	29.2	30.5	31.8	33.1	34.4	35.7	37.2	38.5	39.8	41.1
20.2	21.6	22.9	24.2	25.6	26.9	28.3	29.6	30.9	32.2	33.5	34.8	36.1	37.5	38.8	40.1	41.2
20.5	21.9	23.3	24.6	25.9	27.2	28.6	29.9	31.2	32.6	33.9	35.2	36.5	37.8	39.1	40.4	
20.9	22.3	23.7	25.0	26.3	27.6	29.0	30.3	31.6	33.0	34.3	35.6	36.9	38.2	39.5	40.8	
21.3	22.6	24.0	25.3	26.6	28.0	29.3	30.6	31.9	33.3	34.6	36.0	37.3	38.6	39.9	41.2	
21.7	23.0	24.4	25.7	27.0	28.4	29.7	31.0	32.3	33.7	35.1	36.4	37.7	39.0	40.3		
22.1	23.4	24.7	26.1	27.4	28.8	30.1	31.4	32.7	34.0	35.5	36.8	38.1	39.4	40.7		

附录 5 不同温度下纯水的饱和蒸气压

$T/℃$	p_w^0/kpa	$T/℃$	p_w^0/kpa	$T/℃$	p_w^0/kpa
0	0.610 7	16	1.817	30	4.241
2	0.705 3	18	2.062	32	4.753
4	0.812 8	20	2.337	34	5.318
6	0.934 5	22	2.642	36	5.940
8	1.072 0	24	2.982	38	6.623
10	1.227 0	25	3.166	40	7.374
12	1.401 4	26	3.360		
14	1.597 0	28	3.778		

附录 6 一些重金属配合物的逐级稳定常数

配位体	金属离子	$\lg K_1$	$\lg K_2$	$\lg K_3$	$\lg K_4$
	Ag^+	3.45	2.22	0.33	0.04
	Cd^{2+}	2.00	0.60	0.10	0.30
	*Cu^{2+}	2.80	1.60	0.49	0.73
	Fe^{2+}	0.36	0.04		
Cl^-	Fe^{3+}	1.48	0.65	−1.40	−1.92
	Zn^{2+}	−0.50	−0.50	−0.25	−1.0
	Hg^{2+}	6.75	6.48	1.00	0.97
	Sn^{2+}	1.51	0.73	−0.21	−0.55
	Pb^{2+}	1.60	0.18	−0.1	−0.3
	Al^{3+}	6.13	5.02	3.85	2.74
F^-	Be^{2+}	5.80	4.94	3.56	1.99
	Cd^{2+}	0.3	0.2	0.7	
	*Fe^{3+}	5.30	4.46	3.22	2.00
	Ag^+	3.32	3.92		
	Cd^{2+}	2.51	1.95	1.30	0.79
	Cu^{2+}	3.99	3.34	2.73	1.97
NH_3	Hg^{2+}	8.8	8.7	1.0	0.78
	Ni^{2+}	2.67	2.12	1.61	1.07
	Co^{2+}	1.99	1.51	0.93	0.64
	Zn^{2+}	2.18	2.25	2.31	1.96

配位体	金属离子	lg K_1	lg K_2	lg K_3	lg K_4
SO_4^{2-}	Ag^+	1.30			
	Al^{2+}	3.73			
	Zn^{2+}	2.80			
	Cd^{2+}	2.17	1.37		
	* Hg^{2+}	1.34	1.1		
	Fe^{3+}	4.04	1.30		
	* Cu^{2+}	1.03	0.10	1.17	
OH^-	Ag^+	2.30	1.90	1.22	
	Ca^{2+}	1.51			
	Cd^{2+}	6.08	2.62	−0.32	0.04
	Cu^{2+}	6.0	7.18	1.24	0.14
	Fe^{3+}	11.5	9.3		
	Hg^{2+}	11.51	11.15		
	Mg^{2+}	2.60			
	Mn^{2+}	3.40			
	Pb^{2+}	7.82	3.06	3.06	
	Zn^{2+}	4.15	6.00	4.11	1.26
HS^-	Ag^+	13.6	4.1		
	Cd^{2+}	7.55	7.06	1.88	2.36

注：* 指在离子介质中数据。

（转引自樊邦棠，1991）

附录 7　常见难溶化合物溶度积常数

化合物	pK_{sp}	化合物	pK_{sp}	化合物	pK_{sp}	化合物	pK_{sp}	化合物	pK_{sp}
Ag_2S	49.20	$CaCO_3$（方解石）	8.35	$CuCO_3$	9.86	$Mg(OH)_2$	10.74	$PbCO_3$	13.13
$AgCl$	9.75	$CaCO_3$（文石）	8.22	CuS	35.20	$MgCO_3$	7.46	PbS	27.89
$AgOH$	7.80	CaF_2	10.57	$Fe(OH)_2$	15.10	$MgCO_3 \cdot 3H_2O$	4.76	$PbSO_4$	7.79
$Al(OH)_3$	32.89	$CaSO_4$	5.04	$Fe(OH)_3$	37.40	$MgCO_3 \cdot H_2O$	4.54	$Zn(OH)_2$	16.92
$BaCO_3$	8.29	$CaCO_3 \cdot MgCO_3$（白云石）	16.7	$FeCO_3$	10.50	$MnCO_3$	10.74	$ZnCO_3$	10.84
$BaSO_4$	9.96	$Cd(OH)_2$	13.66	$FePO_4$	21.89	MnS（晶体）	12.60	ZnS	23.80
$Ca(OH)_2$	5.26	$CdCO_3$	11.20	FeS	17.20	MnS（无定形）	9.60		
$Ca_3(PO_4)_2$	28.70	CdS	26.10	HgS（黑色）	52.40	$Pb(OH)_2$	14.93		
$CaCO_3$	8.35	$Cu(OH)_2$	19.30	HgS（红色）	51.80	$PbCl_2$	4.79		

附录8　不同温度和盐度时水中溶解氧的饱和含量*(mL/L)

T/℃	盐度 S															淡水** /(mg/L)
	0	5	10	15	20	25	30	31	32	33	34	35	36	37	38	
0	10.22	9.87	9.54	9.22	8.91	8.61	8.32	8.27	8.21	8.16	8.10	8.05	7.99	7.94	7.88	14.60
1	9.94	9.60	9.28	8.97	8.68	8.39	8.11	8.05	8.00	7.94	7.89	7.84	7.78	7.73	7.68	14.20
2	9.67	9.35	9.04	8.74	8.45	8.17	7.90	7.85	7.79	7.74	7.69	7.64	7.59	7.53	7.48	13.82
3	9.41	9.10	8.80	8.51	8.23	7.96	7.70	7.65	7.60	7.55	7.50	7.45	7.40	7.35	7.30	13.45
4	9.16	8.86	8.57	8.29	8.02	7.76	7.51	7.46	7.41	7.36	7.31	7.26	7.22	7.17	7.12	13.09
5	8.93	8.64	8.36	8.09	7.83	7.57	7.33	7.28	7.23	7.18	7.14	7.09	7.04	7.00	6.95	12.76
6	8.70	8.42	8.15	7.89	7.64	7.39	7.15	7.11	7.06	7.01	6.97	6.92	6.88	6.83	6.79	12.43
7	8.49	8.22	7.95	7.70	7.45	7.22	6.98	6.94	6.89	6.85	6.81	6.76	6.72	6.67	6.63	12.13
8	8.28	8.02	7.76	7.52	7.28	7.05	6.82	6.78	6.74	6.69	6.65	6.61	6.57	6.52	6.48	11.83
9	8.08	7.83	7.58	7.34	7.11	6.89	6.67	6.63	6.59	6.54	6.50	6.46	6.42	6.38	6.34	11.55
10	7.89	7.64	7.41	7.17	6.95	6.73	6.52	6.48	6.44	6.40	6.36	6.32	6.28	6.24	6.20	11.27
11	7.71	7.47	7.24	7.01	6.80	6.58	6.38	6.34	6.30	6.26	6.22	6.18	6.14	6.10	6.07	11.02
12	7.53	7.30	7.08	6.86	6.65	6.44	6.24	6.21	6.17	6.13	6.09	6.05	6.01	5.98	5.94	10.76
13	7.37	7.14	6.92	6.71	6.50	6.31	6.11	6.07	6.04	6.00	5.96	5.93	5.89	5.85	5.82	10.53
14	7.20	6.98	6.77	6.57	6.37	6.17	5.98	5.95	5.91	5.88	5.84	5.80	5.77	5.73	5.70	10.29
15	7.05	6.84	6.63	6.43	6.24	6.05	5.87	5.83	5.79	5.76	5.72	5.69	5.65	5.62	5.58	10.07
16	6.90	6.69	6.49	6.30	6.11	5.93	5.75	5.71	5.68	5.64	5.61	5.58	5.54	5.51	5.48	9.86
17	6.75	6.55	6.36	6.17	5.99	5.81	5.64	5.60	5.57	5.53	5.50	5.47	5.40	5.40	5.37	9.65
18	6.61	6.42	6.23	6.05	5.87	5.69	5.53	5.49	5.46	5.43	5.40	5.36	5.33	5.30	5.27	9.45
19	6.48	6.29	6.11	5.93	5.75	5.59	5.42	5.39	5.36	5.33	5.29	5.26	5.23	5.20	5.17	9.26
20	6.35	6.17	5.99	5.81	5.64	5.48	5.32	5.29	5.26	5.23	5.20	5.17	5.14	5.10	5.07	9.07
21	6.23	6.05	5.87	5.70	5.54	5.38	5.22	5.19	5.16	5.13	5.10	5.07	5.04	5.01	4.98	8.90
22	6.11	5.93	5.76	5.60	5.44	5.28	5.13	5.10	5.07	5.04	5.01	4.98	4.95	4.92	4.89	8.73
23	5.99	5.82	5.65	5.49	5.34	5.18	5.04	5.01	4.98	4.95	4.92	4.89	4.87	4.84	4.81	8.56
24	5.88	5.71	5.55	5.39	5.24	5.09	4.95	4.92	4.89	4.86	4.84	4.81	4.78	4.75	4.73	8.40
25	5.77	5.61	5.45	5.30	5.15	5.00	4.86	4.83	4.81	4.78	4.75	4.73	4.70	4.67	4.65	8.25
26	5.66	5.51	5.35	5.20	5.06	4.92	4.78	4.75	4.73	4.70	4.67	4.65	4.62	4.59	4.57	8.09
27	5.56	5.41	5.26	5.11	4.97	4.83	4.70	4.67	4.65	4.62	4.57	4.54	4.52	4.52	4.49	7.95
28	5.46	5.31	5.17	5.03	4.89	4.75	4.62	4.60	4.57	4.55	4.52	4.50	4.47	4.45	4.42	7.80
29	5.37	5.22	5.08	4.94	4.81	4.67	4.55	4.53	4.50	4.47	4.46	4.42	4.40	4.37	4.35	7.67
30	5.28	5.13	4.99	4.86	4.73	4.60	4.47	4.45	4.43	4.40	4.38	4.35	4.33	4.31	4.28	7.55
31	5.19	5.05	4.91	4.78	4.65	4.53	4.40	4.38	4.36	4.33	4.31	4.28	4.26	4.24	4.22	7.42
32	5.10	4.96	4.83	4.70	4.58	4.45	4.33	4.31	4.29	4.26	4.24	4.22	4.20	4.17	4.15	7.29

* 在标准大气压力 101.325 kPa，大气含氧 20.95%(体积百分比)，湿度 100% 的平衡条件下。

** 由编者将盐度 S=0 的数据乘 1.429 得到。

引自联合国教科文组织(UNESCO)，1973。

附录9　纯水和海水中 CO_2 的溶解度系数 $[\times 10^{-4}\,mol/(m^3 \cdot Pa)]$

$T/℃$	氯度 Cl							
	0	15	16	17	18	19	20	21
0	a_0=7.60	a_S=6.65	6.58	6.51	6.44	6.38	6.32	6.25
2	7.03	6.15	6.09	6.03	5.97	5.91	5.85	5.79
4	6.53	5.70	5.66	5.60	5.55	5.50	5.44	5.39
6	6.11	5.31	5.26	5.21	5.19	5.12	5.07	5.02
8	5.68	4.97	4.92	4.89	4.84	4.78	4.76	4.71
10	5.29	4.66	4.62	4.58	4.54	4.50	4.46	4.42
12	4.95	4.36	4.32	4.28	4.25	4.22	4.18	4.15

附录10　碳酸平衡系数表(淡水，20℃)

pH	f_0	f_1	f_2	f	pH	f_0	f_1	f_2	f
4.0	9.96×10^{-1}	4.15×10^{-3}	1.73×10^{-9}	2.41×10^{2}	8.0	2.33×10^{-2}	9.73×10^{-1}	4.05×10^{-3}	1.02
4.2	9.93×10^{-1}	6.56×10^{-3}	4.34×10^{-9}	1.52×10^{2}	8.2	1.48×10^{-2}	9.79×10^{-1}	6.47×10^{-3}	1.01
4.4	9.90×10^{-1}	1.04×10^{-2}	1.09×10^{-8}	96.5	8.4	9.36×10^{-3}	9.80×10^{-1}	1.03×10^{-2}	9.99×10^{-1}
4.6	9.84×10^{-1}	1.63×10^{-2}	2.71×10^{-8}	61.3	8.6	5.89×10^{-3}	9.78×10^{-1}	1.62×10^{-2}	9.90×10^{-1}
4.8	9.74×10^{-1}	2.56×10^{-2}	6.74×10^{-8}	39.0	8.8	3.69×10^{-3}	9.71×10^{-1}	2.55×10^{-2}	9.79×10^{-1}
5.0	9.60×10^{-1}	4.00×10^{-2}	1.67×10^{-7}	25.0	9.0	2.30×10^{-3}	9.58×10^{-1}	3.99×10^{-2}	9.64×10^{-1}
5.2	9.83×10^{-1}	6.20×10^{-2}	4.09×10^{-7}	16.1	9.2	1.42×10^{-3}	9.37×10^{-1}	6.19×10^{-2}	9.43×10^{-1}
5.4	9.05×10^{-1}	9.48×10^{-2}	9.93×10^{-7}	10.5	9.4	8.64×10^{-4}	9.04×10^{-1}	9.47×10^{-2}	9.14×10^{-1}
5.6	8.58×10^{-1}	1.42×10^{-1}	2.36×10^{-6}	7.03	9.6	5.17×10^{-4}	8.57×10^{-1}	1.42×10^{-1}	8.76×10^{-1}
5.8	7.92×10^{-1}	2.08×10^{-1}	5.48×10^{-6}	4.80	9.8	3.01×10^{-4}	7.92×10^{-1}	2.08×10^{-1}	8.28×10^{-1}
6.0	7.06×10^{-1}	2.94×10^{-1}	1.23×10^{-5}	3.40	10.0	1.69×10^{-4}	7.06×10^{-1}	2.94×10^{-1}	7.73×10^{-1}
6.2	6.02×10^{-1}	3.98×10^{-1}	2.63×10^{-5}	2.51	10.2	9.11×10^{-5}	6.02×10^{-1}	3.98×10^{-1}	7.15×10^{-1}
6.4	4.88×10^{-1}	5.11×10^{-1}	5.36×10^{-5}	1.95	10.4	4.66×10^{-5}	4.88×10^{-1}	5.11×10^{-1}	6.62×10^{-1}
6.6	3.76×10^{-1}	6.24×10^{-1}	1.04×10^{-4}	1.60	10.6	2.27×10^{-5}	3.76×10^{-1}	6.24×10^{-1}	6.16×10^{-1}
6.8	2.75×10^{-1}	7.24×10^{-1}	1.91×10^{-4}	1.38	10.8	1.05×10^{-5}	2.75×10^{-1}	7.25×10^{-1}	5.80×10^{-1}
7.0	1.93×10^{-1}	8.06×10^{-1}	3.36×10^{-4}	1.24	11.0	4.64×10^{-6}	1.93×10^{-1}	8.07×10^{-1}	5.54×10^{-1}
7.2	1.31×10^{-1}	8.68×10^{-1}	5.74×10^{-4}	1.15	11.2	1.99×10^{-6}	1.31×10^{-1}	8.69×10^{-1}	5.35×10^{-1}
7.4	8.71×10^{-2}	9.12×10^{-1}	9.55×10^{-4}	1.09	11.4	8.33×10^{-7}	8.72×10^{-2}	9.13×10^{-1}	5.23×10^{-1}
7.6	5.67×10^{-2}	9.42×10^{-1}	1.56×10^{-3}	1.06	11.6	3.42×10^{-7}	5.68×10^{-2}	9.43×10^{-1}	5.15×10^{-1}
7.8	3.65×10^{-2}	9.61×10^{-1}	2.53×10^{-3}	1.04	11.8	1.39×10^{-7}	3.66×10^{-2}	9.63×10^{-1}	5.09×10^{-1}

附录11 部分天然水体的水化学成分

表1 我国部分河流主要离子含量(mg/L)

河流名称	HCO_3^-	CO_3^{2-}	SO_4^{2-}	Cl^-	Ca^{2+}	Mg^{2+}	$Na^+(K^+)$	离子总量
西江(1980—1983)	141.2	3.6	18.7	3.3	42.	6.8	14.2	230.4
东江(1982—1983)	26.2	0	2.3	1.0	4.1	1.2	5.9	41.
北江(1981—1982)	98	0	3.9	2.9		22.0	2.6	10.7
黄河 上游	172	4.0	13.5	22.4	39.5	13.2	2.02	284.8
中游	212	3.2	78.1	49.5	49.3	23.4	55.7	471.2
下游	177	0.9	88.2	62.5	46.8	21.0	61.8	458.2
松花江(哈尔滨,1981)	74.7	0	5.5	7.2	16.9	3.6	9.5	117.4
鸭绿江(丹东)	103.7	0	12.6	21.1	16.8	3.4	5.5	163.0
钱塘江(杭州,1978,10)	52.03		2.65	4.51	18.04	22.96	6.17	86.36
长江(武汉,1980,06)	12 334		9.11	4.12	44.8	6.54	5.36	193.27
汉水(武汉,1980,06)	116.02		8.92	4.40	36.64	7.83	4.14	177.95
嘉陵江(重庆,1980,06)	193.9		6.37	4.12	46.40	5.59	5.02	261.48

转引自:《中国内陆水域渔业资源》编写组,1990;陈静生等,1987。

表2 世界部分河流主要离子含量(mg/L)

河流名称	HCO_3^-	CO_3^{2-}	SO_4^{2-}	Cl^-	Ca^{2+}	Mg^{2+}	$Na^+(K^+)$	离子总量
圣芬纶斯河(加拿大)	95.2	0	19.5	14.0	31.4	6.9	7.2	174.2
密西西比河(美国)	108.0	0	39	85	38	9.2	13.9	283.6
科罗拉多河(美国)	153.7	0	968	378	186	3.5	544	2 233.2
托涅川(日本)	12.8	0	8.4	2.2	4.9	1.1	3.3	32.7
湄公河(越南)	115.6	0	14.7	6.2	31.1	5.7	9.3	182.6
墨累河(澳大利亚)	50.7	0	9.4	2.9	8.5	5.7	21.4	98.6
尼罗河(非洲)	85.8	0	4.7	3.4	15.8	8.8	19.5	138
亚麻逊河(南美洲)	29	0	2.5	2.4	9.0	1.0	3.1	47

转引自:陈静生等,1987。

表3 世界部分淡水湖的化学成分含量(mg/L)

湖泊	HCO_3^-	SO_4^{2-}	Cl^-	Ca^{2+}	Mg^{2+}	Na^++K^+	离子总量
北美洲 尼皮幸格湖	26.2	8.5	1.0	9.0	3.6	3.8	52
苏必利尔湖	50.0	4.8	1.5	14.1	3.7	3.4	77
伊利湖	121	28	17	39	8.7	8.2	222
安大略湖	113.5	20.3	15.6	36.9	7.8	8.9	203

湖　泊		HCO_3^-	SO_4^{2-}	Cl^-	Ca^{2+}	Mg^{2+}	Na^++K^+	离子总量
欧洲	苏黎世湖（瑞士）	145	11.1	0.83	41	7.2	2.3	207
	巴拉顿湖（匈牙利）	197	110	15.2	45.3	65.7	48.2	481
亚洲	贝加尔湖表层	59.2	4.9	1.8	15.2	4.2	6.1	91
	贝加尔湖 1 000 m	58.6	4.4	2.0	15.2	4.4	4.9	89
	拉多加湖	40.2	2.5	7.7	7.1	1.9	8.6	68
	谢凡湖	414.7	16.9	62.9	33.9	55.9	77.3	662
非洲	坦加尼卡湖	415.2	4.0	28	15.2	43.7	64.2	570

转引自：陈静生等，1987。

表4　我国部分湖泊、水库主要化学成分含量（mg/L）

湖　泊	HCO_3^-	CO_3^{2-}	SO_4^{2-}	Cl^-	Ca^{2+}	Mg^{2+}	Na^++K^+	离子总量
抚仙湖	167.8	10.4	78.3	2.16	25.8	20.15	45.1	316.6
巢湖	62.1	0	14.3	8.4	13.5	5.2	12.3	115.8
红碱淖	666	159	92.2	749	10.5	45.2	840	2 562
东平湖	138.6	1.18	52.9	22.5	44.9	11.3	21.9	293.3
镜泊湖	39.6	0	8.3	2.27	8.0	3.6	3.22	65.0
显岗水库	19.7	—	1.53	0.68	2.34	0.80	3.12	28.2
锦江水库	20.1	—	1.4	3.6	1.06	2.0	6.1	34.2
西河水库	185.2	10.17	81.0	0.74	39.78	16.3	44.0	377.2
西津水库	121.6	4.7	4.0	5.0	37.3	4.0	1.0	177.6
冯家山水库	166.7	—	88.3	5.67	32.8	16.3	43.75	236.5
河口水库	1 190	405	244	697	11.6	130	1 071	3 747
汾河水库	157.1	3.9	38.0	10.3	42.3	13.1	14.0	278.7
陆汾水库	138.1	0	14.2	5.25	37.0	8.08	5.0	207.6
清河水库	82.35	—	29.55	20.66	29.90	6.27	8.2	176.9
刘家峡水库	177.4	0	20.9	10.9	44.3	11.1	13.2	277.8
达里诺尔	1 610.4	543	255.6	1 184	5.7	23.0	1 925	5 547
乌梁素海	296	68.1	255	580	35.0	105	461	1 800
赛里木湖	54 103	129	1 112	3 539	16.0	374.5	325.4	2 850
青海湖	525.0	419.4	2 034	5 275	9.87	821.8	3 258	12 490
扎陵湖	191.0	12.3	9.05	64.7	35.6	25.4	42.2	380.3

引自：《中国内陆渔业资源》编写组，1990。

表5　中国主要湖泊的生物营养物质含量(mg/L)

湖名	Fe	NH_4^+	NO_2^-	NO_3^-	PO_4^{3-}	SiO_2	COD_{Mn}
鄱阳湖	0.11	痕迹	痕迹	0.02	痕迹	3.73	1.59
洞庭湖	0.08	0.02	0.02	0.62	0.02	5.132	3.06
太湖	0.42	0.02	0.01	0.02	0.06	3.20	4.66
洪泽湖	0.02	0.01		0.45	0.10	7.92	5.50
巢湖	0.24	0	痕迹	0.04	0.03	3.13	
梁子湖	4.28	0.01	痕迹	0.17	0.01	3.40	
石臼湖	0.23	0.01	痕迹	0.05	痕迹	2.78	3.44
滆湖	0.09	痕迹	0.01	1.01	0.02	9.43	2.92
阳澄湖	0.02	0.04	0.04	0.59	0.01	9.45	
高邮湖	0.08		0.05	0.52	0.03	13.64	2.03
白玛湖	0.05		0.02	0.30	0.03	9.09	4.19
瓦埠湖	0.19	0.10	0.12	0.84	0.03	19.66	2.18
骆马湖	0.02	0.04	0.01	0.59	0.01	1.05	2.01
月亮泡	0.01		痕迹	0.47	0.03	18.82	9.10
镜泊湖	0.21	0.01	痕迹	0.37	0.04	8.90	9.19
五大连池	0.06	0.04	0.01	0.75	0.20	13.66	11.84
新疆天池	痕迹	0.03	0	0.38	0.01	4.91	2.82
鄂陵湖	0.01	0.02	0	0.40	0.03	5.98	3.02
扎陵湖	0.02	0.03	0	0.40	0.01	1.61	3.51
滇池外海	0.02	0.05	痕迹	0.18	0.02	1.54	10.13
滇池草海	0.01	0.07		0.15	痕迹	1.40	9.16
洱海	痕迹	0.01	痕迹	0.09	0.01	1.64	3.19
抚仙湖	0	0.01	0	0.20	0.02	0.83	1.61
阳宗海	痕迹	0.01	痕迹	0.10	痕迹	1.87	1.96
邛海	0.01		0	0.25	0.01	4.18	3.30
青海湖	0.02	0.05	0.01	0.16	0.02	0.35	1.41
黄旗海		0.05		0.80	0.06		
乌梁素海	痕迹		0.04	0.04			15.40
布伦托海	0	0.01	0	0.18	0.05	2.70	14.46
博斯腾湖	0.01	0.02	痕迹	0.22	0.03	5.65	7.32
呼伦池	0.02	痕迹	痕迹	0.13	0.24	21.37	8.29
达来诺尔	0.08	0.08	痕迹	0.01	1.72	2.40	14.30

引自：金相灿等，1995。

附录 12　部分水环境质量、水质标准

《地表水环境质量标准》(GB 3838—2002)的基本项目标准限值(mg/L)

序号	项　目		Ⅰ类	Ⅱ类	Ⅲ类	Ⅳ类	Ⅴ类
1	水温/℃		人为造成的环境水温变化应限制在：周平均最大温升≤1　周平均最大温降≤2				
2	pH		6～9				
3	溶解氧	≥	饱和率90%（或7.5）	6	5	3	2
4	高锰酸盐指数	≤	2	4	6	10	15
5	化学需氧量(COD)	≤	15	15	20	30	40
6	五日生化需氧量(BOD_5)	≤	3	3	4	6	10
7	氨态氮(NH_3-N)	≤	0.015	0.5	1.0	1.5	2.0
8	总磷(以 P 计)	≤	0.02（湖、库 0.01）	0.1（湖、库 0.025）	0.2（湖、库 0.05）	0.3（湖、库 0.1）	0.4（湖、库 0.2）
9	总氮(湖、库,以 N 计)	≤	0.2	0.5	1.0	1.5	2.0
10	铜	≤	0.01	1.0	1.0	1.0	1.0
11	锌	≤	0.05	1.0	1.0	2.0	2.0
12	氟化物(以 F^- 计)	≤	1.0	1.0	1.0	1.5	1.5
13	硒	≤	0.01	0.01	0.01	0.02	0.02
14	砷	≤	0.05	0.05	0.05	0.1	0.1
15	汞	≤	0.000 05	0.000 05	0.000 1	0.001	0.001
16	镉	≤	0.001	0.005	0.005	0.005	0.01
17	铬(六价)	≤	0.01	0.05	0.05	0.05	0.1
18	铅	≤	0.01	0.01	0.05	0.05	0.1
19	氰化物	≤	0.005	0.05	0.2	0.2	0.2
20	挥发酚	≤	0.002	0.002	0.005	0.01	0.1
21	石油类	≤	0.05	0.05	0.05	0.5	1.0
22	阴离子表面活性剂	≤	0.2	0.2	0.2	0.3	0.3
23	硫化物	≤	0.05	0.1	0.2	0.5	1.0
24	粪大肠菌群(个/L)	≤	200	2 000	10 000	20 000	40 000

《海水水质标准》(GB 3097—1997)(mg/L)

序号	项 目		第一类	第二类	第三类	第四类
1	漂浮物质		海面不得出现油膜、浮沫和其他漂浮物质			海面无明显油膜、浮沫和其他漂浮物质
2	色、臭、味		海水不得有异色、异臭、异味			海水不得有令人厌恶和感到不快的色、臭、味
3	悬浮物质		人为增加的量≤10	人为增加的量≤100		人为增加的量≤150
4	大肠菌群/(个/L)	≤	10 000 供人生食的贝类增养殖水质≤700			—
5	粪大肠杆菌群/(个/L)	≤	2 000 供人生食的贝类增养殖水质≤140			—
6	病原体		供人生食的贝类养殖水质不得含有病原体			
7	水温/℃		人为造成的海水温升夏季时当地1℃，其他季节不超过2℃	人为造成的海水温升不超过当时当地4℃		
8	pH		7.8～8.5 同时不超出该海域正常变动范围的 0.2 pH 单位	6.8～8.8 同时不超出该海拔正常变动范围的 0.5 pH 单位		
9	溶解氧	>	6	5	4	3
10	化学需氧量(COD)	≤	2	3	4	5
11	生化需氧量(BOD_5)	≤	1	3	4	5
12	无机氮(以N计)	≤	0.20	0.30	0.40	0.50
13	非离子氨(以N计)	≤	0.020			
14	活性磷酸盐(以P计)	≤	0.015	0.030		0.045
15	汞	≤	0.000 05	0.000 2		0.000 5
16	镉	≤	0.001	0.005		0.010
17	铅	≤	0.001	0.005	0.010	0.050
18	六价铬	≤	0.005	0.010	0.020	0.050
19	总铬	≤	0.05	0.10	0.20	0.50
20	砷	≤	0.020	0.030		0.050
21	铜	≤	0.005	0.010		0.050
22	锌	≤	0.020	0.050	0.10	0.50
23	硒	≤	0.010	0.020		0.050
24	镍	≤	0.005	0.010	0.020	0.050
25	氰化物	≤	0.005		0.10	0.20
26	硫化物(以S计)	≤	0.02	0.05	0.10	0.25

（续）

序号	项　目		第一类	第二类	第三类	第四类
27	挥发性酚	≤	0.005	0.010		0.050
28	石油类	≤	0.05	0.30		0.50
29	六六六	≤	0.001	0.002	0.003	0.005
30	滴滴涕	≤	0.000 05	0.000 1		
31	马拉硫磷	≤	0.000 5	0.001		
32	甲基对硫磷	≤	0.000 5	0.001		
33	苯并(a)芘(μg/L)	≤	0.002 5			
34	阴离子表面活性剂 （以 LAS 计）		0.03	0.10		
35	放射性核素 （Bq/L）	^{60}Co	0.03			
		^{90}Sr	4			
		^{106}Rn	0.2			
		^{134}Cs	0.6			
		^{137}Cs	0.7			

《渔业水质标准》(GB 11607—89)(mg/L)

项目序号	项　目	标　准　值
1	色、臭、味	不得使鱼、虾、贝、藻类带有异色、异臭、异味
2	漂浮物质	不得出现明显油膜或浮沫
3	悬浮物质	人为增加的量不得超过 10，而且悬浮物质沉积于底部后，不得对鱼、虾、贝类产生有害的影响
4	pH	淡水 6.5～8.5，海水 7.0～8.5
5	溶解氧	连续 24 h 中，16 h 以上必须大于 5，其余任何时候不得低于 3，对于鲑科鱼类栖息水域冰封期其余任何时候不得低于 4
6	生化需氧量（五天、20 ℃）	不超过 5，冰封期不超过 3
7	总大肠菌群	不超过 5 000 个/L(贝类养殖水质不超过 500 个/L)
8	汞	≤0.000 5
9	镉	≤0.005
10	铅	≤0.05
11	铬	≤0.1
12	铜	≤0.01
13	锌	≤0.1
14	镍	≤0.05
15	砷	≤0.05
16	氰化物	≤0.005

（续）

项目序号	项 目	标 准 值
17	硫化物	≤0.2
18	氟化物(以F⁻计)	≤1
19	非离子氨	≤0.02
20	凯氏氮	≤0.05
21	挥发性酚	≤0.005
22	黄磷	≤0.001
23	石油类	≤0.05
24	丙烯腈	≤0.5
25	丙烯醛	≤0.02
26	六六六(丙体)	≤0.002
27	滴滴涕	≤0.001
28	马拉硫磷	≤0.005
29	五氯酚钠	≤0.01
30	乐果	≤0.1
31	甲胺磷	≤1
32	甲基对硫磷	≤0.0005
33	呋喃丹	≤0.01

《无公害食品淡水养殖用水水质》（NY 5051—2001）（mg/L）

项目序号	项 目	标 准 值
1	色、臭、味	不得使养殖水体带有异色、异臭、异味
2	总大肠菌群，个/L	≤5 000
3	汞	≤0.0005
4	镉	≤0.005
5	铅	≤0.05
6	铬	≤0.1
7	铜	≤0.01
8	锌	≤0.1
9	砷	≤0.05
10	氟化物	≤1
11	石油类	≤0.05
12	挥发性酚	≤0.005
13	甲基对硫磷	≤0.0005
14	马拉硫磷	≤0.005
15	乐果	≤0.1
16	六六六(丙体)	≤0.002
17	DDT	0.001

《无公害食品海水养殖用水水质》(NY 5052—2001)(mg/L)

项目序号	项目	标准值
1	色、臭、味	海水养殖水体不得有异色、异臭、异味
2	大肠菌群/(个/L)	≤5 000,供人生食的贝类养殖水质≤500
3	粪大肠菌群/(个/L)	≤2 000,供人生食的贝类养殖水质≤140
4	汞	≤0.000 2
5	镉	≤0.005
6	铅	≤0.05
7	六价铬	≤0.01
8	总铬	≤0.1
9	砷	≤0.03
10	铜	≤0.01
11	锌	≤0.1
12	硒	≤0.02
13	氰化物	≤0.005
14	挥发性酚	≤0.005
15	石油类	≤0.05
16	六六六	≤0.001
17	滴滴涕	≤0.000 05
18	马拉硫磷	≤0.000 5
19	甲基对硫磷	≤0.000 5
20	乐果	≤0.1
21	多氯联苯	≤0.000 02

参 考 文 献

《中国内陆水域渔业资源》编写组，1990. 中国内陆水域渔业资源[M]. 北京：农业出版社.

《中国水利百科全书》第二版委员会，2006. 中国水利百科全书(第1卷，A～H)[M]. 北京：中国水利水电出版社.

《中国大百科全书》总委员会，2009. 中国大百科全书[M]. 2版. 北京：中国大百科全书出版社

艾东升，2011. 上海市大气降水化学组成特征及物源解析[D]. 上海：华东师范大学.

邴旭文，陈家长，2001. 浮床无土栽培植物控制池塘富营养化水质[J]. 湛江海洋大学学报，21(3)：29-33.

博伊德，2003. 池塘养殖水质[M]. 林文辉，译. 广州：广东科技出版社.

曹德菊，岳永德，黄祥明，等，2004. 巢湖水体Pb、Cu和Fe污染的环境质量评价[J]. 中国环境科学，24(4)：509-512.

陈斌，2018. 海洋塑料微粒来源分布与生态影响研究综述[J]. 环境保护科学，44(2)：90-97.

陈佳荣，臧维玲，金送笛，1996. 水化学[M]. 北京：中国农业出版社.

陈静生，陶澍，邓宝山，等，1987. 水环境化学[M]. 北京：高等教育出版社.

陈磊，高东泉，舒凤月，等，2016. 南四湖浮游动物群落结构特征及其与环境因子的关系[J]. 动物学杂志，51(1)：113-120.

陈萍，王秀江，2006. 臭氧在大菱鲆亲鱼养殖回用水系统中的应用[J]. 齐鲁渔业，23(4)：17-18.

陈炜，雷衍之，蒋双，1997. 离子铵和非离子氨对海蜇螅状幼体和碟状幼体的毒性研究[J]. 大连海洋大学学报，12(1)：8-14.

陈一通，2002. 南美白对虾的养殖技术之三——海湾围垦地下水进行南美白对虾养殖试[J]. 中国水产(2)：50-51.

陈振民，谢薇，赵伟，等，2016. 实用环境质量评价[M]. 上海：华东理工大学出版社.

陈镇东，1994. 海洋化学[M]. 台北：茂昌图书有限公司发行.

陈志恺，2005. 中国水资源的可持续利用问题[J]. 中国科技奖励，23(1)：42-44.

池炳杰，梁利群，刘春雷，等，2011. 滩头雅罗鱼幼鱼对NaCl浓度和碱度的适应性分析[J]. 中国水产科学，18(3)：689-694.

崔玉布，1994. 人工养虾池生态系统结构特点及其控制对策[J]. 海洋科学，23(2)：64-65.

崔长俊，阎百兴，潘晓峰，2010. 松花江、黑龙江水中可溶性铁与有机质含量的相关[J]. 生态与农村环境学报，26(4)：350-355.

大连水产学院，1986. 海水化学[M]. 北京：农业出版社.

戴树桂，陈甫华，王世柏，1987. 环境化学[M]. 北京：高等教育出版社.

戴树桂，黄国兰，雷红霞，1994. 水体表面微层的环境化学研究[J]. 环境化学，13(4)：287-295.

戴树桂，1997. 环境化学[M]. 北京：高等教育出版社.

戴习林，臧维玲，杨鸿山，等，2001. Cu^{2+}、Zn^{2+}、Cd^{2+}对罗氏沼虾幼虾的毒性作用[J]. 上海水产大学学报，10(4)：298-302.

戴钟道，2002. 谈"胶体摇篮"学说理论的现状及其意义[N]. 中国海洋报(业界纵横版)：9-27.

邓南圣，吴峰，2000. 环境化学教程[M]. 武汉：武汉大学出版社.

丁维新，蔡祖聪，2003. 温度对甲烷产生和氧化的影响[J]. 应用生态学报，14(4)：604-608.

董济军，林艳青，刘朋，等，2016. 池塘水质综合调控及节能减排技术研究综述[J]. 山东师范大学学报（自然科学版），31(3)：139-142.

董双林，2017. 水产养殖生态学[M]. 北京：科学出版社.

董双林，王芳，1999. 海湾扇贝对海水池塘浮游生物和水质的影响[J]. 海洋学报，21(6)：138-144.

窦明，左其亭，2014. 水环境化学[M]. 北京：中国水利水电出版社.

杜锦，石晓勇，陈鹏，等，2014. 环境因子对长江口咸淡水混合水体中硅酸盐浓度的影响[J]. 渔业科学进展，35(3)：27-33.

杜譞，李宏涛，2016. 欧美经验对我国"十三五"大气污染防治战略的启示[J]. 中国环境管理，8(5)：57-62.

樊邦棠，1991. 环境化学[M]. 杭州：浙江大学出版社.

范成新，王春霞，2007. 长江中下游湖泊环境地球化学与富营养化[M]. 北京：科学出版社.

范成新，张路，秦伯强，等，2004. 太湖沉积物-水界面生源要素迁移机制及定量化——1. 铵态氮释放速率的空间差异及源-汇通量[J]. 湖泊科学，16(1)：10-20.

范文宏，陈静生，洪松，等，2002. 沉积物中重金属生物毒性评价的研究进展[J]. 环境科学与技术，25(1)：36-39.

丰茂武，吴云海，冯仕训，等，2008. 不同氮磷比对藻类生长的影响[J]. 生态环境学报，17(5)：1759-1763.

高淑英，邹栋梁，厉红梅，1999. 汞、镉、锌和锰对日本对虾仔虾的急性毒性[J]. 海洋通报，18(2)：93-96.

龚望宝，余德光，王广军，等，2013. 主养草鱼高密度池塘溶氧收支平衡的研究[J]. 水生生物学报，37(2)：208-216.

顾卿，张旭，叶丹华，等，2016. 奉化江底泥碳、氮、硫转化功能基因的定量研究[J]. 环境污染与防治，38(11)：60-67.

国家环保局，国家海洋局，1997. 海水水质标准：GB 3097-1997[S]. 北京：中国标准出版社.

国家环保局，国家质量监督检验检疫总局，2002. 地表水环境质量标准：GB 3838-2002[S]. 北京：中国标准出版社.

国家环保局，1989. 渔业水质标准：GB11607-89)[S]. 北京：中国标准出版社.

国家环保局，2009. 水和废水监测分析方法[M]. 4版. 北京：中国环境科学出版社.

韩舞鹰，吴林兴，容荣贵，等，1998. 南海海洋化学[M]. 北京：科学出版社.

韩雨薇，张彦峰，陈萌，等，2015. 沉积物中重金属 Pb 和 Cd 对河蚬的毒性效应研究[J]. 生态毒理学报，10(4)：129-137.

韩宗珠，张军强，邹昊，等，2011. 渤海湾北部底质沉积物中黏土矿物组成与物源研究[J]. 中国海洋大学学报（自然科学版），41(11)：95-102.

何燧源，金云云，何方，2005. 环境化学[M]. 4版. 上海：华东理工大学出版社.

何志辉，1990. 我国高产塘生态系统的分析//池塘养鱼生态理论论文集[C]. 上海：科技出版社.

洪家珍，李法西，1983. 海洋复杂体系氧化还原状态的描述与确定及独立电对概念的提出[J]. 东海海洋（1）：52-58.

胡维安，李纯厚，颉晓勇，等，2011. 高位池循环水养殖系统的构建及其水质调控效果[J]. 广东农业科学，38(23)：124-128.

黄翠玲，邹立，罗先香，等，2007. 黄河口常量离子运移规律研究Ⅰ——常量阳离子[J]. 中国海洋大学学报（自然科学版）(S1)：88-94.

黄江婵，2011. 近50年东海海水中营养盐时空分布特征[D]. 青岛：中国海洋大学.

黄杰斯，2015. 几种水环境理化因子对花鲈孵化与生长发育的影响及毒性试验研究[D]. 中国海洋大学.

黄岁樑，臧常娟，杜胜蓝，等，2011. pH、溶解氧、叶绿素 a 之间相关性研究 I：养殖水体[J]. 环境工程学报，5(6)：1201－1208.

黄岁樑，臧常娟，杜胜蓝，等，2011. pH、溶解氧、叶绿素 a 之间相关性研究 II：非养殖水体[J]. 环境工程学报，5(8)：1681－1688.

黄西能，韩舞鹰，容荣贵，等，1990. 西太平洋赤道海区海洋表面微层化学的初步观测[J]. 热带海洋，9(4)：73－97.

黄玉瑶，2001. 内陆水域污染生态学——原理与应用[M]. 北京：科学出版社.

黄玉瑶，2001. 内陆水域生态学[M]. 北京：科学出版社.

黄志慧，李育珍，张宁，等，2016. 无机、有机及复合吸附材料处理有机污染物的研究[J]. 化学研究与应用，28(6)：770－776.

吉林大学，四川大学，1980. 物理化学与胶体化学[M]. 北京：人民教育出版社.

暨卫东，2011. 中国近海海洋环境质量现状与背景值研究[M]. 北京：海洋出版社.

暨卫东，2012. 中国近海海洋—海洋化学[M]. 北京：海洋出版社.

贾惠文，曹广斌，蒋树义，等，2010. 鱼类循环水养殖纯氧增氧设备的设计与增氧性能测试研究[J]. 江苏农业科学(6)：563－568.

贾屏，杨文海，2012. 水环境评价与保护[M]. 郑州：黄河水利出版社.

贾旭颖，王芳，王春生，等，2013. 温度突变和非离子氨胁迫对海水和淡水养殖条件下凡纳滨对虾存活的影响[J]. 中国海洋大学学报，43(10)：33－40.

姜培坤，徐秋芳，杨芳，2003，雷竹土壤水溶性有机碳及其与重金属的关系[J]. 浙江林学院学报，20(1)：8－11.

蒋辉，2003. 环境水化学[M]. 合肥：安徽科学技术出版社.

蒋真玉，2012. 重庆主城区两江表层沉积物中腐殖酸特性及其对荧蒽的吸附影响研究[D]. 重庆：重庆大学.

金相灿，刘树坤，章宗涉，等，1995. 中国湖泊环境(第一册和第二册)[M]. 北京：海洋出版社.

金相灿，1995. 中国湖泊环境[M]. 北京：海洋出版社.

金相灿，1990. 有机化合物污染化学[M]. 北京：清华大学出版社.

柯清水，1998. 水产养殖的致病根源——亚硝酸氮[J]. 养鱼世界，10：71－74.

孔繁翔，尹大强，严国安，2000. 环境生物学[M]. 北京：高等教育出版社.

孔志明，许超，1995. 环境毒理学[M]. 南京：南京大学出版社.

雷建军，王大鹏，肖俊军，等，2017. 广西岩滩水库不同养殖类型区域沉积物磷分布特征分析[J]. 南方农业学报(12)：2288－2294.

雷衍之，陈佳荣，臧维玲，等，1993. 淡水养殖水化学[M]. 南宁：广西科学技术出版社.

雷衍之，董双林，沈成钢，1985. 碳酸盐碱度对鱼类毒性作用的研究[J]. 水产学报，9(2)：171－183.

雷衍之，朴文豪，白禄君，等，1991. 养鱼池底泥耗氧速率的研究[J]. 大连水产学院学报(Z1)：6－13.

雷衍之，于淑敏，徐捷，1983. 无锡市河埒口高产鱼池水质研究—— I . 水化学和初级生产力[J]. 水产学报(3)：185－199.

雷衍之，张桂兰，1985. 越冬池冰下水体理化因子的研究[J]. 水生生物学报(4)：309－323.

雷衍之，2004. 养殖水环境化学[M]. 北京：中国农业出版社.

雷宗友，朱宛中，夏福兴，等，1988. 中国海环境手册[M]. 上海：上海交通大学出版社.

黎道丰，蔡庆华，2000. 不同盐碱度水体的鱼类区系结构及主要经济鱼类生长的比较[J]. 水生生物学报，24(5)：493－501.

黎华寿，陈桂葵，2007. 环境质量分析与评价[M]. 北京：国际文化出版公司.

李彬，王印庚，廖梅杰，等，2017. 底部微孔增氧管布设距离和增氧时间对刺参养殖池塘溶氧的影响[J].

渔业现代化，44(6)：13-18.

李昌，李为，张凤银，等，2017. 低温下豆瓣菜(*Nasturtium officinale* R. Br.)浮床对池塘废水的净化效果[J]. 应用与环境生物学报，23(3)：420-426.

李道季，2019. 海洋微塑料污染状况及其应对措施建议[J]. 环境科学研究，32(2)：197-202.

李海建，2002. 水体中硫化氢产生原因及应对措施[J]. 科学养鱼(10)：47.

李嘉，李艳芳，张华，2018. 海洋微塑料物理迁移过程研究进展与展望[J]. 海洋科学，42(5)：155-162.

李今，吕田，华江环，2014. 人工浮床水培空心菜生长特性及其在养殖废水净化中的应用[J]. 湖南师范大学自然科学学报，37(2)：22-27.

李金惠，汤鸿霄，1996. 酸化容量模式及其理论计算方法探讨[J]. 中国环境科学，16(6)：430-434.

李孟，桑稳姣，2012. 水质工程学[M]. 北京：清华大学出版社.

李敏，段登选，许国晶，等，2015. 大藻微生态制剂协同净化养殖池塘富营养化水体的效果[J]. 生态与农村环境学报，31(1)：94-99.

李琪，李德尚，熊邦喜，等，1993. 放养鲢鱼(*Hypophthalmichys molitrix*)对水库围隔浮游生物群落的影响[J]. 生态学报，13(1)：330-337.

李青芹，霍守亮，昝逢宇，等，2010. 我国湖泊沉积物营养盐和粒度分布及其关系研究[J]. 农业环境科学学报，29(12)：2390-2397.

李向军，苟中华，2000. 淡水虾触养殖专栏——利用地下盐水繁育罗氏沼虾苗[J]. 科学养鱼(11)：24.

李潇，王晓莉，刘书明，等，2017. 天津近岸海域溶解氧含量分布特征及影响因素研究[J]. 海洋开发与管理，34(8)：75-78.

李玉全，张海艳，李健，等，2008. 微米纯氧气泡增氧技术养殖大菱鲆效果初探[J]. 渔业现代化(1)：42-44.

栗明，段登选，许国晶，等，2014. 竹叶草浮床对采矿塌陷区养殖池塘水质修复效果的研究. 海洋湖沼通报(2)：96-102.

梁从飞，笑金华，张艳红，等，2015. 尼罗罗非鱼选育一代耐盐碱和生长性能评估[J]. 广东农业科学(9)：115-119.

梁淑轩，王云晓，吕佳佩，2011. 白洋淀水体铁含量与其他水质因子的关系[J]. 生态与农村环境学报，27(5)：13-17.

梁运祥，2011. 底泥磷释放对氮磷的吸附及投加微生物对底泥磷释放的影响[D]. 武汉：华中农业大学.

廖自基，1992. 微量元素的环境化学及生物效应[M]. 北京：中国环境科学出版社.

林斌，黄凌风，沈国英，1995. 虾池的溶解氧含量及其补充量和消耗量[J]. 台湾海峡(1)：9-14.

蔺玉华，耿龙武，卢金星，等，2004. 咸海卡拉白鱼对盐碱耐受性研究[J]. 吉林农业大学学报，26(5)：561-565.

刘芳，2008. 北部湾水体及沉积物中生物硅的研究[D]. 厦门：厦门大学.

刘华丽，曹秀云，宋春雷，等，2011. 水产养殖池塘沉积物有机质富集的环境效应与修复策略[J]. 水生态学杂志，32(6)：130-134.

刘济源，2012. 盐碱胁迫对青海湖裸鲤呼吸耗氧、渗透和离子调节的影响[D]. 上海：上海海洋大学.

刘健康，2000. 高级水生生物学[M]. 北京：科学出版社.

刘进，2016. 北京城区大气降水水质特征分析[D]. 济南：济南大学.

刘静雯，董双林，马甡，2001. 温度和盐度对几种大型海藻生长率和NH_4^+-N吸收的影响[J]. 海洋学报，23(2)：109-116.

刘强，徐旭丹，黄伟，等，2017. 海洋微塑料污染的生态效应研究进展[J]. 生态学报，37(22)：7397-7409.

刘淑民，2013. 长江口及邻近海域悬浮物和沉积物中生物硅的研究[D]. 青岛：中国海洋大学.

刘文盈，铁牛，张秋良，等，2012. 藻类在盐沼湿地分布的关键限制因子研究[J]. 内蒙古林业科技，

38(4)：16-20.

刘筱雪，方帷，李晓，等，2017. 氧化还原电位去极化法及铂电极直接测定法对比研究[J]. 分析科学学报，33(6)：851-854.

刘兴国，刘兆普，徐皓，等，2010. 生态工程化循环水池塘养殖系统[J]. 农业工程学报，26(11)：237-244.

刘永，曹广斌，蒋树义，等，2005. 冷水性鱼类工厂化养殖中臭氧催化氧化降解氨氮[J]. 中国水产科学(6)：124-129.

刘志军，2010. 鱼虾氨中毒的防治方法[J]. 当代水产，1：55-56.

刘治君，杨凌肖，王琼，等，2018. 微塑料在陆地水环境中的迁移转化与环境效应[J]. 环境科学与技术，41(4)：59-65.

柳飞，李健，李吉涛，等，2016. 碳酸盐碱度对脊尾白虾生存、生长、繁殖及免疫酶活性的影响[J]. 中国水产科学，23(5)：1137-1147.

龙邹霞，余兴光，金翔龙，等，2017. 海洋微塑料污染研究进展和问题[J]. 应用海洋学报，36(4)：586-596.

鲁成秀，2016. 富营养化湖泊沉积物-水界面重金属释放的生物化学过程研究[D]. 上海：华东师范大学.

鲁春雨，赖秋明，陈金玲，等，2011. 臭氧水处理技术在对虾养殖生产中的应用[J]. 中国水产(8)：31-33.

陆广进，刘德同，李学文，等，2001. 利用盐碱地地下水养殖中国对虾试验[J]. 齐鲁渔业，18(4)：14-15.

栾登辉，2013. 碳质吸附剂对有机物污染沉积物的原位修复方法研究[D]. 北京：北京交通大学.

罗杰，杜涛，刘楚吾，等，2010. 不同盐度、pH 条件下氨氮对管角螺稚贝毒性影响[J]. 动物学杂志，45(3)：102-109.

罗璇，李军，张鹏等，2013. 中国雨水化学组成及其来源的研究进展[J]. 地球与环境，41(5)：566-574.

罗毅，2009. 地表水环境质量监测实用分析方法[M]. 北京：中国环境科学出版社.

吕伟香，2007. 东、黄海沉积物中生物硅的研究[D]. 青岛：中国海洋大学.

马爱军，雷霁霖，2000. 氨对真鲷幼鱼生长的危害[J]. 海洋科学，24(1)：14-15.

马乃龙，程勇，张利兰，2018. 微塑料的生态毒理效应研究进展及展望[J]. 环境保护科学，44(6)：117-123.

美国国家环境保护局，1991. 水质评价标准[S].《水质评价标准》编译组，译. 北京：水利电力出版社.

孟宪林，周定，郭威，1999. 用酸化容量法对水体发生酸化敏感性评价的研究[J]. 四川环境，18(1)：37-41.

孟紫强，2000. 环境毒理学[M]. 北京：中国环境科学出版社.

聂海瑜，沈甘霓，杜凤沛，等，2015. 碳纳米管对水体污染物吸附的研究进展[J]. 西南民族大学学报(自然科学版)，41(3)：326-330.

农业部，环境保护部，2015. 中国渔业生态环境状况公报[R].

潘淦，林群，许爱娱，等，2011. JY-100 型水产臭氧系统在罗氏沼虾工厂化育苗中的应用[J]. 广东农业科学(7)：130-131.

潘红玺，王苏民，2001. 中国湖泊矿化度的空间分布[J]. 海洋与湖沼，32(2)：185-191.

彭斌，2008. 滨海盐场养殖池塘底质硫化物的变化及其与其他因子的关系[J]. 海洋湖沼通报(3)：155-160.

邱晓鹏，2016. 我国北方分层型水库水质演变规律及富营养化研究——以枣庄周村水库为例[D]. 西安：建筑科技大学.

任华，蓝泽桥，兰大华，等，2014. 气泵增氧在循环水工厂化养殖中的应用[J]. 江西水产科技(1)：

31-33.

阮锐，2004. 重力、温度、盐度对压力验潮精度的影响[J]. 海洋测绘(3)：58-59.

厦门大学海洋系海洋化学教研室，译，1976. 海洋化学：水的结构与水圈的化学[M]. 北京：科学出版社.

申屠青春，董双林，赵文，等，2000. $CaCl_2$、$NaHCO_3$ 和盐酸降 pH 的效果及其对水质的影响[J]. 海洋湖沼通报，2：53-62.

申屠青春，1999. 盐碱池塘含盐量、碱度对水质的影响和降盐、降碱度、降 pH 措施的研究[D]. 青岛：青岛海洋大学.

申玉春，金天明，刘丽艳，2000. 地下盐水处理后用于河蟹人工育苗的研究[J]. 水产科技情报，27(4)：156-159.

申玉春，张显华，王亮，等，1998. 池塘沉积物的理化性质和细菌状况的研究[J]. 中国水产科学(1)：114-118.

沈国英，施并章，2002. 海洋生态学[M]. 厦门：厦门大学出版社.

沈洪艳，张红燕，刘丽，等，2014. 淡水沉积物中重金属对底栖生物毒性及其生物有效性研究[J]. 环境科学学报，34(1)：272-280.

沈立，2014. 异育银鲫"中科三号"幼鱼耐盐碱性能及盐碱适应激素调节[D]. 上海：上海海洋大学.

生态环境部，2018. 2017 年中国海洋生态环境公报[R/OL]. http：//www. mee. gov. cn/hjzl/shi/jagb/201808/U020180806509888228312. pdf.

生态环境部，2019. 2018 年中国海洋生态环境公报[R/OL]. http：/hys. mee. gov. (n/d＋xx/201905/p020190529532197736567. pdf.

施周，邓林，2017. 水中重金属离子吸附材料的研究现状与发展趋势[J]. 建筑科学与工程学报，34(5)：21-30.

史丽娜，可小丽，刘志刚，等，2015. 罗非鱼-鱼腥草共生养殖池塘沉积物菌群结构与功能特征[J]. 中国农学通报，31(14)：64-73.

史志伟，范文宏，曾小岚，等，2010. 络合态金属铜在大型溞(*Daphnia magna*)体内的生物积累及生物毒性[J]. 环境化学，29(1)：53-57.

水利部，2016. 中国水资源公报[R/OL]. http：//www. mwr. gov. cn/si/tigb/szygb/201707/t20170711-955305. html.

宋奔奔，倪琦，张宇雷，等，2011. 臭氧对大菱鲆半封闭循环水养殖系统水质净化研究[J]. 渔业现代化，38(6)：11-15.

宋奔奔，吴凡，倪琦，等，2011. 封闭循环水养殖中曝气系统设计及曝气器的选择[J]. 渔业现代化，38(3)：6-10+17.

宋金明，1998. 中国近海沉积物—海水界面化学[J]. 地球科学进展，13(6)：590-590.

孙栋，陈有光，段登选，等，2009. 工厂化循环水养鱼池曝气释放器养殖效果的研究[J]. 长江大学学报(自然科学版)农学卷，6(2)：36-41.

孙国铭，汤建华，仲霞铭，2002. 氨氮和亚硝酸氮对南美白对虾的毒性研究[J]. 水产养殖(1)：22-24.

孙士权，马军，黄晓东，等，2006. 高锰酸盐预氧化去除太湖原水中稳定性铁、锰[J]. 中国给水排水，22(21)：6-8.

孙祥，朱广伟，笪文怡，等，2018. 天目湖沙河水库热分层变化及其对水质的影响[J]. 环境科学，39(6)：2632-2640.

孙耀，陈聚法，1999. 中国对虾养殖水体中溶解氧的动态收支平衡模式[J]. 水产学报(4)：424-428.

孙云飞，王芳，刘峰，等，2015. 草鱼与鲢、鲤不同混养模式系统的氮磷收支[J]. 中国水产科学，22(3)：450-459.

孙云飞，2013. 草鱼(*Ctenopharyngodon idellus*)混养系统氮磷收支和池塘水质与底质的比较研究[D]. 青岛：中国海洋大学.

覃雪波，2010. 生物扰动对河口沉积物中多环芳烃环境行为的影响[D]. 天津：南开大学.

谭小琴，2016. 珠江水体硫氧化细菌多样性及其硫代谢途径研究[D]. 广州：华南理工大学.

汤鸿霄，1986. 环境水化学纲要[J]. 环境科学丛刊，9(2)：1-74.

汤鸿霄，1987. 天然水环境中的胶体和界面化学[J]. 安徽大学学报(自然科学版)(s1)：13-24.

汤利华，孟广耀，2006. 曝气器的最优孔径分析[J]. 中国科学技术大学学报(7)：775-780.

天津师范大学，华中师范大学，北京师范大学，等，1986. 水文学与水资源概论[M]. 武汉：华中师范大学出版社.

田昌凤，刘兴国，车轩，等，2017. 分隔式循环水池塘养殖系统设计与试验[J]. 农业工程学报，33(8)：183-190.

田玉红，张恩仁，霍杰，2000. 天然水体中胶体粒子与痕量金属相互作用研究[J]. 广西工学院学报，11(1)：86-90.

童建，冯致英，1994. 环境化学物的联合作用[M]. 上海：上海科学技术文献出版社.

王昌金，刘伟，2000. 就牡丹江温流水鱼苗场死鱼原因分析谈非离子氨对鱼类的影响[J]. 黑河科技(A04)：37-39.

王超，王永泉，王沛芳，等，2014. 生态浮床净化机理与效果研究进展[J]. 安全与环境学报，14(2)：112-116.

王趁义，赵欣园，滕丽华，等，2018. 碱蓬浮床对海水养殖尾水中氮磷修复效果研究[J]. 广西植物，38(6)：696-703.

王芳，董双林，张硕，等，1998. 海湾扇贝(*Argopecten irradians*)和太平洋牡蛎(*Crassostrea gigas*)呼吸和排泄的研究[J]. 青岛海洋大学学报，28(2)：233-239.

王桂春，张兆琪，董双林，等，2001. 氯化钠和碱度对罗氏沼虾仔虾的毒性研究[J]. 青岛海洋大学学报(自然科学版)，31(4)：523-528.

王桂春，2007. 盐度和碱度对河蟹幼蟹毒性作用的研究[J]. 苏盐科技(1)：24-26.

王焕校，1999. 污染生态学[M]. 北京：高等教育出版社.

王慧，房文红，来琦芳，2000. 水环境中 Ca^{2+}、Mg^{2+} 对中国对虾生存及生长的影响[J]. 中国水产科学，7(1)：82-86.

王洁，2016. 互花米草入侵对滨海湿地甲烷氧化速率和甲烷氧化菌群落结构影响研究[D]. 重庆：西南大学.

王菊英，张微微，穆景利，等，2018. 海洋环境中微塑料的分析方法：认知和挑战[J]. 中国科学院院刊，33(10)：1031-1041.

王娟娟，李晓敏，曲克明，等，2006. 乳山湾底质中硫化物和氧化-还原电位的分布与变化[J]. 渔业科学进展，27(6)：64-70.

王凯军，胡超，2006. 生物硫循环及脱硫技术的新进展[J]. 环境保护(6)：69-72.

王凯雄，朱优峰，2009. 水化学[M]. 北京：化学工业出版社.

王昆，林坤德，袁东星，2017. 环境样品中微塑料的分析方法研究进展[J]. 环境化学，36(1)：27-36.

王琨，2007. 氨氮对鲤(*Cyprinus carpio*，Linnaeus)幼鱼部分组织及血液指标的影响[D]. 哈尔滨：东北农业大学.

王连生，1995. 环境化学进展[M]. 北京：化学工业出版社.

王琳杰，余辉，牛勇，等，2017. 抚仙湖夏季热分层时期水温及水质分布特征[J]. 环境科学，38(4)：1384-1392.

王罗春，2012. 环境影响评价[M]. 北京：冶金工业出版社.

王梦亮，马清瑞，梁生康，2001. 光合细菌对鲤养殖水体生态系统的影响[J]. 水生生物学报，1：98-101.

王明学，吴卫东，1997. NO_2^--N 对鱼类毒性的研究概况[J]. 中国水产科学，4(5)：85-89.

王圣瑞，2013. 湖泊沉积物-水界面过程[M]. 北京：科学出版社.

王圣瑞，2014. 湖泊沉积物-水界面过程：基本理论与常用测定方法[M]. 北京：科学出版社.

王圣瑞，2016. 湖泊沉积物-水界面过程：氮磷生物地球化学[M]. 北京：科学出版社.

王淑璇，2017. 静水压对水库沉积物磷循环转化微生物影响研究[D]. 西安：西安科技大学.

王恕桥，2013. 贝壳礁区底栖生物的调查与评价及两种大型底栖动物生物扰动作用的初步研究[D]. 青岛：中国海洋大学.

王彤，胡献刚，周启星，2018. 环境中微塑料的迁移分布、生物效应及分析方法的研究进展[J]. 科学通报，63：385-395.

王为东，臧维玲，戴习林，等，2000. 河口区斑节对虾淡化养殖塘溶氧收支平衡状况[J]. 上海水产大学学报(2)：97-102.

王文涛，曹西华，袁涌铨，等，2016.2012 年长江口及其邻近海域营养盐分布的季节变化及影响因素[J]. 海洋与湖沼，47(4)：804-812.

王晓蓉，2009. 水环境化学[M]. 北京：中国水利水电出版社.

王亚军，林文辉，吴淑勤，等，2010. 鳜塘底泥修复方法的初步研究[J]. 南方水产科学，6(5)：7-12.

王亚南，王保军，戴欣，等，2005. 海水养殖场底泥中转化硫和磷化合物的微生物及其多样性[J]. 环境科学，26(2)：157-162.

王妤，庄平，章龙珍，等，2011. 盐度对点篮子鱼的存活、生长及抗氧化防御系统的影响[J]. 水产学报，35(1)：66-73.

魏泰莉，余瑞兰，1999. 养殖水环境中亚硝酸盐对鱼类的危害及防治的研究[J]. 水产养殖(3)：15-17.

文良印，董双林，张兆琪，等，1999. 氯化物水型盐碱池塘的限制性营养盐研究[J]. 中国水产科学，6(4)：43-48.

文良印，董双林，张兆琪，2000. 氯化物水型盐碱地池塘缓冲能力研究[J]. 中国水产科学，7(2)：51-55.

吴新儒，1980. 淡水养殖水化学[M]. 北京：农业出版社.

吴英杰，马璐瑶，陈琛，等，2018. 北美海蓬子生态浮床对养殖海水的净化和对虾的增产效果[J]. 环境工程学报，12(12)：3351-3361.

吴友义，1989. 封闭、敞开和平衡体系海水的 pH[J]. 厦门水产学院学报(1)：64-71.

吴瑜端，1989. 海洋环境化学[M]：北京：化学工业出版社.

吴绽蕾，2015. 长江河口湿地沉积物中有机碳及微量元素的沉积埋藏特征[D]. 上海：华东师范大学.

吴中华，1999. 中国对虾慢性亚硝酸盐和氨中毒的组织病理学研究[J]. 华中师范大学学报，33(1)：119-121.

武鹏飞，耿龙武，姜海峰，等，2017. 三种鳅科鱼对 NaCl 盐度和 NaHCO₃ 碱度的耐受能力[J]. 中国水产科学，24(2)：248-257.

武鹏飞，2017. 达里湖高原鳅盐碱适应性研究[D]. 上海：上海海洋大学.

夏斌，2013. 草鲢复合养殖池塘主要营养要素生物学循环过程的研究[D]. 青岛：中国海洋大学.

修瑞琴，许永香，傅迎春，等，1994. 水生毒理联合效应相加指数法[J]. 环境化学，13(3)：269-271.

徐皓，田昌凤，刘兴国，等，2017. 养殖池塘增氧机制与装备性能比较研究[J]. 渔业现代化，44(4)：1-8.

徐丽娟，郭晓艳，杨婕. 等，2016. 吸附材料去除水中有机污染物的研究进展[J]. 安徽农业科学，44(33)：44-48.

徐宁，李德尚，董双林，1999. 海水养殖池塘溶氧平衡的实验研究[J]. 中国水产科学(1)：70-75.

徐宁，李德尚，1998. 养殖池塘溶氧平衡与日最低值预报的研究概况[J]. 中国水产科学(1)：85-89.

徐洋，2015. 氧化还原环境制约湖泊沉积物内源磷释放过程的研究[D]. 贵阳：贵州大学.

许海，朱广伟，秦伯强，等，2011. 氮磷比对水华蓝藻优势形成的影响[J]. 中国环境科学，31(10)：1676-1683.

许震，吴玉清，金峰涛，等，2017. 水中氧化还原电位测定方法的比较研究[J]. 中国环境管理干部学院学报，27(2)：83-86.

薛美岩，张静，杜荣斌，等，2012. 温度、盐度对绿鳍马面鲀幼鱼存活及生长的影响[J]. 海洋湖沼通报
(1)：63-67.

阳全文，吴才华，叶善园，2010. 水源水微污染预处理中曝气系统的选择与设计[J]. 城镇供水(3)：
31-33.

杨凤，马燕武，张东升，等，2003. 孔石莼和臭氧对养鲍水质的调控作用比较[J]. 大连水产学院学报，
18(2)：79-83.

杨富亿，李秀军，王志春，等，2005. 内陆碳酸盐型盐碱水域移殖对虾的可能性试验[J]. 吉林农业大学学
报，27(5)：91-96.

杨富亿，李秀军，杨欣乔，等，2008. 凡纳滨对虾对东北碳酸盐型盐碱水域的适应能力[J]. 海洋科学(1)：
41-44.

杨富亿，孙丽敏，杨欣乔，2004. 碳酸盐碱度对南美白对虾幼虾的毒性作用[J]. 水产科学，23(9)：3-6.

杨建，徐伟，耿龙武，2014. 盐度对5种幼鱼的生存及鳃、肾组织的影响[J]. 淡水渔业，44(4)：7-12.

杨建，徐伟，耿龙武，等，2014. NaHCO₃碱度对5种幼鱼的生存及鳃、肾组织的影响[J]. 江西农业大学学
报，36(5)：1115-1121.

杨婧婧，徐笠，陆安祥，等，2018. 环境中微(纳米)塑料的来源及毒理学研究进展[J]. 环境化学，37(3)：
383-396.

杨蕾，李春初，谢健，2007. 珠江磨刀门河口沉积物中主要离子含量及其分布[J]. 热带地理，27(2)：
115-119.

杨龙元，秦伯强，吴瑞金，2002. 酸雨对太湖水环境潜在影响得出步研究[J]. 湖泊科学，13(2)：
135-141.

杨亚提，2010. 物理化学[M]. 北京：中国农业出版社.

姚宏禄，1988. 综合养鱼高产池塘的溶氧变化周期[J]. 水生生物学报(3)：199-211.

姚茗茵，蔡禄，胡星云，2018. 黄海、东海典型海域溶解氧及低氧区的分布特征探究[J]. 科技经济导刊
(1)：95-96.

姚娜，宋勇，王帅，等，2018. 盐度和碱度对塔里木河叶尔羌高原鳅毒性的研究[J]. 西南农业学报，
31(2)：423-428.

叶常明，1990. 水体有机污染的原理研究方法与应用[M]. 北京：海洋出版社.

叶书栋，2008. 广州降水化学特征及变化趋势分析[J]. 中山大学学报，47：43-47.

殷岑，魏梦碧，刘会会，2018. 微塑料污染现状及对海洋生物影响的研究进展[J]. 环境监控与预警，
10(6)：1-11.

殷燕，吴志旭，刘明亮，等，2014. 千岛湖溶解氧的动态分布特征及其影响因素分析[J]. 环境科学，
35(7)：2539-2546.

于瑞海，王如才，1997. 臭氧处理水技术原理及其在水产养殖中的应用综述[J]. 海洋湖沼通报(3)：
67-70.

于子洋，2014. 2011—2013年南黄海及东海北部海域营养盐分布规律研究[D]. 青岛：中国海洋大学.

余仕祥，2007. 鱼类氨中毒的有效防治措施[J]. 农学学报，8：90.

俞勇，李会荣，李筠，等，2001. 益生菌制剂在水产养殖中的应用[J]. 中国水产科学，8(2)：92-96.

郁建栓，陈甫华，戴树桂，1994. 天然淡水表面微层中某些重金属富集现象研究[J]. 中国环境科学，
14(1)：1-5.

郁建栓，戴树桂，陈甫华，1997. 天然湖水表面微层砷、磷酸盐、悬浮颗粒物及藻类富集现象的研究[J].
环境化学，16(4)：359-363.

岳维忠，黄小平，2003. 近海沉积物中氮磷的生物地球化学研究进展[J]. 台湾海峡，22(3)：407-414.

臧维玲，戴习林，徐嘉波，等，2008. 室内凡纳滨对虾工厂化养殖循环水调控技术与模式[J]. 水产学报，

32(5)：749-757.

臧维玲，戴习林，张建达，等，1995. 罗氏沼虾育苗用水中 Mg^{2+} 与 Ca^{2+} 含量及 Mg^{2+}/Ca^{2+} 对出苗率的影响[J]. 海洋与湖沼，26(5)：552-557.

臧维玲，戴习林，朱正国，等，1995. 中国对虾池溶解氧的收支平衡状态[J]. 海洋学报(中文版)(4)：137-141.

臧维玲，江敏，戴习林，等，1998. 中华绒螯蟹育苗用水中 Mg^{2+} 与 Ca^{2+} 含量及 Mg^{2+}/Ca^{2+} 对出苗率的影响[J]. 水产学报(2)：16-21.

臧维玲，江敏，张建达，等，1996. 亚硝酸盐和氨对罗氏沼虾幼体的毒性[J]. 上海水产大学学报，5(1)：15-22.

臧维玲，李勃恩，1985. 养殖池塘氧化还原状态的初步探讨[J]. 淡水渔业(3)：1-4.

臧维玲，王武，叶林，等，1989. 盐度对淡水鱼类的毒性效应[J]. 海洋与湖沼，20(5)：445-452.

臧维玲，王永涛，戴习林，等，2003. 河口区室内幼虾养殖循环水处理技术与模式[J]. 水产学报，27(2)：151-157.

曾碧健，岳晓彩，黎祖福，等，2016. 生态浮床原位修复对海水养殖池塘浮游动物群落结构的影响[J]. 海洋与湖沼，47(2)：354-359.

张国柱，刘璐，耿聪，等，2017. 臭氧在水产养殖用水处理中的应用研究进展[J]. 现代农业科技(7)：238-240.

张劲，黄薇，桑连海，2011. 浮床植物水质净化能力及其影响因素研究[J]. 长江科学院院报，28(12)：39-42.

张林静，张秀英，江洪，等，2013. 沈阳市降水化学成分及来源分析[J]. 环境科学，34(6)：2081-2088.

张美昭，张兆琪，赵文，等，2000. 氯化物型盐碱地池塘水化学特性的研究[J]. 青岛海洋大学学报，30(1)：69-74.

张硕，董双林，王芳，1998. 中国对虾生物能量学研究Ⅰ——温度，体重，盐度和摄食状态对耗氧率和排氨率的影响[J]. 青岛海洋大学学报，28(2)：223-227.

张卫坤，甘华阳，闭向阳，等，2016. 海南东北部滨海湿地沉积物微量元素分布特征、来源及污染评价[J]. 环境科学，37(4)：1295-1305.

张小兵，胡章喜，黄振华，等，2007. 三角褐指藻在磷营养限制胁迫下的补偿生长效应[J]. 生态科学，26(2)：111-114.

张小亮，肖鹤，许朝爱，2016. 养殖池塘底质的管理[J]. 科学养鱼(10)：90-91.

张新民，柴发合，王淑兰，等，2010. 中国酸雨研究现状[J]. 环境科学研究，23(5)：527-532.

张宇雷，倪琦，徐皓，等，2008. 低压纯氧混合装置增氧性能的研究[J]. 渔业现代化(3)：1-5.

张振华，2002. 我国对虾养殖的现状及持续发展对策[J]. 江苏农业科学，69(3)：69-71.

张正斌，陈镇东，刘莲生，等，1999. 海洋化学原理和应用——中国近海的海洋化学[M]. 北京：海洋出版社.

张正斌，刘莲生，1989. 海洋物理化学[M]. 北京：科学出版社.

章征忠，张兆琪，董双林，等，1999. pH、盐度、碱度对淡水养殖种类影响的研究进展[J]. 中国水产科学，6(4)：95-98.

章征忠，张兆琪，董双林，1998. 淡水白鲳幼鱼盐碱耐受性的初步研究[J]. 青岛海洋大学学报(自然科学版)，28(3)：54-59.

章征忠，张兆琪，董双林，1999. 鲢鱼幼鱼对盐、碱耐受性的研究[J]. 青岛海洋大学学报(自然科学版)，29(3)：102-107.

赵建华，2004. 太阳能在水中辐射透射的实验研究及海水太阳池的数值模拟[D]. 大连：大连理工大学.

赵夕旦，张和森，2000. 氧化还原电位的测定及在水族中的应用[J]. 北京水产(6)：44-45.

赵新淮，张正斌，刘莲生，2001. 天然水体中的胶体粒子[J]. 黄渤海洋，19(2)：107-114.

郑伟刚，张兆琪，张美昭，2004. 澎泽鲫幼鱼对盐度和碱度耐受性的研究[J]. 集美大学学报(自然科学版),

9(2): 127-130.

郑尧, 赵志祥, 史磊磊, 等, 2018. 虎杖浮床净水能力及根叶中虎杖苷含量测定[J]. 中国农学通报, 34 (36): 88-92.

郑忠明, 2009. 刺参养殖池塘沉积物-水界面营养盐通量的研究[D]. 青岛: 中国海洋大学.

中国的环境保护(白皮书, 1996)[N]. 人民日报, 1996年6月5日.

中国农业网, 2014. 微生物制剂在水产养殖业科学的应用[R/OL]. http://www.zgny.com.cn/ifm/tech/2004-05-25/23186.shtml.

中华人民共和国环境保护部, 2011. 2010中国环境状况公报[R/OL]. http://www.mee.gov.cn/gkml/sthjbgw/qt/201301/w020130109560371933455.pdf.

钟大森, 王芳, 王春生, 等, 2013. 不同密度下的鲤鱼扰动作用对沉积物-水界面硝化、反硝化和氨化速率的影响[J]. 水生生物学报(6): 1103-1111.

钟玉婷, 刘新春, 范子昂, 等, 2016. 乌鲁木齐降水化学成分及来源分析[J]. 沙漠与绿洲气象, 10(6): 81-87.

周波, 李晓东, 李永函, 等, 2009. 海水越冬池塘冰下水体主要理化因子变化的初步研究[J]. 大连水产学院学报, 24(6): 536-543.

周洪波, Ralf CR, 陈坚, 等, 2000. 产酸相中氧化还原电位控制及其对葡萄糖厌氧发较产物的影响[J]. 中国沼气, 18(4): 20-23.

周劲风, 温琰茂, 李耀初, 2006. 养殖池塘底泥-水界面营养盐扩散的室内模拟研究: Ⅱ磷的扩散[J]. 农业环境科学学报, 25(3): 786-791.

周劲风, 温琰茂, 2004. 珠江三角洲基塘水产养殖对环境的影响[J]. 中山大学学报(自然科学版), 43(5): 103-106.

周伟江, 常玉梅, 梁利群, 等, 2013. 氯化钠盐度和碳酸氢钠碱度对达里湖鲫毒性影响的初步研究[J]. 大连海洋大学学报, 28(4): 340-346.

周文宗, 宋祥甫, 陈桂发, 2014. 黄鳝对盐碱耐受性的研究[J]. 淡水渔业, 44(3): 95-99.

周永欣, 章宗涉, 1989. 水生生物毒性试验方法[M]. 北京: 农业出版社.

周振, 王罗春, 吴春华, 2013. 水化学[M]. 北京: 冶金工业出版社.

周祖康, 顾惕人, 马季铭, 1987. 胶体化学基础[M]. 北京: 北京大学出版社.

朱广伟, 陈英旭, 2001. 沉积物中有机质的环境行为研究进展[J]. 湖泊科学, 13(3): 272-279.

Acosta-NassarMV, Morell JM, Corredor JE, 1994. The nitrogen budgets of a tropical semi-input semi-intensive freshwater fish culture ponds[J]. Journal of World Aquaculture Society, 25(2): 261-270.

Alabaster JS, 1982. A survey of fish-farm effluents in some EIFAC Countries[N]. FAO-Rome EIFAC Technical Paper 41: 5-19.

Banas D, Masson G, Leglize L, et al., 2008. Assessment of sediment concentration and nutrient loads in effluents drained from extensively nlgnaged fish ponds in France[J]. Environmental Pollution, 152(3): 679-685.

Behrenfeld MJ, Bale AJ, Kolber ZS, 1996. Confirmation of iron limitation of phytoplankton photosynthesis in the Equatorial Pacific Ocean[J]. Nature, 383(6600): 508-511.

Belanger TV, 1981. Benthic oxygen demand in Lake Apopka, Florida[J]. Water Research, 15(2): 267-274.

Berelson WM, Heggie D, Longmore A, et al., 1998. Benthic nutrient recycling in Port Phillip Bay, Australia[J]. Estuarine Coastal and Shelf Science, 46(6): 917-934.

Boyd CE, Torrans EL, Tucker CS, 2018. Dissolved oxygen and aeration in ictalurid catfish aquaculture[J]. Journal of the World Aquaculture Society, 49(1): 7-70.

Boyd CE, 1982. Water quality management for pond fish culture[M]. Amsterdam: Elsevier.

Boyd CE, 1997. Practical aspects of chemistry in pond aquaculture[J]. The Progressive Fish - Culturist, 59(2): 85 - 93.

Boyd CE, Tucker CS, 1998. Pond aquaculture water quality management[M]. The Netherlands: Kluwer Academic Publisher.

Boyd CE, 2015. Water Quality: An Introduction[M]. 2nd. New York: Springer.

Brezonik PL, Lee GF, 1968. Dentrification as a nitrogen sink in Lake Mendota, Wisconsin[J]. Environmental Science and Technology, 2(2): 120 - 125.

Brune DE, Schwartz G, Eversole AG, et al., 2003. Intensification of pond aquaculture and high rate photosynthetic systems[J]. Aquacultural Engineering, 28: 65 - 86.

Butler EI, Corner EDS, Marshall SM, 1970. On the nutrition and metabolism of zooplankton VII. Seasonal survey of nitrogen and phosphorus excretion by Calanus in the Clyde sea - area[J]. Journal of the Marine biological Association of the United Kingdom, 50(2): 525 - 560.

Calamari D, Alabaster JS, 1980. An approach to theoretical models in evaluating the effects of mixtures of toxicants in the aquatic environment[J]. Chemosphere, 9: 533 - 538.

Conley DJ, Malone TC, 1992. Annual cycle of dissolved silicate in Chesapeake Bay: implications for the production and fate of phytoplankton biomass. Marine Ecological Progress Series, 81: 121 - 128.

Connell D, Lam C, Richardson B, et al., 1999. Introduction to ecotoxicology[M]. Malden: Blackwell Science Ltd.

D'Andrea AF, Dewitt TH, 2009. Geochemical ecosystem engineering by the mud shrimp *Upogebia pugettensis* (Crustacea: Thalassinidae) in Yaquina Bay, Oregon: density - dependent effects on organic matter remineralization and nutrient cycling [J]. Limnology and Oceanography, 54(6): 1911 - 1932.

Dong LX, Guan WB, Chen Q, et al., 2011. Sediment transport in the Yellow Sea and East China Sea[J]. EstuarineCoastal & Shelf Science, 93(3): 248 - 258.

Edwards P, Pullin RSV, Gartner JA, 1988. Research and education for the development of integrated crop - livestock - fish farming systems in the tropics[M]. Manila: International center for living Aquatic Resources Management.

Ehleringer JR, Cerling TE, Munn T, et al., 2005. Encyclopedia of Global Environmental Change. Vol. 1[M]. London: Oxford University Press.

François M, Morel M, Hering JG, 1993. Principles and application of aquatic chemistry[M]. 3rd. New York: John Wiley and Sons.

Gonzalez RJ, 2012. The physiology of hyper - salinity tolerance in teleost fish: a review[J]. Journal of Comparative Physiology B, 182(3): 321 - 329.

Jiang X, Jin X, Yao Y, et al., 2008. Effects of biological activity, light, temperature and oxygen on phosphorus release processes at the sediment and water interface of Taihu Lake, China [J]. Water Research, 42 (8 - 9): 2251 - 2259.

Johannes RE, 1965. Influence of marine protozoa on nutrient regeneration[J]. Limnology and Oceanography, 10(3): 434 - 442.

Knud - Hansen CF, Pautong AK, 1993. On the role of urea in pond fertilization [J]. Aquaculture, 114(3 - 4): 273 - 283.

Liikanen A, Murtoniemi T, Tanskanen H, et al., 2010. Effects of Temperature and oxygen availability on greenhouse gas and nutrient dynamics in sediment of a Eutrophic Mid - Boreal Lake [J]. Chinese Archives of Traditional Chinese Medicine, 59(3): 269 - 286.

Liss PS, Spencer CP, 1970. A biological processes in the removal of silicate from sea water [J]. Geochimica et Cosmochimica Acta, 34(10): 1073 - 1088.

Liu JG, Chen MH, Chen Z, et al. , 2010. Clay mineral distribution in surface sediments of the South China Sea and its significance for in sediment sources and transport [J]. Chinese Journal of Oceanology and Limnology, 28(2): 407 - 415.

Liu J, Dong S, Liu X, et al. , 2000. Responses of the macroalga *Gracilaria tenuistipitata* var. liui(Rhodophyta)to iron stress [J]. Journal of Applied Phycology, 12(6): 605 - 612.

Liu Z, 2015. Water quality criteria green book of China [M]. Dordrecht: Springer.

Mackenzie FT, Garrels RM, 1966. Chemical mass balance between river and oceans [J]. American Journal of Science, (264): 507 - 525.

Manjunatha M, Shetty HPC, 1991. Fertilization effects of some organic manures on plankton production and hydrological conditions [M]// Sinba VRP, Srivastava HC. Aquaculture Productivity. New Delhi: Mohan Primlani for Oxford &. IBH Publishing Co Pvt Ltd: 357 - 372.

Martin JH, Gordon RM, Fitzwater SE, 1990. Iron in Antarctic water [J]. Nature, 345: 156 - 158.

Martin JH, Gordon RM, Fitzwater SE, 1991. The case for iron [J]. Limnology and Oceanography, 36: 1793 - 1802.

McGurk MD, Landry F, Tang A, et al. , 2006. Acute and chronic toxicity of nitrate to early life stages of lake trout(*Salvelinus namaycush*)and lake whitefish(*Coregonus clupeaformis*)[J]. Environmental Toxicology and Chemistry: An International Journal, 25(8): 2187 - 2196.

Milne MD, Scribner BH, Crawford MA, 1958. Non - ionic diffusion and the excretion of weak acids and bases [J]. AmericanJournal of Medicine, 24(5): 709 - 729.

Mitsch WJ, Gosselink JG, 2000. Wetlands [M]. New York: Wiley.

Moriarty DJW, 1997. The role of microorganisms in aquaculture ponds [J]. Aquaculture, 151(1 - 4): 333 - 349.

Newman MC, 1995. Quantitative methods in aquatic ecotoxicology[M]. Boca Raton: Lewis Publishers.

Newman MC, 1998. Fundamentals of ecotoxicology [M]. Chelsea: Sleeping Beer Press, Inc.

Pant HK, Reddy KR, 2001. Phosphorus sorption characteristics of estuarine sediments under different redox conditions [J]. Journal of Environmental Quality, 30(4): 1474 - 1480.

Park J, Kim MY, Kim PK, et al. , 2011. Effects of two different ozone doses onseawater recirculating systems for black sea bream *Acanthopagrus schlegeli* (Bleeker): Removal of solids and bacteria by foam fractionation[J]. Aquacultural Engineering, 44: 19 - 24.

Pote JW, Cathcart TP, Deliman PN, 1990. Control of high pH in aquaculture ponds [J]. Aquaculture Engineering, 9(3):175 - 186.

Quin LD, 1965. The presence of compounds with a carbon - phosphorus bond in some marine invertebrates [J]. Biochemistry, 4(2): 324 - 330.

Rand GM, 1995. Fundamentals of aquatic toxicology - effects, environmental fate, and risk assessment [M]. 2nd. Washington DC: Taylor and Francis.

Riley JP, Skirrow G, 1975. Chemical oceanography [M]. 2nd. London: Academic Press.

Riley JP, Skirrow G, 1965. Chemical oceanography [M]. London: Academic press.

Rutterber KC, 1992. Development of a sequential extraction method for different forms of phosphorous in marine sediments [J]. Limnology and Oceanography, 37(7): 1460 - 1482.

Sánchez - Marín P, Santos - Echeandía J, Nieto - Cid M, et al. , 2010. Effect of dissolved organic matter (DOM)of contrasting origins on Cu and Pb speciation and toxicity to *Paracentrotus lividus* larvae [J]. Aquatic toxicology, 96(2): 90 - 102.

Schroeder JP, Croot PL, Dewitz BV, et al. , 2011. Potential and limitations of ozone for the removal of ammonia, nitrite, and yellow substancesin marine recirculating aquaculture systems [J]. Aquacultural Engineering, 45: 35 – 41.

Smith DW, Piedrahita RH, 1988. The relation between phytoplankton and dissolved oxygen in fish ponds [J]. Aquaculture, 68: 249 – 265.

Smolders AJP, Lamers LPM, Lucassen ECHET, et al. , 2006. Internal eutrophication: How it works and what to do about it – a review [J]. Chemistry and Ecology, 22(2): 93 – 111.

Spacie A, Hamelink JL, 1985. Bioaccumulation [M]// Rand GM, Petrocelli SR. Fundamentals of aquatic toxicology. New York: Hemisphere Publishing Corp.

Steeby JA, Hargreaves JA, Tucker CS, et al. , 2004. Modeling industry – wide sediment oxygen demand and estimation of the contribution of sediment to total respiration in commercial channel catfish ponds [J]. Aquacultural Engineering, 31: 247 – 262.

Stumm W, Morgan JJ, 1995. Aquatic chemistry: Chemical equilibria and rates in natural waters [M]. 3rd. New York: John Wiley and Sons.

Stumm W, 1973. The acceleration of the hydrogeochemical cycling of phosphorus [J]. Water Research, 7: 131 – 144.

Thomas WH, Dodson AN, 1968. Effects of phosphate concentration on cell division rates and yield of a tropical oceanic diatom [J]. Biological Bulletin, 134(1): 199 – 208.

Van Ginneken L, Bervoets L, Blust R, 2001. Bioavailability of Cd to the common carp, *Cyprinus carpio*, in the presence of humic acid [J]. Aquatic toxicology, 52(1): 13 – 27.

Weiner ER, 2012. Applications of environmental aquatic chemistry: A practical guide [M]. 3rd. Boca Raton: CRC Press.

Westin DT, 1974. Nitrate and nitrite toxicity to salmonoid fishes [J]. The Progressive Fish – Culturist, 36(2): 86 – 89.

Whicker FW, Schultz V, 1982. Radioecology: nuclear energy and the environment [M] 2nd. Boca Raton: CRC Press.

Whitfield M, 1974. Thermodynamic limitations on the use of the platinum electrode in Eh measurements [J]. Limnology and Oceanography, 19(5): 857 – 865.

Xia B, Gao QF, Li HM, et al. , 2013. Turnover and fractionation of nitrogen stable isotope in tissues of grass carp *Ctenopharyngodon idella* with emphasis on the role of growth and metabolism[J]. Aquaculture Environment Interactions, 3: 177 – 186.

Xu J, Li Q, Xu L, et al. , 2013. Gene expression changes leading extreme alkaline tolerance in Amuride (*Leuciscus waleckii*)inhabiting soda lake[J]. BMC Genomics, 14(1): 682.

Zang W, Xu X, Dai X, et al. , 1993. Toxic effects of Zn^{2+}, Cu^{2+}, Cd^{2+} and NH_3 on Chinese prawn[J]. Chinese Journal of Oceanology and Limnology, 11: 254 – 259.

图书在版编目(CIP)数据

养殖水环境化学 / 刘长发主编 . —2 版 . —北京：
中国农业出版社，2019.12(2023.12 重印)
　普通高等教育农业农村部"十三五"规划教材　全国
高等农林院校"十三五"规划教材
　ISBN 978 - 7 - 109 - 26108 - 2

　Ⅰ.①养…　Ⅱ.①刘…　Ⅲ.①水产养殖－水化学－高
等学校－教材　Ⅳ.①S912

　中国版本图书馆 CIP 数据核字(2019)第 267734 号

养殖水环境化学
YANGZHI SHUIHUANJING HUAXUE

中国农业出版社出版
地址：北京市朝阳区麦子店街 18 号楼
邮编：100125
责任编辑：曾丹霞　韩　旭　　文字编辑：韩　旭
责任校对：沙凯霖
印刷：中农印务有限公司
版次：2004 年 1 月第 1 版　　2019 年 12 月第 2 版
印次：2023 年 12 月第 2 版北京第 4 次印刷
发行：新华书店北京发行所
开本：787mm×1092mm　1/16
印张：19.75
字数：480 千字
定价：48.00 元